高职高专工程造价管理专业系列教材

建筑与装饰工程施工工艺

李　伟　主编

U0234649

中国建筑工业出版社

图书在版编目（CIP）数据

建筑与装饰工程施工工艺/李伟主编 .—北京：中国建筑工业
出版社，2001.6
高职高专工程造价管理专业系列教材
ISBN 978 - 7 - 112 - 04394 - 1

Ⅰ.建… Ⅱ.李… Ⅲ.①建筑工程 – 工程施工 – 高等学校：
技术学校 – 教材②建筑装饰 – 工程施工 – 高等学校：技术学校 –
教材 Ⅳ.TU74

中国版本图书馆 CIP 数据核字（2000）第 88344 号

本书分上、下两篇，上篇建筑工程施工工艺，包括土石方工程、桩基础工程、砌筑工程、混凝土结构工程、预应力混凝土工程、结构吊装工程和防水工程等 7 章；下篇装饰工程施工工艺，包括墙面装饰工程、吊顶装饰工程、地面装饰工程、门窗装饰工程和涂饰工程等 5 章。这是高职高专工程造价管理专业的一门主要专业课程，也可供建筑施工人员阅读参考。

高职高专工程造价管理专业系列教材
建筑与装饰工程施工工艺
李 伟 主编

*

中国建筑工业出版社出版、发行（北京西郊百万庄）
各地新华书店、建筑书店经销
北京建筑工业印刷厂印刷

*

开本：787×1092毫米 1/16 印张：19½ 字数：473千字
2001年6月第一版 2013年12月第十六次印刷
定价：**33.00**元
ISBN 978-7-112-04394-1
(20806)

高职高专工程造价管理专业系列教材
编 审 委 员 会

序

为全面贯彻落实《高等教育面向 21 世纪教学内容和课程体系改革计划》及第一次全国普通高等学校教学工作会议的有关精神，为适应我国高职高专教育的迅速发展，根据建设部人教司［1997］18 号文所批准为"建设类高等工程专科人才培养模式的研究与实践"总课题和"建筑经济管理类专业人才培养模式的研究与实践"子课题的研究内容及要求，在全面总结建设类院校"工程造价管理"专业近十年来教学改革与实践经验的基础上，子课题组依据教育部对高职高专的人才培养目标、培养规格、培养模式及与之相适应的知识、技能、能力和素质结构要求，借鉴原重庆建筑高等专科学校"工程造价管理"教改试点专业的成功经验（该专业的教改试点研究工作于 1999 年元月已通过教育部专家组的评估验收，并被授于全国高等工程专科特色专业称号），组织编写了本套适应 21 世纪工程造价管理发展要求的专业系列教材。

按照 1999 年 4 月子课题组第二次研讨会所确定的编写原则，本套系列教材力求体现如下特点：

1. 创新性。编写人员要以面向 21 世纪高职高专教学内容和课程体系改革的研究成果为依据，按照培养高等技术经济应用型人才为主线的要求，基本理论部分以"必需、够用"为度，以强调应用为目的。在内容的取舍方面，在以适应当前工作岗位群实际需要为主基调的同时，还要为将来的发展趋势留有接口。教材中所阐述的内容，均以国家最新颁发的规范为准绳。

2. 整合性。系列教材不是单科教材的累计叠加，各科教材在凸现该门课程教学基本要求的同时，充分把握了系列教材之间内在的有机联系。在内容的安排、分配与衔接方面，按照课题组研讨的方案，进行"整合"，特别是实例选编，力求具有较高的整合性。

3. 适用性。教材中选编的习题、例题，均来自工程实际，不仅代表性强，而且对解决实际问题具有较强的针对性。因此，本套教材不仅适用于高职高专的工程造价管理专业，而且亦适用于培养高等技术经济应用型人才的大学函授教育、成人教育、自学考试等。同时，对工程造价管理岗位群从业人员亦有较高的参考价值。

参加本系列教材编写的主要有原重庆建筑高等专科学校、原长春建筑高等专科学校、福建建筑高等专科学校、河南城建高等专科学校、四川工业学院，以及中建一局等长期从事工程造价管理专业教学和实践的"双师型"教师。可以说，本套系列教材是他们工作经验之总结。但是，随着各项改革的逐步深化，书中难免有错误之处，敬请广大读者批评指正。

在本系列教材的编写过程中，中国建设教育协会秘书长范毓琦教授给予了热情的指导，中国建筑工业出版社向建国编辑给予了大力支持，在此，向他们表示诚挚的谢意。

系列教材编写委员会

2000 年 8 月

前　　言

　　《建筑与装饰工程施工工艺》是工程造价管理专业的一门主要专业课程，它主要研究建筑与装饰工程中各主要工种工程中常用的施工工艺、施工操作方法，是一门实践性强、涉及面广、综合性大的学科。

　　为了突出专科特点，面向生产第一线培养应用型人才，在编写时力求做到理论联系实际，加强可操作性、可应用性和适用性。立足于学科前沿，注重研究实际问题，学以致用，为培养具有较强应用能力的高素质人才做了初步的探索和尝试。

　　本书由长春工程学院李伟主编。参加编写人员的分工如下：

上篇：第1章　　　洛阳工业高等专科学校　　　　　李凤霞

　　　第2章　　　河南城建高等专科学校　　　　　朱星彬

　　　第3章　　　长春工程学院　　　　　　　　　李　伟

　　　第4章　　　长春工程学院　　　　　　　　　张曙光

　　　第5章　　　河南城建高等专科学校　　　　　雷颖占

　　　第6章　　　中国铁道部第十三工程局　　　　李　龙

　　　第7章　　　洛阳工业高等专科学校　　　　　王　星

下篇：第8～12章　长春工程学院　　　　　　　　　李　伟

　　全书由李伟统稿、修改、定稿。长春工程学院吕剑亮参加了下篇部分内容的编写及其插图的绘制，编写过程中得到了谭敬胜同志的帮助，对他们表示感谢。

　　由于我们的水平有限，加之时间比较仓促，书中难免有不足之处，敬请广大读者批评指正。

目　　录

上篇　建筑工程施工工艺

下篇　装饰工程施工工艺

上篇 建筑工程施工工艺

第一章 土石方工程

第一节 概　　述

土石方工程是基础施工的重要施工过程，其工程质量和组织管理水平，直接影响基础工程乃至主体结构工程施工的正常进行。

土石方工程的特点：一是工程量大，劳动繁重。如大型建设项目的场地平整，土石方工程量可达数百万立方米以上，施工面积达数平方公里，施工工期很长。在建筑工程中，若土方工程全部由人工来完成，那么所需消耗的劳动量将占全部工程总劳动量的 50% 以上。因此，在组织土石方工程的施工时，应尽可能采用机械化或半机械化的施工方法，并且力求做到土石方合理调配，节约施工费用。二是施工条件复杂。因为土是一种天然物质，成分较为复杂，且土石方工程的施工多为露天作业，施工中直接受到气候、水文、地质等的影响，难以确定的因素较多，给施工方法选择和工程质量以及施工安全增加了难度。因此，在组织土石方工程施工前，应详细分析与核对各项技术资料（如实测地形图、工程地质、水文地质资料，原有地下管道、电缆和地下构筑物资料及土石方工程施工图等），进行现场调查并根据现有施工条件，制定出以技术经济分析为依据的施工组织设计。

土方工程主要包括两类：一类是场地的平整，完成"三通一平"，包括设计标高确定；土方量计算；土方调配以及挖、运、填的机械化施工。另一类是建（构）筑物和其他地下工程的开挖与回填，包括支护结构的设计与施工；开挖前的降水或开挖后的排水；土方机械化开挖以及回填土的压实或夯实等。

一、土的工程分类

土的种类繁多，其分类的方法也很多。在建筑工程中主要依据《土方与爆破工程施工及验收规范》GBJ201—83 的分类方法，其主要有三种分类方法：

① 根据土的颗粒级配或塑性指数可分为碎石类土、砂类土和粘性土。这在施工中鉴别土的种类和选用灰土或填土时常用。

② 根据土的沉积年代，粘性土又分为：老粘性土、一般粘性土和新近沉积的粘性土。不同的粘性土其强度和压缩性也不相同。这在土方施工的地基土检验时常用。

③ 根据土的开挖难易程度（即硬度系数大小），共分为八类，见表 1−1。其中：一～四类土为土，五～八类土为岩石。

土的分类	土的级别	土 的 名 称	开挖方法及工具
一类土 （松软土）	Ⅰ	砂；亚砂土；冲积砂土层；种植土；泥炭（淤泥）	用锹、锄头挖掘
二类土 （普通土）	Ⅱ	亚粘土；潮湿的黄土；夹有碎石；粗砾石；种植土、填筑土及亚粘土	用锹、锄头挖掘，少许用镐翻松
三类土 （坚土）	Ⅲ	软及中等密实粘土；重亚粘土；粗砾石；干黄土及含碎石、卵石的黄土、亚粘土；压实的填筑土	主要用镐，少许用锹、锄头挖掘，部分用撬棍
四类土 （砂砾坚土）	Ⅳ	重粘土及含碎石、卵石的粘土；粗卵石；密实的黄土；天然级配砂石；软泥炭岩及蛋白石	先用镐、撬棍，然后用锹挖掘，部分用楔子及大锤
五类土 （软石）	Ⅴ-Ⅵ	硬石炭纪粘土；中等密实的页岩、泥灰岩；白垩土；胶结不紧的砾岩；软的石灰岩	用镐、撬棍，大锤挖掘，部分使用爆破方法
六类土 （次坚石）	Ⅶ-Ⅸ	泥灰岩；砂岩；砾岩；坚实的页岩、泥炭岩；密实的石灰岩；风化花岗岩、片麻岩	用爆破方法开挖，部分用风镐
七类土 （坚石）	Ⅹ-ⅩⅢ	大理岩；灰绿岩；玢岩；粗、中粒花岗岩；坚实的白云岩、砂岩、砾岩、片麻岩、石灰岩；风化痕迹的安山岩、玄武岩	用爆破方法开挖
八类土 （特坚石）	ⅩⅣ-ⅩⅥ	安山岩；玄武岩；花岗片麻岩；坚实的细粒花岗岩、闪光岩、石英岩、辉长岩、灰绿岩、玢岩	用爆破方法开挖

由于土的类别不同，单位工程消耗的人工或机械台班不同，因而施工费用就不同，施工方法也不同。所以，正确区分土的种类、类别，对合理选择开挖方法、准确套用定额和计算土方的工程费用关系重大。

二、土的工程性质

土的重力密度、天然含水量、密实度、可松性、渗透性等主要工程性质，直接与土方工程的质量、土体的稳定性有关，因此也涉及到土方的开挖难易程度、土方工程量的大小和施工方案的选择，从而影响土方工程的劳动力消耗量及其工程造价。所以，每一个工程技术人员必须了解和掌握土的工程性质，并在施工实践中加以正确使用。

（1）土的重力密度

土在天然状态下的单位体积重量称为土的重力密度，或称它为自然重力密度，单位是 kN/m³。表达式为公式（1-1）：

$$\gamma = \frac{W}{V} \tag{1-1}$$

式中　γ——土的重力密度；

　　　W——土的重量；

　　　V——土的体积。

我们称它为自然重力密度，这是与天然状态土的提法相对应的，其含意就是土体不被扰动，土中的水分不被蒸发，保持天然的湿度。不同的土，容重不同，各类土的自然容重见表1-2。土的重力密度与它的密实程度、含水量多少等因素有关。重力密度大的土比较密实，强度也较高。

土的自然容重参考表   表1-2

土的分类	名　　称	天然含水量时平均容重 （kg/m³）
一类土	1. 砂 2. 粘质砂土 3. 种植土 4. 冲击砂土层 5. 泥岩	1500 1600 1200 1650 1600
二类土	1. 矿质粘土和黄土 2. 轻盐土和碱土	1600 1600
三类土	1. 中等密实的砂质粘土和黄土 2. 含有碎石、卵石或建筑垃圾的松散土 3. 压实的填筑土 4. 粘土 5. 轻微胶结的砂 6. 天然湿度含砾石、石子（占15%以内）等杂质黄土	1800 1900 1900 1900 1700 1800
四类土	1. 坚硬重质粘土 2. 板状黄土和粘土 3. 密度硬化后的重盐土 4. 高岭土、干燥变硬的观音土 5. 松散风化的片岩、砂岩或软页岩 6. 含有碎石、卵石（30%以内）中等密实的粘性土或黄土 7. 天然级配的砂石	1950 2000 1800 1500 2000 1950 1950

在工程实践中，往往用土的重力密度来鉴定地基土的承载能力，同时对确定运输机具的数量和计算土方的工程量有直接关系。

（2）土的天然含水量

土的含水量代表土中的含水程度。土的含水量是土中水的重量与土的固体颗粒重量的比值，以百分数表示，如公式（1-2）所示。

$$W = \frac{A - B}{B} \times 100\% \qquad (1-2)$$

式中　W——土的天然含水量；

A——含水状态下的土重量；

B——烘干后的土重。

土的含水量表示土的湿度，随外界雨雪、地下水的影响而变化。土的含水量在5%内称为干土，在5%～30%称为潮湿土，含水量大于30%时称为湿土。含水量越大，土越湿，工程性质就差，含水量小的土强度高，这是一般规律。含水量对土方工程施工有直接的影响，即挖土的难易、边坡大小和填土压实等均与含水量有关。当土的含水量超过

25%～30%时，采用机械施工就很困难。一般土的含水量超过 20% 就会使运土汽车打滑或陷车。回填土夯实，含水量过大则会产生橡皮土现象，使土无法夯实。因此，土方开挖时对含水量过大的土层，应采取排水措施。回填土时，应使土的含水量处于最佳含水量（W_y）的变化范围之内。

（3）土的密实度

当回填土夯实后作为地基土用时，就必须强调回填土的密实度，就是土的压实系数，即施工时的填土干容重与试验所得的最大干容重之比值。表达式如公式（1-3）：

$$D_y = \gamma_d / \gamma_{max} \qquad (1-3)$$

式中　D_y——密实度（即压实系数），为小于 1 的系数；

　　　γ_d——施工填土干容重（kg/m^3）；

　　　γ_{max}——最大干容重（kg/m^3）。

密实度是衡量回填土质量的重要指标，它的大小与土的容重和含水量有关。地基回填土施工质量控制的密实度见表 1-3。

地基填土施工质量控制值 D_y　　　　　　　　　　表 1-3

结 构 类 型	填 土 部 位	密实度（D_y）	控制含水量（%）
砖石承重结构和框架结构	在地基主要受力层范围内	>0.96	$W_y \pm 2$
	在地基主要受力层范围以下	0.93～0.96	
简支结构和排架结构	在地基主要受力层范围内	0.94～0.97	
	在地基主要受力层范围以下	0.91～0.93	

（4）土的可松性

土具有可松性。即自然状态下的土，经开挖后组织破坏、体积因松散而增加，以后虽经回填夯实，仍然不能恢复到原来的状态，这个现象称为土的可松性。土的可松性程度用最初可松性系数与最终可松性系数来表示，如公式（1-4）、公式（1-5）。

$$K_s = V_2 / V_1 \qquad (1-4)$$

$$K'_s = V_3 / V_1 \qquad (1-5)$$

式中　K_s、K'_s——为最初、最终可松性系数；

　　　V_1——土在自然状态下的体积（m^3）；

　　　V_2——土挖出后松散状态下的体积（m^3）；

　　　V_3——土经夯实后的体积（m^3）。

由于土可松性的特征，土经开挖以后土体松散破坏了原土结构，承载能力下降，故在未经处理的回填土上不能建造房屋。土的可松性对土方的平衡调配、计算弃土或取土数量的多少，确定挖土和运输机具数量等有直接的影响。最初可松性系数是计算装运车辆及挖土机械的重要参数，最终可松性系数是计算填方所需挖土数量的重要参数。各类土的可松性系数见表 1-4。

各类土的可松性系数参考数值 表 1-4

土 的 类 别		体积增加百分比（%）		可松性系数	
		最 初	最 终	K_s	K'_s
一类土	除种植土外	8~17	1~2.5	1.08~1.17	1.01~1.03
	植物性土泥炭	20~30	3~4	1.20~1.30	1.03~1.04
二 类 土		14~28	1.5~5	1.14~1.28	1.02~1.05
三 类 土		24~30	4~7	1.24~1.30	1.04~1.07
四类土	泥灰岩、蛋白石除外	26~32	6~9	1.26~1.32	1.06~1.09
	泥灰岩、蛋白石	33~37	11~15	1.33~1.37	1.11~1.15
五至七类土		30~45	10~20	1.30~1.45	1.10~1.20
八类土		45~50	20~30	1.45~1.50	1.20~1.30

以取土作回填土为例：某工程基坑回填的体积为 100m³，取土场地的土为三类土，查表 1-4 三类土的最终可松性系数取 1.04~1.07，则需取土的数量为 100/（1.04~1.07）=93.5~96（m³），也就是说，挖三类土 93.5~96m³，即回填 100m³ 体积的基坑。

（5）土的渗透性

土的渗透性也称透水性，是指土体透过水的性能。它主要取决土体的孔隙特征，如孔隙的大小、形状、数量和贯通情况等。不同的土透水性不同。

一般用渗透系数 K 作为衡量土的透水性指标。K 值表示水在土中的渗透速度，其单位是 m/s（米/秒）、m/h（米/小时）或 m/d（米/昼夜）。K 值应经试验确定，表 1-5 的数值可供参考。

渗透系数参考值 表 1-5

土的类别	K（m/d）	土的类别	K（m/d）	土的类别	K（m/d）
粘土	<0.005	粉砂	0.5~1.0	粗砂	20~50
亚粘土	0.005~0.1	细砂	1.0~1.5	砾石	50~100
轻亚粘土	0.1~0.5	中砂	5.0~20.0	卵石	100~500
黄土	0.25~0.5	均质中砂	25~50	漂石（无砂质充填）	500~1000

第二节 场地平整的土方量计算

由于建筑工程的性质、规模、施工期限以及技术力量等条件的不同，并考虑到基坑（槽）开挖的要求，场地平整施工有以下三种做法：

①先平整整个场地，后开挖建筑物基坑（槽）。这种做法，使大型土方机械有较大的工作面，能充分发挥其工作效能，也可减少与其他工作的相互干扰，但工期较长。此法适用于场地的填挖土方量较大的工程。

②先开挖建筑物基坑（槽），后平整场地。此法适用于地形平坦的场地。这样做可以加快建筑物的施工速度，也可减少重复填挖土方的数量。

③边平整场地，边开挖基坑（槽）。这种做法，是按照现场施工的具体条件，划分施工区，有的区先平整场地，有的区则先开挖基坑（槽）。

场地平整前，必须确定场地的设计标高（一般均在设计文件上规定），计算挖方和填方的工程量，确定挖方填方的平衡调配，并选择土方机械，拟定施工方案。场地平整土方量计算常用方格网法。下面主要介绍方格网法计算土方工程工程量的方法。

方格网法计算土方工程量，是在新平整的场地范围内，划分成边长相等的方格，以此分别计算各方格的土方量并加以汇总，得出总的土方量的方法，如图 1−1 所示。用方格网法计算土方量的步骤一般为：确定场地的设计标高；计算方格角点的填挖深度，计算方格土方量并进行平衡等。当经计算的填方和挖方不平衡时，则根据需要进行设计标高的调整，并反复以上计算步骤，重新计算土方量。据此步骤分别叙述场地平整求解土方量的方格网法。

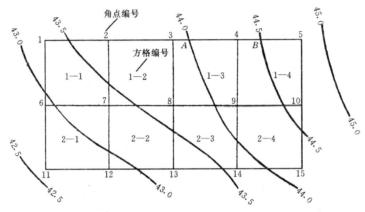

图 1−1　某建筑场地地形图方格网布置

一、确定场地设计标高

场地平整设计标高 H_0 的确定，一般有两种情况，一种情况是在总体规划设计时，确定场地设计标高，此时必须综合考虑下述因素：要与已有建筑物标高相适应；要能满足生产工艺和运输的要求；要尽量利用地形、减少挖方数量；要求场地内的挖方和填方基本平衡，以降低土方运输费用；要有一定的泄水坡度，以满足排水需要等等。在总图上确定了设计标高 H_0 值后，据此设计标高计算土方量，若所计算的挖方量大于填方量，则设置弃土区把多余的土方调出；若填方量大于挖方量，则从取土区调进土方。另一种情况是竖向规划没有确定设计标高时，按场地内挖填平衡降低运输费用为原则确定设计标高。下面主要介绍填、挖方平衡求解设计标高的方法和步骤。

（1）划分方格

在地形图上根据平整场地范围划分方格，如图 1−2 所示。图中的等高线表示地形自左向右升高，方格的边长 a 根据地形复杂情况取 $a = 10 \sim 50\text{m}$，地形复杂取小值，平坦地形取大值，但一般取 $a = 20\text{m}$。

（2）确定方格角点地面标高

确定各方格角点地面标高的方法有两种：当精度要求较高或地形起伏较大时，用水平仪直接测定各方格角点的地面标高，即先将方格的各角点测设于地面上，再测出各角点的地面标高，标注在各角点上；或者，根据地形图上的等高线，用插入法求出各方格角点的

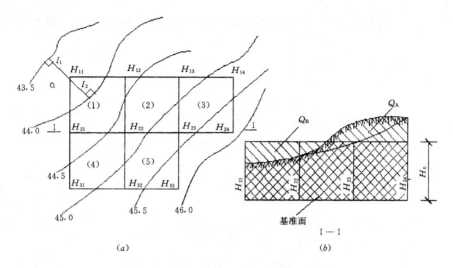

图 1-2 场地设计标高计算简图

(a) 划分方格的地形图；(b) Ⅰ-Ⅰ剖面图

地面标高，如图 1-1 所示。插入法又分数解法和图解法，下面分别介绍这两种方法。

①数解法。采用数解法计算时，假定每两根等高线之间的地面标高是呈直线变化的。如求角点 4 的地面标高 (H_4)，从图 1-3 中，根据相似三角形特征有：

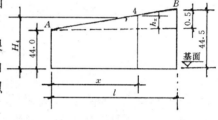

图 1-3 数解法计算简图

$$h_x : 0.5 = x : l$$

则

$$h_x = \frac{0.5}{l} \cdot x$$

得

$$H = 44 + h_x$$

在地形图上只要量出 x 和 l 的长度，便可算出 H 的数值。

②图解法。因数解法计算比较烦琐，故通常多采用图解法求各角点的地面标高，其原理同数解法。

如图 1-4 所示，用一张透明纸，上面画六根等距离的平行线（线条要尽量画的细，否则影响读数），把该透明纸放到标有方格网的地形图上，将六根平行线的最外两根分别对准 A 点和 B 点，这时六根等距离的平行线将 A、B 之间的 0.5m 的高差分成五等分，于是便可直接读得角点 4 的地面标高 $H_4 = 44.34$。其余各角点标高均可用此法求出。

用图解法求得的各角点地面标高见图 1-2 中地面标高值。

(3) 根据挖方和填方平衡求解设计标高 H_0

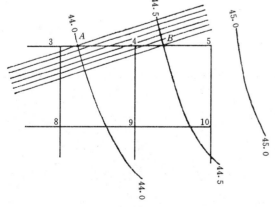

图 1-4 插入法的图解

在图 1-2 中已知方格数 $N=5$，每个方格的面积为 a^2，则整个平衡场地的总面积为 $N \cdot a^2$。

设自基准面至设计标高之间的总土方量 Q_1 为：

$$Q_1 = N \cdot a^2 \cdot H_0 \qquad (1-6)$$

Q_1 在图中，用斜向左下角的阴影线表示。

自基准面至自然地面之间的总土方量 Q_2，为各方格土方量之总和。即：

$$Q_2 = \sum_1^5 \left(\frac{H_{11} + H_{12} + H_{21} + H_{22}}{4} \right) \cdot a^2 \qquad (1-7)$$

$$= \frac{a^2}{4} \sum_1^5 (H_{11} + H_{12} + H_{21} + H_{22})$$

Q_2 在图中，用斜向右下角的阴影线表示。

令 $Q_1 = Q_2$（图中 $Q_A = Q_B$），即填方量等于挖方量。则：

$$Na^2 H_0 = \frac{a^2}{4} \sum_1^5 (H_{11} + H_{12} + H_{21} + H_{22})$$

$$H_0 = \frac{\sum_1^5 (H_{11} + H_{12} + H_{21} + H_{22})}{4N} \qquad (1-8)$$

从图中可看出，H_{11} 属一个方格的角点标高，H_{12} 和 H_{21} 均属两个方格共用的角点标高，H_{22} 则属四个方格共用的角点标高。如果将所有方格的四个角点标高相加，那么，类似 H_{11} 这样的角点只加一次，类似 H_{12} 的标高加到两次，而类似 H_{22} 的标高则要加到四次。即：

第 1 方格：$H_{11} + H_{12} + H_{21} + H_{22}$

第 2 方格：$H_{12} + H_{22} + H_{13} + H_{23}$

第 3 方格：$H_{13} + H_{23} + H_{14} + H_{24}$

第 4 方格：$H_{21} + H_{22} + H_{31} + H_{32}$

第 5 方格：$H_{22} + H_{23} + H_{32} + H_{33}$

$$\sum_1^5 = 1 \times (H_{11} + H_{14} + H_{24} + H_{31} + H_{33}) + 2(H_{12} + H_{13} + H_{21} + H_{32}) + 3H_{23} + 4H_{22}$$

因此，公式可改写成下列形式：

$$H_0 = \frac{\Sigma H_1 + 2\Sigma H_2 + 3\Sigma H_3 + 4\Sigma H_4}{4N} \qquad (1-9)$$

式中　H_1——属一个方格所有的角点标高；

H_2——属二个方格所有的角点标高；

H_3——属三个方格所有的角点标高；

H_4——属四个方格所有的角点标高。

（4）确定各方格角点的设计标高 H_n

如果按照上式计算出的设计标高进行场地平整，整个场地表面将处于同一个水平面；

但实际上由于有排水的要求，平整后的场地应有一定的泄水坡度，这样就使得各方格角点的实际设计标高不等。因此，还需根据场地排水要求（单面泄水或双面泄水），计算出场地内各点实际施工所用的设计标高。

①单面坡排水。如图 1-5 所示。在图中设单向排水坡度为 i，为了确保挖方和填方平衡，取场地中心线 $c-c$ 作为公式（1-9）求得的 H_0，则场地内任意方格角点的设计标高为：

$$H_n = H_0 \pm li \qquad (1-10)$$

式中 H_0——式 1-9 中求得的整个场地为水平面的设计标高；

l——场地中心线至各方格角点的距离；

i——单向排水坡坡度（一般不小于 2‰）；

$\pm$——该方格角点低于 H_0 时用"$-$"号，高于 H_0 的方格角点用"$+$"号。

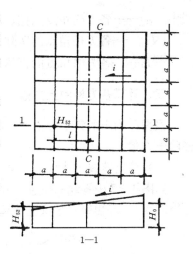

图 1-5 单向泄水坡度场地示意图

例如图 1-5 中：
$$H_{11} = H_0 - 2.5ai$$
$$H_{25} = H_0 + 1.5ai$$
$$H_{52} = H_0 - 1.5ai$$

②双向坡排水。如图 1-6 所示。同理为了挖填方的平衡，取场地的中心点作为公式（1-9）求得的 H_0，则场地内任意方格角点的设计标高 H_n 为：

$$H_n = H_0 \pm l_x i_x \pm l_y i_y \qquad (1-11)$$

式中 l_x、l_y——场地中心点至各方格角点在 $x-x$、$y-y$ 方向的距离；

i_x、i_y——所求方格角点于 $x-x$、$y-y$ 方向的泄水坡度。

其余符号表示的内容同前。

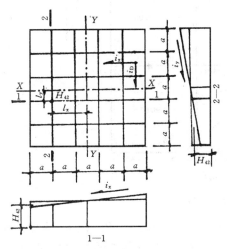

图 1-6 双向泄水坡度场地示意图

例如图 1-6 中：
$$H_{25} = H_0 + 1.5ai_x + 1.5ai_y$$
$$H_{42} = H_0 - 1.5ai_x - 0.5ai_y$$
$$H_{52} = H_0 - 2.5ai_x - 2.5ai_y$$

二、计算各方格角点的挖、填土深度 h_n

通过以上计算，已知各方格角点的实际设计标高 H_n 自然地面标高 H，则各方格角点的挖、填土深度为：

$$h_n = H_n - H \qquad (1-12)$$

式中　h_n——各方格角点的挖、填土深度，"+"号为填土深度，"-"号为挖土深度；

　　　H_n——各方格角点的实际设计标高；

　　　H——各方格角点的自然地面标高。

三、计算各方格的土方量

根据已确定的每个方格角点的实际设计标高 H_n 和挖、填土深度 h_n，便可以计算各方格的土方量。

（1）确定零线

如图 1-7 中零线的位置。其确定的方法是：先求出有关方格边线上的"零点"（不挖不填的点），将相邻两零点连接起来，即为零线。

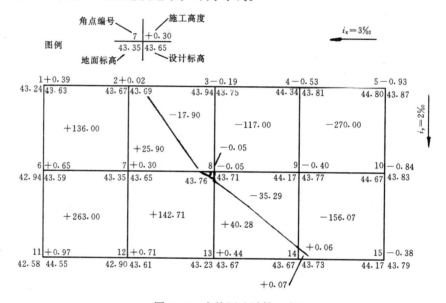

图 1-7　方格网法计算土方量

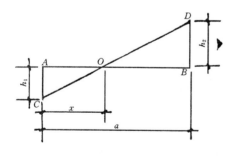

图 1-8　求零点示意图

确定零线的方法如图 1-8。设 h_1 为填方角点的填方高度，h_2 为挖方角点的挖方高度，0 为零点位置，由两个相似三角形求得：

$$h_1 : x = h_2 : (a - x)$$

即

$$h_2 x = a h_1 - h_1 x$$

得

$$x = \frac{a h_1}{h_1 + h_2}$$

式中　x——零点所划分的边长数值（即零点至计算基点的距离）；

h_1、h_2——该方格边两端角点的挖填高度，均用绝对值代入，h_1 为计算基点的填方高度，h_2 为计算基点的挖方高度；

a——方格边长。

图 1-7 中各有关方格边的零点的图解见图 1-9。将得出的各零点的 x 值，用相应的比例分别标到方格网的相应方格边线上，即得零点的位置。

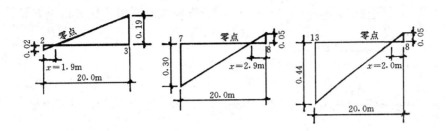

图 1-9 零点图解举例

零线求出后,挖填方区则随之划分出,即可着手计算各方格的挖填土方量。

（2）计算各方格的土方量

由于零线通过方格的部位不同,把方格划分成三种基本情况,如图 1-7 所示,（1）（3）（4）（5）为全填或全挖的方格,（2）（7）为二填二挖的方格,（6）（8）为三挖一填或三填一挖的方格,各方格按三种不同情况分别计算土方量。

① 全填或全挖方格土方量计算。用平均高度计算土方量,如图 1-10 所示。

$$V = \frac{a^2}{4}(h_1 + h_2 + h_3 + h_4) \tag{1-13}$$

② 两填两挖方格土方量计算。用三角棱柱体平均截面法分别求解填方和挖方土方量,如图 1-11 所示:

$$F_1 = \frac{1}{2}\left[\frac{ah_1}{(h_1 + h_4)}\right]h_1 = \frac{1}{2}\frac{ah_1^2}{(h_1 + h_4)}$$

$$F_2 = \frac{1}{2}\left[\frac{ah_2}{(h_2 + h_3)}\right]h_2 = \frac{1}{2}\frac{ah_2^2}{(h_2 + h_3)}$$

则

$$V_{挖} = \frac{1}{2}(F_1 + F_2) \cdot a$$

$$= \frac{1}{2}\left[\frac{1}{2}\frac{ah_1^2}{(h_1 + h_4)} + \frac{1}{2}\frac{ah_2^2}{(h_2 + h_3)}\right] \cdot a$$

$$= \frac{a^2}{4}\left[\frac{h_1^2}{(h_1 + h_4)} + \frac{h_2^2}{(h_2 + h_3)}\right] \tag{1-14}$$

同理得:

$$V_{填} = \frac{a^2}{4}\left[\frac{h_3^2}{(h_2 + h_3)} + \frac{h_4^2}{(h_1 + h_4)}\right] \tag{1-15}$$

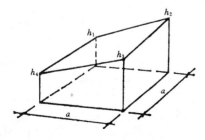

图 1-10 全填或全挖方格

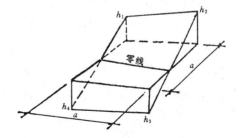

图 1-11 两填两挖方格

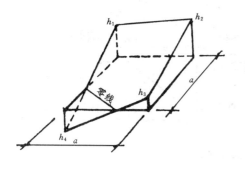

图 1-12 三挖一填方格

③三挖一填或三填一挖方格土方量计算。如图 1-12 所示。

$$V_{锥} = \frac{a^2}{6}\left[\frac{h_4^3}{(h_1+h_4)(h_3+h_4)}\right] \qquad (1-16)$$

$$V_{楔} = \frac{a^2}{6}\left[2h_1+h_2+2h_3-h_4\right] + V_{锥} \qquad (1-17)$$

四、边坡土方量的计算

确定了设计标高后，把所要平整的场地划分成填方区和挖方区，为了保证场地四周土壁的稳定，必须设置边坡，边坡土方量的计算如 1-13 图所示。

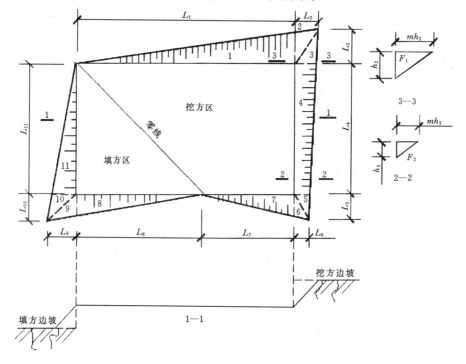

图 1-13 边坡土方量计算示意图

从图 1-13 可知，场地平整的边坡基本上分成三种类型，即三角锥体、三角棱柱体和由两个三角锥体组成的阴角或阳角土体。

（1）三角锥体边坡土方量计算（如图 1-14 所示）

$$V = \frac{1}{3}Fl_1 \qquad (1-18)$$

（2）三角棱柱体边坡土方量计算（如图 1-15 所示）

$$V = \frac{F_1+F_2}{2}l_3 \qquad (1-19)$$

（3）关于场地四个角处的土方量，实际上是由二个三角锥体所组成，但其两个坡面的交点不好确定，为简化计算一般取平面成正方形计算，即二个三角形锥体的长度均取方格角点填挖深度乘以坡度系数 m 求得。

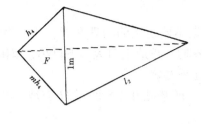

图 1-14　三角锥体

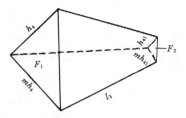

图 1-15　三角棱柱体

五、土方量的汇总平衡

将以上所计算的各方格土方量和挖方区、填方区的边坡土方量，按挖填方分别进行汇总，得到场地平整的挖方量和填方量，然后将挖方量乘以该土的最后可松性系数与填方量对比，若该差不大，则计算完成，若误差较大，则进行设计标高的调整，待求得调整后的设计标高后，重复以上步骤再行计算。

六、设计标高的调整

以上计算求得的 H_0 和 H_n，是一个仅考虑了场地泄水坡度后的理论上的设计标高，但是对于土的可松性、设计标高以下的挖方或设计标高以上的填方、以及土方边坡等因素均未加以考虑，因此据此设计标高求出挖填方量可能不会相等，必然出现或是挖方多于填方有土方多余，或是填方多于挖方则挖方不满足填方要求，若不另设弃土区或取土区而要求在场地内自行平衡时，就必须调整设计标高。当挖方多于填方时，则必须将原设计标高提高 ΔH 以减少挖方量，反之则必须将设计标高下降 ΔH 以增加挖方量。设计标高调整值 ΔH 可用公式（1-20）计算：

$$\Delta H = H_m \pm \frac{Q}{N \cdot a^2} \qquad (1-20)$$

式中　ΔH——设计标高调整值；

$\quad$ H_m——场地内任意方格角点的设计标高；

$\quad$ Q——多余或不足的土方量；

$\quad$ $N \cdot a^2$——场地的总面积；

$\quad$ ±——当挖方多于填方时用"＋"号，当填方多于挖方时用"－"号。

第三节　基坑（槽）土方的开挖

基坑土方开挖的中心问题是：正确决定土方边坡和工作面尺寸；选择土壁支护设施；确定土方开挖方法和钎探验槽。

一、土方边坡与土壁支撑

在建筑物基础或管沟土方施工中，对永久性或使用时间较长的临时性挖方，均应保持

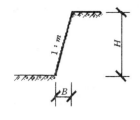

图1-16 土方边坡

土壁稳定，防止坍塌、溜坡，以保证基础施工时的施工质量和安全。防止塌方的主要技术措施是放坡和坑壁支撑。

（一）土方边坡

为了保证土壁稳定，根据不同土质的物理性能、开挖深度、土的含水率，在基础土方开挖时，挖成上口大、下口小，留出一定的坡度，靠土的自稳保证土壁稳定。

土方边坡的坡度用坡高（即基础开挖深度）H 与坡宽 B 之比表示，如图1-16。

土方边坡坡度 $= H/B$。

为表示方便，把坡的高宽比方式变为：

$$\frac{H}{B} = \frac{1}{B/H} = 1 : m \qquad (1-21)$$

式中，$m = B/H$，称坡度系数。

土方边坡的大小与土质、开挖深度、开挖方法、边坡留置时间长短、排水情况及附近堆土等有关。

土方边坡的形式有直坡式、斜坡式和踏步式，如图1-17。

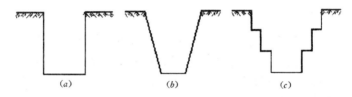

图1-17 土方边坡形式
(a) 直坡式；(b) 斜坡式；(c) 踏步式

（1）允许做直坡的条件

根据《土方与爆破工程施工及验收规范》规定：当基础土质均匀且地下水低于基坑或基槽底面标高时，挖方时可做成直坡式，不放坡也不设支撑，但是，挖方深度不宜超过下述规定（见表1-6）：

表1-6

项　次	土质情况	挖方深度极限值（m）
1	密实、中密的砂土和碎石土类	1.00
2	硬塑、可塑的轻亚粘土及亚粘土	1.25
3	硬塑、可塑的粘土和碎石土类	1.50
4	坚硬的粘土	2.00

（2）深度在5m以内的边坡坡度

当挖土深度超过可以不放坡的限值，而地质条件良好，土质均匀，地下水位低于基坑（槽）底标高时，在不加支撑的情况下允许的最陡坡度，应符合表1-7规定。

土 的 分 类	边 坡 坡 度		
	坡顶无荷载	坡顶有静载	坡顶有动载
中密的砂土	1:1.00	1:1.25	1:1.50
中密碎石土类（填充物是砂土）	1:0.75	1:1.00	1:1.25
硬塑的轻亚粘土	1:0.67	1:0.75	1:1.00
中密的碎石土类（填充物是粘性土）	1:0.50	1:0.67	1:0.75
硬塑的亚粘土、粘土	1:0.33	1:0.50	1:0.67
老黄土	1:0.10	1:0.25	1:0.33
软土（经井点降水后）	1:1.00	—	—

深度在 5m 以内的基坑（槽）边坡的最陡坡度 表 1-7

注：1. 静载指堆土或材料，动载指机械作业或汽车运输。

2. 有成熟施工经验时，可不受本表限制。

为保证挖土过程中边坡的稳定，应随时注意气候、风雨对边坡土方的影响，预防因槽坑边堆土过多或因汽车行驶的震动，造成土壁坍塌或溜坡。

（3）边坡护面措施

当挖土时基坑较深或晾槽时间长时，为防止边坡因失水过多而松散，或因地面水冲刷而产生溜坡现象，应根据实际条件采取护面措施，常用的坡面保护方法有：帆布或塑料膜覆盖法，坡面挂网法或挂网抹浆法，土袋压坡法等，如图 1-18 所示。

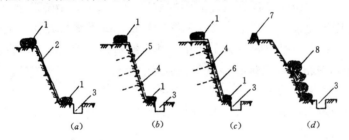

图 1-18 边坡护面措施

（a）覆盖法；（b）挂网法；（c）挂网抹面法；（d）土袋压坡法

1—压重（砌砖或土袋）；2—塑料膜；3—排水沟；4—插筋；5—铅丝网；

6—铅丝网抹水泥砂浆 2~3cm；7—挡水堤；8—装土草袋

（二）土壁支撑

开挖基坑（槽）时，如地质和周围条件允许，可放坡开挖，这往往是比较经济的。但在建筑稠密地区施工，有时不允许按要求放坡的宽度开挖，或有防止地下水渗入基坑要求时，就需要坑壁支撑土壁，以保证施工的顺利和安全，并减少对相邻已有建筑物的不利影响。坑壁支撑主要有钢（木）支撑、钢（木）板桩、钢筋混凝土护坡桩和钢筋混凝土地下连续墙。

坑壁支撑的形式，应根据开挖深度、土质条件、地下水位、开挖方法、相邻建筑物或构筑物等情况进行选择和设计。必要时还应经试验后确定。基坑（槽）的各种支撑方法如下：

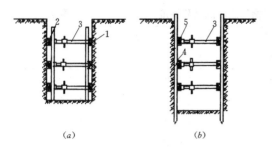

图 1-19 横撑式支撑

（a）断续式水平挡土板支撑；（b）垂直挡土板支撑

1—水平挡土板；2—立柱；3—工具式横撑；4—垂直
挡土板；5—横楞木

（1）断续式水平支撑（图1-19a）

挖掘湿度小的粘性土及挖土深度小于3m时可采用断续式水平支撑。

支撑时，挡土板水平放置，中间留出间隔，然后，两侧同时对称立上竖枋木，再用工具式横撑上下顶紧。

（2）连续式水平支撑

挖掘较潮湿的或散粒的土及挖土深度小于5m时，可采用连续式水平支撑。

支撑时，挡土板水平放置，相互靠紧，不留间隔，然后两侧同时对称立上竖向枋木，上下各顶一根撑木，端尖加木楔楔紧。

（3）连续式垂直支撑（图1-19b）

挖掘松散的或湿度很高的土（挖土深度不限），可采用连续式垂直支撑。

支撑时，挡土板垂直放置，然后每侧上下各水平放置横枋木一根用撑木顶紧，再用木楔楔紧。

（4）板桩支撑

板桩为一种支护结构，既挡土又防水。当开挖较大基坑或使用较大的机械挖土，而不能安装横撑时，或地下水位较高且有出现流砂的危险时，如未采用降低地下水位的方法，则可用板桩打入土中，使地下水在土中渗流的路线延长，降低水力坡度，从而防止流砂产生。在靠近原有建筑物开挖基坑时，为了防止原建筑物基础的下沉，也应打设板桩支护。

板桩有木板桩、钢筋混凝土板桩、钢筋混凝土护坡桩、钢板桩和钢木混合板桩式支护结构等数种。钢板桩在临时工程中可多次重复使用。钢筋混凝土板桩一般不重复使用。

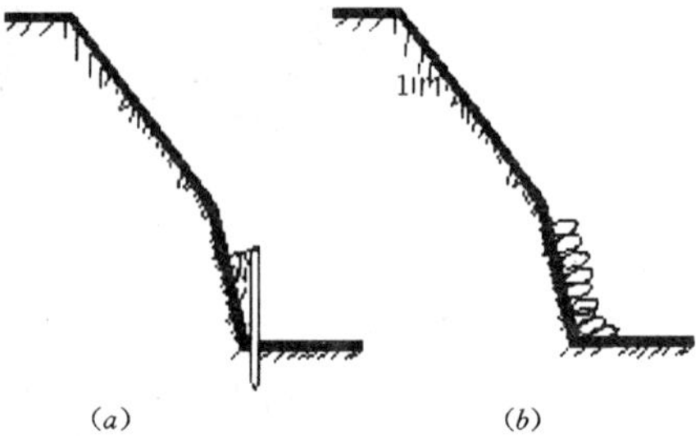

（5）短桩横隔支撑（图1-20a）

开挖宽度大的基坑，当部分地段下部放坡不足时可采用短桩横隔支撑。支撑时，打入小短木桩，一半在地上，一半在地下，地上部分背面钉上横板填土既可。

（6）临时挡土墙支撑（图1-20b）

图 1-20 挡土支撑

（a）短桩横隔支撑；（b）临时挡土墙支撑

开挖宽度大的基坑，当部分地段下部放坡不足时，也可用临时挡土墙支撑。支撑时，沿坡脚用砖、石或草袋装土叠砌即可。

二、基坑（槽）土方开挖

在土石方工程施工之前，必须计算土石方的工程量。但各种土石方的外形往往很复杂，不规则，要得到精确的计算结果很困难。一般情况下，都将其假设或划分为一定的几何形状，并采用具有一定精度而又和实际情况近似的方法进行计算。

（1）基坑土方量的计算

可近似地按柱体（上下底为两个平行的平面作底的一种多面体）的体积计算，见图1-21。

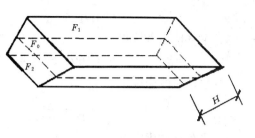

$$V = \frac{H}{6}(F_1 + 4F_0 + F_2) \quad (1-22)$$

式中　H——基坑深度（m）；
　　　F_1、F_2——基坑上下两底面积（m²）；
　　　F_0——基坑中截面面积（m²）。

图1-21　基坑土方量计算

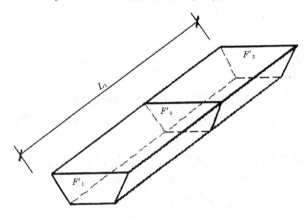

图1-22　基槽土方量计算

（2）基槽土方量的计算

可以沿长度方向分段后，再用同样方法计算，见图1-22。

$$V_1 = \frac{L_1}{6}(F'_1 + 4F'_0 + F'_2)$$

$$(1-23)$$

式中　V_1——第一段的土方量（m³）；
　　　L_1——第一段的长度（m）；
　　　F'_1——第1端截面积（m²）；
　　　F'_2——第2端截面积（m²）；
　　　F'_0——中截面面积（m²）。

将各段土方量相加即得总土方量，即

$$V = V_1 + V_2 + \cdots + V_n \quad (1-24)$$

式中　V_1，V_2，$\cdots$，V_n——各分段的土方量（m³）。

【例】　某建筑基础平面图（图1-23），基础底面尺寸为长37.8m，宽12.5m。基础附近还有一个大坑，坑的体积为1776m³。已知：基础坡度系数 $m = 0.42$，$H = 4.8$m，$K_s = 1.28$，$K'_s = 1.07$。求：用基础挖出的土将坑填满夯实后，还应外运虚土多少 m³？

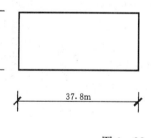

图1-23

解：

（1）求边坡宽 B

$$B = m \cdot H = 0.42 \times 4.8 = 2.016\text{m}$$

（2）求基坑面积

坑底面积　　　　　　$F_2 = 37.8 \times 12.5 = 472.5\text{m}^2$

坑中间截面积　　　　$F_0 = (37.8 + 2.016) \times (12.5 + 2.016)$
　　　　　　　　　　　$= 577.97\text{m}^2$

坑顶面积　　$F_1 = (37.8 + 2 \times 2.016) \times (12.5 + 2 \times 2.016)$

17

$$= 691.57\text{m}^2$$

（3）求基坑土方体积

$$V = 4.8/6 \times (691.57 + 4 \times 577.97 + 427.5) = 2780.8\text{m}^3$$

（4）求回填所用虚土

$$V_{回} = \frac{1.28 \times 1776}{1.07} = 2124.6\text{m}^3$$

（5）求外运的虚土量

$$V_{运} = K_{s}V - V_{回}$$
$$= 1.28 \times 2780.8 - 2124.6$$
$$= 1435\text{m}^3$$

三、基槽检验

基槽（坑）挖至基底设计标高后，必须通知勘察、设计部门会同验槽。经处理合格后签证，再进行基础工程施工。这是确保工程质量的关键程序之一。验槽的目的在于检查地基是否与勘察设计资料相符合。

一般设计依据的地质勘察资料取自建筑物基础的有限几个点，无法反映钻孔之间的土质变化曲线，只有在开挖后才能确切地了解。如果实际土质与设计地基土不符，则应由结构设计人提出地基处理方案，处理后经有关单位签署后归档备查。

验槽主要靠施工经验观察为主，而对于基底以下的土层不可见部位，要辅以钎探、夯音配合共同完成。

（1）观察验槽

注意观察基槽槽底和侧壁土质情况，土层构成及其走向，是否有异常现象，以判断是否到达设计要求的地基土层。由于地基土开挖后的情况复杂、变化多，这里只能将常见基槽观察的项目和内容列表简要说明，如表

验槽观察内容		表 1-8
观察项目		观 察 内 容
槽壁土层		土层分布情况及走向
重点部位		柱基、墙角、承重墙下及其他受力较大部位
整个槽底	槽底土质	是否挖到老土层上（地基持力层）
	土的颜色	是否均匀一致，有无异常过干过湿
	土的软硬	是否软硬一致
	土的虚实	有无振颤现象，有无孔穴声音

1-8。直观鉴别土质情况，应熟练掌握土的野外鉴别法。

（2）钎探

对基槽底以下 2～3 倍基础宽度的深度范围内，土的变化和分布情况，以及是否有孔穴或软弱土层，需要用钎探探明。

钎探方法，将一定长度的钢钎打入槽底以下的土层内，根据每打入一定深度的锤击次数，间接地判断地基土质的情况。打钎分人工和机械两种方法。

人工打钎时，钎径为 22mm～25mm，钎尖为 60°尖锥状，钎长为 1.8m～2.0m。打钎用的锤重为 8 磅～10 磅，举锤高度约 50cm～70cm。用打钎机打钎时，其锤重约 10kg，锤的落距为 50cm，钢钎为 $\phi25$ 长 1.8m。

打钎时，每贯入 30cm，记录锤击数一次，并填入规定的表格中。一般每钎分五步打（每步为 30cm）钎顶留 50cm，以便拔出。钎探点的记录编号应与注有轴线号的打钎平面

图相符。

钎孔布置和钎探记录的分析，钎孔布置形式和孔的间距，应根据基槽形状和宽度以及土质情况决定，对于土质变化不太复杂的天然地基，钎孔布置可参考表1-9所列方式。对于软弱土层和新近沉积的粘性土以及人工杂填土，钎孔间距不应大于1.5m。打钎完成后，要从上而下逐步分层分析钎探记录，再横向分析钎孔相互之间的锤击次数，将锤击数过多或过少的钎孔，在打钎图上加以圈定，以备到现场重点检查。钎探后的孔要用砂密实。

钎 孔 布 置			表 1-9
槽　宽 （cm）	排 列 方 式	钎探深度 （m）	钎探间距 （m）
80～100	中心一排	1.5	1.5
100～200	两排错开1/2钎孔间距，距槽边20cm	1.5	
200 以上	梅花形	1.5	1.5

第四节　人工降低地下水位施工

开挖低于地下水位的基坑时，地下水会不断渗入坑内。雨季施工时，地面水也会流入坑内。如果不将坑内的水及时排除，不但会使施工条件恶化，而且更严重的是被水泡软化，会造成边坡塌方和坑底地基土承载能力下降。因此，在基坑开挖前和开挖时，做好施工排水和降低地下水位工作，保持土体干燥是十分必要的。这项工作应持续到基础工程施工完毕进行回填后才能停止。

一、施工场地地面排水

有不少施工现场（特别是山区施工），由于缺乏排水总体规划和设施，以致雨期中排水紊乱，对施工生产影响很大。所以施工前应搞好施工区域内场地地面排水系统，在规划时要注意与自然排水和已有的排水设施相适应。为了减少施工费用，应先做好永久排水设施，便于施工现场排水使用。山坡应做截水沟或植被护坡，坡脚排水。

场地排水一般采用泄水坡、疏水沟、排水沟或截水沟，将地面水排出现场，或阻止场外水流入施工场地。场地排水不得破坏附近建筑物或构筑物的地基和挖填方的边坡，截水沟至填方坡脚应有适当距离，沟内最高水位应低于坡脚至少0.3m。排水沟和截水沟的纵向坡度、横断面、边坡坡度和出水口应符合下列规定：

① 纵向坡度应根据当地地形和允许流速确定，一般不应小于3‰，平坦地区不应小于2‰，沼泽地区可减至1‰。

② 排水沟和截水沟仅在施工期内使用，其横断面尺寸应根据施工期间内的最大流量确定，最大流量应根据当地气象资料，查出历年来在这段期间的最大降雨量，再按其汇水面积计算。

③ 边坡坡度应根据土质和沟的深度确定，一般为1:0.7～1:1.5，岩石边坡可适当放陡坡。

④ 出水口应设置在远离建筑物或构筑物的低洼地点、场地边缘或场外，并应保证排

水畅通。排水坑、沟的出水口处应防止冻结。

二、降低地下水位

降低地下水位的方法有集水坑降水、井点降水或两者相结合等措施减低地下水位。选择降水方案的原则一般为：基坑（槽）开挖的降水深度较浅且地层中无流砂时，可采用集水坑降水；如降水深度较大，或地层中有流砂，或在软土地区，应尽量采用井点降水。当采用井点降水，仍有局部地段降深不够时，可辅以集水坑降水。

（一）集水坑降水

集水坑降水仍是目前一种常用的降水方法，它是在基坑开挖过程中，在基坑底设置集水坑并沿基坑底的周围或中央开挖排水沟，使水流入集水坑中，然后用水泵抽走。

（1）水泵的性能与选用

在建筑工地上，基坑抽水用的水泵主要有：离心泵、潜水泵和软轴泵等。

水泵的主要性能包括：流量、总扬程（包括吸水扬程和出水扬程）和功率等。流量是指水泵单位时间内的出水量。扬程是指水泵能扬水的高度。选择水泵主要是根据流量与扬程而定，水泵的流量应满足基坑涌水量要求，即水泵的总排水量 V 一般采用基坑总涌水量的 $1.5\sim2.0$ 倍。

（2）集水坑的设置

集水坑应设置在基坑内（或基坑外），地下水走向的上流。根据地下水量的大小、基坑平面形状及水泵能力，每隔 $20\sim40m$ 设一个集水坑，保持水流畅通，达到"挖干土、排清水"。

集水坑的断面不应小于 $80cm\times80cm$。集水坑坑底应铺设碎石作为滤水层，以免因抽水时间较长，将泥砂抽走，并防止集水坑坑底被扰动。

（3）排水沟的设置

排水沟可设置在基坑的周围，或是基槽的一侧或两侧，特殊情况还可设在基坑中心。水沟断面要考虑基坑排水量及对邻近建筑物的影响。

（4）采用集水坑降水应注意的问题

采用集水坑降水，必须保护地基土的结构和边坡稳定，施工中应注意的问题如下：

①集水坑降水，由于地下水由两边（或四周）向坑内渗流，容易使边坡上的细颗粒土随水流失，影响边坡的稳定。因此，如现场土质不好（含有流砂层和淤泥层等），不宜采用集水坑降水；

②为了便于排水，应经常保持一定深差；

③为了防止基底下土的细颗粒随水流失，使地基土结构受到破坏，集水坑与基坑坑底的底边应有一定的距离，一般约有 $300\sim500mm$；

④边坡坡面上如有局部渗出地下水时，应在渗水处设置过滤层，防止土粒流失，并应设置排水沟，将水引出坡面。如地下水流量较大，则应采取其他加固措施，以免边坡受冲刷塌方；

⑤在开挖过程中，如有局部流砂现象，可采取设置过滤层，或改用井点降水措施。

（二）井点降水

井点降水，就是在基坑开挖前，预先沿基坑底的深处按等距离，沉入一定数量的滤水管或管井于地下储水层中，以总管连接，利用抽水设备抽水，使地下水位降落到基坑底以下，保证挖土在无水状态下进行，不但防止了流砂上涌，且便于施工。

（1）井点降水的优越性

采用井点系统降低地下水位，在全国已广泛使用，其主要优点如下：

①地下水位降低后，使所挖的土始终保持干燥，改善了工作条件；

②可以防止流砂现象，确保施工安全；

③地下水位减低后，土内水分已被排除，增加了边坡的稳定，边坡可改陡，减少挖土量，同时可省去大量支撑材料，提高工效和降低施工费用；

④邻近建筑物可以避免产生裂缝或下陷；

⑤井点系统不需特殊设备，施工简便，操作者在短时间训练下就可以很熟练地进行施工；

⑥可以大规模地进行机械化施工，大型土方施工机械在水抽干了的条件下作业，更能发挥其机械性能。

（2）井点降水的方法和适用范围

井点降水有轻型井点（一级或多级）、管井井点、电渗井点、喷射井点和深井泵井点等。

1）轻型井点。轻型井点法就是沿基坑四周，将许多井点管埋入地下蓄水层内。井点管的上端通过弯管与总管相连接，利用抽水设备将地下水从井点管内不断抽水，这样便可将原有地下水位降至基坑以下。

2）管井井点。管井井点为大口径井点，即直径为150～250mm，使用于渗透系数大、地下水丰富的土层、砂层、或用集水坑降水易造成土粒大量流失、引起边坡塌方及用轻型井点不易解决的场合。由于它排水量大、降水深，较轻型井点具有更大的降水效果，可代替多级轻型井点。

管井井点就是沿基坑每隔10～15m设置一个管井，每个管井单独用一个水泵不断地抽水，从而降低地下水位。管井井点降水深度可达5m，井孔比管井外径大150～250mm，井管与井壁之间用3～15mm砾石充填作过滤层。

3）电渗井点。在饱和的粘性土中，由于土的透水性差（渗透系数小于0.1m/昼夜），以重力或真空作用排水，效果很差。采用电渗排水，对透水性差的土能疏干，对软土地基能得到加强。电渗井点系统抽出在直流电作用下释放出来的结合水，于是就提高了降低地下水位的效率，使得土体达到疏干和密实，保证了边坡的稳定性，改善了在坑（槽）或沟壕间的挖土工作条件。

电渗井点阴、阳极的一般距离：利用轻型井点时，为0.8～1.0m；利用喷射井点时，为1.2～1.5m。工作电压一般为30～40V，且不宜大于60V，土中通电时的电流密度为0.5～1.0A/m²，抽干每立方米地下水消耗的电能为2～10kW/h。

4）喷射井点。当基坑开挖较深或降水深度大于6m时，采用多级轻型井点降水，将增大基坑的挖土量，延长工期，增加设备和施工费用。因此，以采用喷射井点为宜。喷射井点的降水深度介于轻型井点和深井井点之间，由于井点管下部装有扬水器，其降水深度超过了轻型井点，但是喷射井点的管路增加较多，施工较为复杂，构成了不同于轻型井点的施工工艺和方法。近年来，喷射井点已逐步推广，应用于弱透水土层中。

喷射井点根据其工作时使用气体或液体不同，可分为喷气井点和喷水井点。

喷射井点的设备，主要由喷射井管、高压水泵和管路系统组成。喷射井管由内管和外管组成，在内管下端装有升水装置——喷射扬水器，利用它的压力把很深的地下水压送上来。喷射井点采用的高压水泵的流量为 $50\sim80m^3/h$。

喷射井点的平面布置，当基坑宽度小于 10m 时，井点可作单排布置；当基坑宽度大于 10m 时，可作双排布置；当基坑面积较大时，宜采用环形布置。井点间距一般采用 $2\sim3m$。喷射井点的冲孔直径一般为 $400\sim600mm$，冲孔深度宜比滤管底深 0.5m 左右。

5）深井泵井点。降低深层地下水位最广泛的方法，就是采用深井泵井点降水。深井泵井点是将深井泵放置在预定的钻孔中进行抽水，钻孔的下端都有较长的滤管，将水流滤清后，由深井泵抽出，排除坑槽以外。

深井成孔方法可根据土层条件和孔深要求，选用冲击成孔、回转钻孔或水冲洗施工，孔径应较井管外径大 300mm 以上（井管内径一般宜大于水泵外径 50mm），深井深度应考虑抽水期间内沉淀物可能沉淀的高度适当加深。在井管与土壁之间缝隙中充填过滤材料，过滤材料的粒径应大于滤网孔径。

井点降水选择哪种井点装置和降水方法，应根据含水层中土的类别及其渗透系数、要求降水深度、工程特点、施工设备条件和施工期限等因素进行技术经济比较。选择适宜的井点装置和降水方法，见 1-10 表。

各种井点的适用范围表　　　　　　　　　　　　　　表 1-10

土层渗透系数（m/昼夜）	井 点 类 型	降低水位深度（m）
$K<0.1$	电渗井点	根据选用的井点确定
$K<5$	一级轻型井点 多级轻型井点 喷射井点	$8\sim6$ $6\sim12$（由井点层数而定） $8\sim20$
$K=5\sim20$	喷射井点（一级或多级） 喷射井点 管井井点	$3\sim6$，$6\sim12$ $8\sim20$ $3\sim5$
$K>20$	管井井点 深井泵井点	$3\sim5$ >15

采用井点降水时，应考虑对在降水影响范围内原有建筑物或构筑物的影响，如可能产生附加沉降或水平位移，必要时应做好沉降观测和采取保护措施。

井点降水施工方案的主要内容：井点平面布置图和高程布置图；井点结构和地面排水管路图；井点降水深度要求和降水干扰计算书；抽水设备规格、数量以及电源的选用。

（3）一般轻型井点

1）一般轻型井点设备

①轻型井点设备由管路系统和抽水设备组成。

管路系统包括：滤管、井点管、弯连管及总管等。

滤管（如图 1-24）为进水设备，长 $1.0\sim1.2m$、直径 38 或 51mm 的无缝钢管，管壁钻有直径为 $12\sim19mm$ 的呈星棋状排列的滤孔，滤孔面积为滤管表面积的 20%～25%。

骨架管外面包以两层孔径不同的生丝或塑料布滤网。为使流水畅通，在骨架管与滤网之间用塑料管或梯形铅丝隔开，塑料管沿骨架管绕成螺旋形。滤网外面再绕一层粗铁丝保护网，滤管下端为一铸铁塞头。滤管上端与井点管连接。

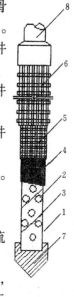

图1-24 滤管构造

1—钢管；2—滤孔；3—梯形铅丝；4—细滤网；5—粗滤网；6—粗铁丝保护网；7—铸铁塞头；8—井管

井点管为直径38或51mm、长5～7m的钢管，可整根或分节组成。井点管的上端用弯连管与总管相连。

集水总管为直径100～127mm的无缝钢管，每段长4m，其上装有与井点管联结的短接头，间距0.8m或1.2m。

②抽水设备是由真空泵、离心泵和水气分离器（又叫集水箱）等组成。一套抽水设备的负荷长度（即集水总管长度）约为100～120m。

2）轻型井点的布置

井点系统的布置，应根据基坑大小与深度、土质、地下水位高低与流向、降水深度要求等而定。

①平面布置：当基坑或沟槽宽度小于6m，且降水深度不超过5m时，可用单排线状井点，布置在地下水流的上游一侧，两端延伸长度以不小于槽宽为宜（如图1-25a）。如宽度大于6m或土质不良，则用双排线状井点。面积较大的基坑宜用环状井点（如图1-26a），有时亦可布置成U形，以利挖土机和运土车辆进入基坑。井点管距离基坑壁一般可取0.7～1.0m，以防止局部发生漏气。井点管间距一般用0.8～1.6m，由计算或经验确定。井点总管四角部分应适当加密。

②高程布置：井点降水深度，在管壁处一般可达6～7m。井点管需要的埋设深度 H（如图1-25b、26b）按下式计算：

$$H = H_1 + h + iL \quad (m)$$

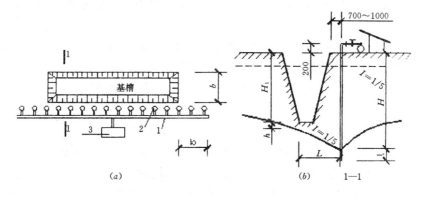

图1-25 单排线状井点的布置图

（a）平面布置；（b）高程布置

1—总管；2—井点管；3—泵站

式中　H_1——井点管埋设面至基坑底面的距离（m）；

　　　h——基坑底面至降低后的地下水位线的距离，一般取0.5～1.0（m）；

　　　i——降水坡度，根据实测：环状井点为1/10左右，单排井点为1/4～1/5；

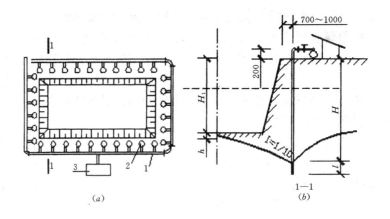

图 1-26　环状井点的布置图
(a) 平面布置；(b) 高程布置
1—总管；2—井点管；3—泵站

L——井点管至基坑中心的水平距离，当井点管为单排布置时，L 为井点管至对边坡脚的水平距离 (m)。

根据上式算出的 H 值，如大于 6～7m，则应降低井点管和抽水设备的埋置面，以适应降水深度要求。将井点系统的埋置面（布置标高）接近原有地下水位（要事先挖槽），个别情况下甚至稍低于地下水位（当上层土的土质较好时，先用明排水法挖去一层土，再布置井点系统），就能充分利用抽吸能力，使降水深度增加。

当一级井点系统达不到降水深度要求时，可采用二级井点，即先挖去第一级井点所疏干的土，然后再在其底部装设第二级井点。

3）轻型井点的施工

轻型井点的施工，大致分为下列几个过程：准备材料、井点系统的埋设、使用及拆除。

准备工作包括井点设备、动力、水源及必要材料的准备，排水沟的开挖，附近建筑物的标高观测以及防止附近建筑物沉降的措施。

埋设井点的程序是：先排放总管，再埋设井点管，用弯连管将井点管与总管连通，然后安装抽水设备。

井点管的埋设一般用水冲法进行，并分为冲孔与埋管两个过程。

冲孔时，先用起重设备将冲管吊起并插在井点的位置上，然后开动高压水泵，将土冲松，冲管比滤管底深 0.5m 左右，以防冲管拔出时，部分颗粒沉于底部而触及滤管底部。

井孔冲成后，立即拔出冲管，插入井点管，并在井点管与孔壁之间迅速填灌砂滤层，以防孔壁塌土。砂滤层的填灌质量是保证轻型井点顺利抽水的关键。一般宜选用干净粗砂，填灌均匀，并填至滤管顶上 1～1.5m，以保证水流畅通。

井点填砂后，须用粘土封口，以防漏气。

井点系统全部安装完毕后，需进行试抽，以检查有无漏气现象。开始抽水后一般不希望停抽。时抽时止，滤网易堵塞，也容易抽出土粒，使水浑浊，并引起附近建筑物由于土粒流失而沉降开裂。正常的排水是细水长流，出水清澄。

抽水时需要经常检查井点系统工作是否正常，以及检查观测井中水位下降情况，如果有较多井点管发生堵塞，影响降水效果时，应逐根用高压水反向冲洗或拔出重埋。

在软土地基中为防止邻近建筑物沉降，可以采取回灌的办法：在井点管与建筑物之间，打一排回灌孔，注水回灌土中，防止建筑物下的地下水位下降。此法经多次使用，效果良好。

第五节　土方工程机械化施工

土方工程施工机械的种类繁多，但是在工业与民用建筑施工中应用较多的有推土机、铲运机、挖掘机和辗压、夯实机械等。随着液压技术的发展，土方机械已逐步由机械传动转向液压传动，使机械结构简单，轻便灵活，有利于向大功率方向发展。此外，液压技术还使土方机械在一机多用和附有多种工作装置的小型化方面得到广泛发展，这对加速城市建设和实现小型土方工程的机械化具有很大的意义。

一、推土机

推土机是一种装有铲刀的拖拉机，根据铲刀的操纵机构的不同，分为索式和油压式两种。前者的铲刀是借其自重切入土中，后者是由油压操纵使铲刀强制切入土中。此外，铲刀还可在水平面内和垂直面内回转，以改变铲刀的切土角度。

推土机操纵灵活、运转方便、行驶速度快，所需工作面较小，应用范围较广，多用于场地清理、场地平整、开挖深度不大的基坑、推筑高度不大的路基、回填基坑和沟槽等。推土机后面可安装松土装置破碎硬土或冻土，也可拖挂羊足辗进行土方压实，还可卸下铲刀牵引其他无动力的土方机械，如拖式铲运机等。

推土机推运距离宜在100m以内，而最能发挥其效率的运距约30m左右。

为提高推土机的生产率，必须增大铲刀前推移的土壤体积，缩短切土、运土、回程等工作循环的时间，减少推运过程中土壤的散失。为此，可采用顺地面坡度的下坡推土、2～3台推土机并列推土、分批集中一次推运和利用前次推土的槽进行推土等方法。如推运较松的土壤，且运距较大时，还可在铲刀两侧加挡板。

二、铲运机

铲运机是一种能综合完成铲土、运土、卸土、平土（或填筑）和压实的土方机械。铲运机按其行走方式，分为拖式铲运机和自行式铲运机两类。前者由拖拉机牵引，亦由拖拉机上的机构进行操纵，根据操纵机构的不同，拖式铲运机又分为索式和油压式；后者的行驶和工作都靠本身的动力装置。

铲运机生产率高，运转方便，对行驶道路要求低，在土方工程施工中常用于大面积场地平整、开挖大型基坑、填筑路基和堤坝等。可铲运含水量不超过27%的松土和普通土，对于硬土需先用松土机预松。

自行式铲运机的经济运距为800～1500m，而拖式铲运机的运距为200～350m时效率最高。

铲运机的生产率主要取决于铲斗装土量及铲土、运土、卸土和回程的工作循环时间。

为提高铲运机的生产率，可以采用下坡铲土、预留土埂的间隔铲土、推土机助铲等方法，以缩短铲土时间和使铲斗装得满。同时，应根据填挖方区分布情况，选择合理的开行路线。

铲运机的开行路线，常用的有以下几种：

（1）环行路线

对于地形起伏不大，而施工地段又较短（50～100m）和填方不高（0.1～1.5m）的路堤、基坑及场地平整工程宜采用图1－27a所示的环行路线。当填、挖交替，且相互间的距离又不大时，则可采用图1－27b所示的大环行路线。这样可进行多次铲土和卸土，从而减少了铲运机转弯次数，相应提高了工作效率。

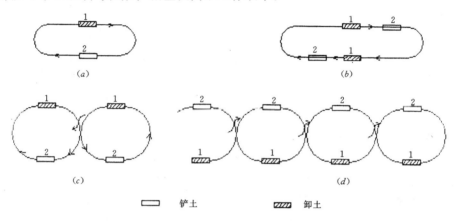

图1－27 铲运机开行路线
（a）环行路线；（b）大环行路线；（c）8字形路线；（d）锯齿形路线

采用环行路线时，铲运机应每隔一定时间按顺序、反时针的方向交换行驶，以免长久沿一侧转弯，导致机件的单侧磨损。

（2）"8"字形路线

在地形起伏较大，施工地段狭长的情况下，宜采用"8"字形路线，如图1－27c。因这种运行路线铲运机在上下坡时是斜向行驶，所以坡度平缓；一个循环中两次转弯方向不同，故机械磨损均匀；一个循环能完成两次铲土和卸土，减少了转弯次数及空车行驶距离，从而亦可缩短运行时间，提高生产率。

（3）锯齿形路线

这是"8"字形路线的发展如图1－27d。当工作地段很长，如路基、堤坝从两侧取土进行填筑时，采用这种运行路线最为有效。

三、挖掘机

挖掘机有正铲、反铲、拉铲和抓铲等数种。常用正、反铲挖掘机。在建筑工程中可用以挖掘基坑、沟槽，清理和平整场地；更换工作装置后，还可以进行装卸、起重、打桩等其他 作业。推土机常用作辅助机械。挖掘机是一种挖土作业机械，需要与汽车配合完成运输土方作业。

挖掘机有液压传动和机械传动两种。液压传动的优点是：能无级调速且调速范围大；

快速作业时惯性较小，并可作高速反转；传动平稳，可以减少强烈的冲击和振动；结构简单，机身轻，尺寸小；附有不同的工作装置，能一机多用，工效高，经济效果好；操纵省力，易实现自动化控制。据统计，用一台斗容量为 $1m^3$ 的挖掘机，当挖掘一般土方时，其每一台班的生产率相当于 300～400 工人一天的工作量。因此，为了实现土方工程施工机械化，必须大力发展和采用大中小型、多功能的液压挖掘机。

（1）正铲挖掘机挖土

用于开挖停机面以上的土方。它挖掘力大，生产效率高，可以直接开挖（一～四）类土和经爆破的岩石、冻土。正铲工作面高度应不小于1.5m，以保证切土装满土斗。它可以用于地质良好或经降水的大型基坑土方开挖。部分正铲挖掘机的工作性能见表1-11。

部分国产正铲挖掘机的工作性能　　　　　　　　　　表 1-11

技术性能	单　位	机　械　型　号				
		WY160	R942	WY100	WY60A	WLY40
铲斗容量	m^3	1.6	1.2	1.0	0.6	0.4
最大挖掘机高度 H	m	8.1	7.8	7.92	6.35	6.12
最大挖掘半径 R	m	8.05	8.6	9.175	6.54	7.95
最大挖掘深度 D	m	3.25	2.8	2.95	2.96	4.33
最大卸土高度 H_1	m	5.70	3.9	2.50	3.96	3.66

注：WYL型号为轮胎式；WY型号为履带式。

正铲挖掘机的基本作业方法：

1）侧向卸土法。正铲挖掘机前进方向挖土（正向挖土），侧向卸土（俗称的侧向开挖法）如图1-28，运输工具停在挖掘机的侧旁。这种作业方式，挖掘机卸土时动臂转角小，生产效率高，汽车行驶方便，使用较广。

2）后方卸土法。正向开挖，后方卸土（俗称正面开挖法）如图所示。即挖掘机沿前进方向挖土。运输工具停在挖掘机后的两侧装土。该法由于动臂回转卸土角度大，运土汽车要倒车回转，生产效率较低。一般适用于工作面狭小且较深的基坑开挖作业。

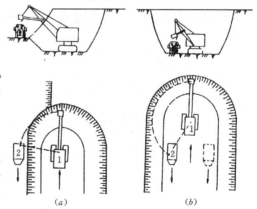

图1-28　正铲挖掘机作业方式
（a）侧向卸土；（b）后方卸土
1—挖掘机；2—汽车

3）分层开挖法。根据挖掘机的有效挖掘高度，将工作面分层开挖，如工作面高度不等于一次开挖深度的整倍数时，则可在基坑的中间或边缘先掘出一条浅槽作汽车运输线路，然后逐层下挖至基坑底，如图1-29所示。此法适合挖掘大型基坑的土方。

（2）反铲挖掘机挖土

反铲挖掘机用于开挖停机面以下的土方，其挖掘机比正铲小，且机械磨损较大，操作较费力。一般用于深度在4m以下的砂土或粘土的基坑、大型基槽和管沟土方开挖作业。

 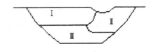

图 1-29　分层开挖法

注：Ⅰ、Ⅱ、Ⅲ表示分层通道数。

它受地下水影响小，边坡质量较好。部分国产反铲挖掘机的工作性能如表 1-12。

部分国产反铲挖掘机的工作性能　　　　　　　　表 1-12

技 术 性 能	单 位	机 械 型 号				
		WY160	WY100	WY60	WY40C	WLY25
铲斗容量	m³	1.6	1.0	0.6	0.4	0.25
最大挖掘机高度 H	m	6.1	5.703	4.7	4.5	3.4
最大挖掘半径 R	m	10.6	9.03	8.174	7.38	6.0
最大挖掘深度 D	m	8.1	7.57	7.93	7.30	5.8
最大卸土高度 H_1	m	5.83	5.39	6.36	5.03	3.7

注：WYL 型号为轮胎式；WY 型号为履带式。

反铲挖掘机的基本作业法：

1）沟端开挖法（如图 1-30a）。挖掘机停在基槽的一端，向后倒退挖土，汽车停在基槽两侧装土，也可在槽边堆土。装车、卸土机械转角均较小，司机视野开阔，机身停放平稳。基坑较宽时，可多次开行挖土。

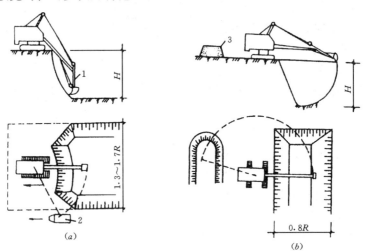

图 1-30　反铲挖掘机作业方式

（a）沟端开挖；（b）沟槽开挖

1—反铲挖掘机；2—汽车；3—弃土堆

2）沟槽开挖法（如图 1-30b）。挖掘机沿基槽一侧直线移动开挖，弃土距沟槽较远，能充分利用槽边堆土面积。但由于挖土时车身与履带垂直，抗倾覆力矩较小，而机械挖土时的稳定性较差。其次，挖土的宽度受限制，边坡挖的不理想。

第六节　土方回填与压实

一、填土土料的选择

填土土料的质量直接影响填土施工质量。填土土料分无限制使用、有限制使用和不得使用的土料。

（1）无限制使用的土料

属于无限制使用的土料，如碎石土料、砂土、爆破石渣和含水量符合压实要求的粘性土。碎石类土、砂土和爆破石渣可用作表层以下的填料，含水量符合压实要求的粘性土可用作各层填料。

采用碎石类土或爆破石渣作填料时，其最大粒径不得超过每层铺填厚度的 2/3（当使用振动辗时，不得超过每层铺填厚度的 3/4）。

填料为粘性土时，其含水量应在控制范围内。对于重要的或工程量较大的填方工程，应在施工前作击实试验，找出填料施工含水量的控制范围；对于次要的或规模较小的填方工程，如无击实试验条件且设计压实系数为 0.9 时，施工含水量与最优含水量之差，可控制在 $-4\% \sim +2\%$ 范围内（使用振动辗时可控制在 $-6\% \sim +2\%$ 范围内）。

（2）有限制使用的土料

① 碎块草皮和有机质含量大于 8% 的土，仅用于设计无压实要求的填方；

② 淤泥和淤泥质土一般不能作填料应用于有压实要求的填方，但在软土或沼泽地区，经过降水或挖出晾晒等方法，使含水量降低到符合压实要求后，可用于填方中的次要部位；

③ 含盐量符合施工验收规范规定的盐渍土一般可以使用，但填料中不得含有盐晶、盐块或含盐植物的根茎，否则，将会影响填土质量。

（3）不得采用的土料

① 含水量大的粒土，不宜作填土用；

② 含有大量有机物质的土，因日久腐烂后容易发生变形；

③ 含有水溶性硫酸盐大于 5% 的土，在地下水作用下，硫酸盐会逐渐溶解流失，形成孔洞，影响土的密实性。

二、土方的填筑

当基坑（槽）的土方开挖至基础施工完，应及时组织回填，连续进行施工，不要晾槽时间过久，避免边坡塌方或基底遭到破坏。填土前，应对填方基底和已完隐蔽工程进行检查和中间验收，是保证工程质量和作好技术档案资料的一项重要工作，检查验收时应有建设单位或设计单位的代表签字。回填以前，还应清除填方基底处的积水和杂物。

采用砂卵（砾）石作回填土时，因为卵（砾）石的含量低于 70% 而不能形成骨架，因此填料的压实实际上是其中砂土的压实。所以，在辗压前宜充分洒水湿透，以提高压实效果；施工时，大块料不应集中，且不得填在分段接头处或填方与山坡连接处。填料为爆破石渣时，其含水量的控制，应根据岩石的风化程度而定，如为抗风化能力低、抗水性弱的松软岩石（如页岩、泥灰岩等），在辗压时应充分洒水，使大块料软化压碎，可取得好的压实效果。填料为粘性土时，填压前应检验其含水量是否在最佳含水量的控制范围内，如含水量偏高，可采用翻松、晾晒、均匀掺入干土（或吸水性填料）等措施；如含水量偏低，可采用预先洒水湿润、减少铺土厚度、增加压实遍数或选用大功能压实机械等措施。

基坑（槽）的填土施工，应按基底排水方向由低至高的顺序，接近水平分层还土压实，并从四周或相对两侧同时回填，防止基础在土压力作用下产生偏移或变形。填方工程最好采用同类土填筑，如采用两种透水性不同的填料分层填筑时，上层宜填筑透水性较小的填料，下层宜填筑透水性较大的填料，严禁不均匀地混杂在一起使用，以免在填方内形成水囊。当采用机械分段填筑时，为了保证辗压质量，每层接缝处应作成斜坡形，接缝处的搭接长度为 0.5～1.0m，上下层错缝距离不应小于 1.0m，辗迹重叠为 0.5～1.0m，压（夯）实时，应距离基础保持一定距离，防止将基础损坏。分层还土的厚度，应根据采用的施工方法和压实机具的性能，按施工验收规范的规定确定，如每层还土厚度过大，不但压实遍数增多，而且还不易达到要求的密实度。回填时，应防止地面水流入，并应预留一定的下沉高度，沉降量一般不超过填方高度的 3%。

填方应具有一定的密实度，以避免建筑物的不均匀沉降。填土密实度以设计规定的控制干重度 γ_d 作为检查标准。土的控制干重度与最大干重度之比称为压实系数 D_y。利用填土作为地基时，设计规范规定了各种结构类型、各种填土部位的压实系数值。如砖石承重结构和框架结构在地基的主要受力层范围内的填土压实系数 D_y 应大于 0.96，而在地基主要受力层范围以下，则为 0.93～0.96。

土的实际干重度一般在试验室由击实试验确定，再根据规范规定的压实系数，即可算出填土控制干重度 γ_d 的值。在填土施工时，土的实际干重度大于或等于 γ_d 时，则符合质量要求。

土的实际干重度可用"环刀法"测定。先用环刀取样一般为 100～400m² 取一点。称出土的天然容重并测出含水量，然后用下式计算土的实际干重度 γ_0：

$$\gamma_0 = \frac{\gamma}{1 + 0.01\omega} \quad (\text{g/cm}^3)$$

式中　γ——土的天然重度（g/cm³）；

　　　ω——土的天然含水量（%）。

三、填土的压实方法

填土的压实方法有辗压、夯实和振动压实以及利用运土工具压实。对于大面积填土工程，多采用辗压机械和外用运土工具压实。对较小面积的填土工程，则宜用夯实机具进行夯实。

（1）辗压法

辗压适用于大面积填土工程。辗压机械有平辗（压路机）、羊足辗和汽胎辗。羊足辗需要有较大的牵引力而且只能用于压实粘性土，因在砂土中辗压时，土的颗粒受到"羊足"较大的单位压力后会向四周移动，而使土的结构破坏。汽胎辗在工作时是弹性体，给土的压力较均匀，填土质量较好。但应用最普遍的是刚性平辗。如果单独使用运土工具进行土壤压实工作，在经济上是不合理的，它的压实费用要比用平辗压实贵一倍左右。

用辗压法压实填土时，铺土应均匀一致，辗压遍数要一样，辗压方向应从填土区的两边逐渐压向中心，每次辗压应有 15~20cm 的重叠。

（2）夯实法

夯实法是利用夯锤自由下落的冲力来夯实土。主要用于小面积填土，可以夯实粘性土或非粘性土。夯实的优点是可以压实较厚的土层。夯实机具的类型很多，有木夯、石碾、蛙式打夯机，以及利用挖土机或起重机装上重锤后的夯土机（重锤夯实和强夯法）。其中蛙式打夯机轻巧灵活，构造简单，在小型土方工程中应用最广。蛙式打夯机每分钟可夯击 140~150 次，每台班可夯土达 200m³，约为人工打夯效率的 30 倍。

强夯法为高能量击，是一种有效的深层密实土的方法，一般采用 8~40t 重锤，落距为 6~30m。采用强夯法夯击时，在较深的土层中产生泡状压力波，致使土中空隙压缩，土体局部液化，夯点周围产生裂隙，出现良好的排水通道，孔隙水顺利逸出，土体迅速固结，从而提高土的强度，降低土的压缩性。英国修建某机场时曾用 200t 重锤，从 25m 的高度下落，夯实松软土层，深度达 40m；北京某工程曾采用 2m×2m 见方、1m 高 11t 重锤，落距 9.3m，其影响深度达 8~10m。

重锤夯实的锤重 1.5~3t，用起重机将其提升到一定高度后，自由下落，落距为 2.5~4.5m，重复夯击，其影响深度约为 1~2m，可夯实表层土。夯锤的形状为一截头圆锥体，它可用 C20 混凝土捣制，或用铁板焊成，内灌铁砂。

（3）振动法

振动压实主要用于压实非粘性土，目前用得尚不普遍。振动法是将重锤放在土层的表面或内部，借助于振动设备或重锤振动，土颗粒发生相对位移，达到紧密状态。这种振动机的频率为 1160~1180r/min，振幅为 3.5mm，自重 2t，振动可达 50~100kN，并能通过操纵控制使它前后移动或转弯。振动压实效果与填土成分、振动时间有关，振动时间愈长，效果愈好。当振动引起的下沉基本稳定后，再继续施振就不能起到进一步压实的作用。

除上述填土压实方法外，还可利用铲运机、推土机、自卸汽车等运土工具压实土体，这时应水平分层填土，每层填土厚度见表 1-13 所示。

利用运土工具压实土体，当铺土厚度为 0.2 至 0.3m 时，在最佳含水量的情况下，用铲运机或推土机辗压四遍即可接近最大密实度，但要预留下沉高度，还必须很好地组织与合理安排卸土段和运行路线。

利用运土工具压实填方时，每层填土的最大厚度（m）　　　　表 1-13

项 次	填土方法和采用的运土机具	土 的 名 称		
		亚粘土和粘土	亚砂土	砂 土
1	窄轨和宽轨火车，拖拉机拖车和其他填土方法	0.7	1.0	1.5
2	汽车和轮胎式铲运机	0.5	0.8	1.2
3	人推小车和马拉车运土	0.3	0.6	1.0

四、影响填土压实的因素

填土压实的质量与许多因素有关，其中主要的影响因素有：压实机械所作的功、土的

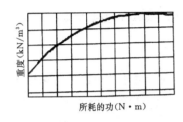

图 1-31 土的容重与压
实功的关系示意图

含水量以及每层填土厚度。

（1）压实机械所作功的影响

填土压实后的重度与压实机械在其上所施加的功有一定的关系。土的重度与所耗的功的关系见图 1-31。压实机械作的功与土压实后的容重并不成正比关系，当土的含水量一定，在开始压实时，土的容重急剧增加，待到接近土的最大容重时，压实功虽然增加许多，而土的容重则没有变化。压实土的机械功包括施加在土面上的单位压力、辗压遍数和辗压机的行驶速度。

1）单位压力的影响。压实机械的单位压力，要取决于土的强度极限（土的强度极限就是土体在压缩阶段结束时，相应的土中应力），当压实机械的单位压力接近于强度极限而又不超过强度极限时，可以得到最好的压实效果。

单位压力不超过强度极限，不是考虑因单位压力超过强度极限，土体受剪切而破坏，而是从技术经济效果提出的。

2）辗压遍数。辗压遍数就是在土面上重复施荷的问题。在土面上每增加一次辗压遍数，累积的不可恢复性的变形量则连续地增大。重复施荷增大压实度的原因是：积累的不可恢复性的变形量连续地增大；土体中的空气和水分含量逐渐地减少；压缩土所受压力不断增加，土中的空隙比逐渐减少；辗压遍数增加，土的容重增大，辗压遍数增加到一定值，则土的容重就不再增加了。填方每层的压实遍数应根据土质、压实系数和机具性能确定，根据施工验收规范的规定，对不同的压实机具，压实土的辗压遍数规定如下：

振动平辗　　　　　　　辗压6~8遍；
平　辗　　　　　　　　辗压6~8遍；
羊 足 辗　　　　　　　辗压8~16遍；
蛙式打夯机　　　　　　辗压3~4遍；
人工打夯　　　　　　　辗压3~4遍。

3）辗压机械行驶速度。辗压机械的行驶速度过快，对土的压实质量很有影响。当采用辗压机械压实填方时，应控制其行驶速度，一般不应超过下列数值：

平　辗　　　　　　　2km/h
羊足辗　　　　　　　3km/h
振动辗　　　　　　　2km/h

（2）含水量的影响

在同一压实功条件下，填土的含水量对压实质量有直接影响。较为干燥的土，由于土颗粒之间的摩阻力较大，因而不易压实。当含水量超过一定限度时，土粒间的大部分空隙全由水填充而呈饱和状态，在压实土体时，由于水分的隔离，压实机械作的功不能有效地作用在土颗粒上，土反而不能压实，再辗压（或夯击）就变成橡皮土，这时压实机械所作的功不能用来使土密实，只能使土变形。当土具有适当的含水量时，一方面由充分的水足以润滑土粒，减少土粒移动时的摩阻力；另一方面水又不太多，不会在压实时排不出去而占据空间，影响土的加密。含水最适量的土，在一定的夯击能量作用下，使回填土最易夯实并能达到最大的密实度，此含水量叫最佳含水量。

32

各种土的最佳含水量和所能获得的最大干容重，可由击实试验取得。一般性的回填，可不作此项测定；土颗粒最大容重即是最佳含水情况下的容重。各类土的最佳含水量见表1-14。为了保证填土在压实过程中的最佳含水量，当土过湿时，应予翻松晾干，也可掺入同类干土或吸水性土料；当土过干时，则应洒水润湿。

各种土的最佳含水量与最大干容重的参考数值表　　　　　表1-14

项　次	土的种类	变　动　范　围		项　次	土的种类	变　动　范　围	
		最佳含水量（重量比%）	土颗粒最大重度（N/m³）			最佳含水量（重量比%）	土颗粒最大重度（N/m³）
1	砂土	8~12	18~18	5	重亚粘土	16~20	16~17
2	粉土	16~22	16~18	6	粉质亚粘土	18~21	16~17
3	亚砂土	9~15	18~20	7	粘土	19~23	15~17
4	亚粘土	12~15	18~19				

注：1. 表中土颗粒最大重度应根据现场实际达到数字为准。

（3）铺土厚度的影响

铺土厚度是压实机械对土施荷作用所传播的深度。土在压实功的作用下，其应力随深度而逐渐减少。压实机械作的功传播的深度：平辗辗压最佳含水量的粘性土时，传播深度为接触面最小横向尺寸的2倍；羊足辗为2.5倍；夯击时为1~1.2倍。

填土的最佳厚度，就是既要在压实度方面符合要求，又要尽可能地耗费最少的单位机械功，并且还要使压实机具能发挥最高生产率的那种厚度。填土每层的铺土厚度，根据压实机具的性能，一般为：

平　　　辗	200~300mm；
振动平辗（3~10t）	600~1500mm；
羊足辗	200~350mm；
蛙式打夯机	200~250mm；
人工打夯	不大于200mm；
重锤夯实	约为锤底直径。

第二章 桩基础工程

桩基础是用承台或梁将沉入土中的桩联系起来，以承受上部结构荷载的一种常用的深基础形式。当天然地基土质不良，不能满足建筑物对地基变形和强度方面的要求时，常常

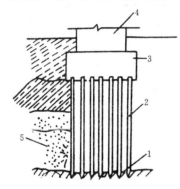

图 2-1 桩基础示意图
1—持力层；2—桩；3—桩基承台；4—上部建筑物；5—软弱层

采用桩基础将上部建筑物的荷载传递到深处承载力较大的土层上，以保证建筑物的稳定和减少其沉降量。同时，当软弱土层较厚时，采用桩基础施工，可省去大量土方、支撑和排水、降水设施，一般均能获得良好的经济效果。因此，桩基础在建筑工程中得到广泛应用。

桩基础是由桩身和承台组成，桩身（单桩和群桩）全部或部分埋入土中，顶部由承台（或承台梁）连成一体。在承台上修筑上部建筑（见图 2-1）。

按桩的传力及作用性质，桩可分成端承桩和摩擦桩两种。端承桩是穿过软弱土层而达到岩层或坚硬土层上的桩（见图 2-2a），上部结构荷载主要由桩尖阻力来平衡。摩擦桩是把建筑物的荷载传布在四周土中及桩尖下土中的桩（见图 2-2b），但荷载的大部分靠桩四周表面与土的摩擦力来支承。

按桩身的材料不同可分为：木桩、混凝土桩（包括钢筋混凝土、预应力混凝土）、钢桩、砂石桩、灰土桩等。

按桩的使用功能不同可分为：竖向抗压桩、竖向抗拔桩、水平荷载桩、复合受力桩。

按桩直径大小不同可分为：小直径桩（$d \leqslant 250mm$）、中等直径桩（$250mm < d < 800mm$）、大直径桩（$d \geqslant 800mm$）。

按成桩方法不同可分为：非挤土桩（如干作业法、泥浆护壁法、套筒护壁法）、部分挤土桩（如部分挤土灌注桩、预钻孔打入式预制桩等）、挤土桩（如挤土灌注桩、挤土预制桩等）。

按桩的制作工艺可分为预制桩和现场灌注桩。预制桩是在工厂或施工现场预制成各种材料和形式的桩，而后用沉桩设备将桩沉入土中。预制桩的沉桩方法有：打入法、水冲法、振动法、旋入法、静力压桩法等。现

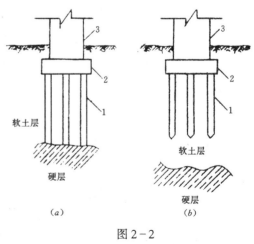

图 2-2
(a) 端承桩；(b) 摩擦桩
1—桩；2—承台；3—上部结构

场灌注桩是在施工现场的桩位上先成孔，然后在孔内灌注混凝土（或钢筋混凝土）。现场灌注桩的沉桩方法有：钻孔灌注法、挖孔灌注法、沉管灌注法、爆扩灌注法等。灌注桩近年来发展较快，它可节约钢材，降低造价，能直接探测地层变化，在持力层顶面起伏不平时，桩长容易控制，但施工时影响质量的因素较多，故应严格按规定要求施工并加强施工质量管理。

桩的种类很多，应根据建筑结构类型、荷载性质、桩的使用功能、穿越土层、桩端持力层土类型、地下水位、施工设备、施工环境、施工经验、制桩材料供应条件等因素，选择经济合理、安全适用的桩型和成桩工艺。下面将介绍一些常用桩型的施工工艺。

第一节　钢筋混凝土预制桩施工

一、桩的制作、起吊、运输和堆放

预制混凝土桩大多作成实心方形的截面。截面尺寸一般为 200mm×200mm～500mm×500mm（见图 2-3）。桩的钢筋骨架，可采用点焊或绑扎。骨架主筋则宜用对焊或搭接焊，主筋的接头位置应相互错开。桩尖一般用钢板制作，在绑扎钢筋骨架时将钢板桩尖焊好。单根桩的最大长度，应根据打桩架的高度而定，一般在 27m 以内，且桩长不得大于桩断面的边长或外直径的 50 倍。如需打设桩长 30m 以上的桩，则将桩分成几段制作，在打桩过程中逐段接长。通常较短的桩多在预制厂生产，较长的桩在打桩现场或现场附近就地预制，但预制场地必须平整、坚实。

（一）制作

现场预制桩多采用重叠法间隔制作（见图 2-4）。制作时，桩与邻桩及底模之间的接触面不得粘结。重叠层数应根据地面允许荷载和施工条件确定，但不宜超过四层。桩与桩间应做好隔离层。上层桩或者邻桩的灌注，应在下层桩或者邻桩混凝土达到设计强度的 30% 以后方可进行。

预制桩的混凝土常用 C30～C40，宜用机械搅拌，机械振捣，由桩顶向桩尖连续浇筑捣实，一次完成；制作完后，应洒水养护不少于 7d。

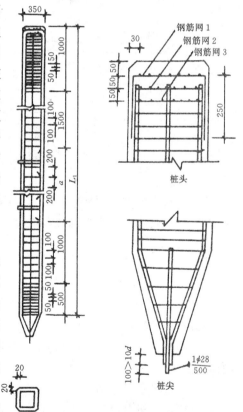

图 2-3　混凝土预制桩

混凝土的粗骨料应用碎石或开口卵石，粒径宜为 5～40mm。预制桩的制作质量应符合规范规定。

（二）起吊和运输

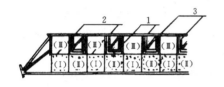

图 2-4 重叠法间隔施工
1—侧模板；2—隔离剂或隔离层；3—卡具
Ⅰ—第一批浇筑桩；Ⅱ—第二批浇筑桩；Ⅲ—
第三批浇筑桩

混凝土预制桩达到设计强度的70%后方可起吊，达到设计强度的100%后方可运输。起吊时应采取相应措施，保持平稳，保证桩身质量。如提前吊运，必须验算合格。桩在起吊和搬运时，吊点应符合设计规定，如无吊环，设计又未作规定时，应符合 $M_{max}^{+} = M_{max}^{-}$ 的原则，按图2-5的位置捆绑。钢丝绳与桩之间应加衬垫，以免损坏棱角。起吊时应平稳提升，吊点同时离地，如要长距离运输，可采用平板拖车或轻轨平板拖车，水平运输时，应做到桩身平稳放置，无大的振动，严禁在场地上以直接拖拉桩身的方式代替装车运输。长桩搬运时，桩下要设置活动支座。经过搬运的桩，还应进行质量复查。

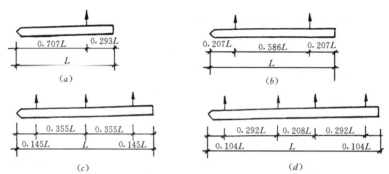

图 2-5 吊点的合理位置
（a）1个吊点；（b）2个吊点；（c）3个吊点；（d）4个吊点

（三）堆放

桩堆放时，地面必须平整、坚实，垫木间距应根据吊点确定，各层垫木应位于同一垂直线上，最下层垫木可适当加宽，堆放层数不宜超过四层。不同规格的桩，应分别堆放。

二、桩的沉桩

（一）锤击法施工

锤击法沉桩也称打入桩，是利用桩锤下落产生的冲击能量将桩沉入土中。锤击沉桩是预制桩最常用的沉桩方法。该法施工速度快，机械化程度高，适用范围广，现场文明施工程度高，但施工时有噪音污染和振动，对城市环境有影响。因此，对城市中心和夜间施工有所限制。

（1）打桩设备及选用

打桩所用的机具设备，主要包括桩锤、桩架及动力装置三部分。

桩锤。其作用是对桩施加冲击力，将桩打入土中。

桩架。其作用是支持桩身和桩锤，将桩吊到打设位置，并在打入过程中引导桩的方向，保证桩锤沿着所要求的方向冲击。

动力装置。包括启动桩锤用的动力设施，如卷扬机、锅炉、空气压缩机等。

在选择打桩机械设备时，应根据地基的土质、桩的种类、尺寸和地基承载能力、工期要求、动力供应条件等因素综合考虑。常用的桩锤有落锤、单动汽锤、双动汽锤、柴油打桩锤和液压锤等。

①落锤：是由一般生铁铸成。落锤重量为 1t~5t，构造简单，使用方便，故障少，且能随意调整落锤高度。利用卷扬机提升，以脱钩装置或松开卷扬机刹车使其坠落到桩头上，逐渐将桩打入土中。适用于普通粘土和含砾石较多的土层中打桩。但打桩速度较慢（每分钟约 6 次~12 次），贯入能力小，效率低。若提高落锤的落距，虽可以增加冲击能，但落距太高又会击坏桩头，故落距一般以 1m~2m 为宜。

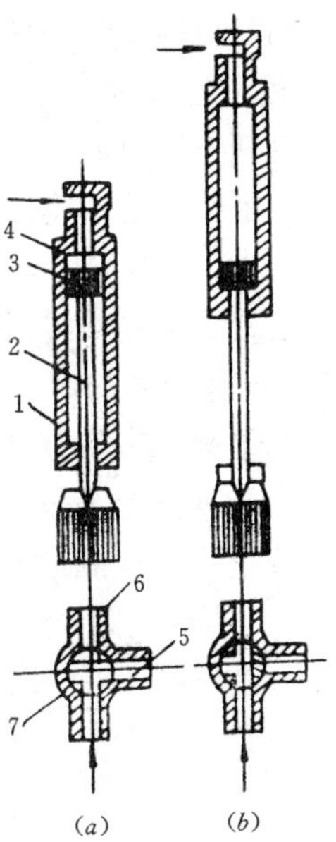

②单动汽锤：如图 2-6 所示，利用蒸汽（或压缩空气）的压力作用于活塞的上部，将桩锤（汽缸）上提。提升到一定高度后，通过排气阀释放蒸汽，则汽缸（桩锤）靠自重下落打桩。单动汽锤冲击力较大，打桩速度较落锤快，每分钟锤击 60 次~80 次，锤重 1.5t~15t，适用于各种桩在各类土层中施工。

③双动汽锤：如图 2-7 所示，锤体上升原理与单动汽锤相同。但与此同时，又在活塞上面的汽缸中通入高压蒸汽，因此锤心在自重和蒸汽压力作用下向下击桩，所以双动汽锤的冲击力更大，频率更快（每分钟达 100 次~120 次），锤重为 0.6t~6t，适用于一般的打桩工程，并能用于打钢板桩、水下桩、斜桩和拔桩。

④柴油锤：分为导杆式、活塞式和管式三类，如图 2-8。它的冲击部分是上下运动的汽缸或活塞。锤重 0.22t~15t，每分钟锤击 40 次~70 次。柴油锤的工作原理是当冲击部分落下时，压缩汽缸里的空气，柴油以雾状射入汽缸，由于冲击作用点燃柴油，引起爆炸，使在锤击下已向下移动的桩施以附加的冲力，同时推动冲击部分向上运动。柴油锤本身附有机架，不需附属其他动力设备，目前应用广泛。

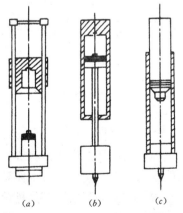

图 2-6 单动气锤工作原理示意图

（a）汽缸升起；（b）汽缸下落图

1—汽缸；2—活塞杆；3—活塞；4—活塞提升室；5—进汽口；6—排气口；7—换向阀门

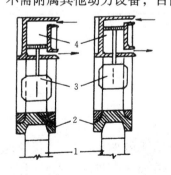

图 2-7 双动气锤

1—桩；2—垫座；3—冲击部分；4—蒸汽缸

图 2-8 柴油锤构造原理图

（a）导杆式；（b）活塞式；（c）管式

⑤液压锤：它是在城市环境保护日益提高的情况下研制出的新型低噪音、无油烟、能

耗省的打桩锤。它是由液压推动密闭在锤壳体内的芯锤活塞柱，令其往返实现夯击作用，将桩沉入土中。我国已成功研制液压锤，将用于打桩工程。

用锤击沉桩时，桩锤的类型应根据施工现场情况、机具设备条件及工作效率等条件来选择。桩锤类型选定之后，还要确定桩锤的重量，宜选择重锤低击。桩锤过重，所需动力设备也大，不经济；桩锤过轻，必将加大落距，锤击功能很大部分被桩身吸收，桩不宜打入，且桩头容易被打坏，保护层可能被振掉。轻锤高击所产生的应力，还会促使距桩顶 1/3 桩长范围内的薄弱处产生水平裂缝，甚至使桩身断裂。因此，选择稍重的锤，用重锤低击和重锤快击的方法效果较好。一般可根据地质条件、桩型、桩的密集程度、单桩竖向承载力及现有施工条件等决定。

按重锤冲击能选择锤重，依下式：

$$E \geqslant 0.025P \qquad (2-1)$$

式中　E——锤的一次冲击动能（kN·m）；

　　　P——单桩的设计承载力（kN）。

按式（2-1）选出的桩锤，应按所施打桩的重量，用以下试验公式复核，以决定是否采用。

$$K = \frac{M + C}{W} \qquad (2-2)$$

式中　M——桩锤重（kN）；

　　　C——桩重（包括送桩、桩帽和桩垫重），以 kN 计；

　　　W——桩锤一次冲击能（kN·m）；

　　　K——桩锤的适用系数，双动汽锤和柴油锤 $K \leqslant 5.0$；单动汽锤 $K \leqslant 3.5$；落锤 $K \leqslant 2.0$。

也可根据施工经验，参照表 2-1 选用。

锤重与桩重比值表（锤重/桩重）　　　　表 2-1

锤类别＼桩类别	木　桩	钢筋混凝土桩	钢管桩	锤类别＼桩类别	木　桩	钢筋混凝土桩	钢管桩
落锤	2.0~4.0	0.35~1.5	1.0~2.0	双动汽锤	1.5~2.5	0.60~1.8	1.5~2.5
单动汽锤	2.0~3.0	0.45~1.4	0.7~2.0	柴油锤	2.5~3.5	1.0~1.5	2.0~2.5

注：1. 锤重系指锤体总重；

　　2. 桩重系指除桩自重外还应包括桩帽重量；

　　3. 桩长度一般不超过 20m；

　　4. 土质较软时建议采用下限值，较坚硬时采用上限值。

在打桩施工过程中，桩架的作用是将桩提升就位，并引导落锤和桩的方向，以保证桩锤能沿着所要求的方向冲击，使桩不发生偏移。根据施工实践在整个打桩施工总时间内，大部分时间耗费于搬运桩架和安放所打的桩等工序上。减少这些工序所占的时间，桩架的构造与桩工的组织将起决定作用。因此，选择桩架时，应考虑桩锤的类型、桩的长度和施工条件等。桩架的高度由桩的长度、桩锤高度、桩帽厚度和所用滑轮组的高度来决定。此外，还应留 1~2m 的高度做为桩锤的伸缩余地。所选用的桩架应保证可迅速准确地把桩吊起安好；使所打的桩符合要求的方向；能迅速吊起桩锤并置于所打的桩上；在打桩过程中能持续维持桩的稳定；搬运移动方便。

常用的桩架形式有下列三种：

①滚筒式桩架：行走靠两根钢滚筒在垫木上滚动，优点是结构比较简单，制作容易，但在平面转弯、调头方面不够灵活，操作人员较多。适用于预制桩和灌注桩施工，见图2－9。

②多功能桩架：多功能桩架的机动性、适应性很强，在水平方向可作360°旋转，导架可以伸缩和前后倾斜，底座下装有铁轮，底盘在轨道上行走。这种桩架可适用于各种预制桩和灌注桩施工，见图2－10。

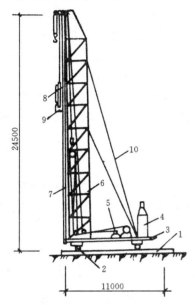

图2－9　滚筒式桩架

1—垫木；2—滚筒；3—底座；4—锅炉；5—卷扬机；6—桩架；7—龙门；8—蒸汽锤；9—桩帽；10—缆绳

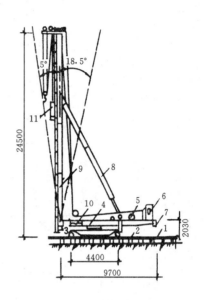

图2－10　多功能桩架

1—枕木；2—钢轨；3—底盘；4—回转平台；5—卷扬机；6—司机室；7—龙门；8—蒸汽锤；9—桩帽；10—水平调整装置；11—桩锤与桩帽

③履带式桩架：以履带起重机为底盘，增加导杆和斜撑组成，用以打桩。移动方便，比多功能桩架更灵活，适用于各种预制桩和灌注桩施工，见图2－11。

（2）打桩顺序的确定

由于打桩对土体的挤密作用使先打的桩因受水平推挤而造成偏移和变位，或被垂直挤拔造成浮桩；而后打入的桩因土体挤密，难以达到设计标高或入土深度，或造成土体隆起和挤压，截桩过大。所以，群桩施打时，为了保证打桩工程质量，防止周围建筑物受土体挤压的影响，打桩前应根据桩的密集程度、桩的规格、长短和桩架移动方便来正确选择打桩顺序。

打桩顺序一般分为从两侧向中间打设、逐排打设、自中部向四周打设和由中间向两侧打设四种。

当桩较密集时（桩中心距小于或等于四倍桩边长或桩径），应由中间向两侧对称施打

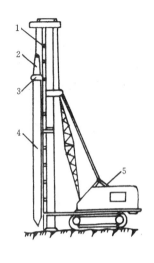

图 2-11　履带式桩架

1—导架；2—桩锤；3—桩帽；

4—桩；5—吊车

或由中间向四周施打，如图 2-12。这样，打桩时土体由中间向两侧或向四周均匀挤压，易于保证施工质量。当桩数较多时，也可分区段施打。

当桩较稀疏时（桩中心距大于四倍桩边长或桩径），可采用上述两种打桩顺序，也可采用由一侧向单一方向施打的方式（即逐排打设）或由两侧同时向中间施打，如图 2-13。逐排打设，桩架单方向移动，打桩效率高。单方向打桩前进方向一侧不宜有防侧移、防振动的建筑物、构筑物、地下管线等，以防挤压破坏。

当桩规格、埋深、长度不同时，宜先大后小、先深后浅、先长后短施打。

（3）打桩

打桩过程包括：场地准备（三通一平和清理地上、地下的障碍物）、桩定位、桩架移动和定位、吊桩和定位、打桩、接桩、送桩、截桩。

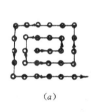 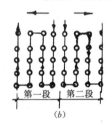

图 2-12　打桩顺序

（a）自中部向四周打设；（b）自中间向两侧打设

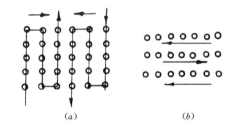

图 2-13　打桩顺序

（a）从两侧向中间打设；（b）逐排打设

在桩架就位后即吊桩，利用桩架上的卷扬机将桩吊成垂直状态送入导杆内，对准桩位中心，缓缓放下插入土中。桩插入时垂直度偏差不得超过 0.5%。桩就位后，在桩顶安上桩帽，然后放下桩锤轻轻压住桩帽。桩锤、桩帽和桩身中心线应在同一垂直线上。在桩的自重、锤重作用之下，桩向土中沉入一定深度而达到稳定。这时再校正一次桩的垂直度即可进行打桩。为了防止击碎桩顶，应在混凝土桩的桩顶和桩帽之间、桩锤和桩帽之间放上硬木、粗草纸或麻袋等桩垫作为缓冲层。

打桩时宜用"重锤低击"，可取得良好效果。桩开始打入时，桩锤落距宜低，一般为 0.6m～0.8m，使桩能正常沉入土中。待桩入土一定深度（约 1m～2m），桩尖不宜产生偏移时，可适当增大落距，并逐渐提高到规定的数值，连续锤击。

打桩过程应做好测量和记录，用落锤、单动汽锤或柴油锤打桩时，从开始即需统计桩身每沉落 1m 所需的锤击数。当桩下沉到接近设计标高时，则应以一定落距测量其每阵（10 击）的沉落值（贯入度），使其达到设计承载力所要求的最小贯入度。如用双动汽锤，从开始就应记录桩身每下沉 1m 所需要的工作时间，以观察其沉入速度。当桩下沉到接近设计标高时，则应测量桩每分钟的下沉值，以保证桩的设计承载力。

桩入土的速度应均匀，锤击间歇的时间不要太长。在打桩过程中应经常检查打桩架的垂直度，如偏差超过1%，则需及时纠正，以免打斜。打桩时应观察桩锤的回弹情况，如回弹较大，则说明桩锤太轻，不能使桩下沉，应及时更换。应随时注意贯入度的变化情况，当贯入度骤减，桩锤有较大回弹时，表明桩尖遇到障碍，此时应将锤击的落距减小，加快锤击。如上述现象仍然存在，应停止锤击，研究遇阻的原因并进行处理。打桩过程中，如突然出现桩锤回弹、贯入度突变、锤击时桩弯曲、倾斜、振动桩顶破坏加剧等，则表明桩身可能已经破坏。

为了保证打桩质量，应遵循如下停打原则：桩端（指桩的全断面）位于一般土层时，以控制桩端设计标高为主，贯入度可作参考；桩端达到坚硬、硬塑的粘土、中密以上的粉土、碎石类土、砂土风化岩时，以控制贯入度为主，桩端标高可作参考；贯入度已达到而桩端未达到标高时，应继续锤击3阵，按每阵10击的贯入度不大于设计规定的数值加以确认。必要时施工控制贯入度应通过试验与有关单位会商确定。

（4）接桩

需要的桩较长，若采取分节打桩时，须在现场接桩。接长混凝土桩的方法有：焊接法、法兰接法和浆锚法。

①焊接法接桩的节点构造如图2－14。接桩时，必须对准下节桩并确定垂直无误后，

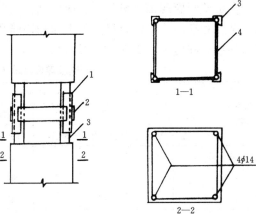

图2－14　焊接法接桩节点构造

1—4L50×50长200（拼接角钢）；2—4L100×300×8（拼接钢板）；3—4L63×8长150（与主筋焊接）；4—φ14主筋（与L63×8焊牢）

用点焊将拼接角钢连接坚固，再次检查位置正确后，则进行焊接。施焊时，应两人同时对角对称地进行，以防止节点变形不均匀而引起桩身歪斜，焊缝要连续饱满。

②浆锚法接桩节点构造如图2－15。首先将上节桩对准下节桩，使四根锚筋插入锚筋孔（孔径为锚筋直径的2.5倍），下落上节桩身，使其结合紧密。然后将桩上提约200mm（以四根锚筋不脱离锚筋孔为度），此时，安设好施工夹箍（由四块木板，内侧用人造革包裹40mm厚的树脂海绵块而成），将熔化的硫磺胶泥注满锚筋孔和接头平面上，然后将上节桩下落。

硫磺胶泥是一种热塑冷硬性胶结材料，它是由胶结料、细骨料、和增韧剂

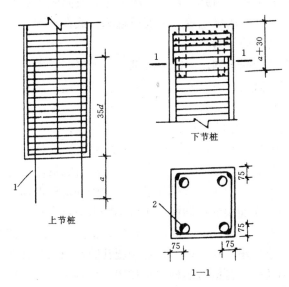

图2－15　浆锚法接桩

1—锚筋；2—锚筋孔节点构造

熔化搅拌混合而成。其质量配合比（％）为：硫磺∶水泥∶粉砂∶聚硫 780 胶 = 44∶11∶41∶1

硫磺胶泥中掺入增韧剂（聚硫 780 胶或聚硫甲胶），可以改善胶泥的韧性，并显著提高其抗拉强度。硫磺胶泥的力学性能，见表 2－2。

硫磺胶泥力学性能（MPa）　　表 2－2

抗拉强度	抗压强度	抗折强度	与螺纹钢筋粘结强度
4	40	10	11

为保证硫磺胶泥锚接桩质量，应做到：锚筋应刷净并调直；锚筋孔内有完好螺纹，无积水、杂物和油污；接桩时接点的平面和锚筋孔内应灌满胶泥；灌注时间不得超过 2min；灌注后停歇时间应符合表 2－3 的规定。

硫磺胶泥灌注后需停歇的时间　　表 2－3

桩截面（mm²）	不同气温下的停歇时间(min)									
	0℃~10℃		11℃~20℃		21℃~30℃		31℃~40℃		41℃~50℃	
	打入桩	静压桩	打入桩	静压桩	打入桩	静压桩	打入桩	静压桩	打入桩	静压桩
400×400	6	4	8	5	10	7	13	9	17	12
450×450	10	6	12	7	14	9	17	11	21	14
500×500	13	—	15	—	18	—	21	—	24	—

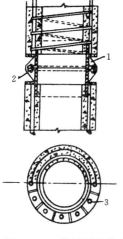

图 2－16　管桩螺栓接头
1—法兰盘；2—螺栓；
3—螺栓孔

浆锚法接桩，可节约钢材，操作简便，接桩时间比焊接法要大为缩短，但不要用于坚硬土层中。

③法兰法接桩节点构造如图 2－16 。它是用法兰盘和螺栓连接。其接桩速度快，但耗钢量大，多用于混凝土管桩。

（5）打桩对周围环境的影响及预防措施

①噪音对周围环境的影响。打桩过程中桩锤本身和锤击桩头均会发出强烈刺耳的声音。因此，打桩应尽量避开夜间施工和在居民密集区施工，尽量选用噪音较小的液压桩锤，或在桩顶、桩帽面上加垫能吸音的缓冲材料。

②振动对周围环境的影响。用锤击沉桩，在锤击时必然产生振动波，振动波在传播过程中对邻近桩区的建筑物、地下结构和管线会带来危害。地基浅层土质越硬、桩锤冲击能量越大，振动影响也越严重。预防振动影响的措施有：采用液压锤；采用"重锤轻击"打桩；开挖防震沟；打设钢管桩；暴露地下管线等。

③土体挤压对周围环境的影响。一方面由于锤击沉桩时进行得很猛烈，地表受到大大超过其极限强度的冲击，很快形成挤压破坏，使桩周围的地面隆起并产生水平位移。随着打桩的进行，土中存在连续的滑动面，土体不断地被挤出；另一方面，沉桩时，深层土受到上层土覆盖压力的约束大，土不能向上挤出，猛烈沉桩时土体受到压缩和挤实，使土中孔隙水压力上升，形成超孔隙水压力。这种超孔隙水压力在粘性中消散很慢，更加剧了土体的挤压、位移和隆起。打桩时这种挤土作用，会导致邻近建筑物、地下结构和地下管线的损坏和破裂。预防挤土影响的措施有：采用预钻孔打桩工艺；合理安排沉桩顺序；控制沉桩速率；开挖防震沟；打设钢板桩围护；井点降水；袋装井点

排水；预钻排水孔和预埋塑料板排水等。

（二）静力压桩法

静力压桩法是在软土地基上，利用静力压桩机以无振动的静压力（自重和配重）将预制桩压入土中的一种沉桩工艺。这种沉桩方法在我国沿海软土地基上已较为广泛地采用。与普通的打桩和振动沉桩相比，压桩可以消除噪音和振动的危害。

静力压桩机如图2-17所示。它是利用安置在压桩架上的卷扬机、钢丝绳和滑轮，牵引压梁将整个机身的自重力（800kN~1500kN）反压于桩顶，以克服桩身下沉时的摩擦阻力，迫使预制桩沉入土中。架高一般为16~20m，每节桩长约6~10m，当第一节露出地面2m左右时，即将第二节桩接上，然后继续压入。

近年来引进的WJY-200型和WJY-400型液压压桩机（如图2-18所示）是全液压操纵，配有起重装置，可自行完成桩的起吊、就位、接桩和配重装卸。利用液压夹持装置抱夹桩身，再垂直压入土中。液压压桩机每节桩长可达20m。静力压桩施工，设备（含配重）较大，一般为

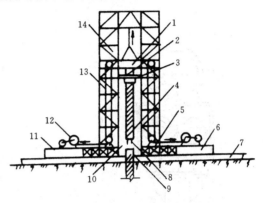

图2-17 静力压桩机示意图

1—活动压梁；2—油压表；3—桩帽；4—上段桩；5—加重物仓；6—底盘；7—轨道；8—上段接桩锚筋；9—下段接桩锚筋；10—导笼孔；11—操作平台；12—卷扬机；13—加压钢绳滑轮组；14—桩架导向笼

极限压桩力的1.2~1.5倍，故应验算地面垫木和地表土强度。若不能满足要求，应对地表土加以处理，以防机身沉陷。压同一根（节）桩时，应缩短间歇时间和接桩时间，以防桩周与土固结，压桩力骤增，造成压桩困难。

（三）振动沉桩法

振动沉桩的原理是：借助固定于桩头上的振动沉桩机所产生的振动力，以减小桩与土

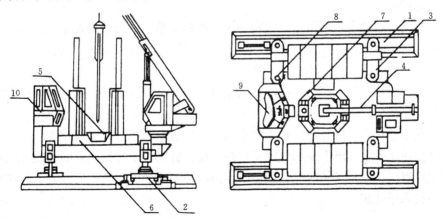

图2-18 液压静力压桩机

1—长船行走机构；2—短船行走及回转机构；3—支腿式底盘结构；4—液压起重机；5—夹持与压桩机构；6—配重铁块；7—导向架；8—液压系统；9—电控系统；10—操作室

壤颗粒之间摩擦力，使桩在自重与机械力的作用下沉于土中。

振动沉桩机（图2-19）是由电动机、弹簧支承、偏心振动块和桩帽组成。振动机内的偏心振动块，分左右对称两组，其旋转速度相等，方向相反。所以，当工作时，两组偏心块的离心力的水平分力相消，但垂直分力则相叠加，形成垂直方向（向上或向下）的振动力。由于桩与振动机是刚性连接在一起，故桩也随着振动力沿垂直方向上下振动而下沉。

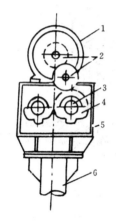

图2-19 振动沉桩机
1—电动机；2—传动
齿轮；3—轴；4—
偏心块；5—箱
壳；6—桩

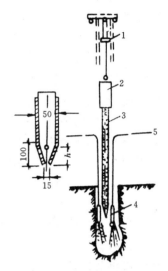

图2-20 水冲沉桩
1—桩架；2—桩锤；3—桩；4—
射水管；5—高压水

振动沉桩法主要适用于砂石、黄土、软土和亚粘土，在含水砂层中的效果更为显著，但在砂砾层中采用此法时，尚需配以水冲法。沉桩工作应连续进行，以防间歇过久难以下沉。

（四）水冲法

水冲沉桩法，就是利用高压水流冲刷桩尖下面的土壤，以减少桩表面与土壤之间的摩擦力和桩下沉时的阻力，使桩身在自重或锤击作用下，很快沉入土中（图2-20）。射水停止后冲松的土壤沉落，又可将桩身压紧。

水冲沉桩的设备，除桩架、桩锤外，还需要高压水泵和射水管。施工时应使射水管的末端经常处于桩尖以下0.3m～0.4m处。当桩沉落至最后1m～2m时不宜再用水冲，应用锤击将桩打至设计标高，以免冲松桩尖的土壤，影响桩的承载力。

水冲法适用于砂土、砾石或其他较坚硬的土层，特别对于打设较重的混凝土桩更为有效。但在附近有旧房屋或结构物时，则由于水流的冲刷将会引起它们的沉陷，故在未采取措施前，不得采用此法。

第二节　混凝土灌注桩施工

混凝土灌注桩是直接在施工现场桩位上先成孔，然后在孔内灌注混凝土（或钢筋混凝土）成桩。与预制桩相比，具有施工噪音低、振动小、桩长和直径宜按设计要求控制、桩端能可靠地进入持力层或嵌入岩层、单桩承载力大、挤土影响小、含钢量低等特点。但成桩工艺较复杂，成桩速度较预制打入桩慢，成桩质量与施工好坏有密切关系，如出现吊脚桩、颈缩、断裂等。灌注桩按成孔方法可分为：干作业成孔灌注桩、泥浆护壁成孔灌注桩、套管成孔灌注桩、爆扩成孔灌注桩等。

一、干作业成孔灌注桩

干作业成孔灌注桩按照成孔方式不同可分为钻孔灌注桩和挖孔灌注桩两种。下面我们分别介绍。

（一）钻孔灌注桩

钻孔灌注桩是利用钻孔机钻好桩孔，然后灌注混凝土或安放钢筋骨架后灌注混凝土（图2-21），待混凝土硬化后，便可承受荷载。桩孔一般采用螺旋钻机来钻成。

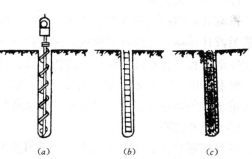

图2-21　螺旋钻机钻孔灌注桩施工过程示意图
（a）钻机进行钻孔；（b）放入钢筋骨架；（c）浇筑混凝土

图2-22所示为全叶螺旋钻机示意图，用动力旋转钻杆，使钻头部分的螺旋刃片旋转削土，削下的土沿整个钻杆上的螺旋叶片上升而涌出孔外。全叶螺旋钻机成孔直径一般为300mm左右，钻孔深度8～12m，适用于地下水位以上的一般粘土，砂土及人工填土地基，不宜用于有地下水的土层及淤泥质土。

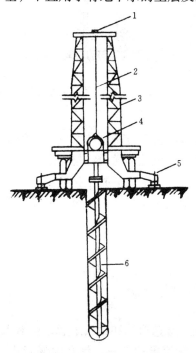

图2-22　全叶螺旋钻机示意图
1—导向滑轮；2—钢丝绳；3—龙门导架；
4—动力箱；5—千斤顶支腿；6—螺旋钻杆

（二）挖孔灌注桩

高层及超高层、重型及超重型建筑中，近来采用了大直径灌注桩，其桩径为1～3m，桩深可达60～80m，每根桩的承载能力高达60000～70000kN。大直径灌注桩可采用机械挖孔灌注和人工挖孔灌注。采用人工挖孔，质量易于保证，即使在狭窄的场区仍能顺利施工。当土质复杂时，便于观察和检验分析土质情况。同时，施工时无噪音，无振动，可同时进行若干根桩的施工，桩底也容易扩大为扩底桩。其缺点是劳动力消耗较大，人工开挖效率低。但在交通不便、设备不足、土质情况复杂时，仍有不少工程采用。

人工挖孔灌注桩施工时，应预防孔壁坍塌，需做好施工的排水并应防止流砂和管涌冒砂现象产生。为此，施工前应根据地质水文资料，拟定合理的衬圈护壁和施工排水、降水方案。

常用的井圈护壁有以下几种：

（1）混凝土护圈

采用混凝土护圈进行挖孔桩施工（图2-23），是分段开挖、分段浇筑混凝土，至设计标高后，再将桩的钢筋骨架放入护圈井筒内，然后灌注井筒桩基混凝土。

护圈的结构形式为斜阶形，每阶高1m左右，可用素混凝土，土质较差时可加少量钢筋（环筋$\phi10\sim12$，间距200mm，竖筋$\phi10\sim12$，间距400mm）。浇筑护圈的混凝土宜用工具式弧形钢模板拼成，也可用喷射混凝土施工，以节省模板。

（2）钢套管护圈

钢套管护圈挖孔桩（图2-24），是在桩位先测量定位并构筑井圈后用打桩机打入钢套管至设计标高，然后将套管内的土挖出并进行底部扩孔，最后浇筑混凝土，待混凝土浇筑完毕拔出套管。亦可边浇筑，边拔套管，以减少阻力。

钢套管由12～16mm厚的钢板卷焊而成，长度由设计需求而定。采用这种方法施工，可穿越流砂等强透水层，能保证施工安全进行。

（3）沉井护圈

沉井护圈挖孔桩（图2-25），是先在桩位上制作钢筋混凝土井筒，然后在筒内挖土，井筒靠其自重或附加荷载来克服筒壁与土壁之间的摩阻力，下沉至设计标高，再在筒内浇筑桩身混凝土。

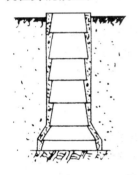 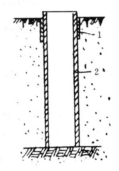 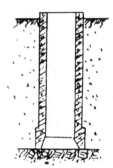

图2-23 混凝土护圈　　　图2-24 钢套管护圈挖孔桩　　　图2-25 沉井护圈挖孔桩
　　　挖孔桩　　　　　　　　1—井圈；2—钢套管

由于土方的挖掘系人工在孔内进行，因此，人工挖孔桩的施工应特别注意安全。施工时，孔内应用低压照明灯，并用小型鼓风机通过塑料顺风管向桩孔内送风。桩区地下水位的降低可用专设的降水井，亦可用桩孔自身降水。降水时可能会引起混凝土护圈的下沉或断裂，需采取措施加以防范。土方的垂直运输可在桩孔上架立小型机架，用链式电动葫芦和出渣筒运出。

二、泥浆护壁成孔灌注桩

泥浆护壁成孔灌注桩一般有钻孔灌注桩和冲孔灌注桩两种。

（一）钻孔灌注桩

图2-26所示为潜水钻机钻孔示意图。它由防水电钻、减速机构和钻头组成，可潜入水中钻孔。潜水钻机桩架轻便，移动灵活，钻进速度快，深度可达50m，钻孔时噪音小，操作条件也有所改善。适用于一般粘性土、淤泥和淤泥质粘土及砂土地基，尤其适宜在地下水位较高的土层中成孔。

钻孔过程中，特别是在有地下水、流砂、砂夹层及淤泥等土层中钻孔时，孔中可加入相对密度为1.1～1.3的固壁泥浆，其作用是将钻孔内不同土层中的空隙渗填密实，使孔内漏水减到最低限度，以达到衬护孔壁，避免出现坍孔现象。当地下水位很高时，护筒内应保持泥浆水位高出地面1.15m左右。当钻到设计深度后，应用探测器检查桩孔直径、深度和孔底情况，并将孔内回落土及淤泥清除干净。

桩孔钻成并清孔后，应尽快吊放钢筋骨架并灌注混凝土。在无水或少水的浅桩孔中灌注混凝土时，应分层浇筑捣实，每层高度一般为0.5～0.6m，不得大于1.5m。混凝土的设计强度等级不宜低于C15，骨料粒径不宜大于30mm，坍落度8～10cm。当地下水位较高时应采用水下灌注混凝土的方法。

（二）冲孔灌注桩

对于碎石土、砂土、粘性土及风化岩层，适宜采用冲孔灌注桩。

冲孔设备除选用定型冲击钻机外，也可自行制作简易冲击钻孔机（图2-27）。冲击钻头的形式有十字型、工字形、人字型等，一般宜用十字型（图2-28）。在钻头锥顶和提升钢丝绳之间，设有自动装置，从而能保证冲钻钻成圆孔。

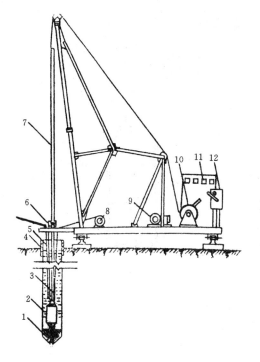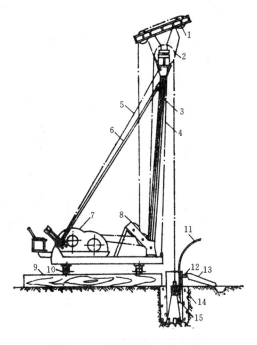

图2-26　潜水钻机钻孔示意图

1—钻头；2—潜水钻机；3—电缆；4—护筒；5—水箱；6—滚轮（支点）；7—钻杆；8—电缆盘；9—0.5t卷扬机；10—1t卷扬机；11—电流电压表；12—启动开关

图2-27　简易冲击钻孔机示意图

1—副滑轮；2—主滑轮；3—主杆；4—前拉索；5—后拉索；6—斜撑；7—双滚筒卷扬机；8—导向轮；9—垫木；10—钢管；11—供浆管；12—溢流口；13—泥浆渡槽；14—护筒回填土；15—钻头

冲孔开始前，应埋设护筒，护筒内径应比钻头直径大200～400mm。开孔时，冲击钻头应低提（冲程≤1m）密冲，若为淤泥、细砂等软土，要及时投入小片石和粘土块，以便冲击造浆，使孔壁挤压密实，直到护筒以下3～4m后，才可加大冲击钻头的冲程，提高冲击效率。在各类土层中冲击成孔的适宜冲程和泥浆比重见表2-4。孔内被冲碎的石

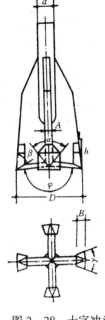

图 2-28 十字冲头
示意图

渣,一部分会随泥浆挤入孔壁内,其余较大的石渣用抽渣桶(图2-29)掏出。如果冲孔发生偏斜,应回填片石(厚30～50cm)后重新填孔。施工中,应经常检查钢丝绳的磨损情况、卡扣松紧程度和转向装置是否灵活,以免掉钻,冲孔灌注桩的成孔质量要求与钻孔灌注桩相同。

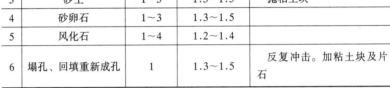

冲程和泥浆比重　　　　　　　　　　表 2-4

项次	适用土层	冲程(m)	泥浆相对密度	备注
1	在护筒中及护筒刃脚下3m以内	0.9～1.1	1.1～1.3	土层不好时宜提高泥浆相对密度,必要时加入小片石和粘土块
2	粘土	1～2	清水或稀泥浆	
3	砂土	1～3	1.3～1.5	抛粘土块
4	砂卵石	1～3	1.3～1.5	
5	风化石	1～4	1.2～1.4	
6	塌孔、回填重新成孔	1	1.3～1.5	反复冲击。加粘土块及片石

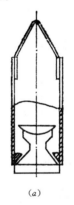  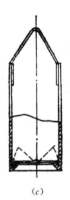

(a)　　　　　　　　(b)　　　　　　　　(c)

图 2-29　抽碴筒构造示意图
(a) 碗形活门;(b) 单扇活门;(c) 双扇活门

三、套管成孔灌注桩

套管成孔灌注桩又称打拔管灌注桩,是目前常用的一种灌注桩。根据沉管方法和拔管时振动方法不同,套管成孔灌注桩又分为锤击沉管灌注桩和振动沉管灌注桩。这类灌注桩的施工工艺是:利用与桩的设计尺寸相适应的钢管(套管)在端部套上预制钢筋混凝土桩靴(桩尖)将套管沉入土中,造成桩孔,然后在套管内放入钢筋笼并浇筑混凝土,随后拔出套管,并利用拔管时的振动将混凝土捣实,便形成所需的灌注桩,如图2-30所示。这种施工方法在有地下水、流砂、淤泥的情况下,可使施工大大简化,但对周围有噪音、振动、挤土等影响。

(一)锤击沉管灌注桩

锤击沉管灌注桩一般可用于粘性土、淤泥质土、砂土和人工填土地基。

锤击沉管灌注桩的设备如图2-31所示。锤击沉管灌注桩施工时，先用桩架吊起套管，对准预先设在桩位处的预制钢筋混凝土桩靴。套管与桩靴连接处要垫缓冲材料，如麻、草绳，以防止地下水渗入管内。然后缓缓放下套管，套入桩靴压入土中。套管上端扣上桩帽，检查套管与桩锤是否在同一垂直线上，套管偏斜度不大于5%时，即可锤击套管。先用低锤轻击，若无偏移，再正常施打。当套管沉到设计要求深度后，停止锤击，检查管内无水或泥浆时，即可在管内放入钢筋笼，灌注混凝土。混凝土灌满后，开始拔管。拔管要均匀，拔管过程中，管内应保持不少于2m高的混凝土量，然后再灌满混凝土。拔管时应保持连续密锤低击，并控制拔桩速度。对一般土层，以不大于1m/min为宜；在软弱土层及软硬土层交界处，应控制在0.8m/min以内。拔管时还要经常探测混凝土落下的扩散情况，注意使管内的混凝土保持略高于地面，这样一直到全管拔出为止。混凝土的落下情况可用吊铊探测。

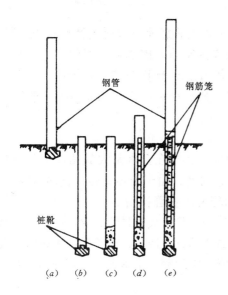

图2-30 沉管灌注桩施工过程

（a）就位；（b）沉钢管；（c）开始灌注混凝土；（d）下钢筋笼继续浇筑混凝土；（e）拔管成型

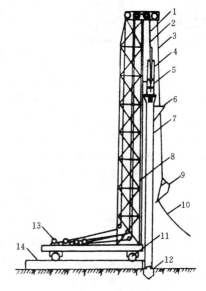

图2-31 锤击沉管灌注桩机械设备示意图

1—桩锤钢丝绳；2—桩架滑轮组；3—吊斗钢丝绳；4—桩锤；5—桩帽；6—混凝土漏斗；7—桩管；8—桩架；9—混凝土吊斗；10—回绳；11—行驶用钢管；12—预制桩靴；13—卷扬机；14—枕木

（二）振动沉管灌注桩

振动沉管灌注桩除可用于粘性土、淤泥质土、砂土和人工填土地基外，还可用于稍密及中密的碎石土地基。

振动沉管灌注桩采用激振器或振动冲击锤沉管，其设备如图2-32所示。施工时，先安装好桩机，将套管下端活瓣桩尖合起来，或用桩靴对准桩位，缓缓放下套管，压入土中，勿使偏斜，即可开动激振器沉管。当套管沉到设计标高，停止振动，用吊斗将混凝土灌入管内，然后再开动激振器和卷扬机拔出套管，边振边拔，从而使混凝土振实。

振动灌注桩可采用单打法或复打法施工。

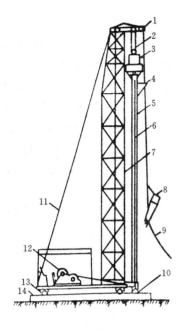

图 2-32 振动沉管灌注桩桩机示意图
1—导向滑轮；2—滑轮组；3—激振器；
4—混凝土漏斗；5—桩管；6—加压钢丝
绳；7—桩架；8—混凝土吊斗；9—回
绳；10—活瓣桩靴；11—缆风绳；12—
卷扬机；13—行驶用钢管；14—枕木

单打法施工，是在沉入土中的套管内灌满混凝土，开动激振器，振动 5s～10s，开始拔管，边振边拔。由于施工是一次完成的，所以称为单打法。

复打法施工是指在一次灌注桩施工完毕，拔出套管后，清除管外壁上的污泥和桩孔周围地面上的浮土，立即在原桩位再埋设预制桩靴或合好桩尖活瓣，进行第二次复打沉入套管，使未凝固的混凝土向四周挤压以扩大桩径，然后再灌注第二次混凝土并拔出桩管。拔管方法与第一次相同。施工时要注意：前后两次沉管的轴线应重合；复打施工必须在第一次灌注的混凝土初凝前进行；钢筋笼应在第二次沉管后放入。

（三）套管成孔灌注桩常遇质量问题及处理

（1）有隔层

这是由于钢套管的管径较小，混凝土骨料粒径过大，和易性差，拔管速度过快等原因造成。因此，施工时应严格控制混凝土的坍落度不小于 5～7cm，骨料粒径不大于 3cm；拔管速度在淤泥中不大于 0.8m/min。拔管时应密振慢拔。

（2）缩颈

产生缩颈的原因是：当在含水量大的粘性土和饱和淤泥等软弱土层中沉管时，由于土体受强烈扰动和挤压，产生很高的孔隙水压力，桩管拔出后，这种水压力便作用于新灌注的混凝土桩上，使桩身造成不同程度的缩颈现象；拔管过快，管内混凝土存量过少、和易性差，使混凝土出管时扩散性差等也易造成缩颈。因此，施工中应保持管内混凝土略高于地面，使之有足够的扩散压力，并应经常测定混凝土下落情况，发现问题及时纠正，一般可用复打法处理。

（3）断桩

断桩的主要原因有：桩距过小，邻桩施打时土的挤压所产生的水平横向推力和隆起上拔力影响；软硬土层间传递水平力大小不同，对桩产生水平剪应力；桩身混凝土终凝不久，强度低，承受不了外力的影响。避免断桩的措施有：桩的中心距宜大于 3.5 倍桩径；考虑打桩顺序及桩架行走路线时，应注意减少对新打桩的影响；采用跳打法或控制时间法以减少对邻桩的影响。对断桩的检查，在 2～3m 以内，可用手锤敲击桩头侧面，同时用脚踏在桩头上，如桩已断，会感到浮振。如深处断桩，目前常用开挖检查法和动测法检查。断桩一经发现，应将断桩段拔去，将孔清理干净后，略增大面积或加上钢箍连接，再重新灌注混凝土。

四、爆扩成孔灌注桩

爆扩成孔灌注桩由桩身和扩大头组成（图 2-33）。其特点是用爆破方法使土壤压缩形成桩孔和扩大头。扩大头增加了地基对桩端的支承面，同时由于爆炸使土压缩挤密承载力增加，故桩的受力性能好。爆扩桩可不需成孔机械，费用低。它适用于粘性土层，在砂土及软土中不易成孔。爆扩成孔法也可与其他成孔方法综合应用，即桩孔用钻孔法或打拔管法成孔，扩大头用爆扩成孔。

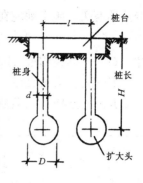

图 2-33 爆扩桩示意图

爆扩桩桩身直径 d 一般为 $200\sim300mm$，扩大头直径 D 一般为 $2.5\sim3.5d$，深度 H 以 $3.0\sim6.0m$ 为宜，最大不超过 $10m$。桩距 L 不宜小于 $1.5D$（一般土质），当扩大头采取上下交错布置时，相邻两桩扩大头的高差亦不小于 $1.5D$，否则应同时引爆。

爆扩桩的施工过程如图 2-34 所示。首先用人工或机械钻一导孔，再用炸药扩挤四周土壤形成桩孔，然后在桩孔底部放炸药包并填筑混凝土，借爆炸力将孔底扩成所需的扩大头，接着放入钢筋骨架并灌注桩身混凝土。

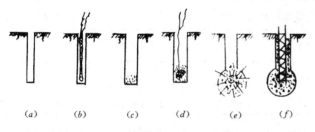

图 2-34 爆扩桩施工工艺
（a）钻导孔；（b）放下炸药管；（c）炸扩桩孔；（d）放下炸药包，灌入 50% 扩大头混凝土；（e）炸扩大头；
（f）放入钢筋骨架灌注混凝土

爆扩成孔一般分一次爆扩法及两次爆扩法两种。前述施工工艺过程（图 2-34）为两次爆扩法，即桩孔和扩大头分两次爆扩形成。

一次爆扩法是桩孔及扩大头一次爆扩形成。施工方法分为药壶法和无药壶法。药壶法是先用钢钎打成直径 $25\sim30mm$ 的导孔，在导孔底部用炸药炸成药壶，然后全部装满炸药，一次引爆形成桩孔和扩大头；无药壶法是在导孔底部装入爆扩大头所需的纯炸药，桩身导孔内装入比例为 $1:0.6\sim1:0.3$ 的经过均匀搅拌的锯末混合炸药，一次引爆而成。下面介绍二次爆扩成孔施工。

（一）桩孔爆扩

当用二次爆扩法成孔时，导孔的直径一般为 $40\sim70mm$，装炸药条的管材，以玻璃管最好，即防水又透明，便于检查装药情况，又易插放到管底，炸药条四周应填塞干砂或其他粉状材料稳固好，然后引爆形成桩孔。玻璃管直径及用药量可参考表 2-5。

爆扩桩孔时玻璃管直径及用药量　　　　　　　　　表 2-5

土的类别	桩身直径（mm）	玻璃管直径（mm）	用药量（kg/m）
木压实的人工填土	300	$20\sim21$	$0.25\sim0.28$
软塑可塑粘性土	300	22	$0.28\sim0.29$
硬塑粘性土	300	25	$0.37\sim0.38$

（二）扩大头爆扩

扩大头爆扩的工作包括计算用药量、安放药包、灌注第一次混凝土、通电引爆、检查扩大头直径和捣实扩大头混凝土等。

（1）炸药用量：爆扩桩施工时使用的炸药宜用硝铵炸药和电雷管。用药量及扩大头尺寸与土质有关，施工前应在现场做爆扩成型试验确定，亦可按下式估算：

$$D = K \cdot \sqrt[3]{Q} \qquad\qquad (2-3)$$

式中　Q——炸药用量（kg），参考表 2-6 选用；

　　　D——扩大头直径（m）；

　　　K——土质影响系数，参考表 2-7 选用。

爆扩桩用药量参考表　　　　　　　　　　　　　　　　　表 2-6

扩大头直径（m）	0.6	0.7	0.8	0.9	1.0	1.1	1.2
炸药用量（kg）	0.30～0.45	0.45～0.60	0.60～0.75	0.75～0.90	0.90～1.10	1.10～1.30	1.30～1.50

注：1. 表内数值适用于深度 3.5～9.0m 的粘性土，土质松软时取小值、坚硬时取大值；

　　2. 深度为 2.0～3.0m 时，用药量较表值减少 20%～30%；

　　3. 在砂土中爆扩时，用药量较表值增加 10%。

土质影响系数 K 值　　　　　　　　　　　　　　　　　　表 2-7

土的类别	K 值	土的类别	K 值	土的类别	K 值
坡积粘土	0.7～0.9	冲积粘土	1.25～1.35	松散角砾	0.94～0.99
亚粘土	1.0～1.1	卵石层	1.07～1.18	黄土类亚粘土	1.19

（2）药包安放：药包须用塑料薄膜等防水材料紧密包扎，并用防水材料封闭以防浸水受潮出现瞎炮。药包宜做成扁平状，每个药包在中心处并联放置两个雷管。药包放于孔底正中，上面填盖 15～20cm 厚的砂子，用以固定药包和承受混凝土冲击。

（3）灌注每一次混凝土：每一次混凝土的灌入量为 2～3m 厚，或为扩大头体积的 50%，混凝土量过少，引爆时会引起混凝土飞扬，过多则可能产生"拒落"事故。混凝土的坍落度，在泥土中为 10～20cm；在砂土及填土中为 12～14cm。

（4）引爆：引爆应在混凝土初凝前进行，否则易出现混凝土拒落。为了保证施工质量，应严格遵守引爆顺序，当相邻桩的扩大头在同一标高，若桩距大于爆扩影响间距时，可采取单爆方式；反之宜用联爆方式；当相邻桩的扩大头不在同一标高，引爆顺序必须是先浅后深，否则会造成深桩柱的变形或断裂；当在同一根桩柱上有两个扩大头时，引爆的顺序只能是先深后浅，先炸底部扩大头，然后插入下段钢筋骨架，灌注下端混凝土至第二个扩大头标高，再爆扩第二个扩大头，然后插入上段钢筋骨架，灌注上部混凝土。

（三）灌注桩身混凝土

扩大头引爆后，第一次灌注的混凝土即落入空腔底部。此时应进行检查扩大头的尺寸，并将扩大头底部混凝土捣实，随即放置钢筋骨架，并分层灌注，分层捣实桩身混凝土，混凝土应连续灌注完毕，不留施工缝，应保证扩大头与桩身形成整体浇筑的混凝土。混凝土灌注完毕后，应用草袋覆盖并洒水养护。

第三章 砌 筑 工 程

砌筑工程是指用砂浆砌筑普通粘土砖、硅酸盐类砖、石块和各种砌块的施工。

砖石结构建筑在我国有悠久的历史，目前在建筑工程中仍占有相当大的比重。这种结构虽然取材方便、施工简单、成本低廉、保温隔热性和耐火耐久性较好，但它的施工仍以手工操作为主，劳动强度大、生产率低，而且烧制粘土砖占用大量农田，因而采用新型墙体材料，改善砌体施工工艺是砌筑工程改革的重点，并能促进传统砌筑工程的施工技术进步。

砌筑工程是一个综合的施工过程，它包括砂浆制备、材料运输、脚手架搭设和墙体砌筑等。

第一节 砌筑材料准备及运输

一、砌筑材料准备

砌筑工程所用材料主要是砖、石或砌块以及砌筑砂浆。

常温下砌砖，普通粘土砖、空心砖的含水率宜为 10%～15%，一般应提前 0.5～1d 浇水润湿，避免砖吸收砂浆中过多的水分而影响粘结力，并可除去砖面上的粉末，严禁砌筑前临时浇水。但浇水过多会产生砌体走样或滑动。气候干燥时，石料亦应先洒水润湿。但灰砂砖、粉煤灰砖不宜浇水过多，其含水率控制在 5%～8% 为宜。检查含水率的最简易方法是现场断砖，砖截面周围溶水深度 15～20mm 视为符合要求。

砌筑砂浆有水泥砂浆、石灰砂浆和混合砂浆。砂浆种类选择及其等级的确定，应根据设计要求。

水泥砂浆和混合砂浆可用于砌筑潮湿环境和强度要求较高的砌体，但对于基础一般只用水泥砂浆。

石灰砂浆宜用于砌筑干燥环境中以及强度要求不高的砌体，不宜用于潮湿环境的砌体及基础，因为石灰属气硬性胶凝材料，在潮湿环境中，石灰膏不但难以结硬，而且会出现溶解流散现象。

制备混合砂浆和石灰砂浆用的石灰膏，应经筛网过滤并在化灰池中熟化，时间不少于 7d，严禁使用脱水硬化的石灰膏。

砂浆的拌制一般用砂浆搅拌机，要求拌和均匀。为改善砂浆的保水性可掺入粘土、电石膏、粉煤灰等塑化剂，砂浆应随拌随用，常温下，水泥砂浆和混合砂浆必须分别在搅拌后 3h 和 4h 内使用完毕，如气温在 30℃ 以上，则必须分别在 2h 和 3h 内用完。

砂浆稠度的选择主要根据墙体材料、砌筑部位及气候条件而定。一般实心砖墙和柱，砂浆的流动性宜为 70～100mm；砌筑平拱过梁、毛石及砌块宜为 50～70mm。

二、材料运输

砌筑工程中不仅要运输大量的砖（或砌块）、砂浆，而且还要运输脚手架、脚手板和各种预制构件。不仅有垂直运输，而且有地面和楼面的水平运输。其中垂直运输是影响砌筑工程施工速度的重要因素。

（1）垂直运输

常用的垂直运输机具有塔式起重机（见第六章）、井架及龙门架。

塔式起重机生产效率高，并可兼作水平运输，在可能条件下宜优先选用。

①井架也是砌筑工程垂直运输常用设备之一（图3-1）。井架通常带一个起重臂和吊盘。起重臂起重能力为5～10kN，在其外伸工作范围内也可作小距离的水平运输。吊盘起重量为10～15kN，其中可放置运料的手推车或其他散装材料。搭设高度一般为40m左右，需设缆风绳保持井架的稳定。

②龙门架是由两根三角形截面或矩形截面的立柱及横梁（又称天轮梁）组成的门式架。在龙门架上设滑轮、导轨、吊盘、缆风绳等，进行材料、机具和小型预制构件的垂直运输（图3-2）。

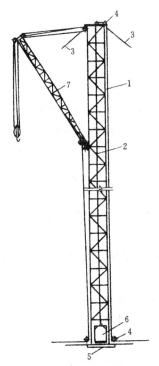

图3-1 钢井架

1—井架；2—钢丝绳；3—缆风；
4—滑轮；5—垫梁；6—吊盘；
7—辅助吊臂

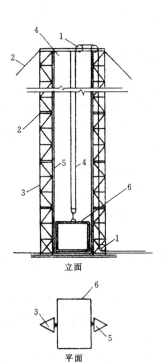

立面

平面

图3-2 龙门架

1—滑轮；2—揽风绳；
3—立柱；4—横梁；
5—导轨；6—吊盘

（2）水平运输

砌筑工程中水平运输除可用塔式起重机外，散料一般用双轮手推车或机动翻斗车。运

54

输过程中，应防止砖块破损和砂浆的分层离析。预制楼板通常采用杠杆车运输。

第二节 砌筑用脚手架

砌筑用脚手架是砌筑过程中堆放材料和工人进行操作的临时性设施。按其搭设位置分为外脚手架和里脚手架两大类；按其所用材料分为木脚手架、竹脚手架与金属脚手架；按其构造形式分为多立杆式、框式、桥式、吊式、挂式、升降式以及用于楼层间操作的工具式脚手架等。对脚手架的基本要求是：其宽度应满足工人操作、材料堆置和运输的需要，坚固稳定，装拆简便，能多次周转使用。脚手架的宽度一般为 1.2～1.5m，砌筑用脚手架的每步架高度一般为 1.2～1.4m，外脚手考虑砌筑、装饰两用，其步架高一般为 1.6～1.8m。

一、外脚手架

外脚手架沿建筑物外围从地面搭起，既可用于外墙砌筑，又可用于外装饰施工。其主要形式有多立杆式、框式、桥式等。多立杆式应用最广，框式次之。

（1）多立杆式脚手架

多立杆式外脚手架由立杆、大横杆、小横杆、斜撑、脚手板等组成。其特点是每步架高可根据施工需要灵活布置，取材方便，钢、竹、木等均可应用（图3-3）。

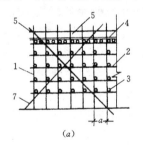 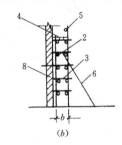 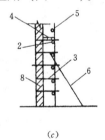

（a）   （b）   （c）

图3-3 多立杆式脚手架

（a）立面；（b）侧面（双排）；（c）侧面（单排）

1—立柱；2—大横杆；3—小横杆；3—脚手板；5—栏杆；6—抛撑；7—斜撑；8—墙体

多立杆式钢管外脚手有扣件式和碗扣式两种。

①钢管扣件式多立杆脚手架由钢管（$\phi48\times3.5$）和扣件（图3-4）组成，接点采用扣件既牢固又便于装拆，可以重复周转使用，这种脚手架应用广泛。

钢管扣件式脚手架为空间结构，纵向刚度远远大于横向刚度。在构造上应加设斜撑或连墙杆，限制各个方向管件的变形。

钢管扣件式脚手架设计规定的施工均布荷载标准值：砌筑脚手架为 $3.0kN/m^2$，装饰脚手架为 $2.0kN/m^2$。由于脚手架搭设不如建筑结构那样严格，且使用荷载的

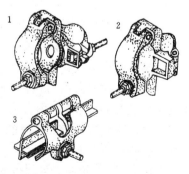

图3-4 扣件形式

1—回转扣件；2—直角扣件；3—对接扣件

变动性很大，因此需有足够的安全储备。

钢管扣件式脚手架设计中应注意以下事项：满足作业要求；不超过杆件承载能力的允许限度；立杆纵距 a 通常为 1.4～2.0m，横距 b 为 0.8～1.6m，视施工荷载而定；允许搭设高度应根据立杆纵距、立杆形式（单立杆或双立杆）、步架高度、铺设脚手板层数、作业层数及荷载偏心状况等确定。

钢管扣件脚手架搭设中应注意地基平整坚实，设置底座和垫板，并有可靠的排水措施，防止积水浸泡地基。杆件应按设计方案进行搭设，并注意搭设顺序，扣件拧紧程度应适度（扭力矩控制在 40～50kN·m 为宜，最大不得超过 60kN·m）。应随时校正杆件的垂直和水平偏差。

② 碗扣式钢管脚手架其杆件接点处采用碗扣连接，由于碗扣是固定在钢管上的，因此其连接可靠，组成的脚手架整体性好，也不存在扣件丢失问题。

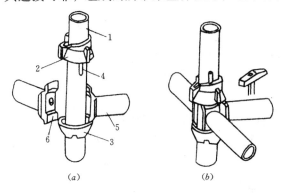

图 3-5 碗扣接头
（a）连接前；（b）连接后
1—立杆；2—上碗扣；3—下碗扣；4—限位销；5—横杆；
6—横杆接头

碗扣式接头由上、下碗扣及横杆接头、限位销等组成，图 3-5 是碗扣接头的示意图。

碗扣式接头可以同时连接四根横杆，横杆可相互垂直亦可组成其他角度，因而可以搭设各种形式，如曲线形的脚手架，碗扣式立杆纵距 a 为 1.2～2.4m，可根据脚手架荷载选用，立杆横距 b 为 1.2m。搭设时将上碗扣提起并对准限位销，然后横杆接头插入下碗扣，再放下上碗扣并旋转扣紧，并用小锤轻击，即完成接点的连接。

单排脚手架仅在外墙外侧设一排立杆，其小横杆一端与大横杆连接，另一端搁在墙上。单排脚手架节约材料，但稳定性较差，且在墙上留脚手眼，其搭设高度只适于 4.5m 以下，使用范围也受一定限制。

下列部位不得留设脚手眼：

① 空斗墙、12cm 厚砖墙、料石清水墙和砖、石独立柱；

② 砖过梁上与过梁成 60 度角的三角形范围内；

③ 宽度小于 1m 的窗间墙；

④ 梁或梁垫下及其左右各 50cm 的范围内；

⑤ 砖砌体的门窗洞口两侧 18cm 和转角处 43cm 的范围内；石砌体的门窗洞口两侧 30cm 和转角处 60cm 范围内；

⑥ 设计不允许设置脚手眼的部位。

注：若砖砌体上脚手眼不大于 8cm×14cm，可不受③、④、⑤条限制。

双排脚手架是指脚手架里外侧均设置立杆，稳定性较好，但其工料消耗要比单排脚手架多。

目前，扣件式钢管脚手架得到广泛应用，虽然其一次投资较大，但其周转次数多，摊销费用低，装拆方便，搭设高度大。

（2）框式脚手架

框式脚手架（图3-6）也称为门式脚手架，是当今国际上应用最普遍的脚手架之一，它不仅可作为外脚手架，且可作为内脚手架或满堂脚手架。

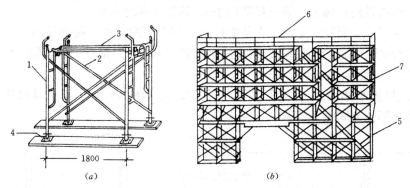

图3-6 框式脚手架
（a）基本单元；（b）框式外脚手架
1—门式框架；2—剪刀撑；3—水平梁架；4—螺旋基脚；5—梯子；6—栏杆；7—脚手板

框式脚手架由门式框架、剪刀撑、水平梁架、螺旋基脚组成基本单元，将基本单元相互连结并增加梯子、栏杆及脚手板等即形成脚手架。

框式脚手架系一种工厂生产、现场搭设的脚手架，一般只要根据产品目录所列的使用荷载和搭设规定进行施工，不必再进行验算。如果实际使用情况与规定有出入时，应采取相应的加固措施或进行验算。

框式脚手架的地基应有足够的承载力。地基必须夯实找平，并严格控制第一步门式框架顶面的标高（竖向误差不大于5mm）。逐片校正门式框架的垂直度和水平度，确保整体刚度，门式框架之间必须设置剪刀撑和水平梁架（或脚手板）。

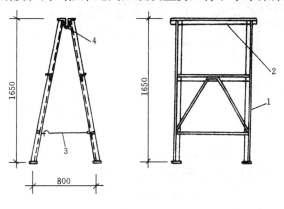

图3-7 折叠式里脚手
1—立柱；2—横楞；3—挂钩；4—铰链

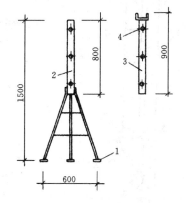

图3-8 套管式支柱
1—支脚；2—立管；3—插管；4—销孔

二、里脚手架

里脚手架搭设于建筑物内部。每砌完一层墙后，即将其转移到上一层楼面，进行新的一层墙体砌筑。里脚手架也可用于室内装饰施工。

里脚手架装拆较频繁，要求轻便灵活，装拆方便。通常将其做成工具式的，结构型式有折叠式、支柱式和门架式。

①图3-7所示为角钢折叠式里脚手架，其架设间距，砌墙时不超过2m，粉刷时不超过2.5m。可以搭设两步脚手，第一步高约1m，第二步高约1.65m。

②图3-8所示为套管式支柱，它是支柱式里脚手架的一种，将插管插入立管中，以销孔间距调节高度，在插管顶端的凹形支托内搁置方木横杆，横杆上铺设脚手板，架设高度为1.50~2.10m。

③门架式里脚手架由两片A形支架与门架组成（图3-9）。其架设高度为1.5~2.4m，两片A形支架间距2.2~2.5m。

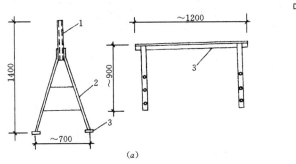
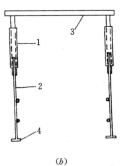

图3-9 门架式里脚手架

（a）A形支架与门架；（b）安装示意

1—立管；2—支脚；3—门架；4—垫板

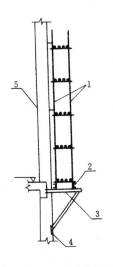

图3-10 挑脚手架

1—钢管脚手架；2—型钢横梁；3—三角支承架；4—预埋件；5—钢筋混凝土柱（墙）

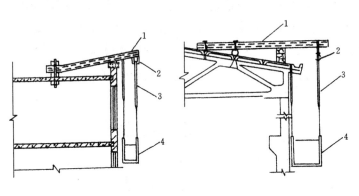

图3-11 挂脚手架

1—挑梁；2—吊环；3—吊索；4—吊篮

三、其他形式的脚手架

除上述几种外、里脚手架外，还有挑脚手架（图3-10）、挂脚手架（图3-11）、自升降脚手架（图3-12）等，这些脚手架都具有施工方便的特点，又能有效地节省脚手架材料，因此应用日益广泛。

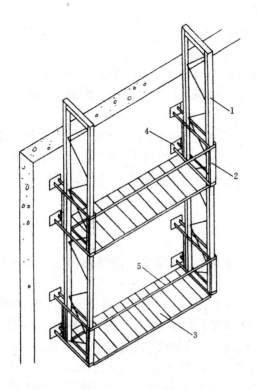

图 3-12　自升降脚手架

1—内套架；2—外套架；3—脚手板；

4—附墙装置；5—栏杆

第三节　砖砌体施工

一、砖墙砌筑的组砌形式

一块砖有三个两两相等的面，最大的面叫作大面；长的一面叫作条面；短的一面叫丁面。砖砌入墙体后，条面朝向操作者的叫顺砖，丁面朝向操作者的叫丁砖。

普通砖墙厚度有半砖、一砖、一砖半和二砖等。用普通砖砌筑的砖墙，依其墙面组砌形式不同，有一顺一丁、三顺一丁、梅花丁等。

（1）一顺一丁砌法

这是最常见的一种组砌形式，也称满丁满条组砌法。由一皮顺砖、一皮丁砖组砌而成，上下皮之间竖向灰缝都相互错开 1/4 砖长。

（2）三顺一丁砌法

三顺一丁砌法是采用三皮顺砖间隔一皮丁砖的组砌方法。上下皮顺砖搭接半砖长，丁砖与顺砖搭接 1/4 砖长，同时要求山墙与檐墙的丁砖层不在同一皮砖上，以利于错缝搭接。

（3）梅花丁砌法

梅花丁又称沙包式。这种砌法是在同一皮砖上采用两块顺砖夹一块丁砖的砌法，上下两皮砖的竖向灰缝错开 1/4 砖长。

（4）其他砌法

① 全顺砌法。全部采用顺砖砌筑，每皮砖搭接 1/2 砖长，适用于半砖墙的砌筑。

② 全丁砌法。全部采用丁砖砌筑，每皮砖上下搭接 1/4 砖长，适于圆形烟囱与窨井的砌筑。

③ 两平一侧砌法。当设计要求 180mm 或 300mm 厚砖墙时，可采用此砌法，即连砌两皮顺砖或丁砖，然后贴一层侧砖（条面朝下）。丁砖层上下皮搭接 1/4 砖长，顺砖层上下皮搭接 1/2 砖长。每砌两皮砖以后，将平砌砖和侧砖里外互换，即可组成两平一侧砌体。

二、砌筑质量要求

砌砖工程质量的基本要求是：横平竖直、砂浆饱满、灰缝均匀、上下错缝、内外搭砌、接槎牢固。

为了保证砌体的稳定，要求每一皮砖的灰缝横平竖直。砂浆的饱满程度对砌体传力均匀、砌体之间的联结和砌体强度影响较大。上面砌体的重量主要通过砌体之间的水平灰缝传递到下面，水平灰缝不饱满往往会使砖块折断。为此，规定实心砖砌体水平灰缝的砂浆饱满度不得低于 80%，这样才可以满足设计规范所规定的砌体抗压强度的要求。竖向灰缝的饱满程度，影响砌体抗透风和抗渗水的性能。水平缝厚度和竖缝宽度规定为 10±2mm，过厚的水平灰缝容易使砖块浮滑，墙身侧倾，过薄的水平灰缝会影响砌体之间的粘结能力。

上下错缝，是指砖砌体上下两皮砖的竖缝应当错开，以避免上下通缝，在垂直荷载作用下，砌体会由于"通缝"丧失整体性而影响砌体强度。同时，内外搭砌使同皮的里外砌体通过相邻上下皮的砖块搭砌而组砌得牢固。

"接槎"是指相邻砌体不能同时砌筑而设置的临时间断，便于先砌砌体与后砌砌体之间的接合。为使接槎牢固，须保证接槎部分的砌体砂浆饱满，实心砖砌体应尽可能砌成斜槎。斜槎长度不应小于高度的 2/3（图 3-13a）。临时间断处的高度差不得超过 1 步脚手架的高度。当留斜槎确有困难时，可从墙面引出不小于 120mm 的直槎（图 3-13b），并沿高度间距不大于 500mm 加设拉结筋。但砌体的 L 形转角处，不得留直槎。

砌筑质量的具体要求应符合《砖石工程施工及验收规范》（GBJ203—83）的有关规定。

三、砌砖工艺

砌筑砖墙通常包括抄平、放线、摆砖样、立皮数杆、挂准线、铺灰、砌砖等工序。如是清水墙，则还要进行勾缝。

（1）抄平

砌砖墙前，先在基础防潮层或楼面上按标准的水准点定出各层标高，并用水泥砂浆或 C10 细石混凝土找平。

（2）放线

底层墙身可按龙门板上轴线定位钉为准拉麻线，沿麻线挂下线锤，将墙身中心轴线放

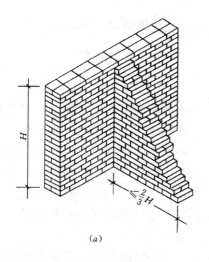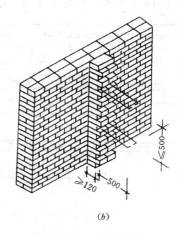

图 3-13 接槎
(a) 斜槎砌筑；(b) 直槎砌筑

到基础面上，并据此墙身中心轴线为准弹出纵横墙身边线，并定出门洞口位置。为保证各楼层墙身轴线的重合，并与基础定位轴线一致，可利用预先引测在外墙面上的墙身中心轴线，借助于经纬仪把墙身中心轴线引测到楼层上去；或用线锤挂，对准外墙面上的墙身中心轴线，从而向上引测。轴线的引测是放线的关键，必须按图纸要求尺寸用钢皮尺进行校核。然后，按楼层墙身中心线，弹出各墙边线，划出门窗洞口位置。

(3) 摆砖样

按选定的组砌方法，在墙基顶面放线位置试摆砖样（生摆，即不铺灰），尽量使门窗垛符合砖的模数，偏差小时可通过竖缝调整，以减小斩砖数量，并保证砖及砖缝排列整齐、均匀，以提高砌砖效率。摆砖样在清水墙砌筑中尤为重要。

(4) 立皮数杆

立支数杆可以控制每皮砖砌筑的竖向尺寸，并使铺灰、砌砖的厚度均匀，保证砖皮水平。皮数杆上划有每皮砖和灰缝的厚度，以及门窗洞、过梁、楼板等的标高。它立于墙的转角处，其基准标高用水准仪校正。如墙的长度很大，可每隔 10~20m 再立一根。

(5) 铺灰砌砖

铺灰砌砖的操作方法很多，与各地区的操作习惯、使用工具有关。常用的有满刀灰砌筑法（也称提刀灰），夹灰器、大铲铺灰及单手挤浆法。实心砖砌体大都采用一顺一顶、三顺一顶、梅花顶等组砌方法。砖柱不得采用包心砌法。每层承重墙的最上一皮砖或梁、梁垫下面，或砖砌体的台阶水平面上及挑出部分最上一皮砖均应采用丁砌层砌筑。

砌砖通常先在墙角按皮数杆进行盘角，然后将准线挂在墙侧，作为墙身砌筑的依据，每砌一皮或两皮，准线向上移动一次。

第四节 中小型砌块的施工

中小型砌块在我国已得到广泛应用，砌块按材料分，有粉煤灰硅酸盐砌块、普通混凝土空心砌块、煤矸石硅酸盐空心砌块等。砌块的规格不一，一般高度为 380~940mm，长

61

度为高度的 1.5～2.5 倍，厚度为 180～300mm，每块砌块重量 50～200kg。

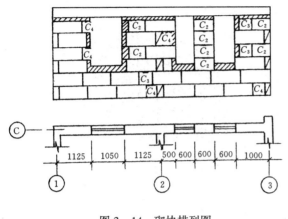

图 3-14　砌块排列图

一、砌块排列

由于中小型砌块体积较大、较重，不如砖块可以随意搬动，多采用专用设备进行吊装砌筑，因此在吊装前应绘制砌块排列图，以指导吊装砌筑施工。砌块排列图按每片纵、横墙分别绘制（图 3-14），要求做到：

①尽量采用主规格砌块，减少镶砖；

②错缝搭砌，搭接长度不小于砌块高度的 1/3，并不小于 150mm。外墙转角处及纵横墙交接处应用砌块互相搭接，如不能互相搭接，则每两皮应设置一道拉结钢筋网片；

③水平灰缝一般为 10～20mm，有配筋的水平灰缝为 20～25mm。竖缝宽度 15～20mm，当竖缝宽度大于 40mm 时应用与砌块同强度的细石混凝土填实，当竖缝大于 100mm 时，应用粘土砖镶砌。

④当楼层高度不是砌块（包括水平灰缝）的整数倍时，用粘土砖镶砌。

二、砌块吊装施工

（1）砌块吊装方案

砌块墙的施工特点是砌块数量多，吊次也相应的多，但砌块的重量不很大，通常采用的吊装方案有两种：一是以塔式起重机进行砌块、砂浆的运输，以及楼板等构件的吊装，由台灵架吊装砌块。台灵架在楼层上的转移由塔吊来完成。如工程量大，组织两栋房屋对翻流水等可采用这种方案；二是以井架进行材料的垂直运输、杠杆车进行楼板吊装，所

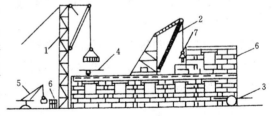

图 3-15　砌块吊装示意图
1—井架；2—台灵架；3—杠杆车；4—砌块车；
5—少先吊；6—砌块；7—砌块夹

有预制构件及材料的水平运输则用砌块车和劳动车，台灵架负责砌块的吊装（图 3-15）。

吊装砌块的顺序一般是按施工段依次进行，在住宅工程中，通常是一个开间或两个开间为一个施工段。吊装砌块一般是先外后内，先远后近，先下后上。在分段处应留斜槎。当采用井架方案时，吊装路线应考虑台灵架在最后退出楼层时，收头恰在井架吊杆下面，如采用塔吊则比较自由。

（2）砌块吊装工艺

当采用井架和台灵架吊装砌块时，其工艺流程如图 3-16 所示。

砌块吊装的主要工序为：铺灰、砌块吊装就位、校正、灌缝和镶砖。

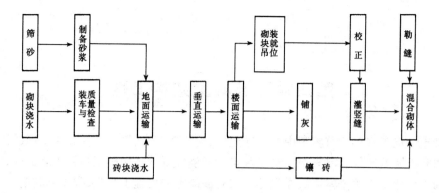

图 3-16 砌块吊装的工艺流程

第四章 混凝土结构工程

混凝土结构工程在建筑施工中占主导地位,无论在人力、物力消耗和对工期的影响方面都占有非常重要的地位。混凝土结构工程包括现浇混凝土结构施工与采用装配式预制混凝土构件的工厂化施工两个方面。原先是以现浇混凝土结构施工为主,限于当时的技术条件,现场施工时模板材料消耗多,劳动强度高,作业条件差,工期亦相对较长,因而逐渐向工厂化施工方面发展。但现浇混凝土结构的整体性好,抗震能力强,钢材消耗少,且不需大型起重机械,特别是近些年来一些新型工具式模板体系和新型施工机械的应用,使混凝土结构工程现浇施工亦能达到较好的技术经济指标,因而它得到迅速的发展,特别是目前我国的高层建筑大多数为现浇混凝土结构,高层建筑的发展亦促进了钢筋混凝土施工技术的提高。根据现有技术条件,现浇施工和预制装配这两个方面,各有所长,皆有其发展前途。

混凝土结构工程的施工技术近年来得到很大的发展。

钢筋工程方面,不但生产和应用了多种高强度普通低合金钢筋,而且在钢筋加工工艺方面,亦提高了机械化、自动化的水平,采用了数字程序控制调直剪切机、光电控制点焊机、钢筋冷拉联动线等,还在电焊技术、气压焊、冷压套筒和锥螺纹连接以及线性规划用于钢筋下料等方面取得不少成绩。

模板工程方面,采用了工具式支模方法与钢框木模板,还推广了大模板、滑升模板、爬模、提模、台模、隧道模和预应力混凝土薄板、压延型钢、永久模板和模板早拆体系等新技术。

混凝土工程方面,已实现了混凝土搅拌站后台上料机械化、称量自动化和混凝土搅拌自动化或半自动化,扩大了商品混凝土应用范围,还推广了混凝土强制搅拌、高频振动、混凝土搅拌运输车和混凝土泵送等新工艺。特别是近年来流态混凝土、高性能混凝土等新型混凝土的出现,将会引起混凝土工艺很大的变化。

装配式钢筋混凝土构件的生产工艺方面,推广了拉模、挤压工艺、立窑和折线窑养护、热拌热模、远红外线和太阳能养护等新工艺,在预应力钢筋混凝土工艺中,也出现了折线张拉、曲线张拉、无粘着后张等新技术。

混凝土结构工程即为混凝土结构的施工,它是由钢筋、模板、混凝土三个工种工程组成的。由于施工过程多,因而要加强施工管理,统筹安排,合理组织,以保证质量、加速施工和降低造价。

第一节 钢 筋 工 程

钢筋混凝土结构中常用的钢材有钢筋、钢丝和钢绞线三类。

钢筋按其化学成分,分为低碳钢钢筋和普通低合金钢钢筋(在碳素钢成分中加入锰、钛、钒等合金元素以改善性能)。钢筋按其强度分为Ⅰ-Ⅴ级,其中Ⅰ-Ⅳ级为热轧钢筋,Ⅴ级为热处理钢筋,钢筋的强度和硬度逐级升高,但塑性则逐级降低。Ⅰ级钢筋的表面为光圆，Ⅱ、Ⅲ级钢筋表面为人字纹、月牙形纹或螺纹，Ⅳ级钢筋表面则有光圆与螺纹两种。为便于运输，$\phi6\sim\phi9$ 的钢筋常卷成圆盘，大于 $\phi12$ 的钢筋则轧成 $6\sim12m$ 长一根。

常用的钢丝有刻痕钢丝、碳素钢丝和冷拔低碳钢丝三类，而冷拔低碳钢丝又分为甲级和乙级，一般皆卷成圆盘。

钢绞线一般由 7 根圆钢丝捻成，钢丝为高强钢丝。

钢筋一般在钢筋车间加工，然后运至施工现场安装或绑扎，钢筋加工过程取决于成品种类，一般的加工过程有冷拉、冷拔、调直、除锈、剪切、镦头、弯曲、连接、绑扎与安装等。

一、钢筋进场检验与存放

（1）进场验收

混凝土结构中所用的钢筋，都应有出厂质量证明书或试验报告单，每捆（盘）钢筋均应有标牌。进场时应按罐（批）号及直径分批验收，每批重量不超过 $60t$。验收的内容包括查对标牌、外观检查，并按有关标准的规定抽取试样作力学性能试验，合格后方可使用。

热轧钢筋的外观检查，要求钢筋表面不得有裂缝、结疤和折叠。钢筋表面允许有凸块，但不得超过横肋的最大高度。钢筋的外形尺寸应符合规定。

力学性能试验时从每批钢筋中任选两根钢筋，每根取两个试样分别进行拉力试验（包括屈服点、抗拉强度和伸长率）和冷弯试验。如有一项试验结果不符合规定，则从同一批中另取双倍数量的试样重作各项试验。如仍有一个试样不合格，则该批钢筋为不合格品。

在使用过程中，对热轧钢筋的质量有疑问或类别不明时，在使用前除应作拉力和冷弯试验外，尚需进行钢筋的化学成分分析。根据试验结果确定钢筋的类别后，才允许使用。抽样数量应根据实际情况确定。这种钢筋不宜用于主要承重结构的重要部位。热轧钢筋在加工过程中发现脆断、焊接性能不良或力学性能显著不正常等现象时，应进行化学成分分析或其他专项检验。对国外进口钢筋，按建设部的有关规定办理，亦应注意力学性能和化学成分的检验。

（2）存放

钢筋运进施工现场后，必须严格按批分等级、牌号、直径、长度挂牌存放，并注明数量，不得混淆。钢筋应尽量堆入仓库或料棚内。条件不具备时，应选择地势较高，土质坚实，较为平坦的露天场地存放，在仓库或场地周围挖排水沟，以利泄水。堆放时钢筋下面要加垫木，离地不宜少于 $200mm$，以防钢筋锈蚀和污染。钢筋成品要分工程名称和构件名称，按号码顺序存放。同一项工程与同一构件的钢筋要存放在一起，按号挂牌排列，牌上注明构件名称、部位、钢筋型式、尺寸、钢号、直径、根数，不能将几项工程的钢筋混放在一起。同时不要和产生有害气体的车间靠近，以免污染和腐蚀钢筋。

二、钢筋冷加工

（一）钢筋冷拉

钢筋冷拉是在常温下对钢筋进行强力拉伸，拉应力超过钢筋的屈服强度，使钢筋产生塑性变形，以达到调直钢筋、提高强度、节约钢材的目的，对焊接接长的钢筋亦考验了焊接接头的质量，冷拉Ⅰ级钢筋用于结构中的受拉钢筋，冷拉Ⅱ，Ⅲ，Ⅳ级钢筋用作预应力筋。

（1）冷拉原理

钢筋冷拉原理如图4-1所示。图中 *abcde* 为钢筋的拉伸特性曲线，冷拉时，拉应力

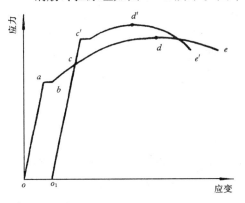

图4-1 钢筋冷拉原理

超过屈服点 *b* 达到 *c* 点，然后卸荷。由于钢筋已产生塑性变形，卸荷过程中应力应变沿 co_1 降至 o_1 点，如再立即重新拉伸，应力应变图将沿 o_1cde 变化，并在高于 *c* 点附近出现新的屈服点，该屈服点明显高于冷拉前的屈服点 *b*，这种现象称"变形硬化"。其原因是冷拉过程中，钢筋内部结晶面滑移，晶格变化，内部组织发生变化，因而屈服强度提高，塑性降低，弹性模量也降低。

钢筋冷拉后有内应力存在，内应力会促进钢筋内的晶体组织调整，经过调整，屈服强度又进一步提高。该晶体组织调整过程称为"时效"。钢筋经冷拉和时效后的拉伸特性曲线即改为 $o_1c'd'e'$。Ⅰ、Ⅱ级钢筋的时效过程在常温下需 15～20d（称自然时效）。但在 100℃ 温度下只需 2h 即可完成，因而为加速时效可利用蒸汽、电热等手段进行人工时效。Ⅲ、Ⅳ级钢筋在自然条件下一般达不到时效的效果，更宜用人工时效。一般通电加热至 150～200℃，保持 20min 左右即可。

（2）冷拉控制

钢筋冷拉，可用冷拉应力或冷拉率进行控制。对不能分清炉批号的热轧钢筋，不应采取冷拉率控制。

①控制应力法。采用控制应力法冷拉钢筋时，冷拉控制应力值如表4-1所示。抗拉强度较低的热轧钢筋，如拉到符合标准的冷拉强度，其冷拉率将超过限值，对结构使用非常不利，故规定最大冷拉率限值，冷拉后检查钢筋的冷拉率，如超过表中规定的数值时，则应进行力学性能试验。

②控制冷拉率法。采用控制冷拉率法冷拉钢筋时，其控制值由试验确定。对同炉批钢筋，测定的试件不宜少于 4 个，每个试件都按表4-2规定的冷拉应力值在万能试验机上测定相应的冷拉率，取其平均值作为该炉批钢筋的实际冷拉率。如钢筋强度偏高，平均冷拉率低于 1% 时，仍按 1% 进行冷拉。

钢筋冷拉的冷拉控制应力和最大冷拉率 表4-1

钢筋级别		冷拉控制应力（N/mm²）	最大冷拉率（%）
Ⅰ级 $d\leqslant12$		280	10.0
Ⅱ级	$d\leqslant25$	450	5.5
	$d=28\sim40$	430	
Ⅲ级 $d=8\sim40$		500	5.0
Ⅳ级 $d=10\sim28$		700	4.0

测定冷拉率时钢筋的冷拉应力 表4-2

钢筋级别		冷拉应力（N/mm²）
Ⅰ级 $d\leqslant12$		310
Ⅱ级	$d\leqslant25$	480
	$d=28\sim40$	460
Ⅲ级 $d=8\sim40$		530
Ⅳ级 $d=10\sim28$		730

由于控制冷拉率为间接控制法，试验统计资料表明，同炉批钢筋按平均冷拉率冷拉后的抗拉强度的标准离差 σ 约为 $15\sim20\mathrm{N/mm^2}$，为满足 95% 的保证率，应按冷拉控制应力增加 1.645σ，约 $30\mathrm{N/mm^2}$。因此，用冷拉率控制方法冷拉钢筋时，钢筋的冷拉应力较高。

不同炉批的钢筋，不宜用控制冷拉率的方法进行钢筋冷拉。多根连接的钢筋，用控制应力的方法进行冷拉时，其控制应力和每根的冷拉率均应符合表 4－1 的规定；当用控制冷拉率的方法进行冷拉时，冷拉率可按总长计，但冷拉后每根钢筋的冷拉率不得超过表 4－1 的规定，钢筋的冷拉速度不宜过快。

冷拉钢筋的检查验收方法和质量要求应符合，《混凝土结构工程施工及验收规范》GB50204—92 中有关的规定。

（3）冷拉设备

钢筋冷拉工艺有两种：一种是采用卷扬机带动滑轮组作为冷拉动力的机械式冷拉工艺；另一种是采用长行程（1500mm 以上）的专用液压千斤顶（YPD－60S 型液压千斤顶）和高压油泵的液压冷拉工艺。目前我国仍以前者为主，但后者更有发展前途。

机械式冷拉工艺的冷拉设备，主要由拉力设备、承力结构、回程装置、测量设备和钢筋夹具组成。拉力设备为卷扬机和滑轮组，多用 3~5t 的慢速卷扬机，通过滑轮组增大牵引力。设备的冷拉能力要大于所需的最大拉力，所需的最大拉力等于进行冷拉的最大直径钢筋截面积乘以冷拉控制应力，同时还要考虑滑轮与地面的摩擦阻力及回程装置的阻力。设备的冷拉能力按下式计算：

$$Q = \frac{10S}{K'} - F$$

$$K' = \frac{f^{n-1}(f-1)}{f^{n-1}}$$
 （4－1）

式中　Q——设备冷拉能力（kN）；

S——卷扬机吨位（t）；

F——设备阻力（kN），包括冷拉小车与地面的摩阻力和回程装置的阻力等，可实测确定；

K'——滑轮组的省力系数；

f——单个滑轮的阻力系数；对青铜轴套的滑轮，$f=1.04$；

n——滑轮组的工作线数。

承力结构可采用地锚，冷拉力大时宜采用钢筋混凝土冷拉槽（图 4－2）。回程装置可用荷重架回程或卷扬机滑轮组回程。测力设备常用液压千斤顶或用装传感器和示力仪的电子秤。

如在负温下进行冷拉，温度不宜低于 $-20^\circ\mathrm{C}$。如用冷拉应力控制时，由于钢筋的屈服强度随温度降低而提高，冷拉控制应力应较常温时提高 $30\mathrm{N/mm^2}$。如用冷拉率控制，则与常温相同。

（二）钢筋冷拔

冷拔是使 $\phi6\sim\phi9$ 的光圆钢筋通过钨合金的拔丝模（图 4－3）进行强力拉拔。钢筋通过拔丝模时，受到拉伸与压缩兼有的作用，使钢筋内部晶格变形而产生塑性变形，因而抗

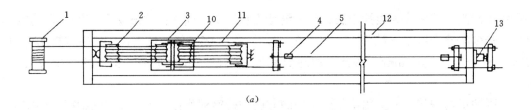

(a)

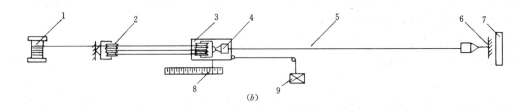

(b)

图 4-2 冷拉设备

1—卷扬机；2—滑轮组；3—冷拉小车；4—夹具；5—被冷拉的钢筋；6—地锚；7—防护壁；8—标尺；
9—回程加重架；10—回程滑轮组；11—传力架；12—冷拉槽；13—液压千斤顶

拉强度提高（可提高 50%～90%），塑性降低，呈硬钢性质。光圆钢筋经冷拔后称"冷拔低碳钢丝"。钢筋冷拔的工艺过程是：轧头→剥壳→通过润滑剂进入拔丝模冷拔。如钢筋需连接则在冷拔前用对焊连接。钢筋表面常有一硬渣层，易损坏拔丝模，并使钢筋表面产生沟纹，因而冷拔前要进行剥壳，方法是使钢筋通过 3～6 个上下排列的辊子以剥除渣壳。润滑剂常用石灰、动植物油、肥皂、白蜡和水按一定配比制成。

冷拔用的拔丝机有立式（图 4-4）和卧式两种。其鼓筒直径一般为 500mm。冷拔速度约为 0.2～0.3m/s，速度过大易断丝。

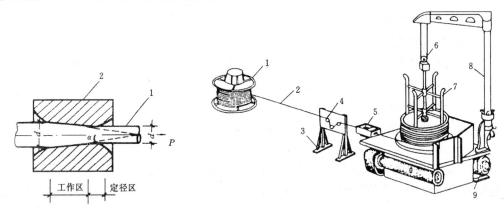

图 4-3 钢筋冷拔示意图

1—钢筋；2—拔丝模

图 4-4 立式单鼓筒冷拔机

1—盘圆架；2—钢筋；3—剥壳装置；4—槽轮；5—拔丝模；6—滑轮；7—绕丝筒；8—支架；9—电动机

影响冷拔低碳钢丝质量的主要因素，是原材料的质量和冷拔总压缩率。

冷拔低碳钢丝都是用普通低碳热轧光圆钢筋拔制的，按国家标准《普通低碳钢热轧圆盘条》GB701—65 的规定，光圆钢筋是用 1-3 号乙类钢轧制的，因而强度变化较大，直接影响冷拔低碳钢丝的质量。为此，应严格控制原材料。冷拔低碳钢丝分甲、乙两级。对主要用作预应力筋的甲级冷拔低碳钢丝，宜用符合Ⅰ级钢标准的3号钢圆盘条进行拔制。

冷拔总压缩率（β）是光圆钢筋拔成冷拔钢丝时的横截面缩减率。若原材料光圆钢筋直径为d_0，冷拔后成品钢丝直径为d，则总压缩率$\beta = \dfrac{d_0^2 - d^2}{d_0^2}$。总压缩率越大，则抗拉强度提高越多，而塑性降低越多。总压缩率不宜过大，直径5mm的冷拔低碳钢丝，宜用直径8mm的圆盘条拔制；直径4mm和小于4mm者，宜用直径6.5mm的圆盘条拔制。

冷拔低碳钢丝有时是经多次冷拔而成，不一定是一次冷拔就达到总压缩率。每次冷拔的压缩率不宜太大，否则拔丝机的功率要大，拔丝模易损耗，且易断丝。一般前道钢丝和后道钢丝的直径之比以1:0.87为宜。冷拔次数亦不宜过多，否则易使钢丝变脆。

冷拔低碳钢丝的质量应符合《混凝土结构工程施工及验收规范》GB50204—92中有关的规定。对用于预应力结构的甲级冷拔低碳钢丝，应加强检验，即逐盘取样检验。

冷拔低碳钢丝经调直机调直后，抗拉强度约降低8%～10%，塑性有所改善，使用时应注意。

三、钢筋连接

钢筋连接有三种常用的连接方法：绑扎连接、焊接连接和机械连接（挤压连接和锥螺纹套管连接）。除个别情况（如不准出现明火）应尽量采用焊接连接，以保证质量、提高效率和节约钢材。钢筋焊接分为压焊和熔焊两种形式。压焊包括闪光对焊、电阻点焊和气压焊；熔焊包括电弧焊和电渣压力焊。此外，钢筋与预埋件T形接头的焊接应采用埋弧压力焊，也可用电弧焊或穿孔塞焊，但焊接电流不宜大，以防烧伤钢筋。

（一）钢筋焊接

根据规范规定轴心受拉和小偏心受拉构件中的钢筋接头均应焊接，普通混凝土中直径大于22mm的钢筋和轻骨料混凝土中直径大于20mm的Ⅰ级钢筋及直径大于25mm的Ⅱ、Ⅲ级钢筋的接头，均宜采用焊接。

钢筋的焊接质量与钢材的可焊性、焊接工艺有关。可焊性与钢筋含碳量、合金元素的数量有关，含碳、锰数量增加，则可焊性差；而含适量的钛可改善可焊性。焊接工艺（焊接参数与操作水平）亦影响焊接质量，即使可焊性差的钢材，若焊接工艺合宜，亦可获得良好的焊接质量。当环境温度低于－5℃，即为钢筋低温焊接，此时应调整焊接工艺参数，使焊缝和热影响区缓慢冷却。风力超过4级时，应有挡风措施。环境温度低于－20℃时不得进行焊接。

（1）闪光对焊

闪光对焊广泛用于钢筋纵向连接及预应力钢筋与螺丝端杆的焊接。热轧钢筋的焊接宜优先用闪光对焊，不可能时才用电弧焊。钢筋闪光对焊的原理（图4-5）是利用对焊机使两段钢筋接触，通过低电

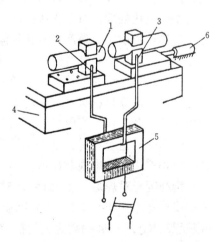

图4-5　钢筋闪光对焊原理

1—焊接的钢筋；2—固定电极；3—可动电极；
4—基座；5—变压器；6—手动顶压机构

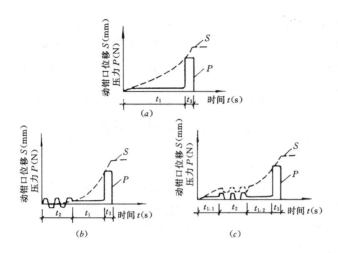

图 4-6 钢筋闪光对焊工艺过程图解

(a) 连续闪光焊；(b) 预热闪光焊；(c) 闪光—预热—闪光焊

t_1—烧化时间；$t_{1.1}$—一次烧化时间；$t_{1.2}$—二次烧化时间；

t_2—预热时间；t_3—顶锻时间

压的强电流，待钢筋被加热到一定温度变软后，进行轴向加压顶锻，形成对焊接头。钢筋闪光对焊工艺常用的有连续闪光焊、预热闪光焊和闪光—预热—闪光焊（图 4-6）。对Ⅳ级钢筋有时在焊接后还进行通电热处理。

①连续闪光焊。连续闪光焊宜于焊接直径 25mm 以内的Ⅰ~Ⅲ级钢筋。焊接直径较小的钢筋最适宜。这种焊接的工艺过程是待钢筋夹紧在电极钳口上后，闭合电源，使两钢筋端面轻微接触。由于钢筋端部不平，开始只有一点或数点接触，接触面小而电流密度和接触电阻很大，接触点很快熔化并产生金属蒸汽飞溅，形成闪光现象。闪光一开始就徐徐移动钢筋，使形成连续闪光过程，同时接头也被加热。待接头烧平、闪去杂质和氧化膜、白热熔化时，随即施加轴向压力迅速进行顶锻，使两根钢筋焊牢。

②预热闪光焊。钢筋直径较大，端面比较平整时宜用预热闪光焊。与连续闪光焊不同之处，在于前面增加一个预热时间，先使大直径钢筋预热后再连续闪光烧化进行加压顶锻。

③闪光—预热—闪光焊。端面不平整的大直径钢筋连接采用半自动或自动的 150 型对焊机，焊接大直径钢筋宜采用闪光—预热—闪光焊。这种焊接的工艺过程是进行连续闪光，使钢筋端部烧化平整；再使接头处作周期性闭合和断开，形成断续闪光使钢筋加热；接着再是连续闪光，最后进行加压顶锻。

④通电热处理。对于Ⅳ级钢筋，因碳、锰、硅含量较高和钛、钒的存在，对氧化、淬火、过热比较敏感，易产生氧化缺陷和脆性组织。为此，应掌握焊接温度，并使热量扩散区加长，以防接头局部过热造成脆断，Ⅳ级钢筋中可焊性差的高强钢筋，宜用强电流进行焊接，焊后再进行通电热处理。通电热处理的目的，是对焊接接头进行一次退火或高温回火处理，以消除热影响区产生的脆性组织，改善接头的塑性。通电热处理的方法，是焊毕稍冷却后松开电极，将电极钳口调至最大距离，重新夹住钢筋，待接头冷至暗黑色（焊后约 20~30s），进行脉冲式通电热处理（频率约 2 次/s，通电 5~7s）。待钢筋表面呈桔红色并有微小氧化斑点出现时即可。

钢筋闪光对焊后，除对接头进行外观检查 [无裂纹和烧伤、接头弯折不大于 4°、接头轴线偏移不大于 0.1d（d 为钢筋直径），也不大于 2mm] 外，还应按《钢筋焊接及验收规程》JGJ18-84 的规定进行抗拉试验和冷弯试验。

(2) 电弧焊

电弧焊是利用弧焊机使焊条与焊件之间产生高温电弧，使焊条和电弧燃烧范围内的焊件熔化，待其凝固便形成焊缝或接头，电弧焊广泛用于钢筋接头、钢筋骨架焊接、装配式结构接头的焊接、钢筋与钢板的焊接及各种钢结构焊接。

钢筋电弧焊的接头型式（图 4－7）有：搭接焊接头（单面焊缝或双面焊缝）、帮条焊接头（单面焊缝或双面焊缝）、剖口焊接头（平焊或立焊）和熔槽帮条焊接头（用于安装焊接 $d \geqslant 25mm$ 的钢筋）。

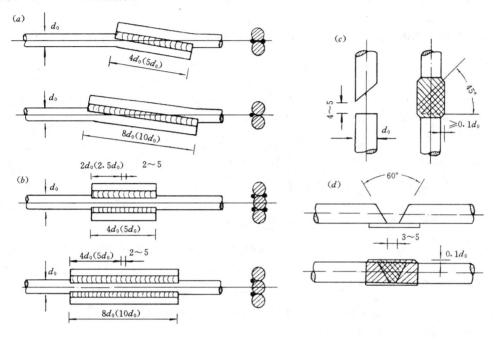

图 4－7　钢筋电弧焊的接头型式
（a）搭接焊接头；（b）帮条焊接头；（c）立焊的坡口焊接头；（d）平焊的坡口焊接头

弧焊机有直流与交流之分，常用的为交流弧焊机。

焊条的种类很多，如"结 42×"、"结 50×"等，钢筋焊接根据钢材等级和焊接接头型式选择焊条。焊条表面涂有药皮，它可保证电弧稳定、使焊缝免致氧化、并产生溶渣覆盖焊缝以减缓冷却速度。尾符号×表示没有规定药皮类型，酸性或碱性焊条均可。但对重要结构的钢筋接头，宜用低氢型碱性焊条进行焊接。

焊接电流和焊条直径根据钢筋级别、直径、接头型式和焊接位置进行选择。

搭接接头的长度、帮条的长度、焊缝的长度和高度等，规程都有具体的规定。搭接焊、帮条焊和坡口焊的焊接接头，除外观质量检查外，亦需抽样作拉伸试验。如对焊接质量有怀疑或发现异常情况，还可进行非破损检验（x 射线、γ 射线、超声波探伤等）。

（3）电渣压力焊

电渣压力焊在建筑施工中多用于现浇钢筋混凝土结构构件内竖向或斜向（倾斜度在 4：1 的范围内）钢筋的焊接接长。有自动与手工电渣压力焊。与电弧焊比较，它工效高、成本低，我国在一些高层建筑施工中已取得很好的效果，应用较普遍。

进行电渣压力焊宜用 BX2－1000 型焊接变压器。焊接时，先将钢筋端部约 120mm 范围内的铁锈除尽，将夹具夹牢在下部钢筋上，并将上部钢筋扶直夹牢于活动电极中，自动电渣压力焊还在上下钢筋间放引弧用的钢丝圈等。再装上药盒（直径 90～100mm）和装满焊药，接通电路，用手柄使电弧引燃（引弧）。然后稳定一定时间，使之形成渣池并使钢筋溶化

(稳弧),随着钢筋的熔化,用手柄使上部钢筋缓缓下送。当稳弧达到规定时间后,在断电同时用手柄进行加压顶锻(顶锻),以排除夹渣和气泡,形成接头。待冷却一定时间后,即拆除药盒、回收焊药、拆除夹具和清除焊渣。引弧、稳弧、顶锻三个过程连续进行。

电渣压力焊的接头,亦应按规程规定的方法检查外观质量和进行试件拉伸试验。

（4）电阻点焊

电阻点焊主要用于钢筋的交叉连接,如用来焊接钢筋网片、钢筋骨架等,它生产效率高、节约材料,应用广泛。

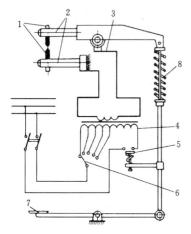

图 4-8 点焊机工作原理图

1—电极;2—电极臂;3—变压器的次级线圈;

4—变压器的初级线圈;5—断路器;6—变压

器的调节开关;7—踏板;8—压紧机构

电阻点焊的工作原理是,当钢筋交叉点焊时,接触点只有一点,且接触电阻较大,在接触的瞬间,电流产生的全部热量都集中在一点上,因而使金属受热而熔化,同时在电极加压下使焊点金属得到焊合,原理如图 4-8 所示。常用的点焊机有单点点焊机、多头点焊机(一次可焊数点,用于焊接宽大的钢筋网)、悬挂式点焊机(可焊钢筋骨架或钢筋网)、手提式点焊机(用于施工现场)。

焊点应进行外观检查和强度试验,热轧钢筋的焊点应进行抗剪试验。冷加工钢筋的焊点除进行抗剪试验外,还应进行拉伸试验,焊接质量应符合《钢筋焊接及验收规程》JGJ18—84 中的有关规定。

（5）气压焊

气压焊接钢筋是利用乙炔－氧混合气体燃烧的高温火焰对已有初始压力的两根钢筋端面接合处加热,使钢筋端部产生塑性变形,并促使钢筋端面的金属原子互相扩散,当钢筋加热到约 1250～1350℃（相当于钢材熔点的 0.80～0.90 倍,此时钢筋加热部位呈桔黄色,有白亮闪光出现）时进行加压顶锻,使钢筋内的原子得以再结晶而焊接在一起。

钢筋气压焊接属于热压焊。在焊接加热过程中,加热温度只为钢材熔点的 0.8～0.9 倍,钢材未呈熔化液态,且加热时间较短,钢筋的热输入量较少,所以不会出现钢筋材质劣化倾向。另外,它设备轻巧、使用灵活、效率高、节省电能、焊接成本低,可进行全方位(竖向、水平和斜向)焊接,所以在我国逐步得到推广。

气压焊接设备（图 4-9）主要包括加热系统与加压系统两部分。

①加热系统。加热系统中的加热能源是氧和乙炔。氧的纯度宜为 99.5%,工作压力为 0.6～0.7MPa;乙炔的纯度宜为 98.0%,工作压力为 0.06MPa。流量计用来控制氧和乙炔的输入量,焊接不同直径的钢筋要求不同的流量。加热器用来将氧和乙炔混合后,从喷火嘴喷出火焰加热钢筋,要求火焰能均匀加热

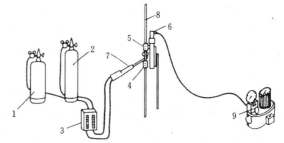

图 4-9 气压焊接设备示意图

1—乙炔;2—氧气;3—流量计;4—固定卡具;

5—活动卡具;6—压接器;7—加热器与焊炬;

8—被焊接的钢筋;9—电动油泵

钢筋，有足够的温度和功率并安全可靠。

②加压系统。加压系统中的压力源为电动油泵（亦有手动油泵），使加压顶锻时压力平稳。压接器是气压焊的主要设备之一，要求它能准确、方便地将两根钢筋固定在同一轴线上，并将油泵产生的压力均匀地传递给钢筋达到焊接的目的。施工时压接器需反复装拆，要求它重量轻、构造简单和装拆方便。

气压焊接的钢筋要用砂轮切割机断料，不能用钢筋切断机切断，要求端面与钢筋轴线垂直。焊接前应打磨钢筋端面，清除氧化层和污物，使之现出金属光泽，并立即喷涂一薄层焊接活化剂保护端面不再氧化。

钢筋加热前先对钢筋施加 30～40MPa 的初始压力，使钢筋端面贴合。当加热到缝隙密合后，上下摆动加热器，适当增大钢筋加热范围，促使钢筋端面金属原子互相渗透，也便于加压顶锻。加压顶锻时的压应力约 34～40MPa，使焊接部位产生塑性变形。直径小于 22mm 的钢筋可以一次顶锻成型，大直径钢筋可以进行二次顶锻。

（二）钢筋机械连接

钢筋机械连接包括挤压连接和锥螺纹套管连接。是近年来大直径钢筋现场连接的主要方法。

（1）钢筋挤压连接

钢筋挤压连接亦称钢筋套筒冷压连接。它是将需连接的变形钢筋插入特制钢套筒内，利用液压驱动的挤压机进行径向或轴向挤压，使钢套筒产生塑性变形，使它紧紧咬住变形钢筋，实现连接（图 4-10）。它适用于竖向、横向及其他方向的较大直径变形钢筋的连接。与焊接相比，它具有节省电能、不受钢筋可焊性好坏影响、不受气候影响、无明火、施工简便和接头可靠度高等特点。

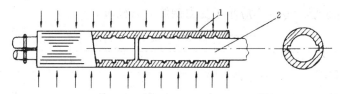

图 4-10 钢筋径向挤压连接原理图
1—钢套筒；2—被连接的钢筋

钢筋挤压连接的工艺参数，主要是压接顺序、压接力和压接道数。压接顺序应从中间逐道向两端压接。压接力要能保证套筒与钢筋紧密咬合，压接力和压接道数取决于钢筋直径、套筒型号和挤压机型号。

（2）钢筋锥螺纹套管连接

用于这种连接的钢套管内壁，用专用机床加工，有锥螺纹，钢筋的对接端头亦在套丝机上加工有与套管匹配的锥螺纹。连接时，经对螺纹检查无油污和损伤后，先用手旋入钢筋，然后用扭矩扳手紧固至规定的扭矩即完成连接（图 4-11）。它施工速度快、不受气候影响、质量稳定、对中性好，我国在一些大型工程中多有应用。

（三）钢筋绑扎连接

绑扎目前仍为钢筋连接的手段之一。钢筋绑扎时,钢筋交叉点应采用铁丝扎牢,板和墙的钢筋网,除外围两行钢筋的相交点全部扎牢外,中间部分交叉点可相隔交错扎牢,保证受

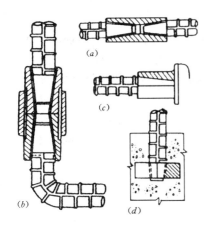

图 4-11 钢筋锥螺纹连接示意图
(a) 两根直钢筋连接; (b) 一根直钢筋与一根弯钢筋连接; (c) 在金属结构上接装钢筋; (d) 在混凝土中插接钢筋

力钢筋位置不产生偏移;梁和柱的箍筋应与受力钢筋垂直设置,弯钩叠合处应沿受力钢筋方向错开设置。钢筋绑扎搭接长度的末端与钢筋弯曲处的距离,不得小于钢筋直径的 10 倍,且接头不宜在构件最大弯矩处。钢筋搭接处,应在中部和两端用铁丝扎牢。受拉钢筋和受压钢筋接头的搭接长度及接头位置要符合《混凝土结构工程施工及验收规范》GB50204—92 的规定。

四、钢筋配料

钢筋配料就是根据施工图,分别计算出钢筋下料长度和根数,填写配料单,申请加工。

(一) 钢筋下料长度的计算原则及规定

(1) 钢筋长度

结构施工图中所指长度是钢筋外缘至外缘之间的长度,即外包尺寸,这是施工中量度钢筋长度的基本依据。

(2) 混凝土保护层厚度

混凝土保护层厚度是指受力钢筋外边缘至混凝土构件表面的距离,对混凝土保护层厚度的要求,是保证钢筋与混凝土共同工作、防止钢筋锈蚀、增加构件耐久性的一个重要措施。其允许取值考虑了两个方面:一是耐久性要求,要求混凝土保护层内的钢筋,在 50 年内不发生危及结构安全的锈蚀;二是粘结锚固性能要求,要求钢筋与混凝土能共同工作,以保证钢筋能充分发挥计算所需的强度。混凝土保护层厚度可参考表 4-3。

亦同时规定保护层的厚度不应小于受力钢筋的直径 d。

混 凝 土 保 护 层 厚 度 (mm)　　　表 4-3

项次	环境与条件	构件名称	混凝土强度等级		
			≤C20	C25 及 C30	≥C35
1	室内正常环境	板、墙、壳	15		
		梁和柱	25		
2	露天或室内高湿度环境	板、墙、壳	35	25	15
		梁和柱	45	35	25
3	有垫层	基　础	35		
	无垫层		70		

注：①轻骨料混凝土的钢筋保护层厚度应符合《轻骨料混凝土结构设计规程》JCJ12—82 规定;

②处于室内正常环境由工厂生产的预制构件,当混凝土强度等级不低于 C20 且施工质量有可靠保证时,其保护层厚度可按表中规定减少 5mm,但预制构件中的预应力钢筋（包括冷拔低碳钢丝）的保护层厚度不应小于 15mm;处于露天或室内高湿环境的预制构件,当表面另作水泥砂浆抹面层且有质量保证措施时,保护层厚度可按表中室内正常环境中构件的数值采用;

③钢筋混凝土受弯构件,钢筋端头的保护层厚度一般为 10mm;预制的肋形板,其主肋的保护层厚度可按梁考虑。

④板、墙、壳中分布钢筋的保护层厚度不应小于 10mm;梁柱中箍筋和构造钢筋的保护层厚度不应小于 15mm。

（3）钢筋弯曲直径

Ⅰ级钢筋为了增加其与混凝土锚固的能力，一般在其两端做成180°弯钩。因其韧性较好，圆弧弯曲直径（D）是钢筋直径（d_0）的2.5倍，平直部分长度不小于钢筋直径的3倍；用于轻骨料混凝土结构时，其弯曲直径不应小于钢筋直径的3.5倍；Ⅱ、Ⅲ级钢筋因是变形钢筋，其与混凝土粘结性能较好，一般在两端不设180°弯钩。但由于锚固长度原因钢筋末端需作90°或135°弯折时，则Ⅱ级钢筋的弯曲直径不宜小于钢筋直径的4倍；Ⅲ级钢筋不宜小于钢筋直径的5倍；平直部分长度按设计要求确定。弯起钢筋中间部位弯折处的弯曲直径不宜小于钢筋直径的5倍。用Ⅰ级钢筋或冷拔低碳钢丝制作箍筋时，其末端应做弯钩，其弯曲直径不小于箍筋直径的2.5倍，弯钩的平直部分，一般结构不小于箍筋直径的5倍，抗震要求的结构不应小于箍筋直径的10倍。箍筋弯钩的形式，如设计无要求时，可按图4-12（b）、（c）加工，有抗震要求的结构，应按图4-12（a）加工。

（4）量度差值

钢筋弯曲后，外边缘伸长，内边缘缩短，而中心线既不伸长也不缩短。但钢筋长度的度量方法系指外包尺寸，因此钢筋弯曲以后，存在一个量度差值，在计算下料长度

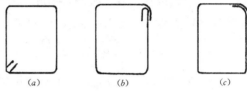

图4-12 箍筋示意图
（a）135°/135°；（b）90°/180°；（c）90°/90°

时必须加以扣除，否则势必形成下料太长，造成浪费，或弯曲成型后钢筋尺寸大于要求，造成保护层不够，甚至钢筋尺寸大于模板尺寸而造成返工。

（5）钢筋下料长度计算

直钢筋下料长度＝构件长度－保护层厚度＋弯钩增加长度

弯起钢筋下料长度＝直段长度＋斜段长度－弯折量度差值＋弯钩增加长度

箍筋下料长度＝直段长度＋弯钩增加长度－弯折量度差值

（或箍筋下料长度＝箍筋周长＋箍筋调整值）

上述钢筋采用绑扎接头搭接时，还应增加钢筋的搭接长度，受拉钢筋绑扎接头的搭接长度应符合表4-4的规定。受压钢筋的绑扎接头搭接长度为表4-4中数值的0.7倍。

受拉钢筋绑扎接头的搭接长度　　　　　　　　　　　　　　　　表4-4

项　次	钢筋类型	混凝土强度等级		
		C20	C25	≥C30
1	Ⅰ级钢筋	35d	30d	25d
2	Ⅱ级钢筋	45d	40d	35d
3	Ⅲ级钢筋	55d	50d	45d
4	低碳冷拔钢丝	300mm		

注：①当Ⅱ、Ⅲ级钢筋直径$d > 25$mm时，其受拉钢筋的搭接长度应按表中数值增加5d采用。

②当螺纹钢筋直径$d \leqslant 25$mm时，其受拉钢筋的搭接长度应按表中数值减少5d采用。

③当混凝土在凝固过程中易受扰动时（如滑模施工），受力钢筋的搭接长度宜适当增加。

④在任何情况下，纵向受拉钢筋的搭接长度不应小于300mm；受压钢筋的搭接长度不应小于200mm。

⑤轻骨料混凝土的钢筋绑扎接头搭接长度应按普通混凝土搭接长度增加5d（低碳冷拔钢丝增加50mm）。

⑥当混凝土强度等级低于C20时，对Ⅰ、Ⅱ级钢筋最小搭接长度应按表中C20的相应数值增加10d。

⑦有抗震要求的框架梁的纵向钢筋，其搭接长度应相应增加，对Ⅰ级抗震等级相应增加10d；对Ⅱ级抗震等级相应增加5d。

⑧直径不同的钢筋搭接接头，以细钢筋的直径为准。钢筋的锚固长度应符合设计要求和结构规范的规定。

（二）钢筋弯钩增加长度和弯折量度差值

（1）180°弯钩增加长度

根据规定Ⅰ级钢筋两端做180°弯钩，其弯曲直径 $D = 2.5d_0$，平直部分长度为 $3d_0$，如图 4-13。量度方法以外包尺寸度量，其每个弯钩的加长长度为 $6.25d_0$：

$$E'F = \overset{\frown}{ABC} + EC - AF = \frac{1}{2}\pi(D + d_0) + 3d_0 - (\frac{D}{2} + d_0)$$

$$= \frac{1}{2}\pi(2.5d_0 + d_0) + 3d_0 - (\frac{2.5d_0}{2} + d_0) = 6.25d_0$$

而钢箍作180°弯钩时，其平直部分长度为 $5d_0$，则其每个弯钩增加长度为 $8.25d_0$。

（2）弯折的量度差值

90°弯折时按施工规范有两种情况，即Ⅰ级钢筋其弯曲直径 $D = 2.5d_0$，Ⅱ级钢筋弯曲直径 $D = 4d_0$，如图 4-14，其每个90°弯折的量度差值为：

$$A'C' + C'B' - \overset{\frown}{ACB} = 2(\frac{D}{2} + d_0) - \frac{1}{4}\pi(D + d_0) = 0.215D + 1.215d_0$$

当弯曲直径 $D = 2.5d_0$ 代入上式，得量度差值为 $1.75d_0$；

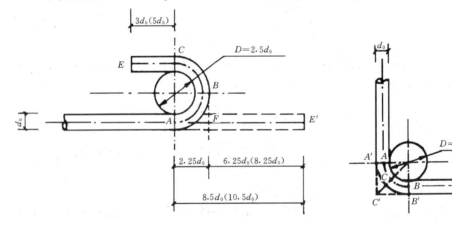

图 4-13　钢筋弯曲180°尺寸图　　　图 4-14　钢筋弯曲90°尺寸图

当弯曲直径 $D = 4d_0$ 代入上式，得量度差值为 $2.07d_0$。

为了计算方便，两者都近似取 $2d_0$。同理可得，45°弯折时的量度差值为 $0.5d_0$；60°弯折时的量度差值为 $0.85d_0$；135°弯折时的量度差值为 $2.5d_0$。

（三）配料计算的注意事项

①在设计图纸中，钢筋配置的细节问题没有注明时，一般可按构造要求处理。

②配料计算时，要考虑钢筋的形状和尺寸在满足设计要求的前提下要有利于加工安装。

③配料时，还要考虑施工需要的附加钢筋。例如，后张预应力构件预留孔道定位用的钢筋井字架、基础双层钢筋网中保证上层钢筋网位置用的钢筋撑脚、墙板双层钢筋网中固定钢筋间距用的钢筋撑铁、柱钢筋骨架增加四面斜筋撑等。

（四）配料单与料牌

根据下料长度的计算成果，汇总编制钢筋配料单。在配料单中必须反映出工程名称、构件名称、钢筋编号、钢筋简图及尺寸、钢筋直径、钢号、数量、下料长度及钢筋重量，以便根据钢筋配料单进行配料加工，钢筋配料单的基本形式如表4-5。

构件名称	钢筋编号	简　　图	钢号	直径	下料长度(mm)	单位根数	合计根数	重量(kg)
	①	6690　150	φ	25	7203	2	10	277.3

列入加工计划的配料单，将每一编号的钢筋制作一块料牌（图4-15）作为钢筋加工的依据，并在安装中作为区别各工程项目、构件和各种编号钢筋的标志。

钢筋配料单和料牌，应严格校核，必须准确无误，以免返工浪费。

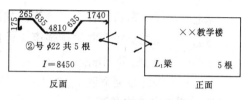

图 4-15　钢筋料牌

五、钢筋代换

（一）代换原则

当施工中遇有钢筋品种或规格与设计要求不符时，可参照以下原则进行钢筋代换：

①等强度代换。不同种类的钢筋代换，按抗拉强度设计值相等的原则进行代换；

②等面积代换。相同种类和级别的钢筋代换，应按等面积原则进行代换。

（二）代换方法

（1）等强度代换方法

如设计图中所用的钢筋设计强度为 f_{y1}，钢筋总面积为 A_{s1}，代换后的钢筋设计强度为 f_{y2}，钢筋总面积为 A_{s2}，则应使

$$A_{s1} \cdot f_{y1} \leqslant A_{s2} \cdot f_{y2} \qquad (4-2)$$

即

$$n_1 \cdot \frac{\pi d_1^2}{4} \cdot f_{y1} \leqslant n_2 \cdot \frac{\pi d_2^2}{4} \cdot f_{y2} \qquad (4-3)$$

$$n_2 \geqslant \frac{n_1 d_1^2 \cdot f_{y1}}{d_2^2 \cdot f_{y2}} \qquad (4-4)$$

式中　n_2——代换钢筋根数；

　　　n_1——原设计钢筋根数；

　　　d_2——代换钢筋直径；

　　　d_1——原设计钢筋直径。

（2）等面积代换方法

$$A_{s1} \leqslant A_{s2} \qquad (4-5)$$

则

$$n_2 \geqslant n_1 \frac{d_1^2}{d_2^2} \qquad (4-6)$$

式中符号同上。

钢筋代换后，有时由于受力钢筋直径加大或根数增多而需要增加排数，则构件截面的

有效高度 h_0 减少，截面强度降低。通常对这种影响可凭经验适当增加钢筋面积，然后再作截面强度复核。

对于矩形截面的受弯构件，可根据弯矩相等，按下式复核截面强度：

$$N_2(h_{02} - \frac{N_2}{2f_{cm} \cdot b}) \geqslant N_1(h_{01} - \frac{N_1}{2f_{cm} \cdot b}) \qquad (4-7)$$

式中　　N_1——原设计的钢筋拉力，等于 $A_{s1} \cdot f_{y1}$；

　　　　N_2——代换钢筋拉力，等于 $A_{s2} \cdot f_{y2}$；

　　　　h_{01}——原设计钢筋的合力点至构件截面受压边缘的距离（即构件截面的有效高度）；

　　　　h_{02}——代换钢筋的合力点至构件截面受压边缘的距离；

　　　　f_{cm}——混凝土的弯曲抗压强度设计值，对 C20 混凝土为 $11N/mm^2$；对 C30 混凝土为 $16.5N/mm^2$；

　　　　b——构件截面宽度。

（三）钢筋代换注意事项

钢筋代换时，应征得设计单位同意，并应符合下列规定：

①对重要受力构件，如吊车梁、薄腹梁、桁架下弦等，不宜用Ⅰ级光面钢筋代换变形钢筋，以免裂缝开展过大。

②钢筋代换后，应满足混凝土结构设计规范中所规定的钢筋间距、锚固长度、最小钢筋直径、根数等要求。

③当构件受裂缝宽度或挠度控制时，钢筋代换后应进行刚度、裂缝验算。

④梁的纵向受力钢筋与弯起钢筋应分别代换，以保证正截面与斜截面强度。偏心受压构件（如框架柱、有吊车的厂房柱、桁架上弦等）或偏心受拉构件作钢筋代换时，不取整个截面配筋量计算，应按受力面（受拉或受压）分别代换。

⑤有抗震要求的梁、柱和框架，不宜以强度等级较高的钢筋代换原设计中的钢筋。如必须代换时，其代换的钢筋检验所得的实际强度，尚应符合下列要求：钢筋的实际抗拉强度与实际的屈服强度的比值应大于1.25；钢筋的实际屈服强度与钢筋标准强度的比值，当按Ⅰ级抗震等级设计时，不应大于1.25，当按Ⅱ级抗震等级设计时不应大于1.4。

六、钢筋加工、绑扎与安装

（一）钢筋的调直

原材料为了便于运输，$\phi12$ 及 $\phi12$ 以下的钢筋卷成圆盘状称为"盘条"，大于 $\phi12$ 的钢筋则切成 $9\sim12m$ 长一根，称为"直条"，既使是直条在运输过程中也可能出现弯曲或缓弯。但从结构受力要求钢筋应平直、无局部曲折。如有"死弯"损伤了钢筋表面，应该部分切除。根据受力要求，钢筋在加工前一般应进行调直。

对盘条钢筋的调直，常结合冷拉与调直进行。

用冷拉方法调直钢筋时，其冷拉率不能太大，以防止钢筋变脆。Ⅰ级钢筋冷拉率不宜大于4%，Ⅱ、Ⅲ级钢的冷拉率不宜大于1%。通过试验在此冷拉率的范围之内钢筋的机械性能没有大变化，仍能满足钢筋的力学性能要求，尤其是其伸长率的要求。如用于一般受拉钢筋，又不利用其冷拉后的强度，可以适当放宽一些要求，冷拉调直时的冷拉率可适当提高，但Ⅰ级钢筋不宜超过6%，Ⅱ、Ⅲ级钢筋不宜超过2%，为了节约而增大其拉伸率是不允许的。用于预制构件吊钩的钢筋绝对不允许用冷加工后的钢筋，以防脆断。

用调直机方法调直盘条钢筋时，可调直 $\phi 14$ 以下的钢筋，在调直机上调直并自动切断至所要求的长度。同时要注意检查钢筋表面，不得有明显的擦伤，否则会削弱钢筋断面，对抗拉强度不利。对冷拔低碳钢丝用调直机调直后，其抗拉强度会降低 $10 \sim 15\%$，所以当用冷拔低碳钢丝作为受力钢筋使用时，调直后要加强其机械性能的检验，按其实际抗拉强度选用。

对粗钢筋的调直，尽量使用冷拉的方法，也可以用弯曲机进行机械调直，尽量不用人工大锤敲击调直。

（二）钢筋的除锈

按照钢筋的锈蚀程度，一般可以分为三类：一类是呈黄色的浮锈，也称为"水锈"，这种锈可以不除，但在钢筋的焊接处应除净。曾有试验认为如果钢筋有点水锈，其与混凝土的握裹力更好些。第二类是呈红褐色的铁锈，这种锈表面已形成氧化铁，用小锤敲击有锈粉或表皮脱落现象，但钢筋表面无斑点，这种锈应清除干净。第三类是有颗粒或片鳞状的老锈，这种老锈表示生锈时间已很长，除锈后表面留有麻点、斑点、侵蚀了钢筋的断面，这种钢筋不得使用。目前对钢筋锈蚀虽有分类规定，但分类界限并不很清楚。因为严重的铁锈会影响钢筋与混凝土的握裹力，使钢筋与混凝土不能共同工作。所以高强度钢筋表面都做成变形钢筋，以增加钢筋的握裹力。

除锈方法有机械、人工及化学除锈法。机械除锈法省力、效果好，可用冷拉、调直机、除锈机（带电机、软轴的钢刷）及喷砂机等机械。人工除锈可用铁刷、砂盘。化学除锈法，主要用于高强钢丝除锈，多用酸洗法。

除锈是一件很繁重和麻烦的工作。因此，要加强钢筋的保管工作，注意防水、防脏（油类及混凝土）。绑扎成型的钢筋应及时浇灌混凝土，以防锈蚀后不易除净。

（三）钢筋的弯曲成型

钢筋弯曲成型应在常温下进行。弯曲成型前应先划线与试弯，然后再成批生产。为了减少浪费，试弯后应检查其下料长度、划线是否正确，弯后尺寸等是否符合质量要求。

弯曲成型的方法有手工方法和机械方法。手工方法是利用操作台上若干固定轴与手动搬子进行的。速度较慢，质量不稳定，弯曲粗钢筋时劳动量大。机械方法主要用钢筋弯曲机，既省力，质量又好。如弯较细钢筋时，可以几根一起弯。

（四）钢筋的绑扎与安装

现场钢筋绑扎有三种情况：一是全部散筋在现场绑扎，大多数使用这种方法。二是在钢筋加工厂内将钢筋先焊成网片，运到工地后在现场绑扎钢筋网片的接头。三是在钢筋加工厂内先将钢筋绑扎或焊成骨架，运至工地后，绑扎骨架的接头。对预制的钢筋网片或骨架在运到工地后，应加强检查焊点或绑扣是否开焊、松动及变形，如有应处理后再绑扎接头。

钢筋绑扎和安装之前，先熟悉施工图纸，核对成品钢筋的钢号、直径、形状、尺寸和数量等是否与配料单、料牌相符，研究钢筋安装和有关工种的配合的顺序，准备绑扎用的铁丝、绑扎工具、绑扎架等。

为缩短钢筋安装的工期，减少钢筋施工中的高空作业，在运输、起重等条件的允许下，钢筋网和钢筋骨架的安装应尽量采用先预制绑扎，后安装的方法。

钢筋绑扎用的铁丝，可采用 20～22 号铁丝（火烧丝）或镀锌铁丝（铅丝），其中 22

号铁丝只用于绑扎直径 12mm 以下的钢筋。

　　钢筋绑扎程序是：划线、摆筋、穿箍、绑扎、安放垫块等。划线时应注意间距、数量，标明加密箍筋位置。板类摆筋顺序一般先排主筋后排负筋；梁类一般先摆纵筋。摆放有焊接接头和绑扎接头的钢筋应符合规范规定。有变截面的箍筋，应事先将箍筋排列清楚，然后安装纵向钢筋。

　　钢筋的接头，常用的有焊接接头和绑扎接头。受力钢筋的接头应优先采用焊接接头。轴心受拉和小偏心受拉杆件中的钢筋接头均应焊接。在普通混凝土中直径大于 22mm 的钢筋、轻骨料混凝土中直径大于 20mm 的Ⅰ级钢筋及直径大于 25mm 的Ⅱ、Ⅲ级钢筋，宜采用焊接接头。在一、二级抗震等级的梁中纵向受拉钢筋的接头应采用焊接接头，梁的上部纵向受力钢筋接头位置：对于一级抗震等级距梁端应大于 $2h_0$，对二、三级抗震等级距梁端应大于 $1.5h_0$（h_0 为梁截面有效高度）。柱中纵向钢筋接头，对一级抗震等级应全部采用焊接接头；对二级抗震等级宜采用焊接接头，柱中纵向钢筋接头位置，宜设置在距柱根部一倍柱截面高度以外的部位。

　　受力钢筋焊接接头位置应相互错开，在受力钢筋直径 35 倍的区段内（且不小于 500mm），有接头的受力钢筋截面积占受力钢筋总面积的百分率；如为非预应力筋，在受拉区不宜超过 50％，在受压区和装配式结构节点不限制；如为预应力筋，受拉区不宜超过 25％，当有保证焊接质量的可靠措施时，可放宽到 50％，在受压区和后张法螺丝端杆不限制。

　　采用绑扎接头时，搭接处的中心及两端应用铁丝扎牢。当构件一个截面中有许多受力钢筋都需搭接时，绑扎接头位置应相互错开。在受力钢筋直径 35 倍的区段内（且不小于 500mm）有绑扎接头的受力钢筋截面积占受力钢筋总截面积的百分率：受拉区不得超过 25％，受压区不得超过 50％。绑扎接头和焊接接头与钢筋弯曲处相距不得小于 $10d$（d 为钢筋直径），也不宜位于最大弯矩处。

　　梁的绑扎接头中钢筋的横向净距应为 d 且不小于 25mm。

　　钢筋绑扎应符合下列规定：

　　①钢筋的交叉点应采用铁丝扎牢。

　　②板和墙的钢筋网片，除靠外围两行钢筋的相交点全部扎牢外，中间部分的相交点可相隔交错扎牢，但必须保证受力钢筋不位移。双向受力的钢筋网片，须全部扎牢。

　　③梁和柱的箍筋，除设计有特殊要求外，应与受力钢筋垂直设置。箍筋弯钩叠合处，应沿受力钢筋方向错开设置。

　　④柱中的竖向钢筋搭接时，角部钢筋的弯钩应与模板成 45°（多边形柱为模板的内角的平分角；圆形柱应与柱模板切线垂直）；中间钢筋的弯钩应与模板成 90°；如采用插入式振捣器浇筑小型截面柱时，弯钩与模板的角度最小不得小于 15°。

　　⑤板、次梁与主梁交叉处，板的钢筋在上，次梁的钢筋居中，主梁的钢筋在下，如图 4-16（a）；当有圈梁或垫梁时，主梁的钢筋在上，如图 4-16（b）。

　　控制混凝土的保护层可用水泥砂浆垫块或塑料卡。水泥砂浆的厚度，应等于保护层厚度。垫块的平面尺寸：当保护层厚度等于或小于 20mm 时为 30×30mm；大于 20mm 时为 50×50mm。在垂直方向使用垫块，应在垫块中埋入 20 号铁丝，用铁丝把垫块绑在钢筋上。塑料卡的形状有塑料垫块和塑料环圈两种，如图 4-17，塑料垫块用于水平构件（如梁、板），在两个方向均有凹槽，以便适应两种保护层厚度；塑料环圈用于垂直构件（如

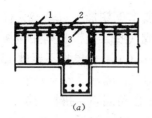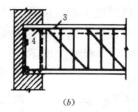

(a) (b)

图 4-16 交叉处钢筋布设

(a) 板、次梁与主梁交叉处钢筋；(b) 主梁与垫梁交叉处钢筋

1—板的钢筋；2—次梁钢筋；3—主梁钢筋；4—垫梁钢筋

柱、墙），使用时钢筋从卡嘴进入卡腔，由于塑料环圈有弹性，可使卡腔的大小能适应钢筋直径的变化。

钢筋安装完毕后，应检查下列方面：

①根据设计图纸检查钢筋的钢号、直径、根数、间距是否正确，特别是要注意检查负筋的位置；

②检查钢筋接头的位置及搭接长度是否符合规定；

③检查混凝土保护层是否符合要求；

④检查钢筋绑扎是否牢固，有无松动变形现象；

⑤钢筋表面不允许有油渍、漆污和颗粒状（片状）铁锈；

⑥安装钢筋时的允许偏差，不得大于规范规定。

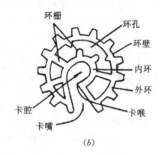

(a) (b)

图 4-17 控制混凝土保护层用的塑料卡

(a) 塑料垫块；(b) 塑料环圈

钢筋工程属于隐蔽工程，在浇筑混凝土前应对钢筋及预埋件进行验收，并作好隐蔽工程记录。

第二节 模 板 工 程

一、模板的作用和要求

模板是保证混凝土在浇筑过程中保持正确的形状和尺寸，在硬化过程中进行防护和养护的工具，是新浇混凝土成型用的模型。要求它能保证结构和构件的形状、尺寸的准确；具有足够的强度、刚度和稳定性；装拆方便，能多次周转使用；接缝严密不漏浆。模板系统包括模板、支撑和紧固件。模板工程量大，材料和劳动力消耗多，正确选择其材料、型式和合理组织施工，对加速钢筋混凝土工程施工和降低工程造价有显著效果。

二、模板的构造与安装

（一）木模板

虽然目前多应用组合钢模板和钢框木模板，但一些地区还使用木模板，胶合板模板应用较多，为节约木材，模板和支撑最好由加工厂或木工棚加工成基本元件（拼板），然后在现场进行拼装。拼板由一些板条用拼条钉拼而成（胶合板模板则用整块胶合板），板条厚度一般为25～50mm，板条宽度不宜超过200mm（工具式模板不超过150mm），以保证干缩时缝隙均匀，浇水后易于密缝，但梁底板的板条宽度不限制，以免漏浆。拼板的拼条一般平放，但梁侧板的拼条则立放，拼条的间距取决于新浇混凝土的侧压力和板条的厚度，多为400～500mm。

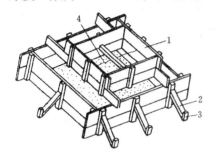

图4-18 阶梯形基础模板
1—拼板；2—斜撑；3—木柱；4—铁丝

（1）基础模板

如土质良好，阶梯形基础模板的最下一级可不用模板而进行原槽浇筑。安装时，要保证上、下模板不发生相对位移（见图4-18），如有杯口，还要在其中放入杯口模板。

（2）柱子模板

由两块相对的内拼板夹在两块外拼板之间拼成。亦可用短横板（门子板）代替外拼板钉在内拼板上。有些短横板可先不钉上，作为浇筑混凝土的浇筑孔，待浇至其下口时再钉上。

柱模板底部开有清理孔，沿高度每隔约2m开有浇筑孔。柱底一般有一钉在底部混凝土上的木框，用以固定柱模板的位置。为承受混凝土侧压力，拼板外要设柱箍，其间距与混凝土侧压力、拼板厚度有关，因而柱模板下部柱箍较密。柱模板顶部根据需要可开有与梁模板连接的缺口（见图4-19）。

（3）梁、楼板模板

梁模板由底模板和侧模板组成，底模板承受垂直荷载，一般较厚，下面有支撑（或桁架）承托。支撑多为伸缩式，可调整高度，底部应支承在坚实地面或楼面上，下垫木楔。如地面松软，则底部应垫以木板，支撑的弹性挠度或压缩变形不得超过结构跨度的1/1000。在多层建筑施工中，应使上、下层的支撑在同一条竖向直线上，否则，要采取措施保证上层支撑的荷载能传到下层支撑上。支撑间应用水平和斜向拉杆拉牢，以增强整体稳定性。当层间高度大于5m时，宜用桁架支模或多层支架支模。

梁跨度在4m或4m以上时，底模板应起拱，起拱高度如设计无具体规定时，一般为结构跨度的1/1000～3/1000,木模板可取偏大值，钢模板可取偏小值。

梁侧模板承受混凝土侧压力，底部用钉在支撑顶部的夹条夹住，顶部可由支承楼板模板的隔栅顶住，或用斜撑顶住。

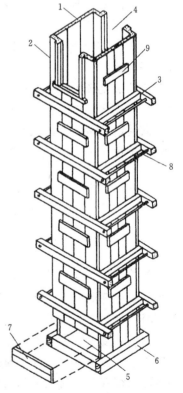

图4-19 柱子模板
1—内拼板；2—外拼板；3—柱箍；4—梁缺口；5—清理孔；6—底部木框；7—盖板；8—拉紧螺栓；9—拼条

楼板模板多用定型模板或胶合板，它支承在搁栅上，搁栅支承在梁侧模板外的横挡上（见图4-20）。

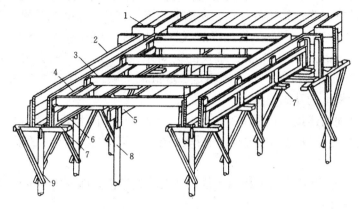

图4-20 梁及楼板模板

1—楼板模板；2—梁侧模板；3—搁栅；4—横挡；5—牵杠；
6—夹条；7—短撑木；8—牵杠撑；9—支撑

（二）组合钢模板

组合钢模板是一种工具式模板，它由具有一定模数的很少类型的板块、角模、支撑和连接件组成（图4-21），用它可以拼出多种尺寸和几何形状，以适应多种类型建筑物的梁、柱，板、墙、基础和设备基础等施工的需要，也可用它拼成大模板、隧道模和台模等。施工时可以在现场直接组装，亦可以预拼装成大块模板或构件模板用起重机吊运安装。

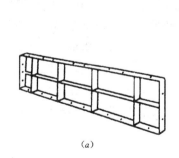
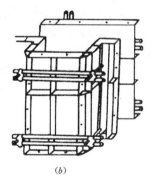

（a） （b）

图4-21 组合钢模板

（a）板块；（b）用组合钢模板拼装的附壁柱模板

定型组合钢模板的板块和配件，轻便灵活、拆装方便，可用人力装拆；由于板块小，板块重量轻，存放、修理、运输极方便，如用集装箱运输效率更高。但由于是全钢结构，重量较大，为便于人工拆装，板块尺寸较小。

（1）板块与角模

板块是定型组合钢模板的主要组成构件，它由边框、面板和纵横肋构成。我国所用者多以2.3mm、2.5mm或2.8mm厚的钢板为面板；55mm高、3mm厚的扁钢为纵横肋；

边框多与面板一次轧成，高 55mm。

板块的模数尺寸关系到模板的使用范围，是设计定型组合钢模板的基本问题之一。确定时应以数理统计方法确定结构各种尺寸使用的频率，充分考虑我国的模数制，并使最大尺寸板块的重量便于工人手工安装。目前我国应用的板块长度为 1500mm，1200mm，900mm，750mm，600mm 和 450mm，板块的宽度为 300mm，250mm，200mm，150mm，100mm 五种。进行配板设计时，如出现不足 50mm 的空缺，则用木方补缺，用钉子或螺栓将木方与板块边框上的孔洞连接。

为便于板块之间的连接，边框上有连接孔，边框不论长向和短向其孔距都为 150mm，以便横竖都能拼接，孔形取决于连接件，板块的连接件有钩头螺栓、U 形卡、L 形插销、紧固螺栓（拉杆）。

板块的代号为 P，以长宽尺寸组成 4 位数字表示其规格，如宽 300mm、长 1500mm 的板块，其代号为 P3015。

角模有阴、阳角模和连接角模之分，用来成型混凝土结构的阴阳角，也是两个板块拼装成 90°角的连接件。阴角模的代号为 E，阳角模的代号为 Y，连接角模的代号为 J。

定型组合钢模板虽然具有较大灵活性，但并不能适应一切情况。为此，对特殊部位仍需在现场配制少量木板填补。

（2）支承件

支承件包括支承墙模板的支承梁（多用钢管和冷弯薄壁型钢）和斜撑，支承梁、板模板的支撑桁架和顶撑等。

对于墙模板，用紧固螺栓拉固主梁（钢管或轻型槽钢焊接的组合梁），主梁支撑次梁（钢管、空腹矩形管和冷弯薄壁型钢），次梁支撑板块。次梁位置布置的合理能增加板块的承载能力，次梁的位置，以板块的挠度和弯距最小为原则，计算确定。

梁、板的支撑有梁托架、支撑桁架和顶撑（图 4-22），还可用多功能门架式脚手架来支撑。梁托架可用钢管或角钢制作。支撑桁架的种类很多，如跨度小、荷重轻，可用上弦为角钢、腹杆和下弦杆为钢筋焊成的钢筋桁架，否则，可用由角钢、扁铁和钢管焊成的整榀式桁架或由两个半榀桁架组成的拼装式桁架，还有可调节跨度的伸缩式桁架，使用更加方便。

顶撑皆采用不同直径的钢套管，通过套管的抽拉可以调整到各种高度。近年来发展了快拆体系，在顶撑顶部安设快拆头，可以使楼板模板下落，提早拆除模板，而顶撑仍撑在楼板底面。

如钢管支撑在中点无拉条且接头松动而使中点外移形成折线而产生初偏心，此时其承载能力将显著降低。

对整体式多层房屋，分层支模时，上层支撑应对准下层支撑，并铺设垫板。

用定型组合钢模板需进行配板设计，由于同一面积的模板可以用不同规格的板块和角模组成各种配板方案，配板设计就是从中找出最佳组配方案。

进行配板设计之前，先绘制结构构件的展开图，图中注明构件型号、尺寸、数量等，据此作构件的配板图。配板的原则是尽量选用大规格的板块，如以 P3015，P3012 等为主，再以较小规格的板块拼凑尺寸，不足 50mm 的空缺用木板补足，这样拼成的模板，整体刚度好，节省连接件和支承件，省工省时，在配板图上要标明所配板块和角模的规格、

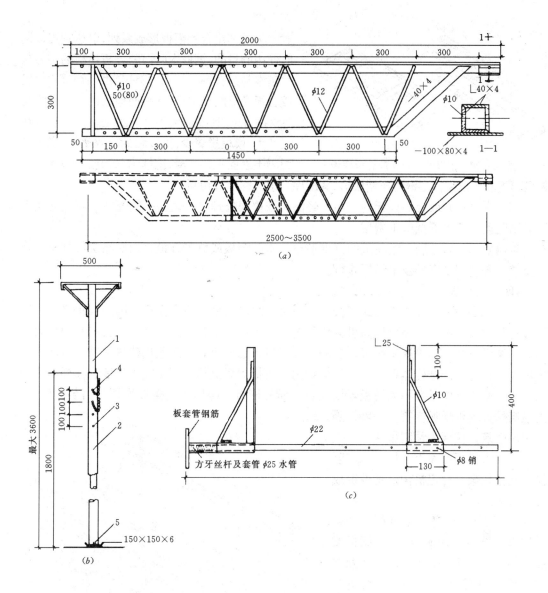

图 4-22 定型组合模板的支撑

（a）支撑桁架；（b）钢管顶撑；（c）梁托架

1—内套钢管；2—外套钢管；3—插销孔；4—插销；5—垫板

位置和数量。直接支承钢模板的支承件，其位置以虚线标明。预埋件亦用虚线标明，并说明其固定方法。用木板嵌补的缝隙只注明尺寸即可。

（三）钢框木（竹）胶合板模板

钢框木（竹）胶合板模板是近年来发展较快的一种组合式模板，它与组合钢模板相似，亦由模板和配件两部分组成。

模板（图 4-23）由钢边框内镶可更换的木胶合板或竹胶合板组成。木胶合板采用酚醛热压多层薄木板而成；竹胶合板是用毛竹或慈竹劈成竹片或竹条，编成竹席或竹帘，干燥后单面涂粘结胶，组坯后热压而成。胶合板两面涂塑，经树脂覆膜处理，所有边缘和孔洞均经有效的密封材料处理，以防吸水受潮变形。

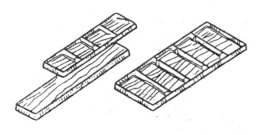

图 4-23 钢框木（竹）胶合板模板

为了和组合钢模板形成系列，以达到可以同时使用的目的，钢框木（竹）胶合板模板的型号尺寸基本与组合钢模板相同，只是由于钢框木（竹）胶合板模板的自重轻，其平面模板的长度最大可达 2400mm，宽度最大可达 1200mm。由于板块尺寸大，模板拼缝少，拼装和拆除效率高，浇出的混凝土表面平整光滑，钢框木（竹）胶合板模板的转角模板和异形模板由钢材压制成形，其配件与组合钢模板相同。

钢框木（竹）胶合板模板的表面，经涂层或覆膜处理过，表面平整光滑，每次使用后不必刷脱模剂，可降低施工费用。

对钢框木（竹）胶合板模板的钢框型材、木胶合板或竹胶合板，面层涂层等都有一定的要求，要达到规定的技术指标才行。

（四）大模板

大模板是一大尺寸的工具式模板，一般是一块墙面用一块大模板。因为其重量大，装拆皆需起重机械吊装，但可提高机械化程度，减少用工量和缩短工期。是目前我国剪力墙和筒体体系的高层建筑施工用得较多的一种模板，已形成一种工业化建筑体系。目前我国采用大模板施工的结构体系有：内外墙皆用大模板现场浇筑，而楼板、隔墙、楼梯等为预制吊装；横墙、内纵墙用大模板现场浇筑，而外墙板、隔墙板、楼板为预制吊装；横墙、内纵墙用大模板现场浇筑，外墙、隔墙用砖砌筑，楼板为预制吊装。

一块大模板由面板、加劲肋、竖楞、支撑桁架、稳定机构及附件组成（图 4-24）。

①面板要求平整、刚度好。平整度按抹灰质量要求确定，可用钢板或胶合板制作，钢面板厚度根据加劲肋的布置而不同，一般为 5mm，可重复使用 200 次以上。胶合板面板常用七层或九层胶合板，板面用树脂处理，可重复使用 50 次以上。胶合板面板上易于做出线条或凹凸浮雕图案，使墙面具有线条或图案。面板设计由刚度控制，当加劲肋间距 l 与面板厚度 t 之比 $l/t \leqslant 100$ 时，按小挠度连续板计算，否则按大挠度板计算，大挠度板一般为刚度所不允许。在小挠度连续板中，按照加劲肋布置的方式，又分单向板和双向板。单向板面板加工容易，但刚度小，耗钢量大；双向板面板刚度

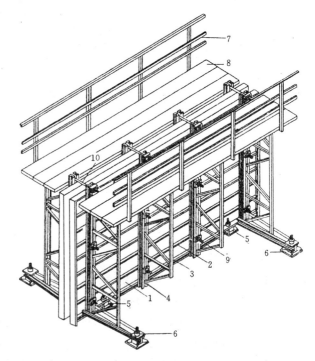

图 4-24 大模板构造示意图

1—面板；2—水平加劲肋；3—支撑桁架；4—竖楞；
5—调整水平用的螺旋千斤顶；6—调整垂直用的螺旋千斤顶；
7—栏杆；8—脚手板；9—穿墙螺栓；10—卡具

大,结构合理,但加工复杂、焊缝多、易变形。单向板面板的大模板,计算面板时,取1m宽的板条为计算单元,加劲肋视作支承,按连续梁计算,强度和挠度都要满足要求。双向板面板的大模板,计算面板时,取一个区格作为计算单元,其四边支承情况取决于混凝土浇筑情况,在满载情况下,取三边固定、一边简支的不利情况进行计算。

②加劲肋的作用是固定面板,把混凝土侧压力传递给竖楞。面板若按单向板设计,则只有水平(或垂直)加劲肋;面板若按双向板设计,则水平肋、垂直肋皆有。加劲肋一般用 L65 角钢或 [65 槽钢。间距一般为 300～500mm。计算简图为以竖楞为支承的连续梁,为降低耗钢量,设计时应考虑使之与面板共同工作,按组合截面计算截面抵抗矩,验算强度和挠度。

③竖楞是穿墙螺栓的固定支点,承受传来的水平力和垂直力,一般用背靠背的两个 [65 或 [80 槽钢,间距约为 1～1.2m,其计算简图为以穿墙螺栓为支承的连续梁,计算时,亦应考虑面板、竖向加劲肋和竖楞共同工作,按组合截面进行验算。

亦可用定型组合钢模板拼装成大模板,用后拆卸仍可用于其他构件,虽然重量较大,但机动灵活,亦有一定的优点。

大模板的组合方案取决于结构体系。对外墙为预制墙板或砌筑者,多用平模方案,即一面墙用一块平模。对内、外墙皆现浇,或内纵墙与横墙同时浇筑者,多用小角模方案(图 4-25),即以平模为主,转角处用 L100×10 的小角模。对内、外墙皆现浇的结构体系,除小角模方案外亦可用大角模组合方案,即一个房间四面墙的内模板用四个大角模组合而成,成为一个封闭体系。大角模较稳定,但在相交处如组装不平会在墙壁中部出现凹凸线条。有些工程还用筒子模进行施工,将四面墙板模板联成整体就成为筒子模。

大模板之间的连接,内墙相对的两块平模,是用穿墙螺栓拉紧,顶部的螺栓亦可用卡具代替(图 4-26)。外墙的内外模板连接方式一般是在外模板的竖楞上焊一槽钢横梁,用其将外模板悬挂在内模板上(图 4-27);有时亦可将外模板支承在附墙式外脚手架上。

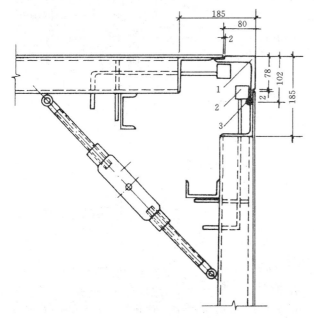

图 4-25 小角模的连接
1—小角模;2—偏心压杆;3—合页

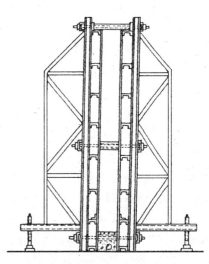

图 4-26 内墙大模板的连接

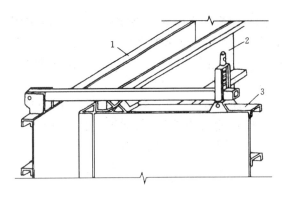

图 4-27 悬挑式外模
1—外墙的外模；2—外墙的内模；3—内墙模板

大模板堆放时要防止倾倒伤人，应将板面后倾一定角度（自稳角 α 计算确定）。大模板板面须喷涂脱模剂以利脱模，常用的有海藻酸钠脱模剂、油类脱模剂、甲基树脂脱模剂和石蜡乳液脱模剂等。

向大模板内浇筑混凝土应分层进行，于门窗口两侧应对称均匀下料和捣实，防止固定在模板上的门窗框移位。待浇筑的混凝土的强度达到 $1N/mm^2$ 方可拆除大模板。拆模后要喷水以养护混凝土，待混凝土强度 $\geq 4N/mm^2$ 时才能吊装楼板于其上。

（五）滑升模板

滑升模板是一种工具式模板，用于现场浇筑高耸的构筑物和高层建筑物等，如烟囱、筒仓、电视塔、竖井、沉井、双曲线冷却塔和剪力墙体系及筒体体系的高层建筑等。目前我国有相当数量的高层建筑是用滑升模板施工的。

（1）竖向承重构件的滑升模板施工

滑升模板施工的特点，是在构筑物或建筑物底部，沿其墙、柱、梁等构件的周边组装高 1.2m 左右的滑升模板，随着向模板内不断地分层浇筑混凝土，用液压提升设备使模板不断地沿埋在混凝土中的支承杆向上滑升，直到需要浇筑的高度为止。用滑升模板施工，可以节约模板和支撑材料、加快施工速度和保证结构的整体性，但模板一次性投资多、耗钢量大，对建筑的立面造型和构件断面变化有一定的限制，施工时宜连续作业，施工组织要求较严，滑升模板（图 4-28）由模板系统、操作平台系统和液压系统三部分组成。

①模板系统。模板系统包括模板、围圈和提升架等，模板用于成型，混凝土承受新浇混凝土的侧压力，多用钢模或钢木混合模板。模板的高度取决于滑升速度和混凝土达到出模强度（$0.2\sim0.4N/mm^2$）所需的时间，一般高 $1.0\sim1.2m$，采用"滑一浇一"工艺时，外墙的外模和部分内墙模板加长，以增加模板滑空时的稳定性。模板呈上口小下口大的锥形，单面锥度约（$0.2\%\sim0.5\%$）H（H 为模板高度），以模板上口以下三分之二模板高度处的净间距为结构断面的厚度。围圈（围檩）用于支承和固定模板，一般情况下，模板上下各布置一道，它承受模板传来的水平侧压力（混凝土的侧压力和浇筑混凝土时的水平冲击力）和由摩阻力、模板与围圈自重（如操作平台支承在围圈上，

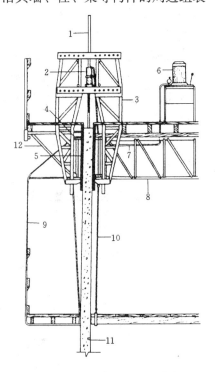

图 4-28 滑升模板
1—支承杆；2—液压千斤顶；3—提升架；4—围圈；5—模板；6—高压油泵；7—油管；8—操作平台桁架；9—外吊架；10—内吊架吊杆；11—混凝土墙体；12—外挑架

还包括平台自重和施工荷载）等产生的竖向力，围圈近似于以提升架为支承的双向弯曲的多跨连续梁，材料多用角钢或槽钢，以其受力最不利情况计算确定其截面。提升架又称千斤顶架，其作用是固定围圈，把模板系统和操作平台系统连成整体，承受整个模板系统和操作平台系统的全部荷载并将其传递给液压千斤顶。提升架分单横梁式与双横梁式两种，多用型钢制作，其截面按框架计算确定，有的呈变截面形式。

②操作平台系统。操作平台系统包括操作平台、内外吊架和外挑架，是施工操作的场所，其承重构件（平台桁架、钢梁、铺板、吊杆等）根据其受力情况按一般的钢木结构进行计算，采用"滑一浇一"工艺时平台的中间部分应做成活动式，以便模板滑升后吊去浇筑混凝土。

③液压系统。液压系统包括支承杆（爬杆）、液压千斤顶和操纵装置等，是使滑升模板向上滑升的动力装置，支承杆既是液压千斤顶向上爬升的轨道，又是滑升模板的承重支柱，它承受施工过程中的全部荷载。其规格要与选用的千斤顶相适应，用钢珠作卡头的千斤顶，需用Ⅰ级圆钢筋，用楔块作卡头的千斤顶，Ⅰ-Ⅳ级钢筋皆可用，如用体外滑模（支承杆在浇筑墙体的外面，不埋在混凝土内）支承杆多用钢管。

(2) 楼盖的施工

利用滑升模板施工高层建筑物时，滑升模板只用来浇筑竖向承重构件（墙、柱等），而楼盖的施工则需采用其他方法。它可以采用预制楼板，亦可以现场支模进行浇筑，目前多采用现场浇筑。采用预制楼板时，楼板的安装方法有三种：

①先施工墙体后安装楼板。即先将建筑物的墙体利用滑升模板一次浇筑到顶，在浇筑墙体时，在墙体上浇筑牛腿或预留孔洞，然后用起重机械由上部吊入楼板，自下而上逐层安装。此法虽然墙体施工速度快，但由于墙体在滑升模板施工时形成空筒，中间无楼板支承，墙体的整体性较差，在高层建筑施工时需验算墙体的稳定性，应用较少。

②边施工墙体边安装楼板。根据预制楼板安装时间的不同，分逐层空滑安装和隔数层安装两种方法。逐层空滑法安装是浇筑一层墙体，安装一层预制楼板。即当承重墙体浇筑到楼板底部标高时，停止墙体混凝土浇筑，待混凝土达到 $0.2 \sim 0.4 N/mm^2$ 的脱模强度后，将模板连续滑升，使墙体混凝土全部脱模，并继续将模板向上空滑一定高度（约为楼板厚度的两倍左右），待墙体混凝土强度达到 $2 N/mm^2$ 后在模板下口与墙体混凝土之间的空隙处插入安装楼板。这种方法称为"滑空插板"，过去不少地方应用过。在承重墙模板空滑时，为保证模板体系的整体稳定性，应继续向非承重墙模板内浇筑一定高度（约30cm左右）的混凝土。此外，为加快施工速度，对每层承重墙体最上一段（30cm左右）的混凝土，可采用早强混凝土或适当提高混凝土的级别。

③隔数层安装法。即当墙体浇筑数层后，再自下而上逐层安装预制楼板，此时滑升模板的操作平台上需设可揭开的活动平台板，以便预制楼板经此洞孔吊下安装。

当采用现浇楼板时，楼板的浇筑方法有三种：

①降模施工法。此法是利用桁架或纵横梁结构将每间的楼板模板组装成整体，成为降模平台，通过吊杆、钢丝绳等悬吊于施工的建筑物的承重构件上。浇筑楼板并待其混凝土达到一定强度后，将降模平台下降至下一层楼板的标高，固定后继续浇筑，如此自上而下逐层浇筑。当建筑物高度不很高（如10层左右），可将滑升模板滑到顶后，拆除模板、油泵等，利用操作平台作为降模平台，自上而下逐层浇筑楼板。如建筑物高度很大，为保证

建筑物施工期间的稳定性，则在建筑物施工到一定高度后，即组装降模平台，从建筑物已浇部分的顶部开始浇筑楼板，逐层下降，同时滑升模板也向上逐层浇筑墙体，待其到顶后再利用操作平台作为降模平台，从建筑物顶部开始向下逐层浇筑楼板。用降模浇筑楼板，存在施工期间墙体稳定问题，需加以验算，同时楼板后浇与墙（尤其是端墙）形成后浇节点，其整体性能和抗震性能需加以保证。

②逐层空滑现浇楼板法。逐层空滑现浇楼板法简称"滑一浇一工艺"，此法是近年来高层建筑滑升模板施工中楼板施工应用较多的一种方法。施工时，当每层墙体混凝土用滑升模板浇筑至上一层楼板底标高后，停止浇筑混凝土，将滑升模板继续向上空滑至模板下口与墙体顶部脱空一定高度（一般比楼板厚度多 5～10cm），然后吊去操作平台的活动平台板，提供工作空间进行现浇楼板的支模、绑扎钢筋和浇筑混凝土，然后再继续向上滑升墙体，如此逐层进行。施工时模板的脱空范围主要取决于楼板的配筋情况，如楼板为横墙承重的单向板，则只需将横墙及部分内纵墙的模板脱空，外纵墙的模板则不必脱空。这样，当横墙与内纵墙的混凝土停浇后，外纵墙应继续浇筑，使外纵墙滑升模板内有一定高度的混凝土，这有利于整个模板体系保持稳定，这种方法楼板进墙增强了建筑物的整体性和刚度，有利于提高高层建筑的抗震和抗水平力的能力，不存在施工过程中墙体的失稳问题，但在模板空滑时易将墙顶部混凝土拉松，滑升模板由于不能连续滑升，施工速度放慢。

③与滑模施工墙体的同时间隔数层自下而上现浇楼板法。此法是间隔数层墙体与楼板同时进行浇筑，即上面利用滑升模板连续进行墙体浇筑，在楼板标高处于墙体上预留插入钢筋的孔洞，间隔 3～5 层从底层开始自下而上逐层支设模板、绑扎钢筋和浇筑楼板混凝土。

（3）滑框倒模施工工艺

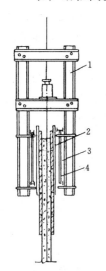

图 4-29 滑框倒模
施工装置示意图
1—提升架；2—滑道；
3—围圈；4—模板

滑模施工速度快，节省模板和劳动力，因而受到人们的青睐。但由于滑模施工时模板与墙体产生摩擦，易使墙面粗糙，滑升速度掌握不当还易造成墙体拉裂。因而对一些表面不再装饰、光洁度要求较高的构筑物，或墙体厚度较小的建筑物等，用滑模施工则有一些难以克服的困难。为此，经过不断探索发展出滑框倒模工艺，于北京中央电视塔、天津国际大厦（38 层）等工程上得到应用，收到较好效果。

滑框倒模工艺（图 4-29），仍然采用滑模施工的设备和装置，不同点在于围圈内侧增设控制模板的竖向滑道，该滑道随滑升系统一起滑升，而模板留在原地不动，待滑道滑出模板，再将模板拆除倒到滑道上重新插入施工。因此，模板的脱模时间不受混凝土硬化和强度增长时间的制约，不需考虑模板滑升时的摩阻力。

在滑框倒模施工中，滑道随滑升系统滑升后，模板则因混凝土的粘结作用仍留在原处。滑模施工中存在的模板与混凝土之间的滑动摩擦，改变为滑道与模板之间的滑动摩擦，混凝土脱模方式，也由滑模施工的滑动脱模，改变为滑框倒模施工的拆倒脱模。

在滑框倒模施工中，滑道的滑升时间，以不引起支承杆失稳、混凝土坍落为准，一般混凝土强度达到 $0.5～1.0N/mm^2$ 为宜。

滑框倒模施工，虽然可以从容处理各种因素引起的施工停歇，但仍应做到连续滑升为主。滑框倒模技术，虽然可以解决一些滑模施工无法解决的问题，但模板的拆倒多消耗人工，与滑模施工相比增加了一道模板拆倒的工序，因此，只应用于存在滑模施工无法克服的矛盾的情况下才采用，否则，应优先选用滑模施工。

滑模施工需利用支承杆承受模板等重量和施工荷载，而支承杆是埋于施工的墙体或柱子内，如不采取措施抽出或用作受力钢筋，则额外消耗较多的钢材，为此，近年来又发展了"体外滑模"，即用钢管作支承杆，放在模板外面，支承在楼板等水平构件上，滑模浇筑混凝土后，由于其不埋于混凝土内，完全可以回收重复使用。

（六）爬升模板

爬升模板简称爬模，国外亦称跳模，是施工剪力墙体系和筒体体系的钢筋混凝土结构高层建筑的一种有效的模板体系，我国已推广应用。由于模板能自爬，不需起重运输机械吊运，减少了高层建筑施工中起重运输机械的吊运工作量，能避免大模板受大风影响而停止工作，由于自爬的模板上悬挂有脚手架，所以还省去了结构施工阶段的外脚手架，因为能减少起重机械的数量、加快施工速度而经济效益较好。

爬模分有爬架爬模和无爬架爬模两类。

①有爬架爬模由爬升模板、爬架和爬升设备三部分组成（图4－30）。

外爬架是一格构式钢架，用来提升外爬模，由下部附墙架和上部支承架两部分组成，高度超过三个层高。附墙架用螺栓固定在下层墙壁上，支承架高度大于两层模板，座落在附墙架上，与之成为整体。支承架上端有挑横梁，用以悬吊提升外爬升模板用的手拉葫芦。如用液压千斤顶作为爬升设备则支承架上端的挑横梁悬吊爬杆，支承架中部还装有外爬架爬升用的液压千斤顶，使之沿悬吊在外爬升模板顶端挑横梁上的爬杆向上爬升。

内爬架为一断面较小的格构式钢架，高度超过两个层高，用来提升内爬升模板，顶部亦悬吊有爬升设备。

外爬升模板的高度为层高加50～100mm，利用长出部分与下层墙搭接，宽度根据需要确定，多与开间宽度相适应，对于山墙等可更宽。模板顶端装有提升外爬架用的手拉葫芦。如爬升设备为液压千斤顶，则模板顶端的挑横梁上悬吊外爬架液压千斤顶爬升用的爬杆，在模板背面装有模板爬升用液压千斤顶，使之沿悬吊在外爬架顶端的爬杆向上爬升。外爬升模板的背面底部还悬挂有外脚手架。

内爬升模板的高度等于层高，由内爬架提升。

如上所述，爬升设备可为手拉葫芦、液压千斤顶和电动千斤顶。手拉葫芦简单易行，由人力操纵。如用液压千斤顶，则爬架、爬升模板各用一台油泵供油，爬杆用 $\phi25$ 圆钢，用螺帽和垫板固定在模板或爬架的挑横梁上。

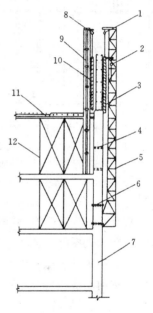

图4－30 爬升模板

1—提升外爬升模板的手拉葫芦；2—提升外爬架的手拉葫芦；3—外爬升模板；4—预留孔；5—外爬架（包括支承架和附墙架）；6—螺栓；7—外墙；8—提升内爬升模板的手拉葫芦；9—内爬架；10—内爬升模板；11—楼板模板；12—楼板模板支撑

②无爬架爬模取消了爬架，模板由甲、乙两类模板组成，爬升时两类模板互为依托，用提升设备使两类相邻模板交替爬升。

甲、乙两类模板中甲型模板为窄板，高度大于两个层高，乙型模板按建筑物外墙尺寸配制，高度略大于层高，与下层墙体稍有搭接，以免漏浆和错台。两类模板交替布置，甲型模板布置在内、外墙交接处，或大开间外墙的中部，模板背面设有竖向背楞，作为模板爬升的依托，加强模板刚度。内、外模板用穿墙螺栓拉结固定，模板爬升时利用相邻模板与墙体的拉结来抵抗模板爬升时的外张力。

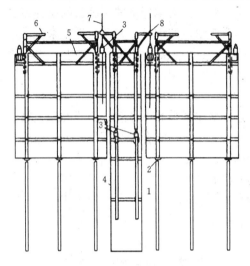

图 4-31　无爬架爬模的构造示意图
1—"生根"背楞；2—背楞上端连接板；3—液压千斤顶；4—甲型模板；5—乙型模板；6—三角爬架；7—爬杆；8—卡座

压胶管。

在乙型模板的下面，设有用 $\phi22$ 螺栓固定于下层墙上的"生根"背楞（图 4-31），背楞上端设连接板，用以支撑上面的乙型模板。

爬升装置由三角爬架、爬杆、卡座和液压千斤顶组成。三角爬架插在模板两端上口的套筒内，套筒用"U"形螺栓与背楞连接，三角爬架可自由回转，用以支承爬杆。爬杆为 $\phi25mm$ 的圆钢，上端用卡座固定在三角爬架上。每块模板上装有两台起重量为 3.5t 的液压千斤顶，乙型模板装在模板上口两端，甲型模板安装在模板中间偏下处。供油用齿轮泵和高

爬升时，先松开穿墙螺栓，拆除内模板，并使墙外侧的甲、乙型模板与混凝土脱离，但穿墙螺栓未拆除。调整乙型模板上三角爬架的角度，装上爬杆，爬杆下端穿入甲型模板中间的液压千斤顶中，然后拆除甲型模板的穿墙螺栓，起动千斤顶将甲型模板爬升至预定高度，待甲型模板爬升结束并固定后，再爬升乙型模板。

（七）其他模板

近年来随着各种建筑体系和施工机械化的发展，新型模板不断出现，除上述者外，国内外目前常用的还有下述几种：

（1）台模（飞模、桌模）

台模是一种大型工具式模板，主要用于浇筑平板式或带边梁的楼板，一般是一个房间一块台模，有时甚至更大。按台模的支承形式分为支腿式（见图 4-32）和无支腿式两类。前者又有伸缩式支腿和折叠式支腿之分；后者是悬架于墙上或柱顶，故也称悬架式。支腿式台模由面板（胶合板或钢板）、支撑框架、檩条等组成。支撑框架的支腿底部一般带有轮子，以便移动，有的台模没有轮子，在滚道上滚动。浇筑后待混凝土达到规定强度，落下台面，将台模推出墙面放在临时挑台上，再用起重机整体吊运至上层或其他施工段。

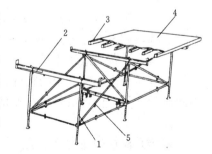

图 4-32　台模
1—支腿；2—可伸缩的横梁；3—檩条；4—面板；5—斜撑

亦可不用挑台，推出墙面后直接吊运。

目前我国使用的台模，除铝合金制作的正规台模外，还利用由小块的定型组合钢模板和钢管支撑等拼装成的台模，利用台模施工楼板可省去模板的装拆时间，能降低劳动消耗和加速施工，但一次性投资较大。

（2）隧道模

隧道模是用于同时整体浇筑墙体和楼板的大型工具式模板，能将各开间沿水平方向逐段逐间整体浇筑，故施工的建筑物整体性好、抗震性能好、施工速度快，但模板的一次性投资大，模板起吊和转运需较大的起重机。

隧道模有全隧道模（整体式隧道模）和双拼式隧道模（图4-33）两种。前者自重大，推移时多需铺设轨道，目前逐渐少用。后者由两个半隧道模对拼而成，两个半隧道模的宽度可以不同，再增加一块插板，即可以组合成各种开间需要的宽度。

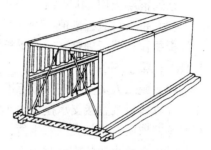

混凝土浇筑后强度达到7N/mm² 左右，即可先拆除半边的隧道模，推出墙面放在临时挑台上，再用起重机转运至上层或其他施工段，楼板临时用竖撑加以

图4-33　隧道模

支撑，再养护一段时间（视气温和养护条件而定），待混凝土强度约达到20N/mm² 以上时，再拆除另一半边的隧道模，但保留中间的竖撑，以减小施工期间楼板的弯矩。

（3）永久式模板

这是一些施工时起模板作用而浇筑混凝土后又是结构本身组成部分的预制板材，目前国内外常用的有异形（波形、密肋形等）金属薄板（亦称压延钢板）、预应力混凝土薄板、玻璃纤维水泥模板、小梁填块（小梁为倒T形，填块放在梁底凸缘上，再浇混凝土）、钢桁架型混凝土板等。预应力混凝土薄板在我国已在一些高层建筑中推广应用，铺设后稍加支撑，然后在其上铺放钢筋浇筑混凝土形成楼板，施工简便，效果较好。异形金属薄板在我国一些高层建筑施工中亦有应用，施工简便，施工速度快，但耗钢量较大。

模板是钢筋混凝土工程中的一个重要组成部分，国内外都十分重视，新型模板亦不断出现，除上述各种类型模板外，还有各种钢框胶合板模板、玻璃钢模板、塑料模板、提模、艺术模板和专门用途的模板等。

三、模板设计

定型模板和常用的模板拼板，在其适用范围内一般不需进行设计或验算。重要结构的模板、特殊形式的模板、或超出适用范围的一般模板，应该进行设计或验算以确保安全，保证质量，防止浪费。

模板和支架的设计，包括选型、选材、荷载计算、结构计算、拟定制作安装和拆除方案、绘制模板图。

（一）荷载

模板、支架按下列荷载设计或验算：

（1）模板及支架自重

模板及支架的自重，可按图纸或实物计算确定，或参考表4-6确定。

楼板模板自重标准值　　　　　　　　　　　　表 4-6

模 板 构 件	木模板（kN/m²）	定型组合钢模板（kN/m²）
平板模板及小楞自重	0.3	0.5
楼板模板自重（包括梁模板）	0.5	0.75
楼板模板及其支架自重（楼层高度 4m 以下）	0.75	1.1

（2）新浇筑混凝土的自重标准值

普通混凝土用 24kN/m³，其他混凝土根据实际重力密度确定。

（3）钢筋自重标准值

根据设计图纸确定。一般梁板结构每立方米钢筋混凝土结构的钢筋自重标准值：楼板 1.1KN；梁 1.5kN。

（4）施工人员及设备荷载标准值

计算模板及直接支承模板的小楞时：均布活荷载 2.5kN/m²，另以集中荷载 2.5kN 进行验算，取两者中较大的弯矩值；

计算支承小楞的构件时：均布活荷载 1.5kN/m²；

计算支架立柱及其他支承结构构件时：均布活荷载 1.0kN/m²。

对大型浇筑设备（上料平台等）、混凝土泵等按实际情况计算。木模板板条宽度小于 150mm 时，集中荷载可以考虑由相邻两块板共同承受。如混凝土堆集料的高度超过 100mm 时，则按实际情况计算。

（5）振捣混凝土时产生的荷载标准值

水平面模板 2.0kN/m²，垂直面模板 4.0kN/m²（作用范围在有效压头高度之内）。

（6）新浇筑混凝土对模板侧面的压力标准值

影响混凝土侧压力的因素很多，如与混凝土组成有关的骨料种类、水泥用量、外加剂、坍落度等都有影响，但更重要的还是外界影响，如混凝土的浇筑速度、混凝土的温度、振捣方式、模板情况、构件厚度等。

混凝土的浇筑速度是一个重要影响因素，最大侧压力一般与其成正比。但当其达到一定速度后，再提高浇筑速度，则对最大侧压力的影响就不明显。混凝土的温度影响混凝土的凝结速度，温度低、凝结慢，混凝土侧压力的有效压头高，最大侧压力就大。反之，最大侧压力就小。模板情况和构件厚度影响拱作用的发挥，因此对侧压力也有影响。

由于影响混凝土侧压力的因素很多，想用一个计算公式全面加以反映是有一定困难的。国内外研究混凝土侧压力，都是抓住几个主要影响因素，通过典型试验或现场实测取得数据，再用数学方法分析归纳后提出计算公式。

我国目前采用的计算公式为，采用内部振动器时，新浇筑的混凝土作用于模板的最大侧压力，按下列两式计算，并取两式中的较小值：

$$F = 0.22\gamma_c t_0 \beta_1 \beta_2 V^{\frac{1}{2}} \qquad (4-8)$$

$$F = \gamma_c H \qquad (4-9)$$

式中　F——新浇混凝土对模板的最大侧压力（kN/m²）；

　　　γ_c——混凝土的重力密度（kN/m³）；

t_0——新浇混凝土的初凝时间（h），可按实测确定。当缺乏试验资料时，可采用 t_0 ＝200／（T＋15）计算（T 为混凝土的温度,℃）；

V——混凝土的浇筑速度（m/h）；

H——混凝土侧压力计算位置处至新浇混凝土顶面的总高度（m）；

β_1——外加剂影响修正系数，不掺外加剂时取 1.0，掺具有缓凝作用的外加剂时取 1.2；

β_2——混凝土坍落度影响修正系数，当坍落度小于 30mm 时，取 0.85；当坍落度为 50～90mm 时，取 1.0；当坍落度为 110～150mm 时，取 1.15。

（7）倾倒混凝土时产生的荷载标准值

倾倒混凝土时对垂直面模板产生的水平荷载标准值，按表 4-7 采用。

向模板中倾倒混凝土时产生的水平荷载标准值　　　　表 4-7

项次	向模板中供料方法	水平荷载标准值（kN/m²）	项次	向模板中供料方法	水平荷载标准值（kN/m²）
1	用溜槽、串筒或由导管输出	2	3	用容量 0.2～0.8m³ 的运输器具倾倒	4
2	用容量为＜0.2m³ 的运输器具倾倒	2	4	用容量＞0.8m³ 的运输器具倾倒	6

注：作用范围在有效压头高度以内。

计算滑升模板、水平移动式模板等特种模板时，荷载应按专门的规定计算。对于利用模板张拉和锚固预应力筋等产生的荷载亦应另行计算。

计算模板及其支架时的荷载设计值，应采用荷载标准值乘以相应的荷载分项系数求得，荷载分项系数按表 4-8 采用。

参与模板及其支架荷载效应组合的各项荷载，应符合表 4-9 的规定。

荷载分项系数　　　　表 4-8

项次	荷载类别	γ_i
1	模板及支架自重	
2	新浇筑混凝土自重	1.2
3	钢筋自重	
4	施工人员及施工设备荷载	
5	振捣混凝土时产生的荷载	1.4
6	新浇筑混凝土对模板侧面的压力	1.2
7	倾倒混凝土时产生的荷载	1.4

参与模板及其支架荷载效应组合的各项荷载　　　　表 4-9

模板类别	参与组合的荷载项	
	计算承载能力	验算刚度
平板和薄壳的模板及支架	1，2，3，4	1，2，3
梁和拱模板的底板及支架	1，2，3，5	1，2，3
梁、拱、柱（边长≤300mm）、墙（厚≤100mm）的侧面模板	5，6	6
大体积结构，柱（边长＞300mm）、墙（厚＞100mm）的侧面模板	6，7	6

（二）强度、刚度、稳定性计算

计算钢模板、木模板及支架时都要遵守相应结构的设计规范。

验算模板及其支架的刚度时，其最大变形值不得超过下列允许值：对结构表面外露的模板，为模板构件计算跨度的 1/400；对结构表面隐蔽的模板，为模板构件计算跨度的 1/250；对支架的压缩变形值或弹性挠度，为相应的结构计算跨度的 1/1000。

支架的立柱或桁架应保持稳定，并用撑拉杆件固定，验算模板及其支架在自重和风荷载作用下的抗倾倒稳定性时，应符合有关的专门规定。

四、模板拆除

现浇结构的模板及其支架拆除时的混凝土强度，应符合设计要求；当设计无具体要求时，侧模可在混凝土强度能保证其表面及棱角不因拆除模板而受损坏后拆除，底模拆除时所需的混凝土强度如表 4 - 10 所示。

现浇结构拆模时所需混凝土强度   表 4 - 10

结构类型	结构跨度(m)	按设计的混凝土强度标准值的百分率计（%）	结构类型	结构跨度(m)	按设计的混凝土强度标准值的百分率计（%）
板	≤2	50	梁、拱、壳	≤8	75
	>2，≤8	75		>8	100
	>8	100	悬臂构件	≤2	75
				>2	100

注：设计的混凝土强度标准值系指与设计混凝土强度等级相应的混凝土立方体抗压强度标准值。

第三节 混 凝 土 工 程

混凝土工程包括混凝土制备、运输、浇筑捣实和养护等施工过程，各个施工过程相互联系和影响，任一施工过程处理不当都会影响混凝土工程的最终质量。近年来混凝土外加剂发展很快，它们的应用影响着混凝土的性能和施工工艺。此外，自动化、机械化的发展和新的施工机械和施工工艺的应用，也大大改变了混凝土工程的施工面貌。

一、混凝土施工配制强度确定

混凝土的施工配合比，应保证结构设计对混凝土强度等级及施工对混凝土和易性的要求，并应符合合理使用材料、节约水泥的原则。必要时，还应符合抗冻性、抗渗性等要求。混凝土制备之前按下式确定混凝土的施工配制强度，以达到 95% 的保证率：

$$f_{cu,0} = f_{cu,k} + 1.645\sigma \qquad (4-10)$$

式中 $f_{cu,0}$——混凝土的施工配制强度（N/mm²）；

$f_{cu,k}$——设计的混凝土强度标准值（N/mm²）；

σ——施工单位的混凝土强度标准差（N/mm²）。

当施工单位具有近期的同一品种混凝土强度的统计资料时，可按下式计算：

$$\sigma = \sqrt{\frac{\Sigma f_{cu,i}^2 - N\mu_{fcu}^2}{N-1}} \qquad (4-11)$$

式中 $f_{cu,i}$——统计周期内同一品种混凝土第 i 组试件强度（N/mm²）；

μ_{fcu}——统计周期内同一品种混凝土 N 组强度的平均值（N/mm²）；

N——统计周期内相同混凝土强度等级的试件组数，$N \geq 25$。

当混凝土强度等级为 C20 或 C25 时，如计算得到的 $\sigma < 2.5$N/mm² ，取 $\sigma = 2.5$ N/mm²;当混凝土强度等级高于 C25 时，如计算得到的 $\sigma < 3.0$N/mm² 时，取 $\sigma = 3.0$ N/mm²。

对预拌混凝土厂和预制混凝土的构件厂，其统计周期可取为一个月；对现场拌制混凝土的施工单位，其统计周期可根据实际情况确定，但不宜超过三个月。

施工单位如无近期同一品种混凝土强度统计资料时，σ 可按表 4-11 取值。

二、混凝土的施工配料

施工配料必须加以严格控制。因为影响混凝土质量的因素主要有两方面：一是称量不准；二是未按砂、石骨料实际含水率的变化进行施工配合比的换算。这样必然会改变原理论配合比的水灰比、砂石比

混凝土强度标准差 σ 表 4-11

混凝土强度等级	低于 C20	C20~C35	高于 C35
σ (N/mm²)	4.0	5.0	6.0

注：表中 σ 值，反映我国施工单位的混凝土施工技术和管理的平均水平，采用时可根据本单位情况作适当调整。

（含砂率）及浆骨比。当水灰比增大时，混凝土粘聚性、保水性差，而且硬化后多余的水分残留在混凝土中形成水泡，或水分蒸发留下气孔，使混凝土密实性差，强度低。若水灰比减少时，则混凝土流动性差，甚至影响成型后的密实，造成混凝土结构内部松散，表面产生蜂窝、麻面现象。同样，含砂率减少时，则砂浆量不足，不仅会降低混凝流动性，更严重的是将影响其粘聚性及保水性，产生粗骨料离析，水泥浆流失，甚至溃散等不良现象。而浆骨比是反映混凝土中水泥浆的用量多少（即每立方米混凝土的用水量和水泥用量），如控制不准，亦直接影响混凝土的水灰比和流动性。所以，为了确保混凝土的质量，在施工中必须及时进行施工配合比的换算和严格控制称量。

（一）施工配合比换算

混凝土试验室配合比是根据完全干燥的砂、石骨料制定的，但实际使用的砂、石骨料一般都含有一些水分，而且含水量又会随气候条件发生变化。所以施工时应及时测定现场砂、石骨料的含水量，并将混凝土的试验室配合比换算成在实际含水量情况下的施工配合比。

设试验室配合比为：水泥:砂子:石子 $= 1:x:y$，并测得砂子的含水量为 ω_x，石子的含水量为 ω_y，则施工配合比应为：$1:x\,(1+\omega_x):y\,(1+\omega_y)$。

按试验室配合比一立方米混凝土水泥用量为 C（kg），计算时确保混凝土水灰比 $\dfrac{\omega}{C}$ 不变，则换算后材料用量为：

水泥：C

砂子：$S = C \cdot x\,(1+\omega_x)$

石子：$G = C \cdot y\,(1+\omega_y)$

水：$C \cdot \dfrac{\omega}{C} - C \cdot x\omega_x - C \cdot y\omega_y$

例：

设混凝土试验室配合比为：1:2.56:5.50，水灰比为 0.64，每一立方米混凝土的水泥用量为 275kg，测得砂子含水量为 4%，石子含水量为 2%，则施工配合比为：

$1:2.56\times(1+4\%):5.50\times(1+2\%) = 1:2.66:5.61$

每 1m³ 混凝土材料用量为：

水泥：275kg

砂子：$275\times2.66 = 731.5$kg

石子：$275\times5.61 = 1542.8$kg

水：$275 \times 0.64 - 275 \times 2.56 \times 4\% - 275 \times 5.50 \times 2\% = 117.6$kg

（二）施工配料

求出每立方米混凝土材料用量后，还必须根据工地现有搅拌机出料容量确定每次需用几袋水泥，然后按水泥用量来计算砂石的每次拌用量。如采用JZ250型搅拌机，出料容量为$0.25m^3$，则每搅拌一次的装料数量为：

水泥：$275 \times 0.25 = 68.75$kg（取用一袋半水泥，即75kg）

砂子：$731.5 \times 75/275 = 199.5$kg

石子：$1542.8 \times 75/275 = 420.8$kg

水：$117.6 \times 75/275 = 32.1$kg

为严格控制混凝土的配合比，原材料的数量应采用重量计量，必须准确。其重量偏差不得超过以下规定：水泥、混合材料为±2%；粗、细骨料为±3%；水、外加剂溶液±2%。各种衡量器应定期校验，经常保持准确。骨料含水量应经常测定，雨天施工时，应增加测定次数。

三、混凝土的制备

（一）混凝土搅拌机选择

混凝土制备是指将各种组成材料拌制成质地均匀，颜色一致，具备一定流动性的混凝土拌合物。由于混凝土配合比是按照细骨料恰好填满粗骨料的间隙，而水泥浆又均匀地分布在粗细骨料表面的原理设计的，如混凝土制备得不均匀就不能获得密实的混凝土，影响混凝土的质量，所以制备是混凝土施工工艺过程中很重要的一道工序。

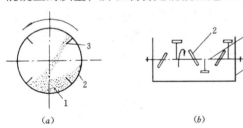

图4-34　混凝土搅拌原理图
（a）自落式搅拌；1—混凝土拌合物；2—搅拌筒；3—叶片；（b）强制式搅拌；1—搅拌筒；2—叶片；3—转轴

混凝土制备的方法，除工程量很小且分散用人工拌制外，皆应采用机械搅拌。混凝土搅控机按其搅拌原理分为自落式和强制式两类（图4-34）。

自落式搅控机的搅拌筒内壁焊有弧形叶片，当搅拌筒绕水平轴旋转时，弧形叶片不断将物料提升一定高度，然后自由落下而互相混合。因此，自落式搅拌机主要是以重力机理设计的。在这种搅拌机中，物料的运动轨迹是这样的：未处于叶片带动范围内的物料，在重力作用下沿拌合料的倾斜表面自动滚下；处于叶片带动范围内的物料，在被提升到一定高度后，先自由落下再沿倾斜表面下滚。由于下落时间、落点和滚动距离不同，使物料颗粒相互穿插、翻拌、混合而达到均匀。

自落式搅拌机宜于搅拌塑性混凝土。根据构造的不同又分为若干种。鼓筒式搅拌机已被国家列为淘汰产品，自1987年底起停止生产和销售，但过去已生产者目前仍有少量在施工中使用。双锥反转出料式搅拌机（图4-35）是自落式搅拌机中较好的一种，宜于搅拌塑性混凝土，它在生产率、能耗、噪音和搅拌质量等方面都比鼓筒式搅拌机好，双锥反转出料式搅拌机的搅拌筒由两个截头圆锥组成，搅拌筒每转一周，物料在筒中的循环次数比鼓筒式搅拌机多，效率较高而且叶片布置较好，物料一方面被提升后靠自落进行拌合，另一方面又迫使物料沿轴向左右窜动，搅拌作用强烈，它正转搅拌，反转出料，构造简易，制造容易。双锥倾翻出料式搅拌机结构简单，适合于大容量、大骨料、大坍落度混凝土搅拌，在我国多用于水电工程。

强制式搅拌机（图4-36）主要是根据剪切机理设计的。在这种搅拌机中有转动的叶片，这些不同角度和位置的叶片转动时通过了物料，克服了物料的惯性、摩擦力和粘滞力，强制其产生环向、径向、竖向运动，而叶片通过后的空间，又由翻越叶片的物料、两侧倒坍的物料和相邻叶片推过来的物料所充满。这种由叶片强制物料产生剪切位移而达到均匀混合的机理，称为剪切搅拌机理。

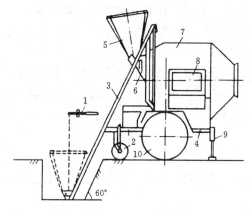

图4-35 双锥反转出料式搅拌机

1—牵引架；2—前支轮；3—上料架；4—底盘；5—料斗；6—中间料斗；7—锥形搅拌筒；8—电器箱；9—支腿；10—行走轮

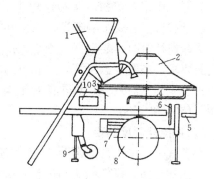

图4-36 强制式搅拌机

1—进料；2—拌筒罩；3—搅拌筒；4—水表；5—出料口；6—操纵手柄；7—传动机构；8—行走轮；9—支腿；10—电器工具箱

强制式搅拌机的搅拌作用比自落式搅拌机强烈，宜于搅拌干硬性混凝土和轻骨料混凝土。因为在自落式搅拌机中，轻骨料落下时所产生的冲击能量小，不能产生很好的拌合作用。但强制式搅拌机的转速比自落式搅拌机高，动力消耗大，叶片、衬板等磨损也大。

强制式搅拌机分为立轴式与卧轴式，卧轴式有单轴、双轴之分，而立轴式又分为涡浆式和行星式（表4-12）。

混凝土搅拌机类型　　　　　　　　　　　　　表4-12

自 落 式			强 制 式			
鼓筒式	双 锥 式		立 轴 式			卧轴式 （单轴、双轴）
	反转出料	倾翻出料	涡浆式	行星式		
				定盘式	盘转式	
(图)	(图)	(图)	(图)	(图)	(图)	(图)

涡浆式是在盘中央装有一根回转轴，轴上装若干组叶片。行星式则有两根回转轴，分别带动几个叶片。行星式又分为定盘式和盘转式两种，在定盘式中叶片除绕自己的轴转动

（自转）外，两根装叶片的轴还共同绕盘的中心线转动（公转）。在盘转式中，两根装叶片的轴不进行公转运动，而是整个盘做相反方向转动。

涡浆式强制搅拌机构造简单，但转轴受力较大，且盘中央的一部分容积不能利用，因为叶片在那里的线速度太低。行星式强制搅拌机构造复杂，但搅拌作用强烈，其中盘转式消耗能量较多，已逐渐为定盘式所代替。

立轴式搅拌机是通过盘底部的卸料口卸料，卸料迅速，但如卸料口密封不好，水泥浆易漏掉，所以立轴式搅拌机不宜于搅拌流动性大的混凝土。

卧轴式搅拌机具有适用范围广、搅拌时间短、搅拌质量好等优点，是目前国内外在大力发展的机型。这种搅拌机的水平搅拌轴上装有搅拌叶片，搅拌筒内的拌合物在搅拌叶片的带动下，作相互切翻运转和按螺旋形轨迹交替运动，得到强烈的搅拌。搅拌叶片的形状、数量和布置方式影响着搅拌质量和搅拌机的技术性能。

选择搅拌机时，要根据工程量大小、混凝土的坍落度、骨料尺寸等确定。既要满足技术上的要求，亦要考虑经济效益和节约能源。我国规定混凝土搅拌机以其出料容积（m³）×1000 为标定规格，故我国混凝土搅拌机的系列为：50，150，250，350，500，750，1000，1500 和 3000。

（二）搅拌制度确定

为了获得质量优良的混凝土拌合物，除正确选择搅拌机外，还必须正确确定搅拌制度，即搅拌时间、投料顺序和进料容量等。

（1）混凝土搅拌时间

搅拌时间是指从原材料全部投入搅拌筒时起，到开始卸料时为止所经历的时间。它与搅拌质量密切相关，它随搅拌机类型和混凝土的和易性的不同而变化。在一定范围内随搅拌时间的延长而强度有所提高，但过长时间的搅拌既不经济也不合理。因为搅拌时间过长，不坚硬的粗骨料在大容量搅拌机中会因脱角、破碎等而影响混凝土的质量。加气混凝土也会因搅拌时间过长而使含气量下降，为了保证混凝土的质量，《混凝土结构工程施工及验收规范》GB50204－92 规定有混凝土搅拌的最短时间（表4－13）。该最短时间是按一般常用搅拌机的回转速度确定的，不允许用超过混凝土搅拌机说明书规定的回转速度进行搅拌以缩短搅拌延续时间。原因是当自落式搅拌机搅拌筒的转速达到某一极限时，筒内物料所受的离心力等于其重力，物料就贴在筒壁上不会落下，不能产生搅拌作用。该极限转速称为搅拌筒的"临界转速"。

混凝土搅拌的最短时间（s）　表4－13

混凝土坍落度(mm)	搅拌机机型	搅拌机出料量（L）		
		<250	250～500	>500
≤30	强制式	60	90	120
	自落式	90	120	150
>30	强制式	60	60	90
	自落式	90	90	120

注：①当掺有外加剂时，搅拌时间应适当延长；
②全轻混凝土、砂轻混凝土搅拌时间应延长 60～90s。

在立轴强制式搅拌机中，如叶片的速度太高，在离心力作用下，拌合料会产生离析现象，同时能耗、磨损都大大增加，所以叶片线速度亦有"临界速度"的限值，临界速度是根据作用在料粒上的离心力等于惯性重力求得。

在现有搅拌机中，叶片的线速度多为临界线速度的2/3。涡浆式搅拌机叶片的线速度即为叶片的绝对速度；行星式则为叶片相对于搅拌盘的相对速度。

（2）投料顺序

投料顺序应从提高搅拌质量、减少叶片和衬板的磨损、减少拌合物与搅拌筒的粘结、减少水泥飞扬、改善工作环境等方面综合考虑确定。常用的有一次投料法和两次投料法。一次投料法是在上料斗中先装石子、再加水泥和砂，然后一次投入搅拌机。对自落式搅拌机要在搅拌筒内先加部分水，投料时砂压住水泥，使水泥不致飞扬，且水泥和砂先进入搅拌筒形成水泥砂浆，可缩短包裹石子的时间。对立轴强制式搅拌机，因出料口在下部，不能先加水，应在投入原料的同时，缓慢均匀分散地加水。

两次投料法经过我国的研究和实践形成了"裹砂石法混凝土搅拌工艺"，它是在日本研究的造壳混凝土（简称 SEC 混凝土）的基础上结合我国的国情研究成功的，它分两次加水，两次搅拌。用这种工艺搅拌时，先将全部的石子、砂和 70% 的拌合水倒入搅拌机，拌合 15s 使骨料湿润，再倒入全部水泥进行造壳搅拌 30s 左右，然后加入 30% 的拌合水进行糊化搅拌 60s 左右即完成。与普通搅拌工艺相比，用裹砂石法搅拌工艺可使混凝土强度提高 10%～20%，或节约水泥 5%～10%。在我国推广这种新工艺，有巨大的经济效益。此外，我国还对净浆法、净浆裹石法、裹砂法、先拌砂浆法等各种两次投料法进行了试验和研究。

（3）进料容量

进料容量是将搅拌前各种材料的体积累积起来的容量，又称干料容量。进料容量 V_j 与搅拌机搅拌筒的几何容量 V_g 有一定的比例关系，一般情况下 $V_j/V_g = 0.22～0.40$。如任意超载（进料容量超过 10% 以上），就会使材料在搅拌筒内无充分的空间进行掺合，影响混凝土拌合物的均匀性。反之，如装料过少，则又不能充分发挥搅拌机的效能。

对拌制好的混凝土，应经常检查其均匀性与和易性，如有异常情况，应检查其配合比和搅拌情况，及时加以纠正。

（三）混凝土搅拌站

混凝土拌合物在搅拌站集中制备成预拌（商品）混凝土能提高混凝土质量和取得较好的经济效益。搅拌站根据其组成部分在竖向布置方式的不同分为单阶式和双阶式（图4-37）。在单阶式混凝土搅拌站中，原材料一次提升后经过贮料斗，然后靠自重下落进入称量和搅拌工序。这种工艺流程，原材料从一道工序到下一道工序的时间短，效率高，自动化程度高，搅拌站占地面积小，适用于产量大的固定式大型混凝土搅拌站（厂）。在双阶式混凝土搅拌站中，原材料经第一次提升进入贮料斗，下落经称量配料后，再经第二次提升进入搅拌机。这种工艺流程的搅拌站的建筑物高度小，运输设备简单，投资少，建设快，但效率和自动化程度相对较低，建筑工地上设置的临时性混凝土搅拌站多属此类。

双阶式工艺流程的特点是物料两次提升，可以有不同的工艺流程方案和不同的生产设备。

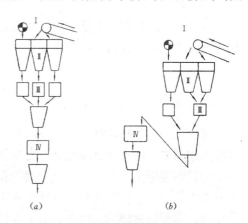

图 4-37　混凝土搅拌站工艺流程
（a）单阶式；（b）双阶式
Ⅰ—运输设备；Ⅱ—料斗设备；
Ⅲ—称量设备；Ⅳ—搅拌设备

骨料的用量很大，解决好骨料的贮存和输送是关键。目前我国骨料多露天堆存，用拉铲、皮带运输机、抓斗等进行一次提升，经杠杆秤、电子秤等称量后，再用提升斗进行二次提升进入搅拌机进行拌合。

散装水泥用金属筒仓贮存最合理。散装水泥输送车上多装有水泥输送泵，通过管道即可将水泥送入筒仓，水泥的称量亦用杠杆秤或电子秤。水泥的二次提升多用气力输送或大倾角竖斜式螺旋输送机。

图4-38所示的双阶式混凝土搅拌站是目前所推崇的。骨料堆于扇形贮仓，拉铲可用来堆料和一次提升，由于拉铲可以回转，其服务范围是一个以悬臂长度为半径的扇形，扇形的中心角可达210°，用挡料墙加以分割，可以贮存各种不同的骨料，骨料在自重作用下经卸料闸门进入秤斗，由提升机进行二次提升倒入搅拌机。水泥的称量设备设在搅拌机上方，由倾斜的螺旋输送机进行二次提升，经称量后直接倒入搅拌机内。

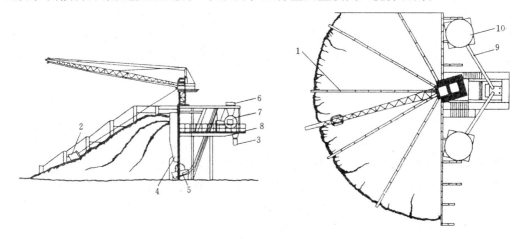

图4-38 双阶式混凝土搅拌站

1—挡料墙；2—拉铲；3—出料斗；4—卸斜闸门；5—骨料称量设备；6—水泥称量设备
7—混凝土搅拌机；8—工作平台；9—螺旋输送机；10—金属水泥筒仓

预拌（商品）混凝土是今后的发展方向，国内一些大中城市发展很快，不少城市已有相当的规模，有的城市（如上海等）在一定范围内已规定必须采用商品混凝土，不得现场拌制。

四、混凝土的运输

对混凝土拌合物运输的基本要求是：不产生离析现象、保证浇筑时规定的坍落度和在混凝土初凝之前能有充分时间进行浇筑和捣实。

匀质的混凝土拌合物，为介于固体和液体之间的弹塑性物体，其中的骨料，由于作用其上的内摩阻力、粘着力和重力处于平衡状态，而能在混凝土拌合物内均匀分布和处于固定位置，在运输过程中，由于运输工具的颠簸振动等动力的作用，粘着力和内摩阻力将明显削弱，由此骨料失去平衡状态，在自重作用下向下沉落，质量越大，向下沉落的趋势越强，由于粗、细骨料和水泥浆的质量各异，因而各自聚集在一定深度，形成分层离析现象。这对混凝土质量是有害的，为此，运输道路要平坦，运输工具要选择恰当，运输距离要限制，以防止分层离析，如已产生离析，在浇筑前要进行二次搅拌。

此外，运输混凝土的工具要不吸水、不漏浆，且运输时间有一定限制。普通混凝土从搅拌机中卸出后到浇筑完毕的延续时间不宜超过表4-14的规定。如需进行长距离运输可选用混凝土搅拌运输车。

混凝土运输分为地面运输、垂直运输和楼面运输三种情况。

①混凝土地面运输，如采用预拌（商品）混凝土运输距离较远时，我国多用混凝土搅拌运输车。混凝土如来自工地搅拌站，则多用载重约1t的小型机动翻斗车，近距离亦用双轮手推车，有时还用皮带运输机和窄轨翻斗车。

②混凝土垂直运输，我国多用塔式起重机、混凝土泵、快速提升斗和井架。用塔式起重机时，混凝土多放在吊斗中，这样可直接进行浇筑。

③混凝土楼面运输，我国以双轮手推车为主，亦用机动灵活的小型机动翻斗车，如用混凝土泵则用布料机布料。

混凝土从搅拌机中卸出到浇筑完毕的延续时间（min）　表4-14

混凝土强度等级	气　温（℃）	
	不高于25	高于25
不高于C30	120	90
高于C30	90	60

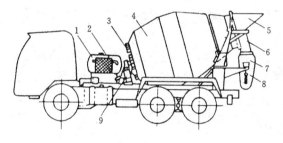

图4-39　混凝土搅拌运输车
1—水箱；2—外加剂箱；3—大链条齿轮；4—搅拌筒；5—进料斗；6—固定卸料溜槽；7—活动卸料溜槽；8—活动卸料调节机构；9—传动系统

混凝土搅拌运输车（图4-39）为长距离运输混凝土的有效工具，它有一搅拌筒斜放在汽车底盘上，在商品混凝土搅拌站装入混凝土后，由于搅拌筒内有两条螺旋状叶片，在运输过程中搅拌筒可进行慢速转动进行拌合，以防止混凝土离析，运至浇筑地点，搅拌筒反转即可迅速卸出混凝土，搅拌筒的容量可达2~10m³，搅拌筒的结构形状和其轴线与水平的夹角、螺旋叶片的形状和它与铅垂线的夹角，都直接影响混凝土搅拌运输质量和卸料速度。搅拌筒可用单独发动机驱动，亦可用汽车的发动机驱动，以液压传动者为佳。

混凝土泵是一种有效的混凝土运输和浇筑工具，它以泵为动力，沿管道输送混凝土，可以一次完成水平及垂直运输，将混凝土直接输送到浇筑地点，是发展较快的一种混凝土运输方法，大体积混凝土、工业与民用建筑施工皆可应用，在我国一些大城市正逐渐推广。商品混凝土90%以上是泵送的，已取得较好的效果。根据驱动方式，混凝土泵目前主要有两类，即挤压泵和活塞泵，但我国主要利用活塞泵（图4-40）。

活塞泵目前多用液压驱动，它主要由料斗、液压缸和活塞、混凝土缸、分配阀、Y形输送管、冲洗设备、液压系统和动力系统等组成。活塞泵工作时，搅拌机卸出的或由混凝土搅拌运输车卸出的混凝土倒入料斗6，分配阀7开启、分配阀8关闭，液压活塞4在液压作用下通过活塞杆5带动活塞2后移，料斗内的混凝土在重力和吸力作用下进入混凝土缸1。然后，液压系统中压力油的进出反向，活塞2向前推压，同时分配阀7关闭，而分

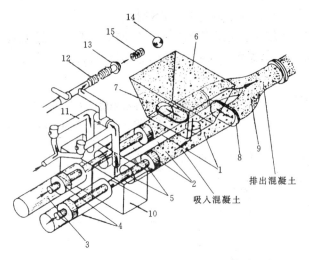

图 4-40　液压活塞式混凝土泵工作原理图

1—混凝土缸；2—推压混凝土活塞；3—液压缸；4—液压活塞；5—活塞杆；6—料斗；7—控制吸入的水平分配阀；8—控制排出的竖向分配阀；9—Y 形输送管；10—水箱；11—水洗装置换向阀；12—水洗用高压软管；13—水洗用法兰；14—海绵球；15—清洗活塞

配阀 8 开启，混凝土缸中的混凝土拌合物就通过"Y"形输送管压入输送管送至浇筑地点。由于有两个缸体交替进料和出料，因而能连续稳定地排料。不同型号的混凝土泵，其排量不同，水平运距和垂直运距亦不同，常用者，混凝土排量 30～90m³/h，水平运距 200～900m，垂直运距 50～300m。目前我国已能一次垂直泵送 382m，更高的高度可用接力泵送。

常用的混凝土输送管为钢管、橡胶和塑料软管。直径为 75～200mm、每段长约 3m，还配有 45°、90°等弯管和锥形管，弯管、锥形管和软管的流动阻力大，计算输送距离时要换算成水平换算长度。垂直输送时，在立管的底部要增设逆流阀，以防止停泵时立管中的混凝土反压回流。

将混凝土泵装在汽车上便成为混凝土泵车（图 4-41），在车上还装有可以伸缩或屈折的"布料杆"，其末端是一软管，可将混凝土直接送至浇筑地点，使用十分方便。

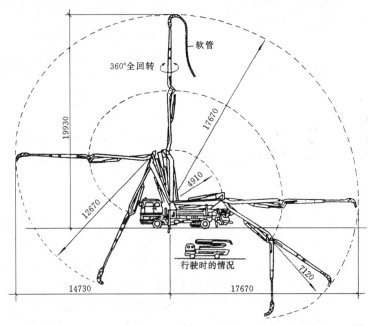

图 4-41　带布料杆的混凝土泵车

泵送混凝土工艺对混凝土的配合比提出了要求：碎石最大粒径与输送管内径之比宜为 1:3，卵石可为 1:2.5，泵送高度在 50～100m 时宜为 1:3～1:4，泵送高度在 100m 以上时宜为 1:4～1:5，以免堵塞，如用轻骨料则以吸水率小者为宜，并宜用水预湿，以免在压力作用下强烈吸水，使坍落度降低而在管道中形成阻塞。砂宜用中砂，通过 0.315mm 筛孔的砂应不少于 15%。砂率宜控制在 38%～45%，如粗骨料为轻骨料还可适当提高。水泥用量不宜过少，否则泵送阻力增大，最小水泥用量为 300kg/m³，水灰比宜为 0.4～0.6。泵送混凝土的坍落度按《混凝土结构工程施工及验收规范》的规定选用。对不同泵送高度，入泵时混凝土的坍落度可参考表 4-15 选用。

混凝土泵宜与混凝土搅拌运输车配套使用，且应使混凝土搅拌站的供应能力和混凝土搅拌运输车的运输能力大于混凝土泵的泵送能力，以保证混凝土泵能连续工作，保证不堵塞。进行输送管线布置时，

不同泵送高度入泵时混凝土坍落度选用值　　表 4-15

泵送高度（m）	30 以下	30～60	60～100	100 以上
坍落度（mm）	100～140	140～160	160～180	180～200

应尽可能直，转弯要缓，管段接头要严，少用锥形管，以减少压力损失。如输送管向下倾斜，要防止因自重流动使管内混凝土中断、混入空气而引起混凝土离析，产生阻塞。为减小泵送阻力，用前先泵送适量的水泥浆或水泥砂浆以润滑输送管内壁，然后进行正常的泵送。在泵送过程中，泵的受料斗内应充满混凝土，防止吸入空气形成阻塞。混凝土泵排量大，在进行浇筑大面积建筑物时，最好用布料机进行布料。

泵送结束要及时清洗泵体和管道，用水清洗时将管道与"Y"形管拆开，放入海绵球 14 及清洗活塞 15，再通过法兰 13，使高压水软管 12 与管道连接，高压水推动活塞 15 和海绵球 14，将残存的混凝土压出并清洗管道。

用混凝土泵浇筑的结构物，要加强养护，防止因水泥用量较大而引起龟裂。如混凝土浇筑速度快，对模板的侧压力大，模板和支撑应保证稳定和有足够的强度。

选择混凝土运输方案时，技术上可行的方案可能不只一个，这就要进行综合的经济比较来选择最优方案。

五、混凝土的浇筑和捣实

混凝土浇筑要保证混凝土的均匀性和密实性，要保证结构的整体性，尺寸准确和钢筋、预埋件的位置正确，拆模后混凝土表面要平整、光洁。

浇筑前应检查模板、支架、钢筋和预埋件的正确性，并进行验收，由于混凝土工程属于隐蔽工程，因而对混凝土量大的工程、重要工程或重点部位的浇筑，以及其他施工中的重大问题，均应随时填写施工记录。

（一）混凝土浇筑

（1）现浇多层钢筋混凝土框架结构的浇筑

浇筑这种结构首先要划分施工层和施工段，施工层一般按结构层划分，而每一施工层如何划分施工段，则要考虑工序数量、技术要求、结构特点等。要做到当木工在第一施工层安装完模板，准备转移到第二施工层的第一施工段上时，下面第一施工层的第一施工段所浇筑的混凝土应达到允许工人在上面操作的强度（1.2N/mm²）。

施工层与施工段确定后，就可求出每班（或每小时）应完成的工程量，据此选择施工机具和设备并计算其数量。

混凝土浇筑前应做好必要的准备工作，如模板、钢筋和预埋管线的检查和清理以及隐

蔽工程的验收；浇筑用脚手架、走道的搭设和安全检查；根据试验室下达的混凝土配合比通知单准备和检查材料；施工用具的准备等。

浇筑柱子时，一施工段内的每排柱子应由外向内对称地顺序浇筑，不要由一端向另一端推进，预防柱子模板逐渐受推倾斜而误差积累难以纠正。断面在 400mm×400mm 以内，或有交叉箍筋的柱，应在柱模板侧面开孔以斜溜槽分段浇筑，每段高度不超过 2m，断面在 400mm×400mm 以上、无交叉箍筋的柱，如柱高不超过 4.0m，可从柱顶浇筑；如用轻骨料混凝土从柱顶浇筑，则柱高不得超过 3.5m。柱子开始浇筑时，底部应先浇筑一层厚 50～100mm 与所浇筑混凝土内砂浆成分相同的水泥砂浆或水泥浆。浇筑完毕，如柱顶处有较大厚度的砂浆层，则应加以处理。柱子浇筑后，应间隔 1～1.5h，待混凝土拌合物初步沉实，再浇筑上面的梁板结构。

梁和板一般同时浇筑，从一端开始向前推进。梁底与梁侧面注意振实，振动器不要直接触及钢筋和预埋件。楼板混凝土的虚铺厚度应略大于板厚，用表面振动器或内部振动器振实，用铁插尺检查混凝土厚度，振捣完后用长的木抹子抹平。

为保证捣实质量，混凝土应分层浇筑，每层厚度如表 4-16 所示。

混凝土浇筑层的厚度

表 4-16

项　次	捣实混凝土的方法		浇筑层厚度（mm）
1	插入式振动		振动器作用部分长度的 1.25 倍
2	表面振动		200
3	人工捣固	（1）在基础或无筋混凝土和配筋稀疏的结构中	250
		（2）在梁、墙板、柱结构中	200
		（3）在配筋密集的结构中	150
4	轻骨料混凝土	插入式振动	300
		表面振动（振动时需加荷）	200

浇筑叠合式受弯构件时，应按设计要求确定是否设置支撑，且叠合面应有不小于 6mm 的凸凹差。

(2) 大体积混凝土结构浇筑

大体积混凝土结构在工业建筑中多为设备基础，在高层建筑中多为厚大的桩基承台或基础底板等，其上有巨大的荷载，整体性要求较高，往往不允许留施工缝，要求一次连续浇筑完毕。另外，大体积混凝土结构浇筑后水泥的水化热量大，由于体积大，水化热聚积在内部不易散发，混凝土内部温度显著升高，而表面散热较快，这样形成较大的内外温差，内部产生压应力，而表面产生拉应力，如温差过大则易于在混凝土表面产生裂纹。在混凝土内部逐渐散热冷却产生收缩时，由于受到基底或已浇筑的混凝土的约束，接触处将产生很大的拉应力，当拉应力超过混凝土的极限抗拉强度时，与约束接触处会产生裂缝，甚至会贯穿整个混凝土块体，由此带来严重的危害。大体积混凝土结构的浇筑，上述两种裂缝（尤其是后一种裂缝）都应设法防止。

要防止大体积混凝土浇筑后产生裂缝，就要降低混凝土的温度应力，这就必须减少浇筑后混凝土的内外温差（不宜超过 25℃）。为此，应优先选用水化热低的水泥，降低水泥用量，掺入适量的粉煤灰，降低浇筑速度和减小浇筑层厚度，或采取人工降温措施。必要时，经过计算和取得设计单位同意后可留施工缝而分段分层浇筑。

如要保证混凝土的整体性，则要保证使每一浇筑层在初凝前就被上一层混凝土覆盖并捣实成为整体。为此要求混凝土按不小于下述的浇筑量进行浇筑：

$$Q = \frac{FH}{T} \tag{4-12}$$

式中　　Q——混凝土最小浇筑量（m^3/h）；

　　　　F——混凝土浇筑区的面积（m^2）；

　　　　H——浇筑层厚度（m），取决于混凝土捣实方法；

　　　　T——下层混凝土从开始浇筑到初凝为止所容许的时间间隔（h）。

大体积混凝土结构的浇筑方案，一般分为全面分层、分段分层和斜面分层（图 4-42）三种。全面分层法要求混凝土浇筑强度较大。根据结构物的具体尺寸、捣实方法和混凝土

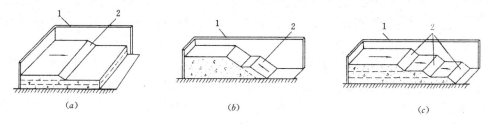

图 4-42　大体积混凝土浇筑方案

（a）全面分层；（b）分段分层；（c）斜面分层

1—模板；2—新浇筑的混凝土

供应能力，通过计算选择浇筑方案，目前应用较多的是斜面分层法。如用矿渣硅酸盐水泥或其他泌水性较大的水泥拌制的混凝土，浇筑完毕后，必要时应排除泌水，进行二次振捣。浇筑宜在室外气温较低时进行。混凝土最高浇筑温度不宜超过28℃。

（3）水下浇筑混凝土

深基础、沉井、沉箱和钻孔灌注桩的封底，以及地下连续墙施工等，常需要进行水下浇筑混凝土，地下连续墙是在泥浆中浇筑混凝土。水下或泥浆中浇筑混凝土，目前多用导管法（图 4-43）。

导管直径约 250～300mm（至少为最大骨料粒径的 8 倍），每节长 3m，用法兰密封连接，顶部有漏斗。导管用起重设备吊住，可以升降。浇筑前，导管下口先用球塞（木、橡皮等）堵塞，球塞用绳子或铁丝吊住。然后在导管内灌筑一定数量的混凝土，将导管插入水下使其下口距地基面的距离 h_1 约 300mm 进行浇筑，距离太小易堵管，太大则要求管内混凝土量较多，因为开管前管内的混凝土量要使混凝土冲出后足以封住并高出管口。当导管内混凝土的体积及高度满足上述要求后，剪断吊住球

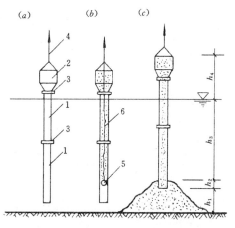

图 4-43　导管法水下浇筑混凝土

1—钢导管；2—漏斗；3—密封接头；

4—吊索；5—球塞；6—铁丝或绳子

塞的绳子进行开管，使混凝土在自重作用下迅速排出球塞进入水中。此后一面均衡地浇筑混凝土，一面慢慢提起导管，导管下口必须始终保持在混凝土表面之下一定数值。下口埋得越深，则混凝土顶面越平，但也越难浇筑。

在整个浇筑过程中，一般应避免在水平方向移动导管，直到混凝土顶面接近设计标高时，才可将导管提起，换插到另一浇筑点。一旦发生堵管，如半小时内不能排除，应立即换插备用导管。浇筑完毕，应清除顶面与水接触的厚约 200mm 的一层松软部分。

如水下浇筑的混凝土体积较大，将导管法与混凝土泵结合使用可以取得较好的效果。

（4）混凝土浇筑应注意的问题

①防止离析。浇筑混凝土时，混凝土拌合物由料斗、漏斗、混凝土输送管、运输车内卸出时，如自由倾落高度过大，由于粗骨料在重力作用下，克服粘着力后的下落动能大，下落速度较砂浆快，因而可能形成混凝土离析。为此，混凝土自高处倾落的自由高度不应超过 2m，在竖向结构中限制倾落高度不宜超过 3m，否则应沿串筒、斜槽、溜管或振动溜管等下料。

②正确留置施工缝。混凝土结构多要求整体浇筑，如因技术或组织上的原因不能连续浇筑时，且停顿时间有可能超过混凝土的初凝时间，则应事先确定在适当位置留置施工缝。由于混凝土的抗拉强度约为其抗压强度的 1/10，因而施工缝是结构中的薄弱环节，宜留在结构剪力较小的部位，柱子宜留在基础顶面、梁或吊车梁牛腿的下面、吊车梁的上面、无梁楼盖柱帽的下面（图 4-44），同时又要照顾到施工的方便。和板连成整体的大断面梁应留在板底面以下 20～30mm 处，当板下有梁托时，留置在梁托下部。单向板应留在平行于板短边的任何位置。有主次梁楼盖宜顺着次梁方向浇筑，应留在次梁跨度的中间1/3 跨度范围内（图 4-45）。楼梯应留在楼梯长度中间 1/3 长度范围内。墙可留在门洞口过梁跨中 1/3 范围内，也可留在纵横墙的交接处。双向受力的楼板、大体积混凝土结构、拱、薄壳、多层框架等及其他结构复杂的结构，应按设计要求留置施工缝。

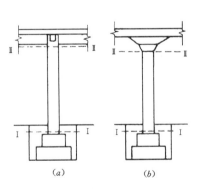

图 4-44　柱子的施工缝位置

（a）梁板式结构；（b）无梁楼盖结构

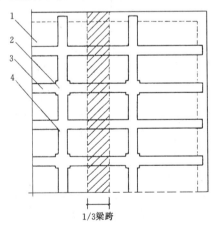

1/3梁跨

图 4-45　有主次梁楼盖的施工缝位置

1—楼板；2—柱；3—次梁；4—主梁

在施工缝处继续浇筑混凝土时，应除掉水泥薄膜和松动石子，加以湿润并冲洗干净，先铺抹水泥浆或与混凝土砂浆成分相同的砂浆一层，待已浇筑的混凝土的强度不低于1.2

N/mm² 时才允许继续浇筑。

（二）混凝土密实成型

混凝土拌合物浇筑之后，需经密实成型才能赋予混凝土制品或结构一定的外形和内部结构。强度、抗冻性、抗渗性、耐久性等皆与密实成型的好坏有关。

（1）混凝土振动密实原理

混凝土振动密实的原理，在于产生振动的机械将一定频率、振幅和激振力的振动能量通过某种方式传递给混凝土拌合物时，受振混凝土拌合物中所有的骨料颗粒都受到强迫振动，它们之间原来赖以保持平衡并使混凝土拌合物保持一定塑性状态的粘着力和内摩擦力随之大大降低，受振混凝土拌合物呈现出所谓的"重质液体状态"，因而混凝土拌合物中的骨料犹如悬浮在液体中，在其自重作用下向新的稳定位置沉落，排除存在于混凝土拌合物中的气体，消除空隙，使骨料和水泥浆在模板中得到致密的排列和迅速有效的填充。

振动密实的效果和生产率，与振动机械的结构形式和工作方式（插入振动或表面振动）、振动机械的振动参数（振幅、频率、激振力）以及混凝土拌合物的性质（骨料粒径、坍落度等）密切相关，混凝土拌合物的性质影响着混凝土系统的自然频率，它的各种参数对振动在其中的传播呈现出不同的阻尼和衰减，有着适应它的最佳频率和振幅，振动机械的结构形式和工作方式，决定了它对混凝土传递振动能量的能力，也决定了它适用的有效作用范围和生产率。

（2）振动机械的选择

振动机械按其工作方式分为：内部振动器、表面振动器、外部振动器和振动台（图4 -46）。

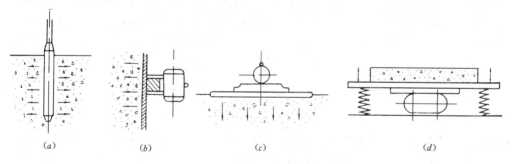

图 4－46　振动机械示意图
（a）内部振动器；（b）外部振动器；（c）表面振动器；（d）振动台

内部振动器又称插入式振动器，其工作部分是一棒状空心圆柱体，内部装有偏心振子，在电动机带动下高速转动而产生高频微幅的振动。多用于振实梁、柱、墙、厚板和大体积混凝土结构等。

根据振动棒激振的原理，内部振动器有偏心轴式和行星滚锥式（简称行星式）两种，其激振结构的工作原理如图4－47所示。

偏心轴式内部振动器是利用振动棒中心具有偏心质量的转轴，在高速旋转时产生的离心力，通过轴承传给振动棒壳体，使振动棒产生圆振动。

现在对内部振动器的振动频率都要求在 10000 次/min 以上，这就要求设置齿轮升速机构以提高电动机的转速。这不但机构复杂，重量增加，而且如此高的转速，软轴也难以

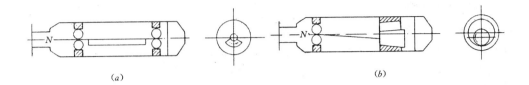

图 4-47 振动棒的激振原理示意图
(a) 偏心轴式；(b) 行星滚锥式

适应。所以偏心轴式逐渐被行星滚锥式取代。

行星滚锥式内部振动器是利用振动棒中一端空悬的转轴，它旋转时，其下垂端圆锥部分沿棒壳内圆锥面滚动，形成滚动体的行星运动而驱动棒体产生圆振动。

用内部振动器振捣混凝土时，应垂直插入，并插入下层尚未初凝的混凝土中 50～100mm，以促使上下层结合。插点的分布有行列式和交错式两种（图 4-48）。对普通混凝土插点间距不大于 $1.5R$（R 为振动器作用半径），对轻骨料混凝土，则不大于 $1.0R$。

表面振动器又称平板振动器，它由带偏心块的电动机和平板（木板或钢板）等组成。在混凝土表面进行振捣，适用于楼板、地面等薄型构件。

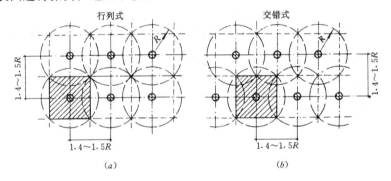

图 4-48 插点的分布
(a) 行列式；(b) 交错式

外部振动器又称附着式振动器，它通过螺栓或夹钳等固定在模板外部，是通过模板将振动传给混凝土拌合物，因而模板应有足够的刚度。它宜于振捣断面小且钢筋密的构件。其有效作用范围可通过实测确定。

振动台是混凝土制品厂中的固定生产设备，用于振实预制构件。

六、混凝土养护

此处指混凝土的自然养护。混凝土浇捣后，所以能逐渐凝结硬化，主要是因为水泥水化作用的结果，而水化作用则需要适当的温度和湿度条件，所谓混凝土的自然养护，即在平均气温高于 +5℃ 的条件下于一定时间内使混凝土保持湿润状态。

混凝土浇筑后，如气候炎热、空气干燥，不及时进行养护，混凝土中水分会蒸发过快，出现脱水现象，使已形成凝胶体的水泥颗粒不能充分水化，不能转化为稳定的结晶，缺乏足够的粘结力，从而会在混凝土表面出现片状或粉状剥落，影响混凝土的强度。此外，在混凝土尚未具备足够的强度时，其中水分过早的蒸发还会产生较大的收缩变形，出现干缩裂纹，影响混凝土的整体性和耐久性，所以混凝土浇筑后初期阶段的养护非常重要，混凝土浇筑完毕12h以内就应开始养护，干硬性混凝土应于浇筑完毕后立即进行养护。

自然养护分洒水养护和喷涂薄膜养生液养护两种。

洒水养护即用草帘等将混凝土覆盖，经常洒水使其保持湿润。养护时间长短取决于水泥品种，普通硅酸盐水泥和矿渣硅酸盐水泥拌制的混凝土，不少于7d；掺有缓凝型外加剂或有抗渗要求的混凝土不少于14d。洒水次数以能保证湿润状态为宜。

喷涂薄膜养生液养护适用于不易洒水养护的高耸构筑物和大面积混凝土结构。它是将过氯乙烯树脂塑料溶液用喷枪喷涂在混凝土表面上，溶液挥发后在混凝土表面形成一层塑料薄膜，将混凝土与空气隔绝，阻止其中水份的蒸发以保证水化作用的正常进行。有的薄膜在养护完成后能自行老化脱落，否则，不宜于喷洒在以后要做粉刷的混凝土表面上。在夏季，薄膜成型后要防晒，否则易产生裂纹。

地下建筑或基础，可在其表面涂刷沥青乳液以防止混凝土内水分蒸发。

混凝土必须养护至其强度达到 $1.2N/mm^2$ 以上，始准在其上行人或安装模板和支架。

拆模后如发现有缺陷，应及时修补，对数量不多的小蜂窝或露石的结构，可先用钢丝刷或压力水清洗，然后用 1:2～1:2.5 的水泥砂浆抹平，对蜂窝和露筋，应凿去全部深度内的薄弱混凝土层和个别突出的骨料，用钢丝刷和压力水清洗后，用比原强度等级高一级的细骨料混凝土填塞，并仔细捣实。对影响结构承重性能的缺陷，要会同有关单位研究后慎重处理。

七、混凝土质量的检查

混凝土质量检查包括拌制和浇筑过程中的质量检查和养护后的质量检查。在拌制和浇筑过程中，对组成材料的质量检查每一工作班至少两次；拌制和浇筑地点坍落度的检查每一工作班至少两次；在每一工作班内，如混凝土配合比由于外界影响而有变动时，应及时检查；对混凝土搅拌时间应随时检查。

对于预拌（商品）混凝土，应在商定的交货地点进行坍落度检查，混凝土的坍落度与指定坍落度之间的允许偏差应符合表4-17的规定。

混凝土养护后的质量检查，主要指抗压强度检查，如设计上有特殊要求时，还需对其抗冻性、抗渗性等进行检查。混凝土的抗压强度是根据150mm边长的标准立方体试块在标准条件下（20±3℃的温度和相对湿度90%以上）养护28d的抗压强度来确定，评定强度

混凝土坍落度与要求坍落度
之间的允许偏差　　　　表 4-17

混凝土要求坍落度（mm）	允许偏差（mm）
<50	±10
50～90	±20
>90	±30

的试块，应在浇筑处或制备处随机抽样制成，不得挑选。试块的最优取样率暂时还无法确定，目前确定的试块组数如下：

①每拌制100盘且不超过 $100m^3$ 的相同配合比的混凝土，取样不得少于1次；

②每工作班拌制的相同配合比的混凝土不足100盘时，取样不得少于1次；

③现浇楼层，每层取样不得少于1次；

④同一单位工程每一验收项目中同配合比的混凝土，取样不得少于一次。

若有其他需要，如为了检查结构或构件的拆模、出池、出厂、吊装、张拉、放张及施工期间临时负荷的需要等，尚应留置与结构或构件同条件养护的试件，试件组数按实际需要确定，每组三个试件应在同盘混凝土中取样制作，其强度代表值取三个试件试验结果的平均值，作为该组试件强度代表值；当三个试件中的最大或最小的强度值，与中间值相比超过中间值15%时，取中间值代表该组的混凝土试件强度；当三个试件中的最大和最小的强度值，与中间值相比均超过中间值15%时，则其试验结果不应作为评定的依据。

混凝土强度应分批验收，同一验收批的混凝土应由强度等级相同、龄期相同以及生产工艺和配合比基本相同的混凝土组成。按单位工程的验收项目划分验收批，每个验收项目应按现行《建筑安装工程质量检验评定标准》确定。同一验收批的混凝土强度，应以同批内全部标准试件的强度代表值评定。

当混凝土的生产条件在较长时间内能保持一致，且同一品种混凝土的强度变异性能保持稳定时，由连续三组试件代表一个验收批，其强度应同时满足下列要求：

$$m_{fcu} \geq f_{cu,k} + 0.7\sigma_0 \qquad (4-13)$$

$$f_{cu,min} \geq f_{cu,k} - 0.7\sigma_0 \qquad (4-14)$$

当混凝土强度等级不高于C20时，强度的最小值尚应满足下式要求：

$$f_{cu,min} \geq 0.85 f_{cu,k} \qquad (4-15)$$

当混凝土强度等级高于C20时，强度的最小值则应满足下式要求：

$$f_{cu,min} \geq 0.90 f_{cu,k} \qquad (4-16)$$

式中　m_{fcu}——同一验收批混凝土强度的平均值（N/mm^2）；

　　　$f_{cu,k}$——设计的混凝土强度标准值（N/mm^2）；

　　　σ_0——验收批混凝土强度的标准差（N/mm^2）；

　　　$f_{cu,min}$——同一验收批混凝土强度的最小值（N/mm^2）。

验收批混凝土强度的标准差，应根据前一个检验期内同一品种混凝土试件的强度数据，按下式计算：

$$\sigma_0 = \frac{0.59}{m}\Sigma\Delta f_{cu,i} \qquad (4-17)$$

式中　$\Delta f_{cu,i}$——前一检验期内第 i 验收批混凝土试件强度中最大值与最小值之差；

　　　m——前一检验期内验收批总批数。

每个检验期不应超过三个月，且在该期间内验收批总批数不得少于15组。

当混凝土的生产条件不满足上述规定时，或在前一个检验期内的同一品种混凝土没有足够的数据来确定验收批混凝土强度标准差时，应由不少于10组的试件代表一个验收批，其强度应同时满足下列要求：

$$m_{fcu} - \lambda_1 S_{fcu} \geq 0.9 f_{cu,k} \qquad (4-18)$$

$$f_{cu,min} \geq \lambda_2 f_{cu,k} \qquad (4-19)$$

式中　S_{fcu}——验收批混凝土强度的标准差（N/mm^2）；按下式计算：

$$S_{fcu} = \sqrt{\sum_{i=1}^{n} f_{cu,i}^2 - nm_{fcu}^2} \qquad (4-20)$$

　　　$f_{cu,i}$——验收批内第 i 组混凝土试件的强度值（N/mm）；

n——验收批内混凝土试件的总组数（N/mm²）；

当 S_{fcu} 的计算值小于 $0.06f_{cu,k}$ 时，取 $S_{fcu}=0.06f_{cu,k}$。

λ_1，λ_2——合格判定系数，按表 4-18 取值。

对零星生产的预制构件混凝土或现场搅拌的批量不大的混凝土，可不采用上述统计法评定，而采用非统计法评定。此时，验收批混凝土的强度必须同时满足下述要求：

合格判定系数　　　　　表 4-18

试件组数	10~14	15~24	≥25
λ_1	1.70	1.65	1.60
λ_2	0.90	0.85	

$$m_{fcu} \geqslant 1.15f_{cu,k} \tag{4-21}$$

$$f_{cu,min} \geqslant 0.95f_{cu,k} \tag{4-22}$$

式中符号同前。

非统计法的检验效率较差，存在将合格产品误判为不合格产品，或将不合格产品误判为合格产品的可能性。

如由于施工质量不良、管理不善、试件与结构中混凝土质量不一致，或对试件检验结果有怀疑时，可采用从结构或构件中钻取芯样的方法，或采用非破损检验方法，按有关规定对结构或构件混凝土的强度进行推定，作为处理混凝土质量问题的一个重要依据。

第四节　混凝土预制构件制作

发展预制构件是建筑工业化的重要措施之一，国内外都在不断改进生产工艺，采用先进技术，使其日趋完善。尺寸和重量大的构件，可在施工现场就地制作，以避免繁重的运输，定型化的中小型构件，则应发挥工厂化生产的优点在预制厂（场）制作。

施工现场就地制作构件，为节省木模板材料，可用土胎膜或砖胎膜，为节约底模板，或场地狭小，屋架、柱子、桩等大型构件可平卧叠浇，即利用已预制好的构件作底模板，沿构件两侧安装侧模板再浇制上层构件。上层构件的模板安装和混凝土浇筑，需待下层构件的混凝土强度达到 5N/mm² 后方可进行，在构件之间应涂抹隔离剂以防混凝土粘结。

现场制作空心构件（空心柱等），为形成孔洞，除用木内模外，还可用胶囊充以压缩空气作内模，待混凝土初凝后，将胶囊放气抽出，便形成圆形、椭圆形等孔洞。胶囊是用纺织品（尼龙布、帆布）和橡胶加工成胶布、再用氯丁粘胶冷粘而成，胶囊内的气压根据气温、胶囊尺寸和施工外力而定，以保证几何尺寸准确。制作空心柱用的 $\phi250$mm 胶囊，充气压力约 $0.05\sim0.07$MPa。

大量的钢筋混凝土预制构件是在预制厂制作的，此处着重加以介绍。

一、构件制作的工艺方案

预制厂制作构件的工艺方案，根据成型和养护的不同，有下述三种：

（1）台座法

台座是表面光滑平整的混凝土地坪、胎膜或混凝土槽。构件的成型、养护、脱模等生产过程都在台座上同一地点进行，构件在整个生产过程中固定在一个地方，而操作工人和生产机具则顺序地从一个构件移至另一个构件，来完成各项生产过程。

用台座法生产构件，设备简单，投资少，但占地面积大，机械化程度较低，生产受气候影响，设法缩短台座的生产周期是提高生产率的重要手段。

（2）机组流水法

此法在车间内生产，将整个车间根据生产工艺的要求划分为几个工段，每个工段皆配备相应的工人和机具设备，构件的成型、养护、脱模等生产过程分别在有关的工段循序完成。生产时，构件随同模板沿着工艺流水线，借助于起重运输设备，从一个工段移至下一个工段，分别完成各有关的生产过程，而操作工人的工作地点是固定的。构件随同模板在各工段停留的时间长短可以不同。此法生产效率比台座法高，机械化程度较高，占地面积小，但建厂投资较大，生产过程中运输繁多，宜于生产定型的中小型构件。

（3）传送带流水法

用此法生产，模板在一条呈封闭环形的传送带上移动，生产工艺中的各个生产过程（如清理模板、涂刷隔离剂、排放钢筋、预应力筋张拉、浇筑混凝土等）都是在沿传送带循序分布的各个工作区中进行，生产时，模板沿着传送带有节奏地从一个工作区移至下一个工作区，而各工作区要求在相同的时间内完成各自的有关生产过程，以此保证有节奏连续生产。此法是目前最先进的工艺方案，生产效率高，机械化、自动化程度高，但设备复杂，投资大，宜于大型预制厂大批量生产定型构件。

二、预制厂生产预制构件用的模板

预制厂制作预制构件，常用的模板有钢平模、水平拉模、固定式胎膜、成组立模等。

机组流水法、传送带流水法中普遍应用钢平模。它是利用铰链将侧模和端模板与底架连接，启闭方便。钢模的底架要能承受运输时混凝土的重量，制作预应力混凝土构件时，还要能承受预应力筋的作用力。底架要有足够的刚度，防止构件变形。

固定式胎模多用以制作大型钢筋混凝土肋形板或其他形状复杂的构件，胎膜的上表面形状与所浇筑构件的下表面形状吻合，混凝土浇入胎膜，即获得所要求的结构外形。

水平拉模（图4-49）是在长线台座上生产预应力混凝土空心板广泛采用的一种工具式模板。

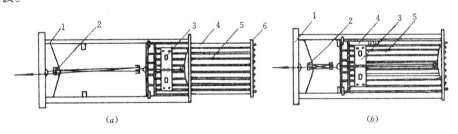

图4-49 水平拉模构造示意图

（a）浇筑混凝土时；（b）抽芯、拉模后

1—钢外框架；2—滑轮组；3—振动器；4—内框架侧模；5—芯管；6—后端头板

拉模由钢外框架、内框架侧模与芯管、前后端头板、振动器、卷扬机抽芯装置等组成。内框架侧模、芯管和前端头板组装为一整体，可整体抽芯和脱模，前、后端头板为钢板制成，中开圆孔可供芯管穿过，下开槽口可容预应力钢丝通过，前后端头板之间的距离即空心板长度。振动器在模外振动芯管，改善了振动效果。

用水平拉模生产多孔板的工艺流程如图4-50所示。

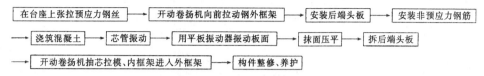

图4-50 水平拉模生产多孔的工艺流程

三、预制构件的成型

预制构件的浇筑与现浇构件基本相同，只是有时可发挥工厂化生产的优越性采用混凝土浇灌机等。在捣实混凝土方面，在预制厂则有多种捣实方法，如振动法、挤压法、离心法等。

（1）振动法

用台座法制作构件，使用插入式振动器和表面振动器。用机组流水法和传送带流水法制作构件则用振动台。

振动台是一个支承在弹性支座上的由型钢焊成的框架平台，平台下设振动机构，振动机构即转轴上装置偏心块，通过偏心块数量和位置的变化，可得到不同的振幅，振动台有的只有一种振动频率，有的可改变频率。框架平台应有足够的刚度，以保证振幅的分布均匀一致，否则影响振动效果。

在振动成型过程中，如同时在构件上面施加一定压力，则可加速捣实过程，提高捣实效果，使构件表面光滑，这种生产方法叫"振动加压法"，如图4-51所示。加压的方法分为静态加压和动态加压。前者用一压板加压，后者是在压板上加设振加器加压，压力的数值取决于混凝土的干硬度，常用者约为$1\sim3kN/m^2$。

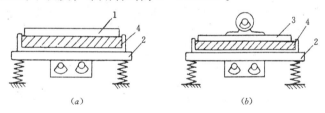

图4-51 振动加压方法
（a）静态加压；（b）动态加压
1—压板；2—振动台；3—振动压板；4—构件

（2）挤压法

采用螺旋挤压形式的行模（简称挤压机）生产预应力混凝土圆孔板，如今已趋于完善，挤压机已定型，该机构造如图4-52所示。

挤压机的工作原理是用旋转的螺旋铰刀把由料斗漏下的混凝土向后挤送，在挤送过程中，由于受到振动器的振动和已成型的混凝土空心板的阻力（反作用力）而被挤压密实，挤压机也在这一反作用力的作用下，沿着与挤压方向相反的方向被推动自行前进，在挤压机后面即形成一条连续的预应力混凝土空心板带。挤压机一般是沿着长线台座上的导轨行

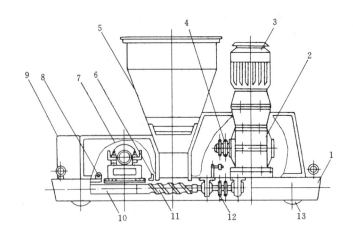

图 4-52　混凝土圆孔板挤压机构造示意图

1—机架及行模；2—减速箱；3—立式电动机；4—上传动链轮；
5—受料斗；6—强制板；7—振动器；8—抹光板；9—配重；
10—成形管；11—螺旋铰刀；12—下传动链轮；13—导轮

驶，但也可不设导轨，利用预应力钢丝导向，使机架上的梳子板沿预应力钢丝板移动，但这要求机身自重对称，螺旋铰刀送料均匀，否则易使挤压机行走偏向。

螺旋铰刀是挤压机的主要部件，其数量取决于空心板的圆孔数量，为避免挤压机行走偏斜，螺旋铰刀的旋转方向分为两组，相对作反向转动，螺旋铰刀的螺距大小影响对混凝土的挤压力，螺距愈小，挤压力愈大，混凝土愈密实，但送料量减少，挤压机行速减慢，为便于拆换磨损最严重的挤压段，可采用组合式螺旋铰刀，把各个螺旋铰刀的螺距、叶片长度等统一，而以不同的速比来解决边上和中间不同的送料量，以适应空心板边角的混凝土量比中间大的问题。

螺旋铰刀后面连有板孔成形管，铰刀把混凝土挤向成形管周围，沿成形管表面向后移动，从而形成孔洞，成形管的断面随板孔的形状而定。如制造实心板，则拆去成形管。

用挤压机连续生产空心板，有两种切断方法：一种是在混凝土达到可以放松预应力筋的强度时，用钢筋混凝土切割机整体切断；另一种是在混凝土初凝前用灰铲手工操作或用气割法、水冲法把混凝土切断，待混凝土达到可以放松预应力筋的强度时，再切断钢丝。目前，一般用后一种方法。

（3）离心法

用离心法制作构件是将装有混凝土的模板放在离心机上（离心机构造见图 4-53），使模板以一定转速绕自身的纵轴旋转，模板内的混凝土由于离心力作用而远离纵轴，均匀分布于模板内壁，并将混凝土中的部分水分挤出，使混凝土密实，用此法制作的构件，都需有圆形空腔，而外形可为各种形状，如管桩、电杆等。

离心机有滚轮式和车床式两类，都具有多级变速装置。离心成型过程分为两个阶段：第一阶段是使混凝土沿模板内壁分布均匀，形成空腔，此时转速不宜太高，以免造成混凝土离析现象；第二阶段是使混凝土密实的阶段，此时可提高转速，增大离心力，压实混凝土。

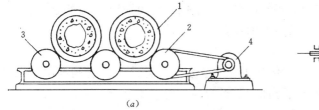
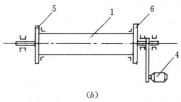

(a) (b)

图4-53 离心机构造示意图

(a) 滚轮式离心机；(b) 车床式离心机

1—模板；2—主动轮；3—从动轮；4—电动机；5，6—卡盘

四、预制构件的养护

目前预制构件的养护方法有自然养护、蒸汽养护、热拌混凝土热模养护、太阳能养护、远红外线养护等。自然养护成本低，但养护时间长，模板（或台座）周转慢，我国南方地区的台座法生产多用自然养护。近年来应用太阳能进行养护，取得较好的效果。

（一）蒸汽养护

蒸汽养护即将构件放在充满饱和蒸汽或蒸汽与空气混合物的养护坑（或窑）内，在较高的温度和湿度的环境中，以加速混凝土的硬化，使之在较短时间内达到规定的强度。

蒸汽养护效果与蒸汽养护制度有关，它包括：养护前静置时间、升温和降温速度、养护温度、恒温养护时间、相对湿度等。构件成型后要在常温下静置一定时间，然后再进行蒸汽养护，以减少不良的加热养护制度带来的不利影响。对普通硅酸盐水泥制作的构件至少应静置1～2h；对火山灰质硅酸盐水泥或矿渣硅酸盐水泥则不需静置。升温或降温都必须平缓地进行，不能骤然升降，否则，在构件表面与内部之间要产生过大的温差，引起裂缝；还可能由于混凝土毛细管内的水分和湿空气的热膨胀，而引起混凝土内部组织破坏。对塑性混凝土的薄壁构件，升温速度每小时不得超过25℃，其他构件不得超过20℃；降温速度每小时不得超过10℃，出池后构件表面与外界温差不得大于20℃。养护温度取决于水泥品种，对普通硅酸盐水泥一般为80℃，对矿渣硅酸盐水泥可达85～95℃，对采用先张法施工的预应力混凝土构件，养护的最高允许温度应根据设计要求的允许温差（张拉钢筋的温度与台座温度之差）经计算确定。恒温养护时间根据混凝土在不同温度条件下的强度增长曲线来确定。养护时应保持适宜的湿度，以防构件内水分蒸发，在恒温阶段应保持90%～100%的相对湿度。

（1）坑式蒸汽养护室

为间歇式蒸汽养护室，有地下和半地下式（见图4-54）。构件的装入和吊出利用起重机，坑内可堆放几层构件。坑盖

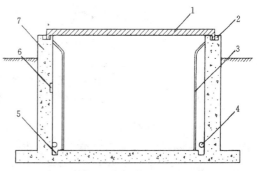

图4-54 坑式蒸汽养护室

1—坑盖；2—水封；3—槽钢；4—蒸汽管；
5—排水沟；6—测温计；7—坑壁

应有良好的保温性能，坑盖与坑壁间的密封性靠水封来保证。因为养护系分批进行，一个养护周期完毕，养护坑又冷却下来，故蒸汽消耗量大。

（2）立窑蒸汽养护室

为连续式蒸汽养护室（图4-55），传送带流水法生产工艺用之。它是利用蒸汽比空气轻而自动上升的原理，使窑内温度自下而上逐渐增高，构件在窑内上升、横移和下降的过程，即升温、恒温和降温的过程。构件进窑后用顶升机1将其逐步向上升起，到顶后用横移机5将其横移，然后再使其逐渐下降，至养护室底部便被送出养护室，每隔一定时间，随着左侧进入一个构件的同时，右侧也送出一个成品，进行连续生产。窑内蒸汽区分上下两部分，上部为恒温区，下部为升温区或降温区。

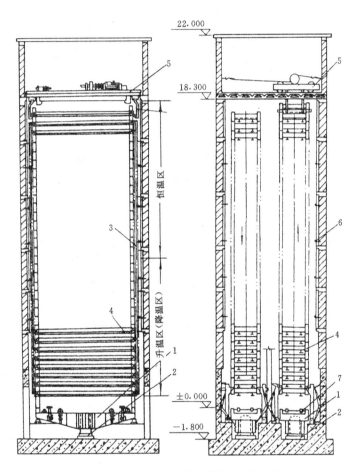

图4-55 立窑蒸汽养护室原理图
1—顶升机；2—油压千斤顶；3—限位滑道；4—钢模；5—横移机；6—蒸汽管道；7—进窑辊道

（3）隧道窑蒸汽养护室

间歇式和连续式两者皆可，它有水平直线形和折线形两类。前者端部易漏气，室内顶部或底部之间温差较大。折线形隧道窑（图4-56）是利用蒸汽自动上升原理自然形成升温、恒温和降温区的，它具备立窑蒸汽养护室的热工特点，可连续生产，结构和设备简化，减少一次性投资。

118

（二）热拌混凝土热模养护

热拌热模即利用热拌混凝土浇筑构件，然后向钢模的空腔内通入蒸汽进行养护。此法与冷拌混凝土进行常压蒸汽养护比较，养护周期大为缩短，节约蒸汽，这是因为用此法养护时，构件不直接接触蒸汽，热量由模板传递给构件，使构件内部冷热对流加速，且因为利用热拌混凝土，使构件内部温差远比常压蒸汽养护时小，而且平衡较快，因而可省去静置工序，缩短升温时间，较快地进入高温养护。

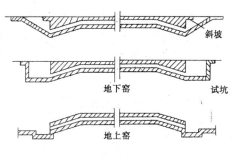

图 4-56　折线形隧道窑蒸汽养护室示意图

（三）远红外线养护

红外线为 B·格尔列于 1800 年发现，它是一种肉眼看不到的热射线。从 60 年代起，国外已将红外线加热技术用于混凝土养护，并取得了效果。我国从 1976 年起，对用煤气、蒸汽和电能为热源的远红外线技术进行了试验研究，并应用于构件生产和大模板冬期施工，取得了一定效果并积累了经验。

红外线是用热源（电能、蒸汽、煤汽等）加热红外线辐射体而产生的。红外线被吸收到物体内部，被吸收的能量就转变为热，目前常用的辐射体为铁铬铝金属网片、陶瓷板或在碳化硅板上涂远红外辐射材料等，对辐射体的要求是耐高温、不易氧化、辐射率大等。选择辐射体时，还要求其发射的红外线波长与水泥和其水化产物的吸收波长一致或相近，这样可提高养护效率。

用红外线热辐射进行混凝土养护有许多优点，养护时间短、能量消耗低，有较好的经济效益。

第五节　混凝土冬期施工

一、混凝土冬期施工原理

混凝土所以能凝结、硬化并获得强度，是由于水泥和水进行水化作用的结果。水化作用的速度在一定湿度条件下主要取决于温度，温度愈高，强度增长也愈快，反之则慢。当温度降至 0℃ 以下时，水化作用基本停止，温度再继续降至 -2~4℃，混凝土内的水开始结冰，水结冰后体积增大 8%~9%，在混凝土内部产生冰晶应力，使强度很低的水泥石结构内部产生微裂纹，同时减弱了水泥与砂石和钢筋之间的粘结力，从而使混凝土强度降低。

受冻的混凝土在解冻后，其强度虽能继续增长，但已不能达到原设计的强度等级。试验证明，混凝土遭受冻结带来的危害，与遭冻的时间早晚、水灰比等有关，遭冻时间愈早，水灰比愈大，则强度损失愈多，反之则损失少。

经过试验得知，混凝土经过预先养护达到一定强度后再遭冻结，其后期抗压强度损失就会减少，一般把遭冻结其后期抗压强度损失在 5% 以内的预养强度值定为"混凝土受冻临界强度"。

通过试验得知，该临界强度与水泥品种、混凝土强度等级有关。对普通硅酸盐水泥和硅酸盐水泥配制的混凝土，受冻临界强度定为设计的混凝土强度标准值的30％，对矿渣硅酸盐水泥配制的混凝土，为设计的混凝土强度标准值的40％，但不大于C10的混凝土，不得低于$5N/mm^2$。

混凝土冬期施工除上述早期冻害之外，还需注意拆模不当带来的冻害，混凝土构件拆模后表面急剧降温，由于内外温差较大会产生较大的温度应力，亦会使表面产生裂纹，在冬期施工中亦应力求避免这种冻害。

为此，现行"混凝土结构工程施工及验收规范"规定，凡根据当地多年气温资料，室外日平均气温连续5d稳定低于＋5℃时，就应采取冬期施工的技术措施进行混凝土施工，因为从混凝土强度增长情况看，新拌混凝土在＋5℃的环境下养护，其强度增长很慢。而且在日平均气温低于＋5℃时，最低气温已低于0～1℃，混凝土已有可能受冻。

二、混凝土冬期施工的工艺要求

在一般情况下，混凝土冬期施工要求正温浇筑、正温养护。对原材料的加热，以及混凝土的搅拌、运输、浇筑和养护应进行热工计算，并据此进行施工。

（一）对材料和材料加热的要求

（1）冬期施工配制混凝土用的水泥，应优先选用活性高、水化热大的硅酸盐水泥和普通硅酸盐水泥，不宜用火山灰质硅酸盐水泥和粉煤灰硅酸盐水泥。蒸汽养护时用的水泥品种经试验确定。水泥的标号不应低于425号，最小水泥用量不宜少于$300kg/m^3$。水灰比不应大于0.6。水泥不得直接加热，使用前一至二天运入暖棚存放，暖棚温度宜在5℃以上。

（2）因为水的比热是砂、石骨料的五倍左右，所以冬期拌制混凝土应优先采用加热水的方法，但加热温度不宜超过表4-19规定的数值。

拌和水及骨料的最高温度　　　　　　表4-19

项　目	水　泥　标　号	拌合水（℃）	骨料（℃）
1	标号小于525号普通硅酸盐水泥、矿渣硅酸盐水泥	80	60
2	标号等于和大于525号普通硅酸盐水泥、硅酸盐水泥	60	40

（3）骨料要求提前清洗和贮备，做到骨料清洁，无冻块和冰雪。冬期骨料所用的贮备场地应选择地势较高、不积水的地方。

冬期施工拌制混凝土的砂、石温度要符合热工计算需要的温度。骨料加热的方法有：将骨料放在铁板上面，底下燃烧直接加热；或者通过蒸汽管、电热线加热等。但不得用火焰直接加热骨料。

（4）钢筋冷拉可在负温下进行，但温度不宜低于－20℃。如采用控制应力方法时，冷拉控制应力较常温下提高$30N/mm^2$；采用冷拉率控制方法时，冷拉率与常温时相同。且应有防雪和防风措施。刚焊接的接头严禁立即碰到冰雪，避免造成冷脆现象。

（二）混凝土的搅拌、运输和浇筑

（1）混凝土的搅拌

混凝土不宜露天搅拌，应尽量搭设暖棚，优先选用大容量的搅拌机，以减少混凝土的热量损失。搅拌前，用热水或蒸汽冲洗搅拌机。混凝土的拌和时间比常温规定的时间延长

50％。由于水泥和80℃左右的水拌合会发生骤凝现象，所以材料的投料顺序为先将水和砂石投入拌合，然后加入水泥。若能保证热水不和水泥直接接触，则水可以加热到100℃。

（2）混凝土的运输

混凝土的运输时间和距离应保证混凝土不离析，不丧失塑性。采取的措施主要是减少运输时间，缩短运输距离；使用大容积的运输工具并加以适当保温。

（3）混凝土的浇筑

混凝土在浇筑前，应清除模板和钢筋上的冰雪和污垢，尽量加快混凝土的浇筑速度，防止热量散失过多。混凝土拌合物的出机温度不宜低于10℃，入模温度不得低于5℃，采用加热养护时，混凝土养护前的温度不得低于2℃。

在施工操作上应加强混凝土的振捣，尽可能提高混凝土的密实度，振捣要采用机械振捣，振捣时间比常温应有所增加。

加热养护整体式结构时，施工缝的位置应设置在温度应力较小处。加热温度超过40℃时，由于温度高，势必在结构内部产生温度应力。因此，在施工前应征求设计单位的意见，确定跨内施工缝设置的位置。留施工缝处，在水泥终凝后立即用3kPa～5kPa的气流吹除结合面的水泥膜、污水和松动石子。继续浇筑时，为使新老混凝土牢固结合，不产生裂缝，要对旧混凝土表面进行加热，使其温度和新浇筑混凝土的入模温度相同。

为保证新浇筑的混凝土与钢筋的可靠粘结，当气温在－15℃以下时，直径大于25mm的钢筋与预埋件，可喷热风加热至5℃，并清除钢筋上的污土和锈渣。

冬期不得在强冻胀性地基上浇筑混凝土。这种土的冻胀变形大，如果地基土遭冻，必然引起混凝土的冻害及变形。在弱冻胀性地基上浇筑时，地基土应进行保温，以免遭冻。

三、混凝土冬期施工方法的选择

混凝土冬期施工方法分为三类：混凝土养护期间不加热的方法、混凝土养护期间加热的方法和综合方法。混凝土养护期间不加热的方法包括蓄热法、掺化学外加剂法；混凝土养护期间加热的方法包括电极加热法、电器加热法、感应加热法、蒸汽加热法和暖棚法；综合方法即把上述两类方法综合应用，如目前最常用的综合蓄热法，即在蓄热法基础上掺加外加剂（早强剂或防冻剂）或进行短时加热等综合措施。

选择混凝土冬期施工方法，要考虑自然气温、结构类型和特点、原材料、工期限制、能源情况和经济指标，对工期不紧和无特殊限制的工程，从节约能源和降低冬期施工费用考虑，应优先选用养护期间不加热的施工方法或综合方法；在有工期限制、施工条件又允许时才考虑选用混凝土养护期间的加热方法，一般要经过技术经济比较才能确定。一个理想的冬期施工方案，应当是在杜绝混凝土早期受冻的前提下，用最低的冬期施工费用，在最短的施工期限内，获得优良的施工质量。

（一）蓄热法

（1）方法实质

蓄热法是利用加热原材料（水泥除外）或混凝土（热拌混凝土）所预加的热量及水泥水化热，再用适当的保温材料覆盖，防止热量过快散失，延缓混凝土的冷却速度，使混凝土在正温条件下增长强度以达到预定值，使其不小于混凝土受冻临界强度。

室外最低气温不低于 $-15℃$，地面以下的工程或表面系数不大于 $15m^{-1}$ 的结构，应优先采用蓄热法。

（2）原材料加热方法及热工计算

水的比热容比砂石大，且水的加热设备简单，故应首先考虑加热水，如水加热至极限温度而热量尚嫌不足时，再考虑加热砂石，水的加热极限温度视水泥标号和品种而定，当水泥标号小于 525 号时，不得超过 $80℃$；当水泥标号等于和大于 525 号时，不得超过 $60℃$，如加热温度超过此值，则搅拌时应先与砂石拌合，然后加入水泥以防止水泥假凝。骨料加热可用将蒸汽直接通到骨料中的直接加热法或在骨料堆、贮料斗中安设蒸汽盘管进行间接加热，工程量小也可放在铁板上用火烘烤。砂石加热的极限温度亦与水泥标号和品种有关，对于小于 525 号的水泥，不应超过 $60℃$；对等于和大于 525 号的水泥，则不应超过 $40℃$。当骨料不需加热时，也必须除去骨料中的冰凌后再进行搅拌。

水泥绝对不允许加热。

为保证混凝土在冬期施工中能达到规范规定的混凝土受冻临界强度，应对原材料的加热、搅拌、运输、浇筑和养护进行热工计算：

①混凝土拌合物的温度公式：

$$T_0 = [0.9(m_{ce}T_{ce} + m_{sa}T_{sa} + m_gT_g) + 4.2T_w(m_w - w_{sa}m_{sa} - w_gm_g)$$
$$+ c_1(w_{sa}m_{sa}T_{sa} + w_gm_gT_g) - c_2(w_{sa}m_{sa} + w_gm_g)]$$
$$\div [4.2m_w + 0.9(m_{ce} + m_{sa} + m_g)] \tag{4-23}$$

式中 T_0——混凝土拌合物的温度（℃）；

m_w，m_{ce}，m_{sa}，m_g——水、水泥、砂、石的用量（kg）；

T_w，T_{ce}，T_{sa}，T_g——水、水泥、砂、石的温度（℃）；

w_{sa}，w_g——砂、石的含水率（%）；

c_1，c_2——水的比热容（kJ/kg·K）及溶解热（kJ/kg）。

当骨料温度 $>0℃$ 时，$c_1 = 4.2$，$c_2 = 0$；

$\leqslant 0℃$ 时，$c_1 = 2.1$，$c_2 = 335$

②混凝土拌合物的出机温度公式：

$$T_1 = T_0 - 0.16(T_0 - T_i) \tag{4-24}$$

式中 T_1——混凝土拌合物的出机温度（℃）；

T_i——搅拌机棚内温度（℃）。

③混凝土拌合物经运输至成型完成时的温度公式：

$$T_2 = T_1 - (\alpha t_\tau + 0.032n)(T_1 - T_a) \tag{4-25}$$

式中 T_2——混凝土拌合物经运输至浇筑成型完成时的温度（℃）；

t_τ——混凝土拌合物自运输至浇筑成型完成的时间（h）；

n——混凝土拌合物转运次数；

T_a——运输时的环境气温（℃）；

α——温度损失系数（h^{-1}）；

当用混凝土搅拌运输车时，$\alpha = 0.25$；

当用开敞式大型自卸汽车时，$\alpha = 0.20$；

当用开敞式小型自卸汽车时，$\alpha = 0.30$；

当用封闭式自卸汽车时，$\alpha = 1.0$；

当用手推车时，$\alpha = 0.50$。

④考虑模板和钢筋吸热影响，混凝土成型完成时的温度公式：

$$T_3 = \frac{c_c m_c T_2 + c_f m_f T_f + c_s m_s T_s}{c_c m_c + c_f m_f + c_s m_s} \qquad (4-26)$$

式中　　　T_3——考虑模板和钢筋吸热影响，混凝土成型完成时的温度（℃）；

　　c_c，c_f，c_s——混凝土拌合物、模板材料、钢筋的比热容（kJ/kg·K）；

　　　　m_c——每立方米混凝土的重量（kg）；

　　m_f，m_s——与每立方米混凝土拌合物相接触的模板、钢筋的重量（kg）；

　　T_f，T_s——模板、钢筋的温度，未预热者可采用当时环境气温（℃）。

（3）混凝土蓄热养护过程中的温度计算

①混凝土蓄热养护开始至任一时刻 t 的温度：

$$T = \eta e^{-\theta v_{ce} t} - \varphi e^{-v_{ce} t} + T_{m,a} \qquad (4-27)$$

②混凝土蓄热养护开始至任一时刻 t 的平均温度：

$$T_m = \frac{1}{v_{ce} t}\left(\varphi e^{-v_{ce} t} - \frac{\eta}{\theta} e^{-\theta v_{ce} t} + \frac{\eta}{\theta} - \varphi\right) + T_{m,a} \qquad (4-28)$$

其中 θ，φ，η 为综合参数，取值计算如下：

$$\theta = \frac{wK\psi}{v_{ce} c_c \rho_c}$$

$$\varphi = \frac{v_{ce} c_{ce} m_{ce}}{v_{ce} c_c \rho_c - wK\psi}$$

$$\eta = T_3 - T_{m,a} + \varphi$$

式中　T——混凝土蓄热养护开始至任一时刻 t 的温度（℃）

　　T_m——混凝土蓄热养护开始至任一时刻 t 的平均温度（℃）；

　　t——混凝土蓄热养护开始至任一时刻的时间（h）；

　　$T_{m,a}$——混凝土蓄热养护开始至任一时刻 t 的平均气温（℃）；

　　ρ_c——混凝土的质量密度（kg/m³）；

　　m_{ce}——每立方米混凝土的水泥用量（kg/m³）；

　　c_{ce}——水泥累积最终放热量（kJ/kg）；

　　v_{ce}——水泥水化速度系数（h⁻¹）；

　　w——透风系数；

　　ψ——结构表面系数（m⁻¹）；

　　K——围护层的总传热系数（kJ/m²·h·K）；

　　e——自然对数之底，可取 $e = 2.72$。

结构表面系数 ψ 按下式计算：

$$\psi = \frac{A_c \text{混凝土结构表面积}}{V_c \text{混凝土结构总体积}} \qquad (4-29)$$

$T_{m,a}$ 可取蓄热养护开始至 t 时气象预报的平均气温，若遇大风雪及寒潮降临，可按每时或每日平均气温计算。

K 值按下式计算：

$$K = \frac{3.6}{0.04 + \sum_{i=1}^{n} \frac{d_i}{k_i}} \quad (4-30)$$

式中　d_i——第 i 围护层的厚度（m）；

　　　k_i——第 i 围护层的导热系数（W/m·K）。

c_{ce} 和 v_{ce} 按表 4-20 取值，ω 按表 4-21 取值。

水泥累积最终放热量 c_{ce} 和
水泥水化速度系数 v_{ce}　表 4-20

水泥品种及标号	c_{ce}（kJ/kg）	v_{ce}（h^{-1}）
525 号硅酸盐水泥	400	
525 号普通硅酸盐水泥	360	0.013
425 号普通硅酸盐水泥	330	
425 号矿渣、火山灰、粉煤灰水泥	240	

透风系数 ω　表 4-21

保温层的种类	透风系数 ω		
	小风	中风	大风
保温层由容易透风材料组成	2.0	2.5	3.0
在容易透风材料外面包以不易透风材料	1.5	1.8	2.0
保温层由不易透风材料组成	1.3	1.45	1.6

注：小风速 $v_w < 3\text{m/s}$，中风速 $3 \leqslant v_w \leqslant 5\text{m/s}$，大风速 $v_w > 5\text{m/s}$。

（4）混凝土蓄热养护冷却至 0℃ 的时间计算

当施工需要计算混凝土蓄热养护冷却至 0℃ 的时间时，可根据公式（4-27）采用逐次逼近的方法进行计算，如果实际采取的蓄热养护条件满足 $\frac{\varphi}{T_{m,a}} \geqslant 1.5$ 且 $K\varphi \geqslant 50$ 时，也可按下式直接计算：

$$t_0 = \frac{1}{v_{ce}} \ln \frac{\varphi}{T_{m,a}} \quad (4-31)$$

式中　t_0——混凝土蓄热养护冷却至 0℃ 的时间（h）。

混凝土蓄热养护开始冷却至 0℃ 时间 t_0 内的平均温度，可根据式（4-28）取 $t = t_0$ 进行计算。

（5）混凝土养护过程中的强度验算

根据上述公式算出的混凝土蓄热养护的平均温度 T_m 和混凝土冷却至 0℃ 的时间 t_0，即可根据混凝土强度增长曲线求出混凝土在此养护过程中能达到的强度，并看其是否满足混凝土受冻临界强度的要求。如满足要求则说明事先制订的施工方案（材料加热温度、保温措施等）是可行的，否则可采取下列措施：

①提高混凝土的热量，即提高水、砂、石的加热温度，但不能超过规范规定的最高值。

②改善蓄热法用的保温措施，更换或加厚保温材料，使混凝土热量散发较慢，以提高混凝土的平均养护温度。

③掺加外加剂，使混凝土早强、防冻。

④混凝土浇筑后短时加热，提高混凝土热量和延长其冷却至 0℃ 的时间。

（二）掺外加剂法

这是一种只需要在混凝土中掺入外加剂，不需采取加热措施就能使混凝土在负温条件下继续硬化的方法。在负温条件下，混凝土拌合物中的水要结冰，随着温度的降低，固相逐渐增加，结果，一方面增加了冰晶应力，使水泥石内部结构产生微裂缝；另一方面由于液相减少，使水泥水化反应变得十分缓慢而处于休眠状态。

掺外加剂的作用，就是使之产生抗冻、早强、催化、减水等效用，降低混凝土的冰点，使之在负温下加速硬化以达到要求的强度。我国常用外加剂的效用如表 4-22 所示。

常用外加剂的效用   表 4-22

外加剂种类	外加剂发挥的效用					
	早 强	抗 冻	缓 凝	减 水	塑 化	阻 锈
氯化钠	+	+				
氯化钙	+	+				
硫酸钠	+		+			
硫酸钙			+	+	+	+
亚硝酸钠		+				
碳酸钾	+	+				
三乙醇胺	+					
硫代硫酸钠	+					
重铬酸钾		+				
氨 水		+	+		+	
尿 素		+	+		+	
木质素磺酸钙			+	+	+	+

氯化钠具有抗冻、早强作用，且价廉易得，从 50 年代开始就得到应用，但其掺量有限制，否则会引起钢筋腐蚀，这是因为在普通混凝土中钢筋是处于碱性介质中，钢筋表面会生成一层碱性薄膜而不会生锈。但一旦掺入复盐则情况有所变化，因为氧盐内的氯离子很活泼，它可加速铁的离子化，使之成为 Fe^{++} 阳离子，氯离子又促使混凝土中的水和氧反应成为 $(OH)^-$ 阴离子，这样就使 Fe^{++} 与 $(OH)^-$ 反应，生成 $Fe(OH)_2$ 进而氧化成 $Fe(OH)_3$，促使钢筋产生电化锈蚀。因此，目前规定氯盐剂量不得超过水泥重量的 1%，必须振捣密实，不宜用蒸汽养护，且有限制，如为冷拉钢筋、冷拔低碳钢丝等不得使用，并优先考虑与阻锈剂复合使用，如掺入一定量的亚硝酸钠（$NaNO_2$）阻锈剂，则活泼的亚硝酸钠溶液与钢筋化合生成 Na_2FeO_2，其中，部分 Na_2FeO_2 再次与亚硝酸钠溶液化合而生成 $Na_2Fe_2O_4$。然后上述两种化合物同时起化学反应生成 Fe_3O_4，Fe_3O_4 在钢筋表面与水泥结合成一层灰色保护膜，使钢筋不再生锈。复盐除去掺量有限制外，还在高湿度环境、预应力混凝土结构等一系列情况下禁止使用。

外加剂种类的选择取决于施工要求和材料供应，而掺量应由试验确定，但混凝土的凝结速度不得超过其运输和浇筑所规定的允许时间，且混凝土的后期强度损失不得大于5%，其他物理力学性能不得低于普通混凝土。新型外加剂不断出现，其效果愈来愈好。目前掺加外加剂多从单一型向复合型发展，外加剂也从无机向有机化合物方向发展。

（三）蒸汽加热法

此法即利用低压（不高于 0.07MPa）饱和蒸汽对新浇筑的混凝土构件进行加热养护，此法各类构件皆可应用，唯需锅炉等设备，消耗能源多，费用高，因而只有当在一定龄期内采用蓄热法达不到要求时，并经过经济比较后才能采用。此法宜优先选用矿渣硅酸盐水泥，因其后期强度损失比普通硅酸盐水泥少。

蒸汽加热法除去预制构件厂用的蒸汽养护窑之外，还有汽套法、毛细管法和构件内部通汽法等，用蒸汽加热法养护混凝土，当用普通硅酸盐水泥时温度不宜超过80℃，用矿渣硅酸盐水泥时可提高到85~95℃，升温、降温速度亦有限制，并应设法排除冷凝水。

①汽套法，即在构件模板外再加密封的套板，模板与套板间的空隙不宜超过15cm，在套板内通入蒸汽加热养护混凝土。此法加热均匀，但设备复杂、费用大，只在特殊条件下用于养护水平结构的梁、板等。

②毛细管法，即利用所谓"毛细管模板"将蒸汽通在模板内进行养护。此法用汽少、加热均匀，如图4-57所示，适用于垂直结构。此外大模板施工，亦有在模板背面加装蒸汽管道，再用薄铁皮封闭并适当加以保温，用于大模板工程冬期施工。

③构件内部通气法，即在构件内部预埋外表面涂有废机油隔离剂的钢管或胶皮管，浇筑混凝土后隔一定时间将管子抽出，形成孔洞，再于一端孔内插入短管即可通入蒸汽加热混凝土。加热时混凝土温度一般控制在30~60℃，待混凝土达到要求强度后，用砂浆或细石混凝土灌入通气孔加以封闭。

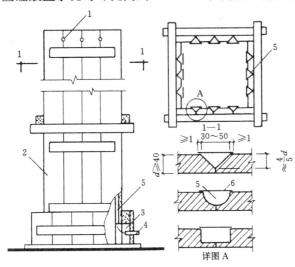

图4-57 柱子用毛细管法养护
1—出气孔；2—模板；3—分汽箱；
4—进气管；5—毛细管；6—薄铁皮

用蒸汽养护时，根据构件的表面系数，混凝土的升温速度有一定限制。冷却速度和极限加热温度亦有限制。养护完毕，混凝土的强度至少要达到混凝土冬期施工临界强度。对整体式结构，当加热温度在40℃以上时，有时会使结构物的敏感部位产生裂缝，因而应对整体式结构的温度应力进行验算，对一些结构要采取措施降低温度应力，或设置必要的施工缝。

(四) 电热法

电热法是利用电流通过不良导体混凝土（或通过电阻丝）所发出的热量来养护混凝土。它虽然设备简单，施工方便有效，但耗电量大，施工费用高，应慎重选用。

电热法养护混凝土，分电极法和电热器法两类。

①电极法，即在新浇筑的混凝土中，按一定间距（200~400mm）插入电极（$\phi6~\phi12$短钢筋），接通电源，利用混凝土本身的电阻，变电能为热能进行加热。要防止电极与构件内的钢筋接触而引起短路。对于较薄构件，亦可将薄钢板固定在模板内侧作为电极。

②电热器法是利用电流通过电阻丝产生的热量进行加热养护。根据需要，电热器可制成多种形状，如加热现浇楼板可用板状电热器；加热装配整体式钢筋混凝土框架的接头可用针状电热器；对用大模板施工的现浇墙板，可用电热模板（大模板背面装电阻丝形成热夹层，其外用铁皮包矿渣棉封严）等进行加热。

电热法施工要用变压器将二次电压降至50~110V，对无筋结构和含钢量≤50kg/m³

的结构可用 120～220V。电热养护属高温干热养护，温度过高会出现过热脱水现象。混凝土加热有极限温度的限制，升、降温速度与蒸汽养护相同亦有限制。混凝土电阻随强度发展而增大，当加热至 50％设计强度时电阻大增，养护效果不显著，而且电能消耗增加，为节省电能，用电热法养护混凝土只宜加热养护至设计强度的 50％。对整体式结构亦要防止加热养护时产生过大的温度应力。

第五章　预应力混凝土工程

预应力混凝土是近 50 年发展起来的一门新兴科学技术。自 1928 年法国的弗来西奈首先研究成功预应力混凝土后,在第二次世界大战后才开始在世界各国比较广泛地推广应用。经过数十年的发展,已成为一项专门技术。我国自 1956 年开始采用预应力混凝土结构以来,无论在数量以及结构的类型等方面,都取得了迅速进展,预应力混凝土的生产已经遍及全国各地。改革开放以后,随着建筑工业化的发展,大开间与大跨度多层结构体系的研究与应用,预应力技术从单个构件阶段发展到预应力结构新阶段。预应力混凝土不仅广泛应用于建筑工程、桥梁工程和电杆、桩、压力管道、水池、水塔、电视塔等特种结构,而且扩展到高耸、高层、大跨以及能源、海洋等新的领域。

由于普通钢筋混凝土构件当裂缝宽度限制在 0.2～0.3mm 时,受拉钢筋应力只能达到 150～250N/mm², 因此限制了在钢筋混凝土构件中采用高强钢材来节约钢材的可能性。为了解决这一矛盾,有效的方法是在构件的受拉区施加预压应力。当构件在使用荷载作用下产生拉应力时,首先要抵消预压应力,然后随着荷载的不断增加,受拉区混凝土才逐渐受拉开裂,从而推迟裂缝的出现和限制裂缝的开展,提高构件的抗裂度和刚度。这种施加预压应力的混凝土,称为预应力混凝土。

预应力混凝土与普通混凝土相比,除能提高构件的抗裂度外,还具有减轻自重,节约材料,增加构件的耐久性,降低造价和扩大预制装配化程度的优点。

预应力混凝土施加预应力的方法有:先张法和后张法。

第一节　先张法施工

先张法是先张拉预应力筋,临时锚固在台座或钢模上,然后浇筑混凝土,待混凝土达到一定强度(一般不低于设计强度的 70%)使预应力筋与混凝土间有足够的粘结力时,放松预应力使预应力筋弹性回缩,对混凝土产生预压应力。先张法一般适合生产中小型预应力混凝土构件。其生产方式有台座法和机组流水法。

图 5-1 所示为台座法示意图。它不需要复杂的机械设备,能适宜多种产品生产,可露天作业,自然养护,也可采用湿热养护,故应用较广。

当采用钢模使用机组流水法生产时,预应力筋张拉力由钢模承受,构件连同钢模按流水方式,通过张拉、浇筑混凝土、养护等固定机

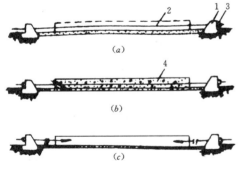

图 5-1　先张法施工顺序

(a)张拉预应力筋;(b)浇筑混凝土;
(c)放松预应力筋

1—台座;2—预应力筋;3—夹具;4—构件

组完成每一生产过程。机组流水法需大量的钢模和较高的机械化程度。且需蒸汽养护，因此只用在预制厂生产定型的构件。

一、设备和机具

（一）台座

台座是先张法生产的主要设备之一，它承受着全部预应力筋的张拉力，故要求它应有足够的强度、刚度和稳定性，以免台座变形、倾覆、滑移而引起预应力损失。按构造型式不同，台座可分为墩式和槽式两类。

（1）墩式台座

墩式台座是由台墩、台面和横梁组成。一般用于以钢丝作预应力筋的中小型构件的生产。台座长度常为 100～150m，这样张拉一次可生产多个构件，既可减少张拉及临时固定工作，又可减少因钢丝滑动或台座横梁变形引起的应力损失。

台座一般由现浇钢筋混凝土制成。台座稍有变形、滑移或倾角，都会引起较大的应力损失。墩式台座设计时，应进行台座抗倾覆稳定性验算、抗滑移稳定性验算和强度验算。其计算简图如图 5-2 所示。

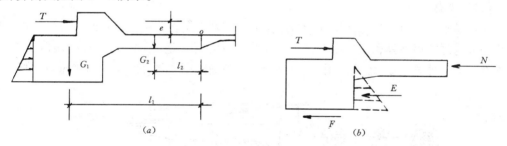

图 5-2　墩式台座计算图

（a）抗倾覆计算图；（b）抗滑移计算图

①台座抗倾覆稳定性按下式验算：

$$K_0 = \frac{M'}{M} \geqslant 1.5 \qquad (5-1)$$

式中　K_0——台座抗倾覆安全系数，取 $K_0 \geqslant 1.5$；

　　　M——由张拉力 T 产生的倾覆力矩，$M = T \cdot e$；

　　　e——张拉力 T 的作用点到倾覆转动点 o 的力臂；

　　　M'——抗倾覆力矩，如忽略土压力，仅考虑自重 G_1、G_2 则：

$$M' = G_1 L_1 + G_2 L_2$$

②台座抗滑移稳定性按下式验算：

$$K'_0 = \frac{N + E + F}{T} \geqslant 1.3 \qquad (5-2)$$

式中　K'_0——抗滑移安全系数，取 $K'_0 = 1.3$；

　　　N——混凝土台面的抵抗能力；

　　　E——土压力合力；

　　　F——混凝土墩与基底的摩擦力。

当墩埋深不大和重量小时，E、F 可忽略不计。

③强度验算时，支承横梁的牛腿，按柱牛腿计算方法配筋；墩式台座与台面接触的外伸部分，按偏心受压构件计算；横梁按承受均布荷载的简支梁计算，其挠度应控制在 2mm 以内，并不得产生翘曲。

（2）槽式台座

槽式台座由钢筋混凝土压杆、上下横梁和砖墙等组成，既可承受张拉力，又可作蒸汽养护槽，适用于张拉吨位较高的大型构件，如吊车梁、薄腹梁等。如图 5-3 所示。

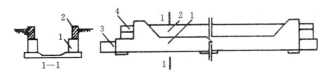

图 5-3 槽式台座

1—钢筋混凝土压杆；2—砖墙；3—下横梁；4—上横梁

槽式台座长度一般为 45m（可生产 6 根 6m 吊车梁）或 76m（可生产 10 根 6m 吊车梁）。为便于混凝土运输与蒸汽养护，台座宜低于地面。

（二）夹具

夹具是先张法施工时为保持预应力筋拉力并将其固定在台座上的临时性锚固装置。按其作用分为固定用夹具和张拉用夹具。对各种夹具的要求是：工作方便可靠、构造简单、加工方便。夹具种类很多，各地使用不一。图 5-4 为锚固用夹具，图 5-5 为张拉用夹具。

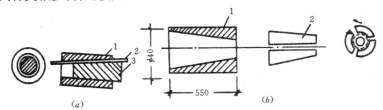

图 5-4 锚固夹具

（a）锥形夹具；（b）穿心式夹具；

（a）1—套筒；2—钢丝；3—锥体；（b）1—套筒；2—夹片

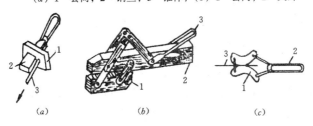

图 5-5 张拉夹具

（a）楔形夹具；1—锚板；2—楔块；3—钢筋；

（b）钳式夹具；1—倒齿形夹板；2—拉柄；3—拉环；

（c）偏心式夹具；1—偏心块；2—环；3—钢筋

（三）张拉设备

先张法张拉设备常用油压千斤顶、卷扬机、电动螺旋张拉机等。对张拉设备的要求是：工作可靠、能准确控制张拉应力、能以稳定的速率加大拉力。

采用油压千斤顶张拉时，可从油压表读数直接求得张拉应力值，千斤顶一般张拉力较大，适于预应力筋成组张拉。单根张拉时，由于拉力较小，一般多用电动螺旋张拉机张拉。

应力控制可采用弹簧测力计或杠杆测力计进行。目前，随着电阻应变测试技术日益广泛的应用，有些预制厂已采用电阻应变式传感器控制张拉应力，可达到很高的精度。

二、施工工艺

先张法施工工艺可大体分为三个阶段：

张拉预应力筋→浇筑混凝土、养护→预应力筋放张

（一）预应力筋的张拉

张拉前应先做好台面的隔离层，隔离剂不得沾污钢丝，以免影响钢丝与混凝土的粘结。

预应力筋的张拉控制应力，应符合设计要求，施工中预应力筋需要超张拉时，可比设计要求提高5%，但其最大张拉控制应力不得超过表5-1的规定。

最大张拉控制应力允许值　　　　　　　　　　　表5-1

钢　　种	张　拉　方　法	
	先　张　法	后　张　法
碳素钢丝、刻痕钢丝、钢绞线	$0.80 f_{ptk}$	$0.75 f_{ptk}$
热处理钢筋、冷拔低碳钢丝	$0.75 f_{ptk}$	$0.70 f_{ptk}$
冷　拉　钢　筋	$0.95 f_{pyk}$	$0.90 f_{pyk}$

注：f_{ptk}为预应力筋极限抗拉强度标准值；

f_{pyk}为预应力筋屈服强度标准值。

预应力筋的张拉程序可采用两种不同方式：即

$$0 \rightarrow 1.05\sigma_{con} \xrightarrow{\text{持荷2min}} \sigma_{con};$$

$$或 0 \rightarrow 1.03\sigma_{con}$$

在第一种张拉程序中，超张拉5%并持荷2min，其目的是加速钢筋松弛早期发展，以减少应力松弛引起的预应力损失（约减少50%）；第二种张拉程序，超张拉3%，也是为了弥补应力松弛引起的预应力损失。

其中，σ_{con}是预应力筋设计张拉控制应力。

预应力钢筋张拉后，一般应校核其伸长值，其理论伸长值与实际伸长值的误差不应超过+10%、-5%。若超过，则应分析其原因，采取措施后再继续施工。

理论伸长值按下式计算：

$$\Delta l = \frac{F_p \cdot l}{A_p \cdot E_s} \tag{5-3}$$

式中　F_p——预应力筋张拉力；

l——预应力筋长度；

A_p——预应力筋截面面积；

E_s——预应力筋的弹性模量。

预应力筋实际伸长值，宜在初应力为张拉控制应力10%左右时开始量测，但必须加上初应力下的推算伸长值（推算伸长值见后张法）。

采用钢丝作预应力筋时，不作伸长值校核。但应在钢筋锚固后，用钢丝测力计检查其钢丝应力，其偏差按一个构件全部钢丝的预应力平均值计算，不得超过设计值的 ±5%。

预应力筋发生断裂或滑脱的数量严禁超过结构同一截面内预应力钢筋总根数的 5%，且严禁相邻两根断裂或滑脱。

在混凝土浇筑前发生预应力筋断裂或滑脱必须予以更换。

预应力筋的位置不允许过大偏差，其限制条件是：偏差不大于 5mm，且不得大于构件截面最短边长的 4%。

（二）混凝土的浇筑、养护

为减少混凝土收缩、徐变引起的预应力损失，应采用低水灰比，控制水泥用量，采用良好的级配，保证振捣密实，特别是构件端部，以保证混凝土的强度和粘结力。若采用蒸汽养护，应采取正确的养护制度，以减少由于温差引起的预应力损失。宜在开始蒸汽养护混凝土时，控制温差在 20℃ 内，待混凝土强度达到 $10N/mm^2$ 后再正常升温加热养护混凝土至规定的强度。

用机组流水法钢模制作预应力构件，因蒸汽养护钢模与预应力筋同步伸缩，不产生预应力损失。

（三）预应力筋的放张

预应力筋放张时，混凝土应达到设计规定的放张强度，若设计无规定，则不得低于设计的混凝土强度标准值的 75%。

预应力筋的放张顺序，应符合设计要求，当设计无要求时，应符合下列规定：

① 对承受轴心预压力的构件（如压杆、桩等），所有预应力筋应同时放张。

② 对承受偏心预压力的构件，应先同时放张预应力较小区域的预应力筋，再同时放张预应力较大区域的预应力筋。

③ 当不能按上述规定放张时，应分阶段、对称、相互交错的放张，以防止在放张过程中，构件发生翘曲、裂纹及预应力筋断裂等情况。

对配筋不多的中小型预应力构件，钢丝可用剪切、锯割等方法放张；配筋多的预应力混凝土构件，钢丝应同时放张。如逐根放张，最后几根钢丝将由于承受过大的拉力而突然断裂，且构件端部易发生开裂。

预应力筋为钢筋时，若数量较少，可逐根加热熔断放张，数量较多且张拉力较大时，应同时放张。

采用千斤顶放张是利用千斤顶拉动单根钢筋，松开螺母。放张时由于混凝土与预应力筋已结成整体，松开螺母所需间隙只能是最前端构件外露钢筋的伸长，故所需施加的应力往往超过控制应力约 10%，因此应拟定合理的放张顺序并控制每一循环的放张吨位，以免构件在放张过程受力不均。

楔块放张方法见图 5-6。

楔块装置放置在台座与横梁之间，放松预应力筋时，旋转螺母使螺杆向上运动，带动楔块向上移动，钢块间距变小，横梁向台座方向移动，便可放松所有预应力筋。

砂箱放张见图 5-7。砂箱装置由钢制套箱和活塞组成，内装石英砂或铁砂，将其放置在台座与横梁之间。张拉时，砂箱中的砂被压实，承受横梁反力。预应力筋放张时，将

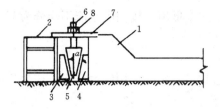

图 5-6 楔块放张
1—台座；2—横梁；3、4—钢块；
5—钢楔块；6—螺杆；
7—承力板；8—螺母

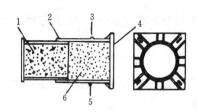

图 5-7 砂箱装置构造图
1—活塞；2—钢套箱；3—进砂口
4—钢套箱底板；5—出砂口；6—砂子

出砂口打开，砂缓慢流出，从而使预应力筋慢慢地放张。采用砂箱放张，能控制放张速度，工作可靠，施工方便。砂箱装置中的砂应采用干砂，选用适宜的级配，这样即可防止出现砂子压碎引起流不出的现象，或者减少砂的空隙率，减少预应力筋的预应力损失。楔块装置放张方法适用于预应力筋张拉力不超过 300kN 的情况，砂箱放张可用于张拉力超过 1000kN 的情况。

第二节 后张法施工

后张法的施工程序是先制作混凝土构件，后张拉预应力筋，并用锚具将预应力筋锚固在构件端部，后张法由此而得名。

后张法施工由于直接在钢筋混凝土构件上进行预应力筋的张拉，故不需要固定的台座设备，不受地点限制，适于在现场施工大型预应力混凝土构件。而且后张法又是预制构件拼装的一种手段，过大的混凝土构件，可在预制厂制成小型块体，运到工地后，穿入预应力筋，施加预应力，拼装为整体。但后张法预应力的传递主要依靠预应力筋梁端的锚具。锚具作为预应力筋的组成部分，永远留在构件上，不能重复使用。这样，不仅需要多耗用钢材，而且锚具加工要求高，费用较昂贵，加上后张法工艺本身要预留孔道、穿筋、灌浆等原因，故施工工艺比较复杂，成本也比较高。

后张法分为预留孔道与不预留孔道（即无粘结预应力）两种类型，本节只讨论预留孔道的后张法。图 5-8 是后张法施工示意图。

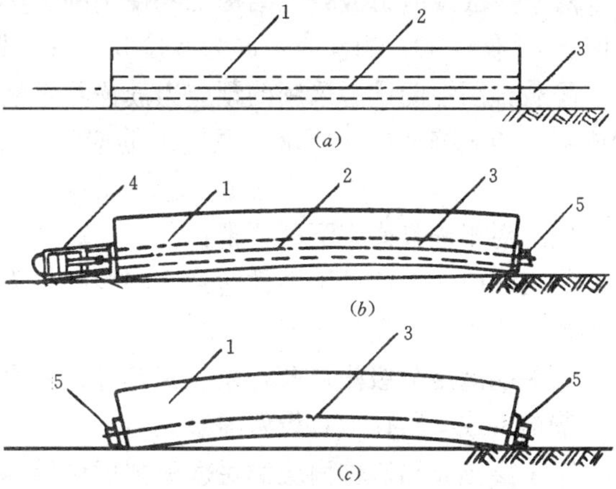

图 5-8 后张法施工示意图
（a）制作钢筋混凝土构件；（b）预应力筋张拉；
（c）锚固和孔道灌浆
1—钢筋混凝土构件；2—预留孔道；
3—预应力筋；4—千斤顶；5—锚具

一、锚具和张拉机具

（一）锚具

锚具是进行张拉预应力筋和永久固定在预应力混凝土构件上传递预应力的工具。要求锚具工作可靠，构造简单，施工方便，预应力损失小，成本低廉。按锚固性能不同分为两类：

Ⅰ类锚具：适用于承受动载、静载的预应力结构；

Ⅱ类锚具：仅适用于有粘结预应力混凝土结构，且锚具只能处于预应力筋应力变化不大的部位。

Ⅰ、Ⅱ类锚具的静载锚固性能，应由预应力锚具组装件静载试验测定的锚具效率系数η_a和达到实测极限拉力时的总应变$\varepsilon_{apu,tot}$确定，其值应符合表5-2规定。

锚具效率系数与总应变 表5-2

锚具类别	锚具效率系数 η_a	实测极限拉力时的总应变 $\varepsilon_{apu,tot}$（%）
Ⅰ	≥0.95	≥2.0
Ⅱ	≥0.90	≥1.7

锚具效率系数η_a按下式计算

$$\eta_a = \frac{F_{apu}}{\eta_p \cdot F_{apu}^c} \tag{5-4}$$

式中　F_{apu}——预应力筋锚具组装件的实测极限拉力（kN）；

F_{apu}^c——预应力筋锚具组装件中各根预应力钢筋计算极限拉力之和（kN）；

η_p——预应力筋的效率系数。

预应力筋效率系数η_p是考虑到成束预应力筋各根之间在强度与塑性上差异而影响到成束强度的发挥，一般来说钢丝、钢绞线塑性较小，影响较明显。钢筋由于塑性较大，在塑性范围内各根钢筋的应力会自行进行调整。

对于一般预应力混凝土结构工程使用的锚具，当预应力筋为钢丝、钢绞线或热处理钢筋时，η_p取0.97；当预应力筋为冷拉Ⅱ、Ⅲ、Ⅳ级钢筋时，η_p取1.0。

静载锚固性能试验采用的预应力筋锚具组装件，应由锚具的全部零件和预应力筋组装而成。组装应符合设计要求，预应力筋应等长平行，使之受力均匀，其受力长度不小于3m。

（1）对于锚具尚有下列要求：

①当预应力筋锚具组装件达到实测极限拉力时，除锚具设计允许的现象外，全部零件均不得出现肉眼可见的裂缝或破坏；

②除能满足分级张拉及补张拉工艺外，宜具有能放松预应力筋的性能；

③锚具或其附件上宜设置灌浆孔道；

④Ⅰ类锚具组装件尚应满足疲劳强度试验，若使用在抗震结构中，还应满足周期荷载试验。

（2）锚具的种类

后张法锚具种类很多，各种锚具适于锚固不同类型预应力筋。

①螺丝端杆锚具。螺丝端杆锚具适用于锚固直径不大于36mm的冷拉Ⅱ～Ⅳ级钢筋，其由螺丝端杆、螺母及垫板组成（图5-9（a））。

螺丝端杆锚具与预应力筋对焊，用张拉设备张拉螺丝端杆，然后用螺母锚固。螺杆用冷拉的同类钢筋制作，或用冷拉45号钢或热处理45号钢制作。用冷拉钢材制作时，先冷拉后切削加工,冷拉后的机械性能不得低于对焊的预应力筋冷拉后的性能。用热处理45号钢制作时,先粗加工至接近设计尺寸,再进行热处理,然后精加工至设计尺寸,热处理后不能有裂纹和伤痕。螺母可用3号钢制作。

螺丝端杆与预应力筋的焊接,应在预应力筋冷拉前进行。

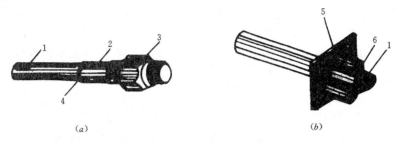

图5-9 单根筋锚具

(a)螺丝端杆锚具;(b)帮条锚具

1—钢筋;2—螺丝端杆;3—螺母;4—焊接接头;

5—衬板;6—帮条

②帮条锚具。帮条锚具一般用在单根粗钢筋作预应力筋的固定端,由一块方形衬板与三根帮条组成。衬板采用普通低碳钢板,帮条采用与预应力筋同级别的钢筋。帮条的焊接,可在预应力筋冷拉前或冷拉后进行。帮条安装时,三根帮条与衬板相接触的截面应在一个垂直面上,以免受力时产生扭曲,如图5-9(b)所示。

③锥形螺杆锚具。锥形螺杆锚具适用于锚固14～28根ϕ^s5钢丝束。由锥形螺杆、套筒、螺母、垫板组成(图5-10)。

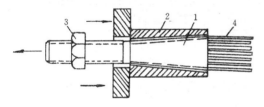

图5-10 锥形螺杆锚具

1—锥形螺杆;2—套筒;3—螺帽;

4—预应力钢丝束

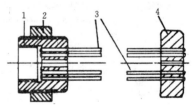

图5-11 钢丝束镦头锚具

1—A型锚环;2—螺母;

3—钢丝束 4—锚板

④镦头锚具。镦头锚具适用于锚固任意根数ϕ^s5钢丝束。其型式与规格,可根据需要自行设计。常用的镦头锚具有A型与B型两种。A型由锚环与螺母组成,用于张拉端。B型为锚板,用于固定端。见图5-11。

⑤钢质锥形锚具。钢质锥形锚具(又称弗氏锚具),适于锚固6～24根ϕ^s5钢丝束。由锚环和锚塞组成。见图5-12。

⑥KT-Z型锚具。KT-Z型锚具(可锻铸铁锥形锚具),适用于锚固直径大的螺纹钢筋束与钢绞线束。

⑦JM型锚具。JM型锚具适用于锚固3～6ϕ^j12钢筋束与4～6ϕ^j12～15钢绞线束。

⑧单根钢绞线锚具。单根钢绞线锚具适用于锚固ϕ^j12和 图5-12 钢质锥形锚具
ϕ^j15钢绞线,也可用作先张法夹具。

⑨XM 型锚具。XM 型锚具是中国建筑科学研究院结构所研制的一种新型锚具，适用于锚固 1～12 根 ϕ^j15 钢绞线，也可用于锚固钢丝束。这种锚具的特点是每根钢绞线都是分开锚固的，任何一根钢绞线的锚固失效（如钢绞线拉断、夹片碎裂等），不会引起锚固失效。

⑩QM 型锚具。QM 型锚具也是中国建筑科学研究院结构所研制的一种新型锚具，适用于锚固 4～31 根 ϕ^j12 和 3～19 根 ϕ^j15 钢绞线束。

（二）张拉机具

为了便于张拉，必须选用配套的张拉设备。后张法的张拉设备主要有各种型号的拉杆式千斤顶、锥锚式千斤顶和穿心式千斤顶，以及高压油泵。

（1）拉杆式千斤顶

拉杆式千斤顶主要用于张拉带有螺丝端杆的单根粗钢筋，其工作原理如图 5-13 所示。当高压油液从油孔 3 进入主缸 1 时，推动主缸活塞 2 而张拉钢筋，待钢筋张拉完毕用螺帽锚固在构件端部后，则改由副缸油孔 6 进入副缸 4，使主缸活塞又恢复到张拉前的位置。目前工地上常用的为 600kN 拉杆式千斤顶。其主要技术性能见表 5-3

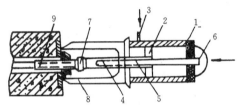

图 5-13　拉杆式千斤顶

1—主缸；2—主缸活塞；3—主缸进油孔；
4—副缸；5—副缸活塞；6—副缸进油孔；
7—连接器；8—传力架；9—螺丝端杆

拉杆式千斤顶主要性能　表 5-3

项目	单位	技术性能
最大张拉力	t（kN）	60（600）
张拉行程	mm	150
主缸活塞面积	cm²	152
最大工作油压	kg/cm²（MPa）	400（40）
质量	kg	68

（2）锥锚式千斤顶

锥锚式千斤顶主要用于张拉 KT-Z 型锚具锚固的预应力钢筋束（或钢绞线束）和使用锥形锚具的预应力钢丝束。其张拉钢筋和推顶锚塞的原理（图 5-14）是当主缸进油

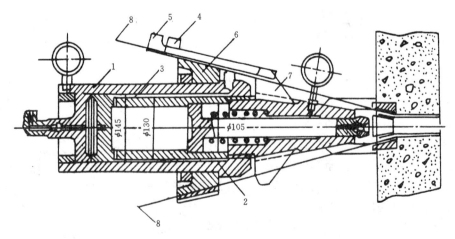

图 5-14　850kN 三作用千斤顶构造图

1—主缸；2—副缸；3—退楔缸；4—楔块（张拉时位置）；
5—楔块（退出时位置）；6—锥形卡环；7—退楔翼片；8—预应力筋

时，主缸被压移，使固定在其上的钢筋被张拉。钢筋张拉后，改由副缸进油，随即由副缸活塞将锚塞顶入锚圈中。主缸和副缸的回油，则是借助设置在主缸和副缸中弹簧的作用来进行的。

（3）YC-60穿心式千斤顶

YC-60穿心式千斤顶（图5-15）主要由张拉油缸1、顶压油缸2、顶压活塞3和弹簧4等四个部分组成。预应力筋7通过沿轴线的穿心孔道用工具锚8锚固在张拉油缸的端头上，当张拉油缸进油时，顶压活塞即将夹片顶入锚环锚固钢筋。当张拉油缸回油，顶压油缸同时进油即可放松工具锚，将张拉油缸回复到初始位置。当顶压油缸回油时，则由于弹簧作用而将顶压活塞推回到初始位置。

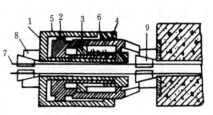

图5-15 穿心式双作用千斤顶
1—张拉油缸；2—顶压油缸（即张拉活塞）；
3—顶压活塞；4—弹簧；5—张拉油缸油嘴；
6—顶压油缸油嘴；7—预应力筋；8—工具锚；
9—JM12型锚具

表5-4为目前常用的YC-60穿心式千斤顶的主要技术性能。适用于张拉JM12型锚具的钢筋束或钢绞线束和KT-Z型锚具的钢绞线束，还可改装成拉杆式千斤顶使用。

YC-60型穿心式千斤顶主要技术性能　　　　　表5-4

张拉力	600kN	张拉油缸液压面积	200cm²
顶压力	350kN	顶压油缸液压面积	114 cm²
张拉行程	200mm	工作油压	320kgf（约32MPa）
顶压行程	50mm	穿心孔径	55mm

（4）高压油泵

高压油泵的作用是向液压千斤顶各个油缸供油，使其活塞按照一定速度伸出或回缩。油泵与千斤顶一起工作组成预应力张拉机组。

高压油泵按驱动方式分为手动与电动两种。电动油泵因其效率高，操作方便，劳动强度小等优点，在一般工程中得到普遍采用。手动油泵只是在无电源情况下采用。

采用千斤顶张拉预应力筋，预应力的大小是通过油压表的读数控制。油标读数表示千斤顶活塞单位面积的油压力。如张拉力是 N，活塞面积是 F，则油标的相应读数是 P。即：$P = N/F$

由于千斤顶活塞与油缸之间存在着一定的摩阻力，故实际张拉力往往比上式计算的 P 值小，为保证预应力筋张拉应力的准确性，应定期校验千斤顶与油表读数的关系。校验时千斤顶活塞方向应与实际张拉时的活塞方向运行一致。

校验期不应超过半年。

二、预应力筋的制作

（1）单根预应力筋

单根预应力筋的制作包括配料、对焊、冷拉等工序。为保证质量，宜采用控制应力的方法进行冷拉；对冷拉率不同的钢筋，应先测定其冷拉率，将冷拉率相近的钢筋对焊在一起进行冷拉。

预应力筋的下料长度，应由计算确定。计算时要考虑锚具的种类、对接焊头或镦粗的压缩量、张拉伸长值、冷拉的冷拉率和弹性回缩率、构件长度等。两端均为螺丝端杆锚具时，其下料长度计算如图 5-16 所示。

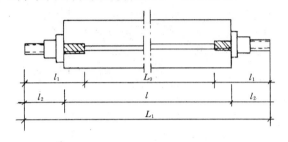

图 5-16　预应力筋下料长计算图

预应力筋的成品长度（即预应力筋和螺丝端杆对焊并经冷拉后的全长）：

$$L_1 = l + 2l_2$$

预应力筋（不包括螺丝端杆）冷拉后需要达到的长度：

$$L_0 = L_1 - 2l_1$$

预应力筋（不包括螺丝端杆）的下料长度：

$$L = \frac{L_0}{1 + r - \delta} + n\Delta \qquad (5-5)$$

式中　l——构件的孔道长度；

　　　l_2——螺丝端杆伸出构件外的长度，一般取 120～150mm 或按下式计算：

　　　　　张拉端　$l_2 = 2H + h + 0.5\text{cm}$

　　　　　锚固端　$l_2 = H + h + 1\text{cm}$

　　　l_1——螺丝端杆长度，当构件孔道长 24m 以内时为 320mm；

　　　r——预应力筋的冷拉率；

　　　δ——预应力筋的冷拉弹性回缩率；

　　　n——对焊接头数量；

　　　Δ——每个对焊接头的压缩量，一般为 20～30mm；

　　　H——螺母高度；

　　　h——垫板厚度。

（2）钢筋束或钢绞线束

预应力钢筋束的钢筋直径一般在 12mm 左右,其长度较长。成盘圆状供应,预应力钢筋束的制作一般包括开盘冷拉、下料和编束工序。当采用镦头锚具时,则应增加镦头工序。

预应力钢筋束下料在冷拉后进行。对钢绞线束,为了减少其构造变形和应力松弛损失,在张拉前需经预拉,预拉应力值可采用钢绞线抗拉强度的 85%。预拉速度不宜过快,至规定应力后应持荷 5～10min,然后放松。钢绞线下料前应在切割口两侧各 50mm 处用铁丝绑扎,切割后对切割口应立即焊牢,以免松散。

预应力钢筋束或钢绞线束的编束,主要是为了保证穿筋和张拉时不发生扭结。编束工作一般把钢筋或钢绞线理顺后,用 18～22 号铁丝,每隔 1m 左右绑扎一道,形成束状,在穿筋时要注意防止钢筋束或钢绞线束扭结。

预应力钢筋束或钢绞线束的下料长度 L 可按下式计算：

　　　一端张拉时　$L = l + a + b$ 　　　　　　　　　(5-6)

$$两端张拉时 \quad L = l + 2a \tag{5-7}$$

式中　l——构件孔道长度；

　　　a——张拉端留量；

　　　b——固定端留量，一般为80mm。

张拉端留量 a 与锚具和张拉千斤顶尺寸有关。例如用 YC-60 型千斤顶张拉，JM 锚具锚固预应力钢筋束或钢绞线束时，a 值不小于600mm。

（3）钢丝束

钢丝束制作随锚具型式的不同而有差异，一般需经调直、下料、编束和安装锚具等工序。

用钢质锥形锚具锚固的钢丝束，其制作和下料长度的计算基本上同钢筋束。

镦头锚具钢丝束及锥形螺杆锚具钢丝束的下料长度应力求准确，对直的或一般曲率的钢丝束，下料长度的相对误差要控制在 $L/5000$ 以内且不大于5mm。因此，要求钢丝在应力状态下切断下料，下料的控制应力为300N/mm²（矫直回火钢丝，放盘后是直的，不需应力下料）。

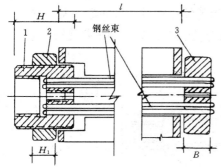

图 5-17　钢丝束镦头锚具
1—锚杯（DM5A）；2—螺母；
3—锚板（DM5B）；

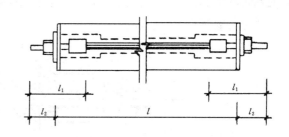

图 5-18　锥形螺杆锚具安装示意图

钢丝的下料长度取决于锚具型式与张拉方式，如图 5-17 所示，若采用镦头锚具，一端张拉，一端为锚杯，一端为锚板，锚杯高为 H，锚板及锚杯底板厚均为 B，螺帽高为 H_1，构件孔道长为 l，钢丝镦头留量为 δ（一般为9mm），钢丝伸长值为 Δl，张拉时混凝土弹性压缩为 c，考虑预应力筋张拉锚固后螺帽位于锚杯中部进行计算，则钢丝下料长度 L 为：

$$L = l + 2B + 2\delta - 0.5(H - H_1) - \Delta l - c \tag{5-8}$$

若采用两端张拉，两端均为锚杯，则钢丝下料长度 L 为：

$$L = l + 2B + 2\delta + H_1 - H - \Delta l - c \tag{5-9}$$

锥形螺杆锚具钢丝下料长度 L 可参考图 5-18 计算，若构件孔道长为 l，锥形螺杆长为 l_1（一般为380mm），螺杆外露长为 l_2（一般为120～150mm），套筒长取100mm，钢丝露出套筒长为20mm，则钢丝下料长为 L 为：

$$L = l + 2l_2 - 2l_1 + 2(100 + 20) \tag{5-10}$$

若钢丝采用应力下料时，则式（5-8）、式（5-9）、式（5-10）还需加应力下料后钢丝的弹性回缩值。

为了防止钢丝互相扭结，必须进行编束工作。编束前，必须对同一束钢丝直径进行测量，使同束钢丝直径相对误差控制在0.1mm以内，以保证成束钢丝直径与锚具的可靠连接。编束工作一般在比较平整的场地上进行，首先把钢丝理顺平放，然后在全长每隔1m左右用22号铁丝将钢丝编成帘子状（图5-19），最后每隔1m放一个按端杆直径大小制成的钢丝弹簧圈作为衬圈，并将编好的钢丝帘绕衬圈围成圆束并绑扎牢靠即成。

图5-19 钢丝编束示意图
1—钢丝；2—铁丝；3—衬圈

安装锚具是制作钢丝束的重要环节。锥形螺杆锚具的安装方法如图5-20所示。首先，把钢丝套在锥形螺杆的锥体部分，使钢丝均匀整齐地贴紧锥体，然后戴上套筒，用手锤将套筒均匀地打紧，并使端杆中心与套筒中心在同一直线上，最后用拉伸机使端杆锥体进入套筒并使套筒发生变形，从而使钢丝和锥形锚具的套筒、端杆锚成整体，这个过程叫作"预顶"。预顶用的力应为张拉力的110%～130%。由于锥形螺杆锚具外径较大，为了缩小构件孔道直径，故一般仅在构件两端将孔道局部扩大，因此，钢丝束锚具一端可事先安装，另一端则要将钢丝束穿入孔道后才进行安装。

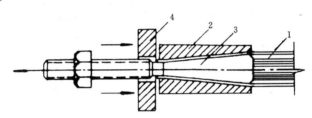

图5-20 锥形螺杆锚具安装图
1—钢丝；2—套筒；3—锥形螺杆；4—垫板

三、施工工艺

后张法施工工艺可分为三个阶段：

混凝土构件制作（预留孔道）→预应力筋张拉、锚固→孔道灌浆

后张法工艺与预应力混凝土施工有关的是孔道留设、预应力筋张拉和孔道灌浆三部分。

（一）孔道留设

后张法构件中的孔道留设一般采用钢管抽芯法、胶管抽芯法或埋入铁皮管及波纹管成孔。钢管抽芯法和胶管抽芯法所使用的钢管或橡胶管可重复使用，因而造价低，但施工较麻烦，且因管子规格的限制，一般只用于中、小型预应力构件的留孔。铁皮管及波纹管为一次性埋入构件，造价较高，但施工简单，孔道的规格不受限制。

孔道留设正确与否，是后张法构件制作的关键之一。以下介绍钢管抽芯法、胶管抽芯法和预埋管法三种施工方法。

（1）钢管抽芯法

预先将钢管埋设在模板内的孔道位置处，在混凝土灌注过程中和混凝土浇筑以后，间隔一定时间慢慢转动钢管，不使混凝土与钢管粘牢，待到混凝土初凝后，终凝前抽出钢管，构件中即形成孔道。这种方法一般常用于留设直线孔道。

为了保证预留孔道的质量，施工时应注意以下几点：

①钢管要平直，表面光滑，安放位置准确。管道不直，在转动及拔管时易将混凝土孔壁挤裂。钢管位置的固定一般采用钢筋井字架，钢筋井字架一般间距应不大于1m。在灌注混凝土时，应防止振动器直接接触钢管，以免产生移位。

②钢管每根长度最好不超过15m，以便于旋转和抽管。钢管两端应各伸出构件500mm左右。较长的构件可采用两根钢管，中间用套管连接（图5-21）。铁皮套筒不宜过大、过短。过大则浇筑混凝土时，水泥砂浆容易流进套管，使旋转和抽管困难；过短则在转管时，钢管头容易脱出套管，也会导致水泥砂浆堵塞孔道。

③恰当地掌握抽管时间。抽管过早，会造成坍孔事故；太晚，混凝土与套管粘接牢固，使抽管困难，甚至有抽不出的可能。具体抽管时间与混凝土的性质、气温和养护条件有关。一般是掌握在混凝土初凝以后、终凝以前，手指按压混凝土表面不粘浆又无明显印痕时即可抽管。常温下抽管时间约在混凝土灌注后3～6h。与此

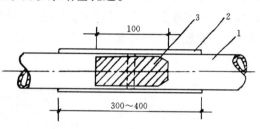

图5-21 钢管连接方式
1—钢管；2—铁皮套筒；3—硬木塞

同时，为了保证抽管顺利，混凝土的灌注顺序应密切配合。一般混凝土构件如能在2h内全部灌注完毕，则灌注顺序可以不限；若在热天气温高时，屋架的灌注顺序宜从屋架上弦中间开始，分两个小组相反方向灌注，在下弦中间汇合。在冬季气温低时，则宜从屋架下弦中间开始，两个小组相反方向灌注，在上弦中间汇合，使下弦混凝土有比较长的时间进行养护。

④抽管顺序和方法。抽管顺序宜先上后下地进行。抽管方法可用人工或卷扬机。抽管时必须速度均匀、边抽边转，并与孔道保持在同一直线。抽管后，应及时检查孔道情况，并做好孔道清理工作，以防止以后穿筋困难。

由于孔道灌浆需要，在灌注混凝土时，构件两端及跨中应留设灌浆孔或排气孔，孔距一般不大于12m，孔径一般为20mm。留设灌浆孔或排气孔时，可用木塞或铁皮管成孔。

（2）胶管抽芯法

胶管一般有五层或七层夹布胶管和供预应力混凝土专用的钢丝网橡皮管两种。前者质软，必须在管内冲水或冲气后，才能使用。后者质硬，且有一定弹性，预留孔道时与钢管一样使用，不同的是灌注混凝土后不能转动，抽管时利用其有一定弹性的特点，在拉力作用下断面缩小，即可把胶管抽拔出来。下面主要介绍使用较多的夹布胶管留设孔道的方法。

胶管用钢筋井字架固定。直线孔道井字架每隔400～500mm一道，曲线孔道间隔300～400mm一道。在灌注混凝土前，在胶皮管中冲入压力为0.6～0.8N/mm²的压缩空气或压力水；此时胶皮管道直径可增大3mm左右，然后灌注混凝土。待混凝土初凝后，放出压缩空气或压力水，胶管孔径变小并与混凝土脱离，以便于抽出形成孔道。在没有冲气或冲水设备的单位和地区，也可在胶皮管中满塞冷拔钢丝，亦能收到同样效果。由于胶管弹

性好，便于弯曲，因此不仅可以留设直线孔道，且在留设曲线孔道时更方便。

使用胶管预留孔道时，应注意以下问题：

①胶管必须有良好的密封装置。胶管留孔系充分利用它的弹性与冲气或冲水后的刚性。为此，不允许在混凝土硬化过程中漏气或漏水，否则将影响成孔质量。施工人员在施工前对所用胶管必须作压力试验，检查是否有漏气或漏水现象，密封装置是否完好；在施工中要随时注意是否钢筋头或铁丝刺破胶管，若在施工中发现压力不足时，应检查有无破漏并随时加以补足，在施工后要注意清洗胶管，并妥善保管。

②胶管的接头处理。用胶管预留孔道，其长度可较长（一般为 20～30m 长的直线孔道可用整根，由一端抽管）。当需要接长胶管时，必须注意密封。图 5-22 所示为胶管接头方法。图中 1mm 厚的钢管用无缝钢管车成。其内径等于或略小于胶管外径，以便于打入硬木塞后起到密封作用。铁皮套管与胶管外径相等或稍大（大 0.5mm 左右），以防止在振捣混凝土时胶管受振外移。

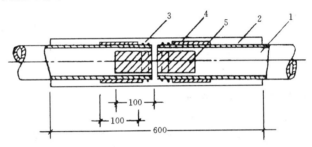

图 5-22　胶管接头
1—胶管；2—白铁皮套管；3—钉子；
4—厚 1mm 的钢管；5—硬木塞

③抽管时间和顺序。胶管抽芯法成孔，其抽管时间一般可参照气温与灌注后的小时数的乘积达 200℃·h 左右。例如构件周围气温为 25℃，则经 7～8h 后即可抽管。抽管顺序一般为先上后下，先曲后直。

（3）预埋管法

预埋管法是利用与孔道直径一致的金属波纹管埋在构件中，无需抽出。当预应力筋密集、或曲线配筋、或抽管有困难时均用此法。以往常用铁皮卷制的光面管埋设；近来则多使用金属波纹管。金属波纹管一般是 0.3～0.5mm 的镀锌钢带由专用的制管机卷制而成，可以由工厂成批供应，也可在施工现场制作。金属波纹管既有一定的刚性，沿长度又有较好的弹性，便于曲线预应力筋的布置，故称半刚性管道。对较长的预应力筋或连续配筋的预应力筋，管子需要接长时，两段管子之间，可用旋入式的连接管，插入长度应大于200mm，接头处再用宽的塑料胶带密封，防止漏浆（图 5-23）。旋入式的连接管形状与正常段金属波纹管相同，仅直径增大约 3mm 左右。

当构件中呈波状的预应力筋曲线布置，且上下高差大于 600mm 时，在每个高点应安装排气孔，以便于灌浆时的排气。起伏大的长预应力筋还应在弯曲的低点设置排气孔，以排除冲洗孔道时的积水。

预应力筋管道的直径应与预应力筋的规格配套。为便于灌浆，一般孔道中预应力筋的截面面积不宜超过孔道面积的一半。

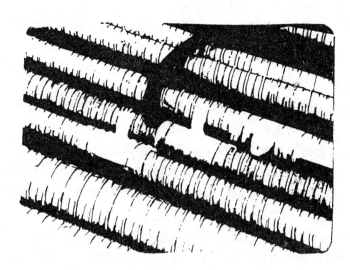

图 5-23　金属波纹管及排气口

（二）预应力筋张拉

张拉前，将预应力筋穿入构件的预留孔道。混凝土应有足够的强度，张拉过早将使混凝土收缩徐变产生的预应力损失增大。张拉时混凝土的强度应符合设计规定，如无设计规定时，不应低于设计强度等级的 70％。用块体拼装的预应力构件，其拼装立缝处混凝土或砂浆的强度，如无设计规定时，不应低于块体混凝土设计强度等级的 40％，且不低于 $15\text{N}/\text{mm}^2$。

钢筋张拉应使钢筋和混凝土达到设计规定的预应力值；张拉过程中应力求混凝土受力均匀，防止产生力偏心过大导致结构开裂或失稳；预应力损失应与设计相符；要注意安全，不要因预应力筋断裂伤人毁物。

（1）张拉控制应力

在先张法中已指出预应力筋张拉控制应力过大、过小都将产生不良影响。后张法张拉控制应力亦应符合设计规定，如设计无规定时，可按表 5-5 采用。

后张法张拉控制应力及超张拉最大应力值　　　　　　　　　表 5-5

钢　　种	张拉控制应力	超张拉最大应力
碳素钢丝、刻痕钢丝、钢绞线	$0.70f_{\text{puk}}$	$0.8f_{\text{puk}}$
冷拔低碳钢丝、热处理钢筋	$0.65f_{\text{puk}}$	$0.75f_{\text{puk}}$
冷拉热轧钢筋	$0.85f_{\text{pyk}}$	$0.95f_{\text{pyk}}$

（2）张拉程序

钢筋张拉程序与先张法相同，一般应按设计规定采用，设计无规定时，在工地多采用一次张拉，以简化张拉过程。

张拉过程中，为避免产生过大的偏心力，预应力筋应对称张拉。对配有多根预应力筋的构件，不可能同时张拉，应分批、分阶段对称地进行张拉，张拉顺序应符合设计要求。

分批张拉应考虑后批预应力筋张拉时混凝土产生弹性压缩，使先张拉的预应力筋的应力下降 $n\sigma_c$，故先张拉的预应力筋应力应增加 $n\sigma_c$。n 为预应力筋弹性模量与混凝土弹性模量之比；σ_c 为张拉后批预应力筋时，对先张拉的预应力筋重心处混凝土产生的法向应力，按下式求得：

$$\sigma_c = \frac{(\sigma_{con} - \sigma_I)A_p}{A_n} \qquad (5-11)$$

式中 σ_{con}——控制应力；

    σ_I——预应力筋第一批预应力损失（包括锚具变形和摩擦损失）；

    A_p——分批张拉的预应力筋截面面积；

    A_n——构件混凝土净截面面积（包括构造钢筋的折算面积）。

先批张拉的预应力筋需增加的应力 $n\sigma_c$，可在张拉该批预应力筋时超张拉 $n\sigma_c$，但超张拉后，其应力不得超过最大张拉值。当超过时，应在后批预应力筋张拉后再对前批筋补张拉 $n\sigma_c$，使其达 σ_{con}。

例如某屋架下弦有四根预应力筋，沿对角线分两批对称进行张拉，其张拉程序为 $0 \to 1.03\sigma_{con}$。预应力筋为 $\phi25$ 冷拉Ⅲ级钢筋，其标准强度值 $f_{pyk} = 500N/mm^2$，每根预应力筋截面面积为 $491mm^2$，$\sigma_{con} = 0.85 f_{pyk} = 0.85 \times 500 = 425N/mm^2$；第二批筋张拉使第一批张拉的钢筋应力下降，经计算 $n\sigma_c = 12.3 \ N/mm^2$。因此，当采用超张拉 $n\sigma_c$ 时钢筋的应力为 $1.03 \times (425 + 12.3) = 450 \ N/mm^2$，小于 $0.95 \times 500 = 475N/mm^2$，故第一批筋可超张拉 $n\sigma_c$。第一批筋的拉力为：

$$N_1 = 1.03 \times (425 + 12.3) \times 491 = 221.6kN$$

第二批筋的拉力为：

$$N_2 = 1.03 \times 425 \times 491 = 214.9kN$$

分批张拉时，还应考虑各预应力筋的张拉顺序。如图 5-24 所示的吊车梁，其预应力筋分三批张拉，第一批拉 1、2 号筋，第二批拉 3 号筋，第三批拉 4、5 号筋。根据计算，分批张拉时的应力下降，可采用超张拉弥补，故 1、2 号筋张拉力各为 377kN，3 号筋拉力为 365kN，4、5 号筋拉力各为 360kN。

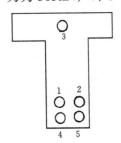

图 5-24 钢筋张拉顺序

（3）减少预应力损失的措施

预应力筋应力松弛损失、混凝土收缩徐变引起的预应力损失，已分别于张拉程序和混凝土配合比、张拉时混凝土的强度中考虑。

锚具变形引起的预应力损失，对长度小的预应力筋影响更大，增加垫板数量，或锚塞顶压不符要求，或一根筋两端同时锚固，均将导致应力损失大于设计数值。因此，垫板数量应按设计规定采用；锚塞体系锚固应按设计要求顶压锚塞；预应力筋两端同时张拉时应一端先锚固，另一端应补足应力后再锚固。

预应力筋与预留孔道壁摩擦引起的预应力损失，对曲线预应力筋及长度大的预应力筋影响大。为了减少该项预应力损失，对曲线预应力筋和长度大于 24m 的直线预应力筋，均应采用两端张拉，还可采用两端反复张拉或张拉时用木锤锤击构件等措施。对于长度小于或等于 24m 的预应力筋，可一端张拉，但张拉端应设置在构件的两端，这样既可使两端受力一致，又可减少端部混凝土的局部应力，避免端部形成纵向裂缝。

对锥形锚具尚应考虑锚口摩阻应力损失。此项损失系由于预应力筋在锥形孔小口处形成弯折产生摩阻所致，其值一般为张拉应力的 2%～5%。

对叠浇的预应力混凝土构件、上层构件产生的水平摩阻力会阻止下层构件预应力筋张拉时混凝土弹性压缩的自由变形，当上层构件吊起后，由于摩阻力影响消失，将增加混凝土弹性变形，因而引起预应力损失，该损失值随构件形式、隔离层和张拉方式不同而不同。为减少和弥补该项预应力损失，可自上而下逐层张拉并逐层加大拉力，但拉应力不得超过预应力筋的最大拉应力。

此外，为减少叠层摩阻应力的损失，应进一步改善隔离层的性能，并应限制重叠层数，一般以3～4层为宜，个别情况需要重叠5层时，则应拟定专门措施，以确保各层准确建立预应力值。

(4) 预应力筋伸长值测定及预应力值校核

张拉过程中预应力筋的应力，由千斤顶、油泵、油压表控制，但当千斤顶摩阻力变化或预应力筋在某部分受阻不能变形时，均将影响预应力值的精度；当千斤顶油泵油表失灵时，预应力筋还有可能超张拉过度而断裂，导致质量安全事故。且后张法构件预应力筋处于混凝土内，不能直接观测其变形。故用应力控制方法张拉时，必须按照规范要求复核预应力筋的伸长值（见先张法）。

在测定预应力筋伸长值时，用螺丝端杆锚具锚固的预应力筋，量出螺母拉离构件端部的距离（两端张拉时为所量长度之和）即为伸长值 ΔL。当预应力筋成束张拉时，为使各钢筋受力均匀，须先建立 $10\%\sigma_{con}$ 的初应力，钢筋束的伸长值，亦应从建立初应力后开始测量，但须加上初应力的推算伸长值（推算伸长值可根据预应力筋弹性变形呈直线变化的规律求得。例如某筋应力自 $0.3\sigma_{con}$ 增至 $0.4\sigma_{con}$ 时，其变形为 4mm，即应力每增 $0.1\sigma_{con}$，变形增 4mm，故该筋初应力 $0.1\sigma_{con}$ 时的伸长值亦为 4mm）。对后张法尚应扣除混凝土构件在张拉过程中的弹性压缩值 L_4。例如，用穿心式千斤顶张拉钢筋束或钢绞线束时，若采用一端张拉，另一端用 JM 型锚具锚固，其实测伸长值为：

$$\Delta L = L_1 - (L_2 + L_3 + L_4) \tag{5-12}$$

式中　L_1——油缸实际移动长度（即张拉完后油缸移动长度减去建立初应力后油缸移动的长度）；

L_2——千斤顶尾部锚具的锚塞压缩量（即建立初应力后锚塞外露长度减去张拉完后锚塞外露长度）；

L_3——锚固端锚具的压缩量（计算方法同 L_2）；

L_4——张拉顶压松顶后锚具的锚塞压缩量（即锚塞顶压后的外露长度减去松顶后锚塞外露长度）。

用上述原理，同样可测量采用锥锚式千斤顶张拉预应力钢筋束的实际伸长值。

为了了解预应力值建立的可靠性，需对预应力筋的应力及损失进行检验和测定，以便在张拉时补足和调整预应力值。

检验应力损失最方便的方法，是在预应力筋张拉 24h 后孔道灌浆前检查一次，测读前后两次应力值之差，即为钢筋中预应力损失（并非应力损失全部，但已完成很大部分）。由于摩擦力所引起的应力损失，可在钢筋两端安置千斤顶拉住钢筋，然后将一台千斤顶充油，反映在两台千斤顶的油压表上的读数之差即为摩擦力的大小。

(5) 安全事项

预应力筋张拉过程中应特别注意安全。张拉前在构件两端应设置保护装置，如用麻袋或草包装土筑成矮墙，以防止螺帽滑脱、钢筋断裂飞出伤人；在张拉操作中，正对预应力筋两端严禁站人，操作人员应在侧向工作。

（三）孔道灌浆

预应力筋张拉完后，即可进行孔道灌浆。孔道灌浆的目的是为了防止钢筋的锈蚀，增加结构的整体性和耐久性，提高结构抗裂性和承载能力。

灌浆用的水泥浆应有足够强度和粘结力，且应有较大的流动性，较小的干缩性和泌水性。应采用不低于强度等级约为 32.5 的普通硅酸盐水泥，水灰比为 0.4～0.45 之间，水泥浆硬化后的强度应不低于 $25N/mm^2$。由于纯水泥浆的干缩性和泌水性都较大，硬结后往往形成月牙空隙，故宜适当地掺入细砂和其他塑化剂，并宜掺入为水泥质量万分之一的铝粉或 0.25% 的木质素磺酸钙，以增加孔道灌浆的密实性和灰浆的流动性。

灌浆用的水泥浆要过筛，在灌浆过程中应不断搅拌，以免沉淀析水。灌浆工作应连续进行，不得中断，并应防止空气压入孔道而影响灌浆质量。灌浆压力以 0.5～0.6 N/mm^2 为宜，如压力过大，易胀裂孔壁。灌浆前，应用压力水将孔道冲刷干净，湿润孔壁。灌浆顺序，应先下后上，以免上层孔道漏浆把下层孔道堵塞。直线孔道灌浆时，应从孔道一端灌到另一端。曲线孔道灌浆时，应从孔道最低处向两端进行。如孔道排气不畅，应检察原因，待故障排除后重灌。当灰浆强度达到 $15N/mm^2$ 时，方能移动构件，灰浆强度达到 100% 设计强度时，才允许吊装。

灌浆时，灰浆可能从喷嘴处喷射出来，操作人员应戴防护眼镜、口罩和手套，以保证安全。

第三节　电热法施工

电热法是利用钢筋热胀冷缩原理来张拉预应力筋。施工时，将低电压、强电流通过钢筋，由于钢筋有一定电阻，导致钢筋温度升高而产生纵向伸长，待伸长至规定长时，切断电流立即加以锚固，钢筋冷缩时回缩便建立预应力。电热法一般用于后张法，在后张法中可在预留孔道中张拉预应力筋，亦可在预应力筋表面涂以热塑涂料（硫磺砂浆、沥青等）后直接浇筑于混凝土中，然后通电张拉。用波纹管或其他金属管道作预留孔道的结构，不得用电热法张拉。

用电热法张拉预应力筋，设备简单，张拉速度快、可避免摩擦损失，张拉曲线形钢筋或高空进行张拉更有其优越性。电热法是以钢筋的伸长值来控制预应力值的，此值的控制不如千斤顶张拉时应力控制法准确，当材质掌握不准时会直接影响预应力值的准确性。故成批生产时应用千斤顶进行校核，对理论电热伸长值加以修正后再进行施工。因此电热法不宜用于抗裂要求较高的构件。

电热法施工，钢筋伸长值是控制预应力的根据。钢筋伸长率是控制应力与电热后钢筋弹性模量的比值，计算中还需考虑钢筋的长度，电热后产生的塑性变形及锚具、台座或钢模等的附加伸长值等多种因素。

由于电热法施加预应力时，预应力值较难准确控制，且施工中电能消耗量较大，目前已很少采用。

第四节　无粘结预应力混凝土

无粘结预应力混凝土施工方法是后张法预应力混凝土的发展。在普通后张法预应力混凝土中，预应力筋和混凝土通过灌浆或其他措施相互间存在粘结力，在使用荷载作用下，构件的预应力筋和混凝土不会产生纵向的相对滑动。

无粘结预应力在国外发展较早，近年来在我国无粘结预应力技术也得到了较广的推广。无粘结预应力施工方法是：在预应力筋表面刷涂料并包塑料布（管）后，如同普通钢筋一样先铺设在安装好的模板内，然后浇筑混凝土，待混凝土达到设计要求的强度后，进行预应力筋的张拉锚固。这种预应力工艺的优点是不需要预留孔道和灌浆，施工简单，张拉时摩阻力较小，预应力筋易弯成曲线形状，适用于曲线配筋的结构。在双向连续平板和密肋板中应用无粘结预应力束比较经济合理，在多跨连续梁中也很有发展前途。

一、无粘结预应力束的制作

无粘结预应力束由预应力钢丝、防腐涂料、和外包层以及锚具组成。

（一）原材料的准备

（1）预应力筋

一般选用 7 根 ϕ^s5 高强钢丝组成的钢丝束，也可选用 7 根 ϕ^s4 或 7 根 ϕ^s5 的钢绞线束。

（2）无粘结预应力束表面涂料

需长期保护预应力束不受腐蚀，还应符合下列要求：①在 $-20\sim+70℃$ 温度范围内不流淌、不裂缝变脆，并有一定韧性；②使用期内化学稳定性好；③对周围材料无侵蚀作用；④不透水、不吸湿；⑤防腐性能好；⑥润滑性能好，摩擦阻力小。

根据上述要求，目前一般选用 1 号或 2 号建筑油脂作为无粘结预应力束的表面涂料。

（3）无粘结预应力束外包层

外包层的包裹物必须具有一定的抗拉强度、防渗漏性能，同时还需符合：①在使用范围内（$-20\sim+70℃$）低温不脆化，高温化学性能稳定；②具有足够的韧性、耐磨性；③对周围材料无侵蚀作用；④保证预应力束在运输、储存、铺设和浇筑混凝土过程中不发生不可修复的破坏。一般常用的包裹物有塑料布、塑料薄膜或牛皮纸，其中塑料布或塑料薄膜防水性能、抗拉强度和延伸率较好。此外，还可选用聚氯乙烯、高压聚乙烯、低压聚乙烯和聚丙烯等挤压成型作为预应力束的涂层包裹层。

（4）无粘结预应力束的制作

一般有缠纸工艺、挤压涂层工艺两种制作方法。

无粘结预应力束制作的缠纸工艺是在缠纸机上连续作业，完成编束、涂油、镦头、缠塑料布和切断等工序。

挤压涂层工艺主要是钢丝通过涂油装置涂油，涂油钢丝束通过塑料挤压机涂刷塑料薄膜，再经冷却筒槽成型塑料套管。这种无粘结束挤压涂层工艺与电线、电缆包裹塑料套管的工艺相似，并具有效率高、质量好、设备性能稳定的特点。

（二）锚具

无粘结预应力混凝土构件中，锚具是把预应力束的张拉力传递给混凝土的工具，外荷载引起的预应力束内力的变化全部由锚具承担。因此，无粘结预应力束的锚具不仅受力比有粘结预应力筋的锚具大，而且承受的是重复荷载。因而无粘结预应力束的锚具应有更高的要求。一般要求无粘结预应力束的锚具至少应能承受预应力束最小规定极限强度的95%，而不超过预期的滑动值。

我国主要采用高强钢丝和钢绞线作为无粘结预应力束。高强钢丝预应力束主要用镦头锚具。钢绞线预应力束则可采用 XM 型锚具。图 5-25 所示是无粘结预应力束的一种锚固方式，埋入端和张拉端均用镦头锚具。

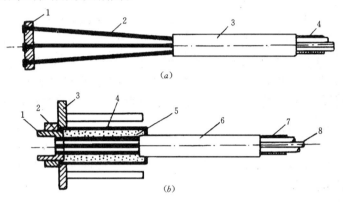

图 5-25　无粘结预应力钢丝束的锚固

（a）锚固端　1—锚板；2—钢丝；3—塑料外包层；4—涂料层

（b）张拉端　1—锚环；2—螺母；3—预埋件；4—塑料套筒；

5—防腐油脂；6—塑料外包层；7—涂料层；8—钢丝

二、无粘结预应力施工工艺

下面主要叙述无粘结预应力混凝土构件制作工艺中的几个主要问题，即无粘结预应力束的铺设、张拉和锚头端部处理。

（一）无粘结预应力束的铺设

无粘结预应力束在平板结构中一般为双向曲线配置，因此其铺设顺序很重要。一般是根据双向钢丝束交点的标高差，绘制钢丝束的铺设顺序图，钢丝束波峰低的底层钢丝束先行铺设，然后依次铺设波峰高的上层钢丝束，这样可以避免钢丝束之间的相互穿插。钢丝束铺设波峰的形成是用钢筋形成的"马凳"来架设。一般施工顺序是依次放置钢筋马凳，然后按顺序铺设钢丝束，钢丝束就位后，进行调整波峰高度及其水平位置，经检查无误后，用铅丝将无粘结预应力束与非预应力钢筋绑扎牢固，防止钢丝束在浇筑混凝土施工过程中位移。

（二）无粘结预应力束的张拉

无粘结预应力束的张拉与普通后张法带有螺丝端杆锚具的有粘结预应力钢丝束张拉方法相似。张拉程序一般采用 $0 \rightarrow 103\% \sigma_{con}$，进行锚固。由于无粘结预应力束一般为曲线配筋，故应采用两端同时张拉。无粘结预应力束的张拉顺序，应根据其铺设顺序，先铺设的先张拉，后铺设的后张拉。

无粘结预应力束一般长度大，有时又呈曲线形布置，如何减少其摩阻损失值是一个重要的问题。影响摩阻损失值的主要因素是润滑介质、包裹物和预应力截面型式。摩阻损失值可采用标准测力计或传感器等测力装置进行测定。施工时，为降低摩阻损失值，宜采用多次重复张拉工艺。

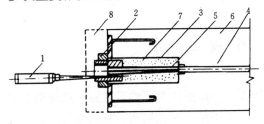

图 5-26　锚头端部处理方法之一

1—油枪；2—锚具；3—端部孔道；
4—有涂层的无粘结预应力束；
5—无涂层的端部钢丝；6—构件；
7—注入孔道的油脂；8—混凝土封闭

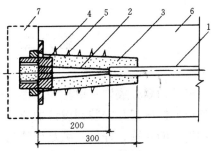

图 5-27　锚头端部处理方法之二

1—无粘结预应力束；2—无涂层的端部钢丝；
3—环氧树脂水泥砂浆；4—锚具；
5—端部加固螺旋钢筋；
6—构件；7—混凝土封闭

（三）锚头端部处理

无粘结预应力束由于一般采用镦头锚具，锚头部位的外径比较大，因此，钢丝束两端应在构件上预留有一定长度的孔道，其直径略大于锚具的外径。钢丝束张拉锚固以后，其端部便留下孔道，并且该部分钢丝没有涂层，为此应加以处理保护预应力钢丝。

无粘结预应力束锚头端部处理，目前常采用两种方法：第一种方法系在孔道中注入油脂并加以封闭，如图 5-26 所示。第二种方法系在两端留设的孔道内注入环氧树脂水泥砂浆，其抗压强度不低于 35MPa。灌浆时同时将锚头封闭，防止钢丝锈蚀，同时也起一定的锚固作用，如图 5-27 所示。

预留孔道中注入油脂或环氧树脂水泥砂浆后，用 C30 级的混凝土封闭锚头部位。

第六章 结构吊装工程

将结构划分成许多单独的构件，分别在现场或工厂预制成型，然后在施工现场用起重机械把他们吊起并安装到设计的位置上。这样的结构叫做装配式结构。有效地完成装配式结构构件的安装，并使其满足设计的要求，就是结构吊装工程的任务。

装配式房屋施工中，结构吊装工程是主导工种。其施工特点是：

①受预制构件的类型和质量影响大。预制构件的外形尺寸、埋设件位置是否正确、强度是否达到要求以及预制构件类型的多少，都直接影响吊装进度和工程质量。

②正确选用起重运输机具是完成施工任务的主导因素。预制构件的尺寸、重量、安装高度及安装位置，是选择起重设备的主要依据。构件的吊装方法，又取决于所采用的起重机械。

③构件受力情况变化多。构件在运输和起吊时，因吊点或支承点与使用时不同，可能使内力增加，甚至内力改变（如压力变为拉力），因此必要时应对构件进行吊装强度和稳定性验算，并采取相应措施。

④高空作业多，容易发生工伤事故，因此应加强安全技术措施。

第一节 起 重 机 械

在结构吊装工程中常用的起重机械有自行式起重机（履带式起重机、汽车式起重机、轮胎式起重机）、塔式起重机和桅杆式起重机等。

一、桅杆式起重机

桅杆式起重机大都以"因地制宜、就地取材"的原则在现场制作。这类机械的特点是：制作简单、装拆方便，能在比较狭窄的现场上使用；起重量较大，可达 100t 以上；能安装其他起重机械不能安装的特殊工程和重大结构；服务半径小、移动较困难，需要拉设较多的缆风绳，因而它适用于安装工程量比较集中的工程。

桅杆式起重机类型和构造如下：

（一）独脚把杆

由把杆、起重滑轮组、卷扬机、缆风绳和锚碇组成，如图 6-1a 所示。

使用时，把杆应保持一定的倾角（但倾角 β 不宜大于 10°），以便吊装的构件不致撞碰把杆。把杆的稳定主要依靠缆风绳。缆风绳一般设 6～12 根。缆风绳与地面夹角 α 一般取 30°～45°，角度过大则对把杆产生较大的压力。根据制作的材料分：①木独脚把杆，常用独根圆木做成，圆木梢径 20～32cm，起重高度一般在 15m 以内，起重量在 10t 以下；②钢管独脚把杆，一般起重量在 30t 以下，起重高度在 20m 以内；③金属格构式独脚把杆，是由四根角钢和缀条组成。截面一般呈方形，一根把杆由多段拼成。其起重量可达

100t 以上，起重高度达 70～80m，把杆所受的轴向力往往很大。以上各种把杆，其起重能力均应按实际情况加以验算。

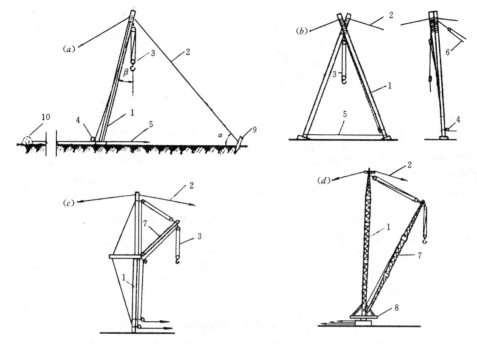

图 6-1 桅杆式起重机

(a) 独脚把杆；(b) 人字把杆；(c) 悬臂把杆；(d) 牵缆式桅杆起重机
1—把杆；2—缆风绳；3—起重滑轮组；4—导向装置；5—拉索；
6—主缆风绳；7—起重臂；8—回转盘；9—锚碇；10—卷扬机

（二）人字把杆

由两根圆木或两根钢管或两根格构式截面的独脚把杆以钢丝绳绑扎或铁件铰接而成，如图 6-1b 所示。两杆的顶部相交成 20°～30° 角。把杆的前倾度，每高 1m 不得超过 10cm。人字把杆的优点是侧向稳定性较好，用缆风绳较少；缺点是构件起吊后活动范围小。

（三）悬臂把杆

在独脚把杆的中部或 2/3 高处，装上一根起重杆，即成悬臂把杆。起重杆可以回转和起伏，可以固定在某一部位，也可以根据需要沿杆升降。如图 6-1c 所示。其特点是：有较大的起重高度和相应的起重半径；悬臂起重杆能左右摆动（120°～270°）。

（四）牵缆式桅杆起重机

在独脚把杆的下端装上一根可以回转和起伏的起重臂而成，如图 6-1d 所示。它具有较大的起重半径，且机动灵活。一般工业厂房的构件吊装，可用无缝钢管做成的桅杆起重机，其起重量在 10t 左右，桅杆高度可达 25m，重型工业厂房吊装或高炉安装，可用格构式截面的把杆和起重臂，起重量可达 60t，起重高度 80 余 m。

二、自行式起重机

（一）履带式起重机

履带式起重机由行走装置、回转机构、机身及起重杆等部分组成（图 6-2），采用链

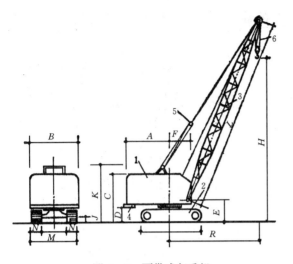

式履带的行走装置，使对地面平均压力大为减少，装在底盘上的回转机构，使机身可回转360°。机身内部有动力装置、卷扬机及操纵系统，它操作灵活，使用方便，起重杆可分节接长，可在一般平整坚实的场地上行驶和进行吊装作业。目前在单层工业厂房装配式结构吊装中得到广泛的使用。但它的缺点是稳定性较差，不宜超负荷吊装。

图6-2 覆带式起重机
1—机身；2—行走装置（覆带）；3—起重杆；
4—平衡重；5—变幅滑轮组；6—起重滑轮组；
H—起重高度；R—起重半径；
L—起重杆长度

（1）履带式起重机的常用型号及其性能

常用的履带式起重机型号有W_1-50、W_1-100、W_1-200和一些进口机械（原苏联的31252、日本的KH-180、KH-100等）。履带式起重机外形尺寸和技术参数见图6-2及表6-1。

履带起重机技术参数表 表6-1

起 重 机 型 号		W_1-50	W_1-100	KH-180	KH-100
外形尺寸（毫米）	a 机棚尾部至回转中心距离	2900	3300	4000	3290
	b 机棚宽度	2700	3120	3080	2900
	c 机棚顶距地面高度	3200	3675	3080	2950
	d 机棚尾部底面距地面高度	1000	1095	1065	970
	e 吊杆枢轴中心距地面高度	1555	1700	1700	1625
	f 吊杆枢轴中心距回转中心的距离	1000	1300	900	900
	g 履带长度	3420	4005	5400	4430
	m 履带长度	2850	3200	4300/3300	3300
	n 履带板宽度	550	675	760	760
	j 行走底架距地面高度	300	275	360	410
	k 双足支架顶部距地面高度	3480	4170	5470	4560
操纵形式		液压	液压		
行走速度（km/h）		1.5~3.6	1.49	0.75~1.5	1.5
最大爬坡能力（%）		25	20	40	40
最大起重量（t）		10	15	50	30
履带牵引力（t）		97	15.9		
履带承压面积（m³）		3.25	4.56		
总重量（t）		23.11	40.74		
对地面平均压力（MPa）		0.071	0.089	44.80	29.20
发动机功率（kW）		66.15	88.2	152	127

履带式起重机主要技术性能包括三个主要参数：起重量 Q、起重高度 H 和回转半径 R。

从 W_1-100 型履带式起重机工作曲线（图6-3）可看出：起重量、起重高度和回转半径的大小，取决于起重杆长度及其仰角。当起重杆长度一定时，随着仰角的增大起重量和起重高度增加，而回转半径减小。当起重杆长度增加时，起重半径和起重高度增加而起重量减小。

KH-180 型履带式起重机的起重性能，见表6-2。

KH-180 型履带式起重机主臂起重性能表　　　　表6-2

起重杆长度 (m)	性能	3.7	4.0	5.0	10	12	14	16	18	20	22	24	26	28	30	34
13	起重杆仰角 α (°)	78.8	77.4	72.8	46.8	32.6										
	Q (t)	50	45	31.25	11.4	8.9	8.6									
	H (m)	9	10	10.7	8.9	6.5										
28	α (°)				71.6	67.2	62.7	57.9	52.9	47.5	41.7	35				
	Q (t)				11.05	8.6	6.9	5.75	4.85	4.15	3.6	3.15	2.41			
	H (m)				24.8	24.6	24	23	21.4	19.6	17.3	14.7				
34	α (°)				74.9	71.4	67.8	64.1	60.3	56.3	52.1	47.7	42.9	37.6	31.6	
	Q (t)				10.9	8.45	4.8	5.6	4.7	4	3.45	3	2.6	2.3	2	1.95
	H (m)				30.4	30.4	30	29.5	28.7	27.4	26	24	22	19.4	16.7	
40	α (°)				77.2	74.3	71.3	68.2	65.1	61.9	58.6	55.1	51.5	47.7	43.7	34.5
	Q (t)				10.75	8.3	6.65	5.45	4.55	3.85	3.3	2.85	24.5	2.15	1.85	1.4
	H (m)				36	36.1	36	35.7	35.1	34.3	33.3	32	30.3	28.4	26.1	21
52	α (°)					78	75.7	73.4	71.1	68.8	66.4	63.9	61.4	58.9	56.3	50.8
	Q (t)					8	6.3	5.15	4.25	3.55	3	2.5	2.15	1.8	1.5	1
	H (m)					47.9	48.1	4.8	47.7	47.5	47	46	45	43.9	42.4	39.3

注：本表仅摘录部分数据，起重杆长 13、16、19……52m。

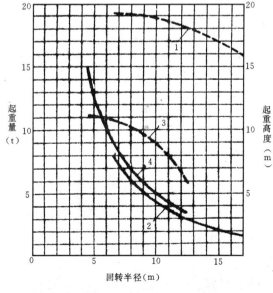

图6-3　W_1—100 型覆带式起重机工作曲线
1—起重臂长 23m 时起重高度曲线；2—起重臂长 23m 时
起重量曲线；3—起重臂长 13m 时起重高
度曲线；4—起重臂长 13m 时起重量曲线

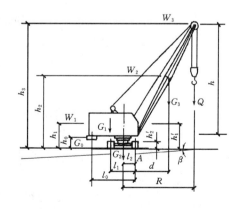

图6-4　覆带起重机稳定性验算

（2）履带式起重机的稳定性验算

履带式起重机在进行超负荷吊装或接长吊杆时，需进行稳定性验算，以保证起重机在吊装中不会发生倾覆事故。

履带起重机在如图 6-4 所示的情况下（即车身与行驶方向垂直）稳定性最差，此时，履带的轨链中心 A 为倾覆中心，起重机的安全条件为：

当考虑吊装荷载及附加荷载时：

稳定性安全系数 $\qquad K_1 = M_稳/M_倾 \geqslant 1.15$

当仅考虑吊装荷载时：

稳定性安全系数 $\qquad K_2 = M_稳/M_倾 \geqslant 1.4$

即：

$$K_1 = M_稳/M_倾 = \{[G_1 l_1 + G_2 l_2 + G_0 l_0 - (G_1 h_2' + G_2 h_1' + G_0 h_0 + G_3 h_2)\sin\beta]$$

$$/Q(R - l_2)\} - \{[G_3 d + M_F + M_G + M_L]/[Q(R - l_2)]\} \geqslant 1.15$$

$$K_2 = M_稳/M_倾 = [G_1 l_1 + G_2 l_2 + G_0 l_0 - G_3 d]/[Q(R - l_2)] \geqslant 1.4$$

按 K_1 验算十分复杂，现场施工中常用 K_2 验算。

式中 G_0——平衡重；

       G_1——起重机机身可转动部分的重量；

       G_2——起重机机身不转动部分的重量；

       G_3——吊杆重量；

       Q——吊装荷载（包括构件和索具重量）；

       l_1——G_1 重心至 A 点的距离；

       l_2——G_2 重心至 A 点的距离；

       d——G_3 重心至 A 点的距离；

       l_0——G_0 重心至 A 点的距离；

       h_1'——G_1 重心至地面的距离；

       h_2'——G_2 重心至地面的距离；

       h_2——G_3 重心至地面的距离；

       h_0——G_0 重心至地面的距离；

       β——地面倾斜角度，应限制在 3° 以内。

       R——起重机最小回转半径；

       M_F——风载引起的倾履力矩：

$$M_F = W_1 h_1 + W_2 h_2 + W_3 h_3$$

式中 W_1——作用在起重机机身上的风载；

       W_2——作用在吊件上的风载，按荷载规范计算；

       W_3——作用在所吊构件上的风载，按构件的实际受风面积计算；

       h_1——机棚后面中心至地面的距离；

h_3——吊杆顶端至地面的距离；

M_G——重物下降时突然刹车的惯性力所引起的倾覆力矩：

$$M_G = (Qv/gt)(R - l_2)$$

式中　v——吊钩下降速度（m/s），取为吊钩速度的1.5倍；

　　　g——重力加速度（9.8m/s²）；

　　　t——从吊钩下降速度v变到0所需的制动时间，取1s；

　　M_L——起重机回转时的离心力所引起的倾覆力矩：

$$M_L = [QRn^2/(900 - n^2h)]h_3$$

式中　n——起重机回转速度，取1r/min；

　　　h——所吊构件于最低位置时，其重心至吊杆顶的距离；

　　　h_3——同前。

（二）汽车式起重机

汽车式起重机是把起重机构安装在通用或专用汽车底盘上的全回转起重机。起重杆采用高强度钢板作成箱形结构，吊臂可根据需要自动逐节伸缩，并设有各种限位和报警装置。起重机构所用动力由汽车发动机供给。这种起重机的优点是转移迅速，对路面的破坏性很小；缺点是吊重时必须使用支腿，因而不能负荷行驶。适用于构件运输的装卸工作和结构吊装作业。

常用的汽车式起重机有：国产机械传动和操纵的Q_1-5型和国产动臂式全液压的Q_2系列及一些进口机械。我国制造的Q_2-8、Q_2-12和Q_2-16型汽车式起重机，最大起重量分别为8t、12t和16t。Q_2-32型的起重杆长32m，最大起重量为32t；起重杆分为四节，外面的一节固定、里面的三节可以伸缩，可用于一般厂房的构件吊装。

我国制造的汽车式起重机的最大起重量已达65t。引进的大型汽车式起重机有：日本的NK-400型（起重量达40t）；NK-800型（起重量为80t）。

使用汽车式起重机吊装时，先压实场地，放好支腿，将转台调整到基本水平，并在支

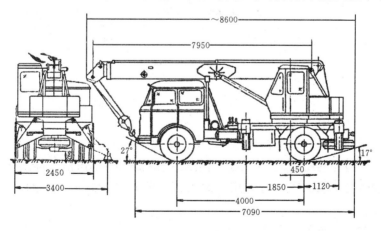

图6-5　汽车起重机

腿内侧垫以保险枕木，以防支腿失灵时发生事故。所有需要吊装的构件，要放在起重机的回转半径范围内。图6-5为Q_2-8型起重机外貌。

（三）轮胎起重机

轮胎起重机是把起重机构装在加重型轮胎和轮轴组成的特制底盘上的全回转起重机械；一般吊重时都用四个支腿支撑。轮胎起重机的特点是：行驶时对路面的破坏性较小，行驶速度比汽车起重机慢，但比履带起重机快；稳定性较好，起重量较大；吊重时一般需要支腿，否则起重量大大减小。

目前，国产常用的轮胎起重机有 QL₃ - 16、QL₃ - 25、QL₃ - 40 等型号，均可用于一般工业厂房的结构吊装。

QL₃ - 16 型轮胎起重机外貌见图 6 - 6。

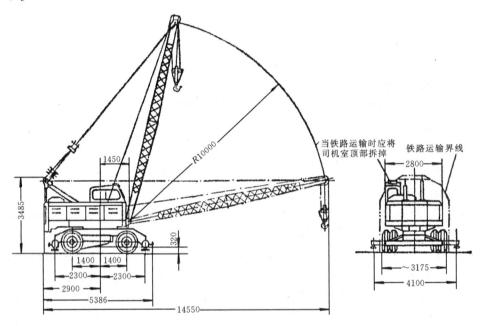

图 6 - 6　QL₃ - 16 型轮胎起重机

三、塔式起重机

塔式起重机具有竖直的塔身，起重臂安装在塔身的顶部，形成"Γ"形的工作空间，具有较高的有效高度和较大的工作半径。起重臂可回转 360°，因此，塔式起重机在多层及高层装配式结构吊装中得到广泛的应用。

塔式起重机的类型，可按有无行走机构、变幅的方法、回转部位、爬升方式等划分。随着建筑机械制造业的发展，目前生产的塔式起重机多为多功能的，通过改装可以成为另一种类型。如 QT₄ - 10 型即为四用（附着式、爬升式、固定式和轨行式）塔式起重机。

常用塔式起重机技术性能见表 6 - 3。

以下着重介绍轨行式、爬升式和附着式塔式起重机。

（一）轨行式塔式起重机

是应用最广泛的一种起重机，常用的有 QT₁ - 2，QT₁ - 6 型等。QT₁ - 6 型塔式起重机是轨道式上旋转塔式起重机。起重量为 2～6t，幅度 8.5～20m，起重高度 40.5～26.5m，轨距 3.8m，适用于工业、民用建筑的吊装或材料仓库装卸等工作，其特点为：起重机借本身机构能够转弯行驶；起重高度可按需要增减塔身互换节架。

QT$_1$-6 型塔式起重机外形与构造见图 6-7，起重性能见表 6-4。

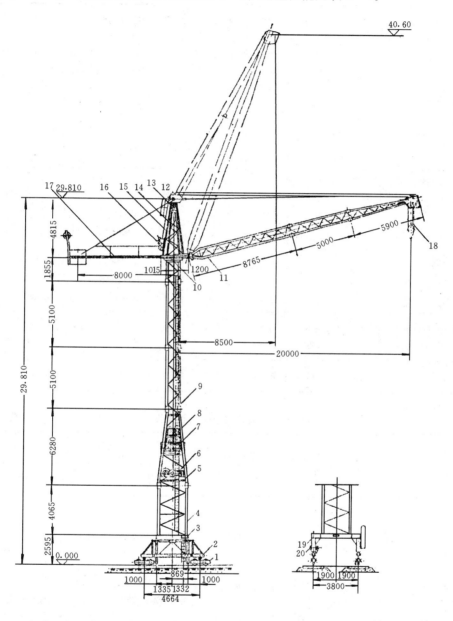

图 6-7　QT$_1$-6 型外形与构造示意

1—被动台车；2—活动侧架；3—平台；4—第一节架；5—第二节架；
6—卷扬机构；7—操纵配电系统；8—司机室；9—互换节架；10—回转机构；
11—起重臂；12—中央集电环；13—超负荷保险装置；14—塔顶；
15—塔帽；16—手摇变幅机构；17—平衡臂；18—吊钩；19—固定侧架；20—主动台车

常用塔式起重机技术性能 表 6-3

项 目		QT₁-2	QT₁-6	QT₁-15	QT₄-10		QT-60/80				QTG60Ⅱ	ZT-120
起重臂长度（m）		17.6	19.7	23.76	30	35	15	20	25	30	30	30
幅度	最大（m）	15.9	20	25	30	35	15	20	25	30	30	30
	最小（m）	8	8.5	8～16	5	5	7.7	10	12.3	14.6	15	15
起重量	最大幅度时（t）	1	2	5	5	2.8	4 (5.3)	3 (4)	2.4 (3.2)	2 (2)	2	4
	最小幅度时（t）	2	6	15	10	8	7.8 (10.4)	6 (8)	4.9 (6.5)	4.1 (4.1)	4	8
起重高度	最大幅度时（m）	17	16.2～26.4	38	80	40	47 (27)	48 (28)	49 (29)	50 (30)	40.68	40
	最小幅度时（m）	28.3	30.4～40.6	55	160	40	56 (36)	60 (40)	65 (45)	68 (48)	60.65	160
行驶速度（m/s）		19.4	23.5	15	10.36		17.5					14
起重速度（m/s）		14.1	11.4～34	12	22.5～45		11～21.5				22.7	15～25
回转速度（r/min）		1.03	0.64	0.5	0.47		0.6					0.5
轨距（m）		2.8	3.8	7.5	6.5		4.2				5	6
钢轨规格（kg/m）			38	43			4.3				43	43
总重量（t）		19	43	69.5	133		91				44.6	142

QT₁-6型塔式起重机的起重性能 表 6-4

幅度 （m）	起重量 （t）	起重绳数 （最少）	起重速度 （m/min）	起升高度（m）		
				无高接架	带一节高接架	带二节高接架
8.5	6	3	11.4	30.4	35.5	40.6
10	4.9	3	11.4	29.7	34.8	39.9
12.5	3.7	2	17	28.2	33.6	38.4
15	3	2	17	26	31.1	36.2
17.5	2.5	2	17	22.7	27.8	32.9
20	2	1	34	16.2	21.3	26.4

（二）爬升式塔式起重机

爬升式塔式起重机是一种安装在建筑物内部（电梯井或特设开间）的结构上，借助爬升机构，随着建筑物的建高而爬升升高的起重机械。一般每隔2层楼便爬升一次。这种起重机主要用于高层建筑施工。

爬升式塔式起重机不需铺设轨道又不占用施工场地，宜用于施工现场狭窄的高层建筑工程。目前使用的主要是 $QT_5-4/40$ 型（40tm）和 $QT_5-4/60$ 型（60tm）。$QT_5-4/40$ 型爬升塔式起重机的外形和构造见图 6-8。该机的最大起重量为 4t，幅度为 11～20m，起重高度 110m，一次爬升高度 8.6m，爬升速度每分钟 1m。

该机的主要技术数据和起重性能，分别见表 6-5 和图 6-8 所示。

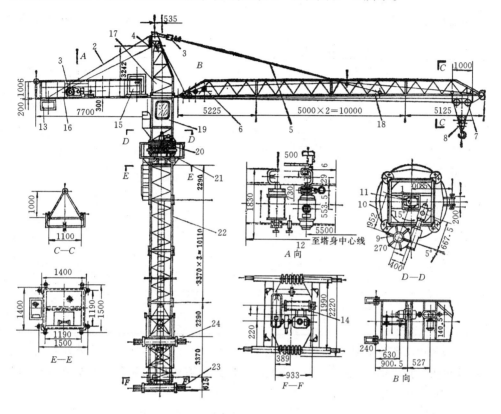

图 6-8　$QT_5-4/40$ 型塔式起重机外形与构造示意图

1—起重机构；2—平衡臂拉绳；3—起重力矩限制装置；4—起重量限制装置；5—起重臂拉绳；
6—小车牵引机构；7—起重小车；8—吊钩；9—回转机构；10—回转支承装置；
11—中央集电环；12—高度限位装置；13—配置；14—爬升机构；15—电气系统；
16—平衡臂；17—塔顶；18—起重臂；19—司机室；20—回转支承上支座；
21—回转支承下支座及走台；22—塔身；23—底座；24—套架

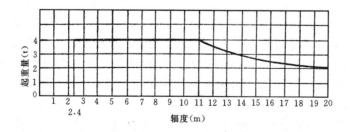

图 6-9　$QT_5-4/40$ 型爬升式塔式起重机起重性能曲线示意

机　　型			QT₅－4/40 型	
项　　目		单　　位	数据	
起重数据	起 重 量	T	4	4～2
	幅　　度	m	2～11	11～20
	起 重 高 度	m	110	
	工 作 幅 度	m	2.4～20	
	底座至吊钩	m	21	
	回 转 角 度	0°	大于360	
	一次爬升高度	m	8.6	
工 作 速 度	起 重 速 度	m/min	40	
	空钩下降速度	m/min	57	
	低速下降速度	m/min	5	
	回 转 速 度	r/min	0.6	
	小车行走速度	m/min	20	
	爬 升 速 度	m/min	1	
重 量	总　　重	t	25.5	
	机　　重	t	22.5	
	平 衡 重	t	3	
电 动 机 总 功 率		kW	44.7	
套 架 外 廓 尺 寸		m	3.18×2.22	

QT₅－4/40 型爬升塔式起重机借助套架托梁和爬升系统钢丝绳进行爬升。

采用液压爬升机构的 80HC 型、120HC 型塔式起重机的内爬升过程如图 6－10 所示，其一次爬升的操作程序如下：

①　爬升前，将上、下爬升承重框架锚固于建筑结构（如电梯井）上，并使其间距为满足规定要求的最小锚固长度（图 6－10a）。

②　用连接件将爬梯装置在上爬升承重框架内侧面上，并将其紧固。

③　使塔机回转节处于平衡状态，以减小塔机机身和爬升承重框架之间的磨擦，是可利用小跑车吊上一半的额定荷载，使荷载力矩等于平衡力矩；将起重臂与平衡臂回转到与爬升横梁成直角的位置。

④　进行爬升（图 6－10b），爬升节内上、下爬升横梁两端的支腿支撑在爬梯的横档上，油缸与爬升上横梁联接，上横梁与爬升节联成一体，活塞与爬升下横梁联接（图 6－10d）。在收缩油缸内活塞时，要先使爬升上横梁的支腿支撑在爬梯最上面的横档上（图 6－10e）以免塔身下滑；随着油缸内活塞的继续收缩，原先在爬升下横梁上的支腿转移到爬梯的一格横档上。此时，油缸进油，伸出油缸内活塞，活塞的反作用力将油缸向上顶升，塔身也随之在两套锚固的爬升框架的导引下被向上顶升，开始第二个行程的爬升。爬升一个行程的高度为 1050mm。

⑤　当塔机机身爬升到预定高度后，必须将四根承受垂直重力的大梁安装在下部爬升框架的支架上面，再收缩油缸内活塞，从而塔身全部重量座落在下部爬升框架的大梁上面，并最后使塔身与上、下部爬升框架牢固连接。

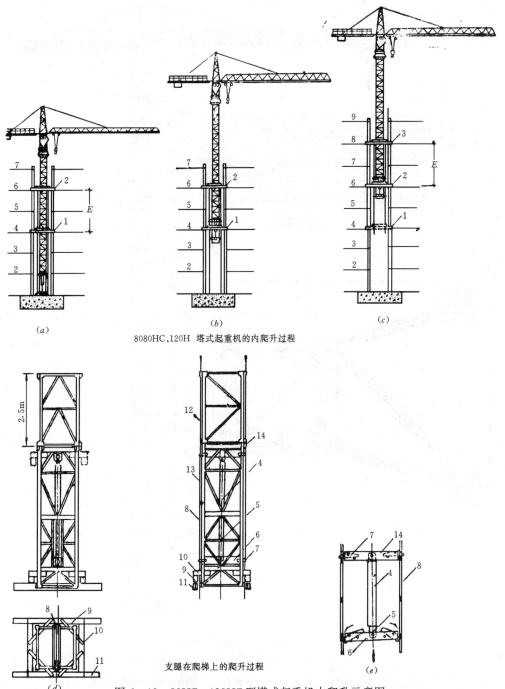

图 6-10 80HC，120HC 型塔式起重机内爬升示意图

（a）爬升前；（b）爬升；（c）再锚装一套爬升框架，继续升高；

（d）爬升机构示意图；（e）支腿在爬梯上爬升过程示意图

1—下爬升框架；2—上爬升框架；3—爬升框架；4—油缸；5—活塞；6—爬升下横梁；
7—支腿；8—爬梯；9—下承重横架；10—承受垂直力大梁；11—联接建筑结构大梁；
12—标准节（2.5m）；13—爬升节；14—爬升上横梁；E—最小锚固长度

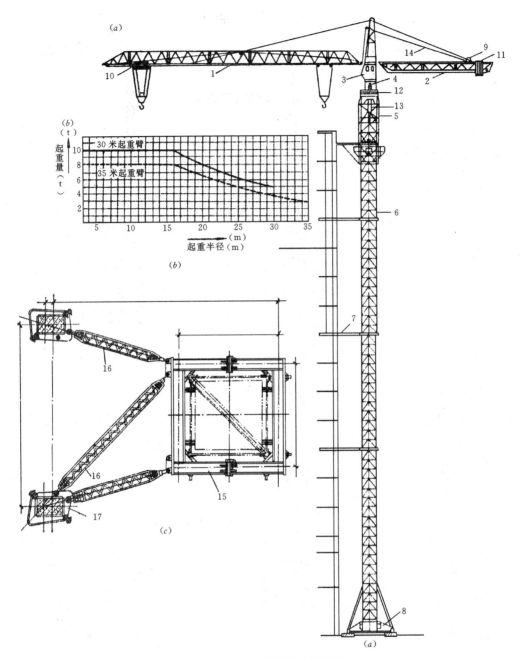

图 6-11 QT₄-10 型塔式起重机

(a) 全貌图；(b) 起重性能曲线；(c) 锚固装置构造图

1—起重臂；2—平衡臂；3—操纵室；4—转台；5—顶升套架；6—塔身标准节；

7—锚固装置；8—底架及支腿；9—起重机构；10—起重小车；11—平衡重；

12—支承回转装置；13—液压千斤顶；14—起重绳；15—塔身套箍，

16—撑杆；17—柱套箍

⑥ 塔机继续爬升（图 6-10c）。在建造好的建筑结构上再锚装一套爬升框架，间距保持为 E，将塔身与上、下部爬升框架连接松开，保持 3mm 的间隙，重复上述爬升步骤。

（三）附着式塔式起重机

附着式塔式起重机是固定在建筑物近旁混凝土基础上的起重机械，它可借助顶升系统随着建筑施工进度而自行向上接高。为了减小塔身的计算长度，规定每隔 20m 左右将塔身与建筑物用锚固装置连接起来。这种塔式起重机宜于高层建筑施工。附着式塔式起重机还可以装在建筑物内作为爬升式塔式起重机使用，或作轨道式塔式起重机使用。QT$_4$-10 型起重机，每顶升一次升高 2.5m。常用的起重臂长为 30m，此时最大起重力矩为 160tm，起重量 5～10t，起重半径为 3～30m，起重高度为 160m。图 6-11 所示为 QT$_4$-10 型塔式起重机与建筑物附着时的外貌及起重性能曲线。

QT$_4$-10 型附着式塔式起重机的液压顶升系统主要包括：顶升套架、长行程液压千斤顶、承座、顶升横梁及定位销等。液压千斤顶的缸体装在塔吊上部结构的底端承座上，活塞杆通过顶升横梁（扁担梁）支承在塔身顶部。其顶升过程可分以下五个步骤，如图 6-12 所示。

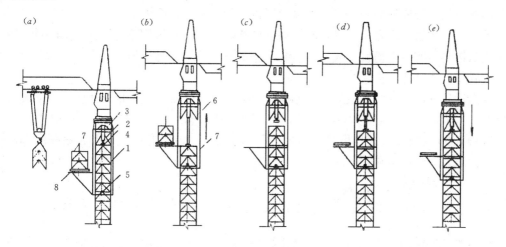

图 6-12　QT$_4$-10 型起重机的顶升过程

（a）准备状态；（b）顶升塔顶；（c）推入塔身标准节；
（d）安装塔身标准节；（e）塔顶与塔身联成整体
1—顶升套架；2—液压千斤顶；3—承座；4—顶升横梁；5—定位销；
6—过渡节；7—标准节；8—摆渡小车

① 将标准节吊到摆渡小车上，并将过渡节与塔身标准节相联的螺栓松开，准备顶升（图 6-12a）。

② 开动液压千斤顶，将塔吊上部结构包括顶升套架向上顶升到超过一个标准节的高度，然后用定位销将套架固定。于是塔吊上部结构的重量就通过定位销传递到塔身（图 6-12b）。

③ 液压千斤顶回缩，形成引进空间，此时将装有标准节的摆渡小车开到引进空间内（图 6-12c）。

④ 利用液压千斤顶稍微提起标准节，退出摆渡小车，然后将标准节平稳地落在下面的塔身上，并用螺栓加以连接（图 6-12d）。

⑤ 拔出定位销，下降过渡节，使之与已接高的塔身联成整体（图 6-12e）。如一次要接高若干节塔身标准节，则可重复以上工序。

近年来，国内外塔式起重机新产品不断涌现。国外开发的重点是轻型快速安装塔吊，有311A/A 型体系、TK 体系的 TK2008 等、VK 体系的 VK20A－1 等、GA 体系的 GA1000D 等均为小车变幅轻型塔吊，起重量在 550kg 至 1400kg，起升速度较快，最大为 40m/min。还有 AZO 轻型汽车塔吊，采用电气驱动，在公路上的最大行车速度为 80km/h，均具有一机多用（轮胎式和固定式两用或轮胎、轨行、固定三用）；可连同全部或部分压重转移工地，在工地内部转移时，塔身可以直立，无需卧倒；架设过程迅速简单；立塔时不受方位限制；起升机构有 2～3 种速度；旋转时可以无级调速等优点。

70 年代西德制成世界上最重型的上旋转自升式 MK1250 型塔吊，其幅度 80.8m 时，起重量为 13.2t，幅度 19.8m 时的最大起重量为 63t；TN1120 型塔吊为世界上最大的下旋转由下向上顶升的塔吊，最大幅度 76.5m 时，起重量为 9.5t。80 年代丹麦生产了最大的超重型 K－10000 型塔吊，幅度 100m 时的起重量 94.5t，主钩最大起重量为 240t，吊钩最大高度为 90m。

还有采用履带底架的快速安装塔吊和履带底架上旋转自升塔吊。

锤子式结构型式的塔吊是 80 年代以来的最新产品。被采用于轻型快速塔吊结构上。锤子式结构是吊臂与平衡臂连成一体，装设在塔身的顶端，与塔身相垂直，其形状犹如一柄铁锤故尔称为锤式结构。

国内近年来研制的有下旋转快速拆装塔吊 QT16、QT25、QT45 和 QT60，上旋转自升塔吊有 QT80，内爬式 QT100 型塔吊等。还有 80tm 折臂式自升塔吊、ZT－120 型自升塔吊和 QT250 型塔吊（起重臂杆长 60m，最大起重量 16t，附着时最大起重高度 160t），均各具特点，适于高层建筑施工。

第二节　装配式钢筋混凝土单层工业厂房结构吊装

单层工业厂房的主要承重结构一般由基础、柱、吊车梁、屋架、天窗架、屋面板等组成，除基础在施工现场就地灌筑外，其他多采用装配式钢筋混凝土预制构件。尺寸大、构件重的大型构件一般都在施工现场就地预制，中小型构件都集中在构件预制厂制作，运到现场吊装。重型厂房也可采用钢结构。所以承重结构构件的吊装是单层工业厂房施工的关键问题。

一、构件吊装前的准备工作

准备工作在结构吊装工程中占有重要地位，它不仅影响施工进度与吊装质量，而且与有节奏的文明施工和提高企业管理水平直接有关。

（1）场地清理与道路铺设

按照施工平面布置图，在起重机进场前，标出起重机的开行路线和构件运输与堆放的位置，清理场地和平整、压实道路，如土质松软，用枕木或路基箱铺垫，敷设水、电管线，并做好排水措施。

（2）构件的复查与清理

为保证工程质量，在吊装之前要对所有构件进行全面的质量复查。复查构件吊装时的混凝土强度是否达到要求（规范规定：如设计无要求时，不应低于设计强度等级的 70%；

预应力混凝土孔道灌浆的强度，不应低于 15N/mm²）；检查构件及吊环有无损伤缺陷和变形；构件的外形和截面尺寸、预埋件和吊环的位置与尺寸等是否正确，其允许偏差（摘录部分）如表 6-6。

构件的允许偏差 表 6-6

项 次		项 目	偏差（mm）
1	截面尺寸	（1）长度 板，梁	+10，-5
		柱	+5，-10
		桁架，薄腹梁	+15，-10
		（2）宽度 板、梁、柱、薄腹梁桁架	+5，-5
		（3）高度 板、梁、柱、薄腹梁	+5，-5
2	侧向弯曲	板	$L/500$ 且不大于 20
		梁、柱	$L/700$ 且不大于 20
		薄腹梁、桁架、墙板	$L/1000$ 且不大于 20
3	预埋件	中心线位置	10
		螺栓位置	5
		螺栓明露长度	+10，-5

注：L 为构件长度（mm）

（3）构件的弹线与编号

在构件上应标注中心线，作为构件吊装、对位、校正的依据，外形复杂的构件，还要标出它的重心和绑扎点位置。为便于应用仪器校核支承结构和预埋件的标高及平面位置，亦应在支承结构上划上中心线和标高，必要时尚应标出轴线位置。具体要求是：

1）柱子。在柱身三面标出吊装中心线。矩形截面柱按几何中心标线；工字形截面柱，除在矩形截面部分标出中心线外，为便于观测及避免视差，还应在工字形截面的翼缘部分标一条与中心线平行的线。所标中心线的位置应与柱基杯口面上的吊装中心线相吻合。此外，在柱顶与牛腿面上还要标出屋架及吊车梁的安装中心线。

2）屋架。屋架上弦顶面应标出几何中心线，并从跨度中央向两端分别标出天窗架、屋面板（桁条）的安装中心线；端头标出安装中心线。

3）梁。两端及顶面标出吊装中心线。

在对构件弹线的同时，应按图纸将构件进行编号。不易辨别上下左右的构件，应在构件上用记号标明，以免吊装时将方向搞错。

（4）钢筋混凝土杯形基础的准备工作

钢筋混凝土杯形基础在灌筑时应保证基础定位轴线及杯口尺寸准确。基础的准备工作有：杯口顶面标线及杯底找平。

先复查杯口的尺寸，然后用经纬仪根据柱网轴线在杯口顶面上标出十字交叉的柱子吊装中心线，作为柱吊装对位及校正的依据；杯底找平即对杯底标高进行复查和加以调整，以保证柱吊装后的牛腿标高符合设计要求并使各柱牛腿顶面标高一致。杯底找平的方法是：先测出杯底的实际标高，测量吊入该基础柱子由柱底至牛腿顶面的实际长度，根据与设计长度之间的误差，得出杯底标高调整值，即制作误差，用水泥砂浆或细石混凝土将杯底找平至所需标高。杯底安装标高的允许误差为 -10mm（图 6-13）。

（5）构件运输

广泛采用的运输方式是汽车运输，选用载重量较大的载重汽车和半拖式或全托式的平

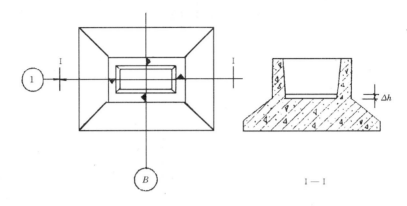

图 6-13 杯口基面弹线与杯底找平

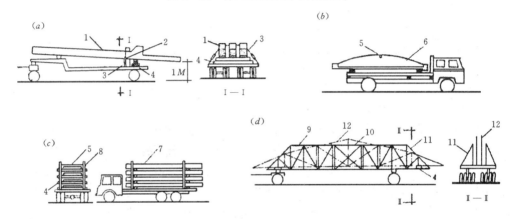

图 6-14 构件运输示意图

(a) 用拖车两点支承运输柱子; (b) 运输吊车梁;
(c) 用载重汽车运送大型屋面板; (d) 用钢拖架运输屋架

1—柱子; 2—倒链; 3—钢丝绳; 4—垫木; 5—铅丝; 6—鱼腹式吊车梁;
7—大型屋面板; 8—木杆; 9—钢拖架首节; 10—钢拖架中间节; 11—钢拖架尾节; 12—屋架

板拖车, 将构件直接运到工地 (图 6-14)。

构件运输时的混凝土强度, 如设计无要求时, 不应低于设计的混凝土强度等级的75%。在运输过程中, 构件的支承位置和方法, 应符合构件的受力情况, 不应引起混凝土的超应力和损伤构件。对此, 为了防止构件在运输过程中倾倒、变形、损坏, 对高宽比大的构件或多层叠放运输的构件, 应采取设置工具或支承框架、固定架、支撑等予以固定。各构件之间须用隔板或垫木隔开, 上、下垫木应在同一垂直线上, 支垫数量要适当, 符合设计要求; 运输路面要求平整, 并有足够的宽度和转弯半径, 按路面情况掌握行车速度、使运载平稳, 避免构件受振动而损坏。

(6) 构件的堆放

构件应按照施工组织设计的平面布置图进行堆放, 以免进行二次搬运。堆放构件时, 应使构件堆放的状态符合设计的受力状态, 并保持稳定。构件堆垛时应放置在垫木上, 各层垫木的位置应在一条垂直线上, 以免构件折断。构件堆垛的高度, 按构件混凝土的强度、地面承载力、垫木的强度和堆垛的稳定性确定。

（7）构件的临时加固

构件在吊装时所受的荷载，一般均小于设计时的使用荷载，但荷载的位置大多与设计时的计算图式不同，因此构件可产生受力变形与损坏。如桁架吊升时其下弦拉杆会变成受压杆件。因而，如吊点与设计规定不同时，在吊装前须进行吊装应力的验算，并采取适当的临时加固措施。

二、构件吊装工艺

预制构件的吊装过程一般包括绑扎、起吊、对位、临时固定、校正、最后固定等工序。

（一）柱的吊装

（1）柱的绑扎

柱的绑扎方法、绑扎位置和绑扎点数，要根据柱的形状、断面、长度、配筋和起重机性能等确定。一般中、小型柱大多数绑扎一点，重型柱或配筋少而细长的柱（如抗风柱），为了防止在起吊中柱身断裂，常需绑扎两点。必要时，需经吊装应力和裂缝控制计算后确定。一点绑扎时，绑扎位置常选在牛腿下；工字形截面和双肢柱，绑扎点应选在实心处（工字形柱的矩形截面处和双肢柱的平腹杆处），否则，应在绑扎位置用方木垫平。

按柱起吊后柱身是否垂直，分为直吊法和斜吊法，相应常用的绑扎方法有：

1）斜吊绑扎法。当柱子的宽面抗弯能力满足吊装要求时，可采用斜吊绑扎法（图6-15）。为简化施工操作，可在柱吊点处预留孔洞，用专用吊具——柱销栓紧，起吊脱销时，将吊钩放松，在地面先将插销拉脱，再利用拉绳或吊杆旋转将柱销拉出（图6-16）。

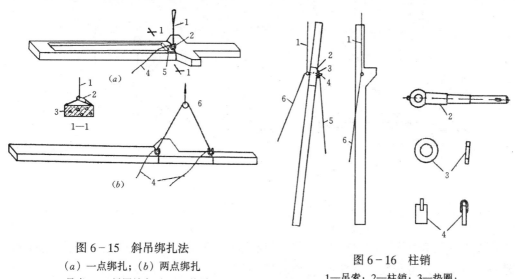

图6-15 斜吊绑扎法
（a）一点绑扎；（b）两点绑扎
1—吊索；2—椭圆销卡环；3—柱子；
4—棕绳；5—铅丝；6—滑车

图6-16 柱销
1—吊索；2—柱销；3—垫圈；
4—插销；5—插销拉绳；6—柱销拉绳

2）直吊绑扎法。柱的宽面抗弯能力不足时，吊装前要先将柱翻身，再绑扎起吊，这时将要采取直吊绑扎法（图6-17）。

起吊后，铁扁担跨于柱顶上，柱身呈直立状态，便于垂直插入杯口，但因铁扁担高过

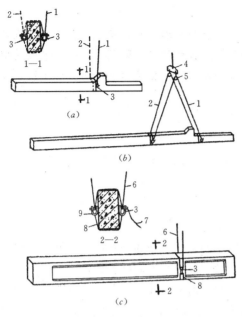

图 6-17　直吊绑扎法

(a) 一点绑扎；(b) 两点绑扎；(c) 长短吊索绑扎

1—第一支吊索；2—第二支吊索；3—活络卡环；

4—铁扁担；5—滑车；6—长吊索；7—棕绳；

8—短吊索；9—普通卡环

柱顶，因此需要较大的起重高度。

(2) 柱的起吊

柱的起吊方法，应根据柱的重量、长度、起重机性能和现场条件而定，重型柱有时可用两台起重机抬吊。

采用单机吊装时，按柱在吊升过程中柱身运动的特点分为旋转法和滑行法两种吊升方法。

1) 旋转法。这种方法是起重机边起钩、边回转起重杆，使柱子绕柱脚旋转而吊起插入杯口。为在吊升过程中保持一定的回转半径（起重杆不起伏），在预制或堆放柱子时，应使柱子的绑扎点、柱脚中心和杯口中心三点共圆，该圆的圆心为起重机的回转中心，半径为圆心到绑扎点的距离。柱子堆放时，应尽量使柱脚靠近基础，以提高吊装速度（见图 6-18）。

由于条件限制，不能布置成三点共圆时，也可采取绑扎点或柱脚与杯口中心两点共弧，这种布置法在吊升过程中，都要改变回转半

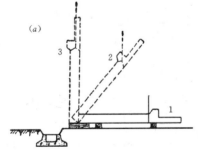
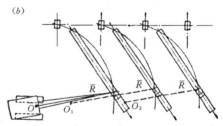

图 6-18　旋转法吊柱

(a) 旋转过程；(b) 平面布置

1—柱子平卧时；2—起吊中途；3—直立

径，起重杆要起伏，工效较低，且不够安全。

用旋转法吊升柱子，在吊装过程中柱子所受的震动较小，生产率较高，但对起重机的机动性要求高，最好采用自行杆式（履带式）起重机。

2) 滑行法。柱子吊升时，起重机只升吊钩，起重杆不动，使柱脚沿地面滑行逐渐直立，然后插入杯口。采用此法吊升时，柱子的绑扎点应布置在杯口附近，并与杯口中心位于起重机的同一工作半径的圆上，以便将柱子吊离地面后，稍转动吊杆，即可就位，如图 6-19。

采用滑行法吊柱子，缺点是在滑行过程中柱子受震动；优点是在起吊中，起重机只须

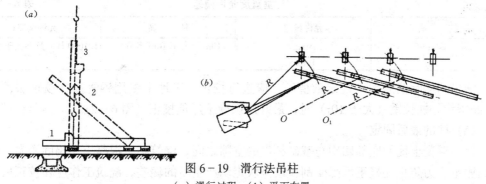

图 6-19 滑行法吊柱

（a）滑行过程；（b）平面布置

1—柱子平卧时；2—起吊中途；3—直立

转动吊杆，即可将柱子吊装就位，比较安全。因此，一般中小型柱子多采用旋转法。当柱子较重、较长或起重机在安全荷载下的回转半径不够时；现场狭窄，柱子无法按旋转法排放时；以及使用桅杆式起重机吊装时，方采用滑行法。

（3）柱的对位和临时固定

柱脚插入杯口后，先进行悬空对位，用八只楔块从柱的四边插入杯口，并用撬棍撬动柱脚使柱子的安装中心线对准杯口的安装中心线，并使柱身基本保持垂直，即可落钩将柱脚放到杯底，并复查对线。随后，由两人面对面打紧四周楔子加以临时固定。吊装重型柱或细长柱时，除采用以上措施进行临时固定外，必要时增设缆风绳拉锚。

（4）柱的校正

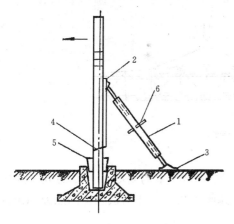

图 6-20 钢管撑杆校正法

1—钢管校正器；2—头部摩擦板；

3—底板；4—钢丝绳；

5—楔块；6—转动手柄

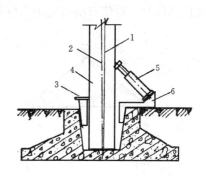

图 6-21 千斤顶斜顶法

1—柱中线；2—铅垂线；3—楔块；

4—柱；5—千斤顶；6—铁籫箕

柱的校正内容包括平面定位轴线的位移、标高和垂直度的校正。柱平面定位轴线的位置在临时固定前进行对位时大多已校正好。标高是在柱吊装前，由调整基础杯底的标高予以控制在规范允许的范围以内。所以柱吊装后主要是校正垂直度。垂直度校正的方法是用两架经纬仪从柱的相邻两面观测柱中心线是否垂直。柱子垂直度的允许偏差见表 6-7。

柱　　　高	允许偏差	柱　　　高	允许偏差
≤5m	5mm	10m 及大于 10m 多节柱	1/1000 柱高且不大于 20mm
>5m	10mm		

测出的实际偏差大于规定数值时，应进行校正。工地上多用钢管撑杆校正法，如图 6-20所示。柱较重（大于 10t）时，最好用螺旋千斤顶校正（图 6-21）。

（5）柱的最后固定

钢筋混凝土柱的底部四周与基础杯口的空隙之间，浇筑细石混凝土，捣固密实，作为最后固定。为防止柱校正后因受刮风或楔块走动产生新的偏差，浇筑工作应在校正后立即进行。细石混凝土浇筑分两次进行，第一次先浇至楔块底面，待混凝土强度达到 25% 设计强度后，即可拨去楔块，浇筑第二次混凝土至杯口顶面。

（二）吊车梁的吊装

吊车梁的吊装须在柱子最后固定好，接头混凝土达到 70% 设计强度后进行。吊车梁的绑扎应使吊钩对准重心，起吊后使构件保持水平。吊车梁就位时应缓慢落下，争取使吊车梁中心线与支承面的中心线能一次对准，并使两端搁置长度相等。吊车梁的校正，应在屋盖结构构件校正和最后固定后进行。校正的内容有：中心线对定位轴线的位移、标高、垂直度。

（三）屋架的吊装

工业厂房的钢筋混凝土屋架，一般在现场平卧叠浇。吊装的施工顺序是：绑扎、扶直就位、吊升、对位与临时固定、校正和最后固定。

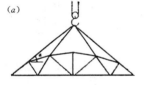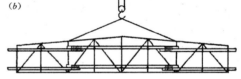

图 6-22　屋架的绑扎

（1）绑扎

屋架的绑扎点，应选在上弦节点处或其附近，对称于屋架的重心。吊点的数目及位置，与屋架的型式和跨度有关，一般由设计确定。如施工图上未注明或改变吊点数和位置时，事先应对吊装应力进行核算，以免构件损坏。

跨度小于 15m 的屋架，绑扎两点即可；跨度在 15m 以上时，可采取四点绑扎（图 6-22a）。屋架跨度超过 30m 时，可采用横吊梁，以减小吊索高度。

钢屋架的侧向刚度较差，在翻身扶直与吊装时，必要时应进行临时加固（图 6-22b）。

屋架绑扎时，吊索与水平面的夹角 a 不宜小于 45°，以免屋架上弦杆承受过大的压力，如果加大 a 角，则吊索过长，起重机的起重高度不够，可采用横吊梁。

（2）扶直与就位

由于屋架在现场平卧预制，吊装前先要翻身扶直，然后起吊运至预定地点就位。屋架是平面受力构件，扶直时，在自重作用下屋架承受平面外力，部分地改变了构件的受力性质，特别是上弦杆极易挠曲开裂，因此，事先必须进行吊装应力的核算，如截面强度不够，要采取加固措施。

由于起重机与屋架的相对位置不同，扶直屋架有两种方法：

1）正向扶直。起重机位于屋架下弦一边，首先以吊钩对准屋架上弦中点，收紧吊钩，然后略略起臂使屋架脱模。接着升钩、起臂，使屋架以下弦为轴缓缓转为直立状态。正向扶直示意如图6-23a。

2）反向扶直。起重机位于屋架上弦一边，吊钩对准上弦中点，随着升钩、降臂，使屋架绕下弦转动而直立，如图6-23b。

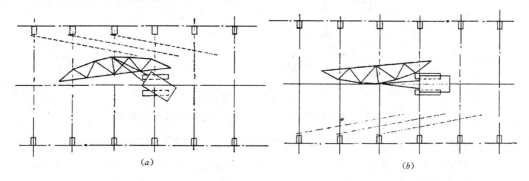

(a)   (b)

图6-23　屋架的扶直
a）正向扶直；b）反向扶直

两种扶直方法的不同点，即在扶直过程中，一升臂、一降臂，以保持吊钩始终在上弦中点的垂直上方。升臂比降臂易于操作，也较安全，应尽可能采用正向扶直。

屋架扶直后应即进行就位。就位的位置与起重机的性能和吊装方法有关，应少占场地，便于吊装，且应考虑屋架的安装顺序、两头朝向等问题。一般靠柱边斜放，就位范围在预制构件平面图绘制时应加以确定。就位位置与屋架预制位置在起重机开行路线同一侧时，叫作同侧就位；两者分别在开行路线各一侧时，叫作异侧就位。

（3）吊升、对位与临时固定

屋架吊至柱顶以上，使屋架的端头轴线与柱顶轴线重合，然后进行临时固定，屋架固定稳妥后起重机才能脱钩。

第一榀屋架的临时固定必须可靠，因为它是单片结构，侧向稳定性差；同时，它是第二榀屋架的支撑，所以必须做好临时固定。做法一般是用四根缆风绳从两边把屋架拉牢（图6-24）。有防风柱的可与防风柱连接固定。其他各榀屋架可用屋架校正器（工具式支撑）临时固定在前面一榀屋架上。

（4）校正、最后固定

屋架主要校正垂直偏差。规范规定：屋架上弦（在跨中）对通过两个支座中心的垂直面偏差不得大于$h/250$（h为屋架高度）。检查时可用线锤或经纬仪。用经纬仪检查，是将仪器安置在被检查屋架的跨外，距柱横轴线为a（a为1m左右），然后，观测屋架上弦所挑出的三个挂线木卡尺上的标志（一个安装在屋架上弦中央，两个安装在屋架上弦两端，标志距屋架上弦轴线均为a）是否在同一垂直面上，如偏差超出规定数值（如屋架吊

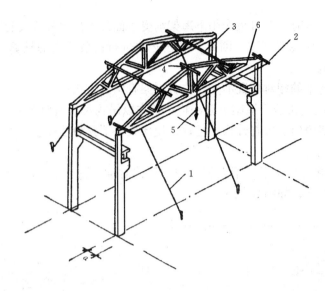

图 6-24　屋架的临时固定

1—缆风绳；2, 4—挂线木尺；3—屋架校正器；5—线锤；6—屋架

装的允许偏差，下弦中心线对定位轴线的位移为 5mm，拱形屋架垂直度为 1/250 屋架高），转动屋架校正器上的螺栓进行校正，并在屋架端部支承面垫入薄钢片。校正无误后，立即用电焊焊牢作为最后固定，应在屋架两端的不同侧同时施焊，以防因焊缝收缩导致倾斜。

（四）天窗架、屋面板的吊装

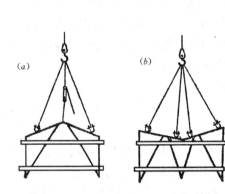

图 6-25　天窗架的绑扎

（a）两点绑扎；（b）四点绑扎

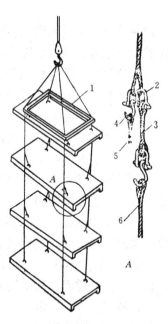

6-26　大型屋面板的一钩多挂

1—铁吊架；2—卡环；3—短吊索；
4—挂钩；5—上面一块板的吊索；
6—下面一块板的吊索

屋架上的天窗架可与屋架组合一起绑扎吊装或进行单独吊装，采用两点或四点绑扎

（图 6-25）。其校正可用屋架校正器（工具式支撑）。

屋面板的吊装，如图 6-26 所示，一般可采用一钩多吊，以提高起重机效率，但吊装时应由两边檐口左右对称地逐块吊向屋脊，有利于屋架稳定，受力均匀。屋面板就位、校正后，应立即与屋架上弦焊牢，除最后一块只能焊两点外，每块屋面板可焊三点。

三、结构吊装方案

单层工业厂房类型很多，一般常见的中小型厂房结构，宜于采用履带式起重机进行吊装。

（一）起重机型号的选择

履带式起重机的型号应根据所吊装构件的尺寸、重量以及吊装位置来选择确定。所选型号的起重机的三个工作参数：起重量 Q、起重高度 H 和起重半径 R 均应满足结构吊装的要求。

（1）起重量

起重机的起重量必须大于所吊装构件的重量与索具重量之和：

$$Q \geqslant Q_1 + Q_2$$

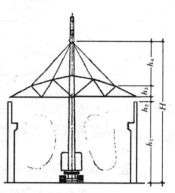

图 6-27 起重机的起重高度

式中　Q——起重机的起重量（t）；

Q_1——构件的重量（t）；

Q_2——索具的重量（t）。

（2）起重高度

起重机的起重高度必须满足所吊构件的吊装高度要求（图 6-27），对于吊装单层厂房应满足：

$$H \geqslant h_1 + h_2 + h_3 + h_4$$

式中　H——起重机的起重高度（m），从停机面算起至吊钩中心；

h_1——安装支座表面高度（m），从停机面算起；

h_2——安装空隙，一般不小于 0.3m；

h_3——绑扎点至所吊构件底面的距离（m）；

h_4——索具高度（m），自绑扎点至吊钩中心，视具体情况而定。

（3）起重半径

当起重机可以不受限制地开到所吊装构件附近去吊装构件时，可不验算起重半径。但当起重机受限制不能靠近吊装位置去吊装构件时，则应验算当起重机的起重半径为一定值时的起重量与起重高度能否满足吊装构件的要求。

当起重机的起重杆须跨过已安装好的结构去吊装构件，例如跨过屋架安装屋面板时，为了不与屋架相碰，必须求出起重机的最小杆长。求最小杆长可用数解法或图解法。

1）数解法（图 6-28a）

$$L = l_1 + l_2 = h /\sin\alpha + (a + g)/\cos\alpha$$

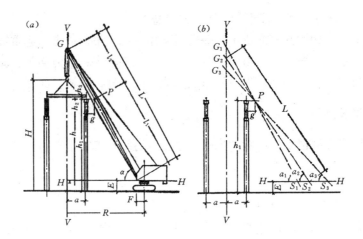

图 6-28 最小杆长计算简图

(a) 数解法计算简图；(b) 图解法

式中　L——起重杆的长度（m）；

　　　h——起重杆底铰至构件吊装支座的高度（m）；

$$h = h_1 - E$$

　　　a——起重钩需跨过已吊装结构的距离（m）；

　　　g——起重杆轴线与已吊装屋架间的水平距离，至少取 1m；

　　　E——起重杆底铰至停机面的距离（m）；

　　　α——起重杆的仰角。

为了求得最小杆长，可对上式进行微分，并令 $\mathrm{d}l/\mathrm{d}a = 0$

$$\mathrm{d}l/\mathrm{d}a = -h\cos\alpha/\sin^2\alpha + (a+g)\sin a/\cos^2\alpha = 0$$

得

$$\alpha = \mathrm{arctg}\sqrt[3]{h/(a+g)}$$

将 α 值代入式中，即可得了所需起重杆的最小长度。据此，选用适当的起重杆长，然后根据实际采用的 L 及 α 值，计算出起重半径 R：

$$R = F + L\cos\alpha$$

根据起重半径 R 和起重杆长 L，查起重机性能表或曲线，复核起重量 Q 及起重高度 H，即可根据 R 值确定起重机吊装屋面板时的停机位置。

2）图解法（图 6-28b）

按一定比例绘出施工厂房一个节间的纵剖面图，并画出起重机吊装屋面板时起重钩应到位置的垂线 $V-V$；

根据初步选用的起重机型号，从起重机外形尺寸表可查得起重杆底铰至停机面的距离 E，于是可画出水平线 $H-H$；

自屋架顶水平方向量出一距离 g（g 至少取 1m），可得 P 点；过 P 点可画出若干条斜直线，斜直线被 $V-V$ 垂线及 $H-H$ 水平线所截，得线段 S_1G_1、S_2G_2、S_3G_3……等等，取其中最短的一根即为所求之最小杆长。用量角器量出 α 角，即为吊装时起重杆的仰角。量出起重杆的水平投影，再加上起重杆下铰点至起重机回转中心的距离 F，即得起重半径 R。

由于图解法较为实用，被普遍使用。

在确定最小起重杆长时，除对屋架上面中间一块屋面板进行验算外，尚应满足吊装屋架两端边缘一块屋面板的要求。

同一型号的起重机常有几种不同长度的起重杆（按起重机的性能规定，起重杆可以接长），当各种构件工作参数相差较大时，可选用几种不同长度的起重杆进行吊装。

（二）起重机台数的确定

起重机台数，根据厂房的工程量、工期和起重机的台班产量，按下式计算确定：

$$N = [1/(T \cdot C \cdot K)] \cdot \Sigma (Q_i/P_i)$$

式中　N——起重机台数；

T——工期（d）；

C——每天工作班数；

K——时间利用系数，一般取 0.8～0.9；

Q_i——每种构件的安装工程量（件或吨）；

P_i——起重机相应的产量定额（件/台班或吨/台班）。

此外，决定起重机台数时，还应考虑到构件装卸、拼装和就位的需要。

（三）结构吊装方法

单层工业厂房结构的吊装方法，有以下两种：

（1）分件吊装法

起重机每开行一次，仅吊装一种或几种构件。通常分三次开行吊装完全部构件。第一次开行，吊装全部柱子，经校正及最后固定，接头混凝土强度达到 70% 设计强度。

第二次开行，吊装全部吊车梁、连系梁及柱间支撑。

第三次开行，依次按节间吊装屋架、天窗架、屋面板及屋面支撑等。

吊装的顺序见图 6-29。分件吊装法由于每次基本是吊装同类型构件，索具不需经常更换，操作方法也基本相同，所以吊装速度快，能充分发挥起重机效率，构件可以分批供应和现场平面布置比较简单，也能给构件校正、接头焊接、灌筑混凝土、养护提供充分的时间。缺点是：不能为后续工序及早提供工作面，起重机的开行路线较长。但本法仍为目前国内装配式单层工业厂房结构吊装中广泛采用的一种方法。

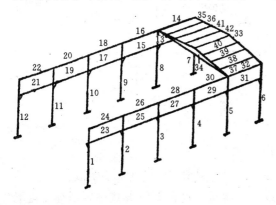

图 6-29　分件吊装时的构件吊装顺序

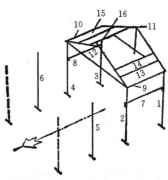

图 6-30　综合吊装时的构件吊装顺序

（2）综合吊装法

起重机在厂房内一次开行中（每移动一次）就吊装完一个节间内的各种类型的构件。吊装的顺序如图6-30所示。即先吊装4～6根柱子，并加以校正和最后固定；随后吊装这个节间内的吊车梁、连系梁、屋架和屋面板等构件。一个节间的全部构件吊装完后，起重机移至下一节间进行吊装。直至整个厂房结构吊装完毕。这种方法的优点是：开行路线短，停机点少；吊完一个节间，其后续工种就可进入节间内工作，使各工种进行交叉平行流水作业，有利于缩短工期。缺点是：由于同时吊装不同类型的构件，吊装速度较慢；使构件供应紧张和平面布置复杂；构件的校正困难、最后固定时间紧迫。因此目前很少采用。对于某些结构（如门式框架结构）有特殊要求，或采用桅杆式起重机，因移动比较困难，才采用综合吊装法。

（四）现场预制构件的平面布置和吊装前的构件堆放

（1）现场预制构件的平面布置

单层工业厂房在现场预制的构件主要是柱子和屋架，有时还有吊车梁。在预制时应对它们的预制位置仔细加以规划布置，以便于施工，为提高劳动生产率创造条件。

布置现场预制构件时应考虑如下一些问题：

① 各跨构件宜布置在本跨内预制，如有些构件在本跨内预制确有困难时，也可布置在跨外而便于吊装的地方。

② 应满足吊装工艺的要求，首先考虑重型构件，应尽可能布置在起重机的工作半径之内，以缩短起重机负荷行走的距离并减少起重杆的起伏次数。

③ 应便于支模和浇灌混凝土。若为预应力构件尚应考虑抽管、穿筋等操作所需的场地。

④ 构件的布置，力求占地最小，保证起重机、运输车辆的道路畅通。起重机回转时不致与建筑物或构件相碰。

⑤ 构件的布置，要注意安装时的朝向，特别是屋架。避免在吊装时在空中调头，影响吊装进度和施工安全。

⑥ 构件均应在坚实的地基上浇注，新填土要加以夯实，垫上通长的木板，以防下沉。

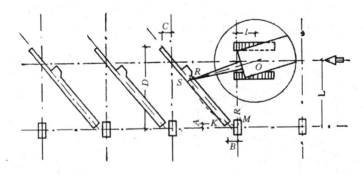

图6-31 柱子的斜向布置

1）柱子的布置。为了配合起吊方法，柱子预制时可采取下列两种布置方式。

① 斜向布置。预制的柱子应与厂房纵轴线成一斜角。这种布置方式主要是为了配合旋转起吊。根据旋转起吊的工艺要求，柱子最好按图6-31的要求进行布置。也就是要使杯形基础中心M、柱脚K、绑扎点S三者均能位于起重机吊柱时的同一起重半径R的圆

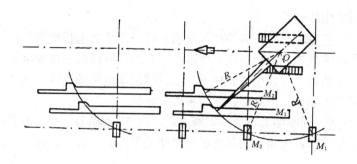

图 6-32　柱子的纵向布置

弧上。

当柱子较长或由于其他原因，不可能将柱子的绑扎点、柱脚与杯形基础三者安排在起重机吊装该柱时的同一起重半径 R 圆弧上时，可以将绑扎点与杯形基础布置在起重半径的圆弧上。

②纵向布置。预制的柱子与厂房的纵轴线平行（图 6-32）。纵向布置主要是为了配合滑行法起吊。可考虑将起重机停机点布置在柱距中间，每停机一次吊装两根柱子。柱子的绑扎点应考虑布置在起重机吊装该柱时的起重半径上。

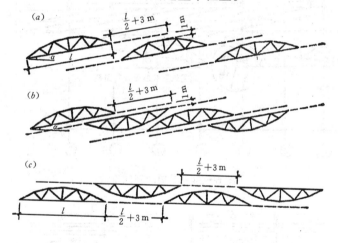

图 6-33　屋架预制时的几种布置方式
(a) 斜向布置；(b) 正、反斜向布置；(c) 正、反纵向布置

2) 屋架的布置。屋架多在跨内平卧叠层预制，每叠 3~4 榀。布置方式有斜向布置、正、反斜向布置和正、反纵向布置（图 6-33）。其中以斜向布置方式采用较多，因为它便于屋架的扶直及堆放。

布置屋架的预制位置，还要考虑屋架的扶直、堆放要求及屋架扶直的先后次序。先扶直者应放在上层。由于屋架很长，转动不易，因此对屋架的两端朝向也要注意。

图 6-33 中虚线表示预应力屋架抽管及穿筋时所需要的场地。

3) 吊车梁的布置。当吊车梁在现场预制时，可靠近柱子基础顺纵向轴线或略作倾斜布置，也可插在柱子之间预制。如具有运输条件，可另行在场外集中预制。

(2) 吊装前的构件堆放

为配合吊装工艺要求，各种构件在起吊前应按一定要求进行堆放。由于柱子在预制时即已按吊装阶段的堆放要求进行布置，所以柱子在两个阶段的布置要求是一致的。一般当柱子达到吊装强度的要求后，先吊装柱子，以便腾出场地来堆放其他构件。所以吊装前的构件堆放，主要是指屋架、吊车梁、屋面板等的堆放。

1) 屋架的堆放。预制屋架布置在本跨之内，以3~4榀为一叠，为了适应在吊装阶段吊装屋架的工艺要求，首先需要用起重机将屋架由平卧转为直立，这一工作称为屋架的扶直（或称翻身、起板）。

屋架扶直后，随即用起重机将屋架吊起并转移到吊装前的堆放位置。屋架的堆放方式一般有两种，即屋架的斜向堆放（图6-34）和纵向堆放（图6-35）。各榀屋架之间保持不小于20cm的间距，各榀屋架都必须支撑牢靠，防止倾倒。对于纵向堆放的屋架，要避免在已吊装好的屋架下面进行绑扎和吊装，因而每组屋架的就位中心线，可大致安排在该组屋架倒数第二榀吊装轴线之后约2m处。如（图6-35）所示，纵向堆放，这一组屋架共有四榀，倒数第二榀屋架，即为③轴线上的屋架，也即第三榀屋架的跨长中间距③轴线之后的约2m处为准，进行这一组的屋架堆放，最为合适。

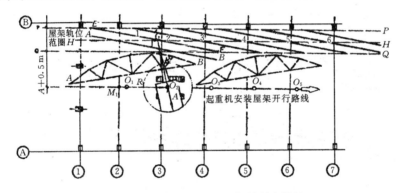

图6-34 屋架的斜向堆放

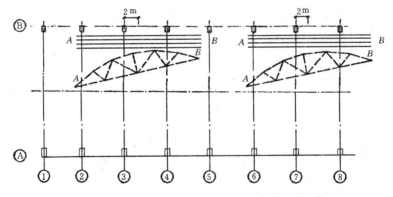

图6-35 屋架的纵向堆放

2) 吊车梁、连系梁、屋面板的堆放。构件运到现场后，按平面布置图安排的部位，依编号、吊装顺序进行就位和集中堆放。吊车梁、连系梁的就位位置，一般在其安装位置的柱列附近，跨内跨外均可；有时，也可从运输车辆上直接起吊。屋面板的就位位置，可

178

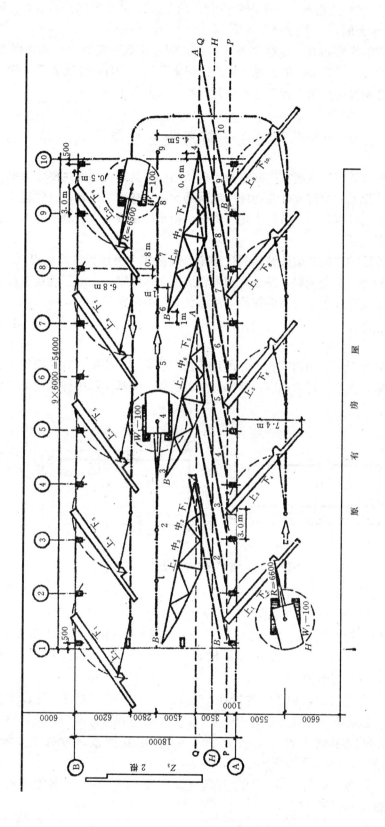

图 6-36 某单跨车间预制构件平面布置图

179

以 6~8 块为一叠，靠柱边堆放。在跨内就位时，约后退 3~4 个节间开始堆放；跨外就位时，应后退 2~3 个节间。

单层厂房构件的平面布置，受很多因素影响。制定布置方案时，要密切联系现场实际，因地制宜，并征求吊装部门的意见，确定出切实可行的构件平面布置图。图 6-36 所示为某单跨车间各构件的预制位置及起重机开行路线、停点位置。

第三节　多层装配式钢筋混凝土框架结构吊装

在多层房屋中广泛采用装配式钢筋混凝土框架结构，其结构形式主要分为梁板式和无梁式两种。装配式框架的全部构件在构件厂或现场预制，在现场吊装，这种施工方法，不仅能节约模板，加快进度，还能节约水泥、钢材，便于应用预应力混凝土构件，也是实现建筑工业化的重要途径。

此外，在改革围护结构、墙体结构的过程中，装配式大型墙板结构也得到广泛采用。大型墙板，用混凝土、工业废料、粘土砖和陶粒混凝土等预制，在施工现场进行装配。装配式大型墙板的结构形式主要分为墙体承重的墙板和框架承重的挂板两种。

一、起重机的选择

起重机选择要根据工程结构的特点，即建筑物的层数和总高度、建筑物的平面形状和尺寸、构件的长短、大小、轻重和它们能够达到的位置、现场实际条件和现有的机械设备条件等来确定。

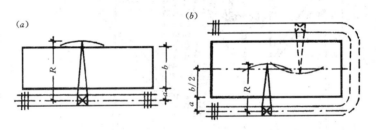

图 6-37　塔式起重机布置方案

目前多层房屋结构吊装常用的起重机械有三类：自行杆式起重机（履带式、汽车式、轮胎式起重机），轨行式塔式起重机和自升式塔式起重机（爬升式和附着式）。

一般的自行杆式起重机（如 W_1-100 型履带式起重机和 Q_2-32 型汽车式起重机等）由于起重机高度和回转半径均较小，适于吊装 4~5 层以下的框架结构房屋，起重机的开行路线分跨内和跨外开行两种。

多层房屋如总高度在 25m 以下，宽度在 15m 以内，构件重量在 2-3t 以下，一般采用 QT_1-6 型塔式起重机（起重力矩为 40~45tm），或具有相同性能的其他轻型塔式起重机。塔式起重机如作单侧布置，要求 $R \geqslant a+b$；作双侧或环状布置，要求满足 $R \geqslant a+b/2$。如图 6-37 所示。

一些重型工业厂房（如电厂等），则宜用起重量为 15、25 或 40t 的重型塔式起重机进行吊装（图 6-38）。

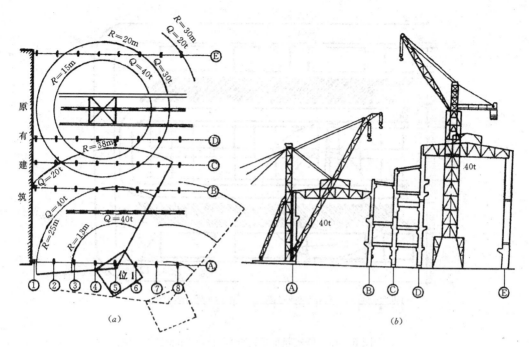

图 6-38　采用塔式起重机和桅杆式起重机吊装电站主厂房

(a) 平面；(b) 剖面

高层装配式结构，由于其高度很大，需要采用爬升式或附着式自升塔式起重机。图6-39为内爬式自升塔式起重机吊装高层建筑的示意图。

二、起重机的平面布置及构件堆放

多层房屋的预制构件，除较重、较长的柱子需在现场就地预制外，其他构件大多数由工厂集中预制后运往工地吊装。因此，构件平面布置要着重解决柱子的现场预制布置和预制构件的堆放问题。

构件平面布置与所选用的吊装方法、起重机械的性能、构件的制作方法等有关。

图6-40所示是塔式起重机跨外环行吊装一幢五层房屋框架结构构件布置方案。

柱是现场预制构件中最主要的构件，也是较重较长的构件，布置时必须优先考虑。该幢五层框架的柱分成两节预制。预制柱紧靠在塔式起重机轨道外边，相对于塔式起重机轨道，为斜向布置在房屋两侧，两层叠浇预制。梁、板和其他构件由工厂集中制作，用汽车运入，并用一台汽车式起重机卸车和堆放。梁、板和其他构件堆放在柱的外侧。

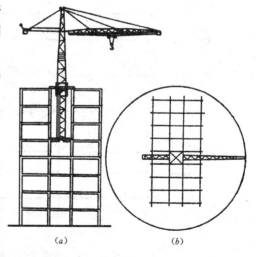

图 6-39　内爬式自升塔式起重机吊装高层建筑

(a) 剖面；(b) 平面

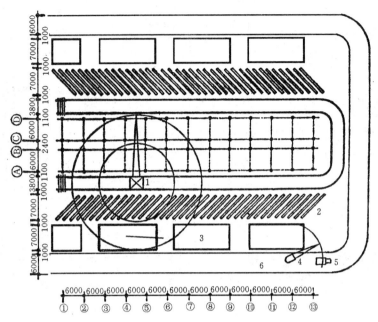

图6-40 塔式起重机跨外环行构件布置图

1—塔式起重机；2—柱预制场地；3—梁板堆放场；4—汽车式起重机

5—载重汽车；6—临时道路

这个布置方案有如下的特点：重的构件（柱）布置在靠近起重机的地方，而轻的构件（梁、板）布置在外边，这样能充分发挥起重机的起重能力，并且柱的起吊亦较方便；全部框架构件均布置在起重机的有效工作范围之内，不需二次搬运；房屋内部和塔式起重机轨道内全部不布置构件，这样就不致与施工发生干扰。但该方案要求房屋两侧有较多的场地。

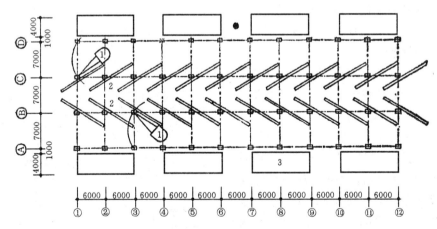

图6-41 履带式起重机跨内开行构件布置图

1—履带式起重机；2—柱的预制场地；3—梁、板堆场

图6-41所示是履带式起重机跨内开行吊装一幢两层三跨框架结构的构件布置图。在这个布置方案中，柱在中跨基础旁斜向布置，两层叠浇。履带式起重机在两个边跨内开

行。梁板堆场布置在房屋两外侧，也是在起重机的有效工作范围之内。

多层房屋柱子的布置方式，除上述斜向布置外，因具体情况，尚有平行布置方式。此外，除采用汽车运入梁、板等构件现场堆放以供吊装外，如有可能采用"随运随吊"方案应尽量采用。构件"随运随吊"就是构件由汽车运到工地后，用起重机从汽车（运输车辆）上直接吊起进行吊装。它可以减少构件堆场、减少装卸工序和缩短工期，但需要有严密的、科学的组织方法。

高层房屋构件的布置。图6－42是采用爬升塔式起重机安装一幢16层框架结构的施工平面布置。由于爬升式起重机布置在房屋中存放1～2层构件。因此，全部构件都集中在工厂预制，然后运到工地安装。在本方案中，除楼板和墙板一次就位外，其他构件均在现场附近另辟转运站，吊装时再转运一次，由一台履带式起重机在现场卸车。

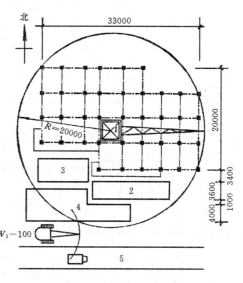

图6－42　爬升塔式起重机吊装框架结构的施工平面图
1—爬升塔式起重机；2—墙板堆放区；3—楼板堆存区；
4—柱梁堆放区；5—运输道路

三、结构吊装方法

多层装配式框架结构的吊装方法，按构件吊装顺序不同，有分件吊装法和综合吊装法。

（1）分件吊装法

按其流水方式的不同，又分为分层分段流水吊装法（图6－43a）和分层大流水吊装法。

①分层分段流水吊装法就是以一个楼层为一个施工层（如果柱子是两层一节，则以两个楼层为一个施工层），而第一个施工层又再划分成若干个施工段，以便于构件吊装、校正、焊接以及接头灌浆等工序的流水作业。起重机在施工段 A_1 中作数次往返开行，每次开行，吊装该段内某一种构件，施工段中 A_1 中构件吊完，依次转入施工段 A_2、A_3，等施工层［3］构件全部吊装完毕并最后固定后，再吊装上一层［2］中各段构件，直至整个结构吊完。施工段的划分，主要取决于建筑物平面形状和尺寸、起重机的性能及其开行路线、完成各个工序所需要的时间和临时固定设备的数量等。因此，吊装段的大小，大型墙板房屋一般是1～2个居住单元，框架结构一般是4～8个节间。

图6－44是塔式起重机用分层分段流水吊装法吊装梁板式框架结构的例子。起重机首先依次吊装第Ⅰ施工段中1－14号柱，在这段时间内，柱的校正、焊接、接头灌浆等工序亦依次进行。起重机吊装完14号柱之后，回头吊装15～33号主梁和次梁。同时进行各梁的焊接和灌浆等工序。这就完成了第Ⅰ施工段中柱和梁的吊装，形成框架，保证了结构的稳定性，腾出临时固定设备，然后同法吊装第Ⅱ施工段中的柱和梁。等第Ⅰ、Ⅱ段的柱和梁吊装完毕，再回头依次安装这两个施工段中64～75号楼板，然后如此法吊装第Ⅲ、Ⅳ两个施工段。一个施工层完成后再往上吊装另一施工层。

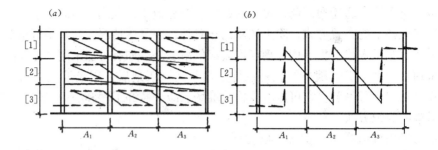

图6-43 多层房屋结构吊装法

(a) 分层分段流水吊装法；(b) 综合吊装法

A_1, A_2, A_3—施工段；[1], [2,] [3]—施工层（与楼层高度相同）

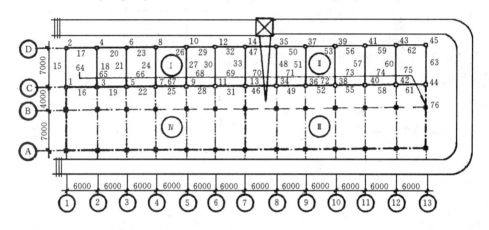

图6-44 用分层分段吊装法吊装一个楼层构件的顺序

Ⅰ、Ⅱ、Ⅲ、Ⅳ—施工段编号；1, 2, 3……—构件吊装顺序

②分层大流水吊装法是每个施工层不再划分施工段，而按一个楼层组织各工序的流水。

分件吊装法是装配式框架结构最常用的方法。其优点是：容易组织吊装、校正、焊接、灌浆等工序的流水作业；容易安排构件的供应和现场布置工作；每次均吊装同类型构件，可减少起重机变幅和吊具更换的次数，从而提高吊装效率，各工序的操作也比较方便和安全。因此在工程吊装实践中，尤其是分层大流水吊装法被采用。

（2）综合吊装法

综合吊装法是以一个柱网（节间）或若干个柱网（节间）为一个施工段，以房屋的全高为一个施工层来组织各工序的流水。起重机把一个施工段的构件吊装至房屋的全高，然后转移到下一个施工段。当采用自行式起重机吊装框架结构，或用塔式起重机而不能布置在房屋外边进行吊装，或者由于房屋宽度大、构件重，以致只有把起重机布置在跨内才能满足吊装要求时，就要采用综合吊装法。

图6-45所示是采用履带式起重机跨内开行以综合吊装法安装两层装配式框架结构的例子。该工程采用两台履带式起重机。其中［1］号起重机吊装 CD 跨的构件，首先吊装第一节间的柱1~4（柱是一节到顶），随即吊装该节间的第一层（二楼）梁5~8，形成框架后，接着吊该层楼板9；然后吊装第二层（屋面）梁10~13和该层楼板（屋面板）14。这样，起重机后退一个停机位置，再用相同顺序吊装第二节间，余类推，直至吊装完 CD

184

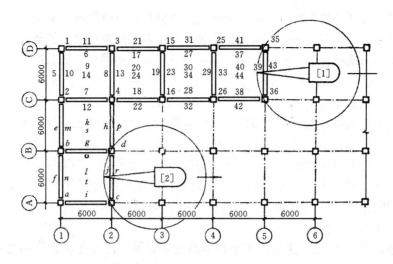

图 6-45　用综合吊装法吊装框架结构构件的顺序

1、2、3、4…—［1］号起重机吊装顺序；a、b、c、d…—［2］号起重机吊装顺序

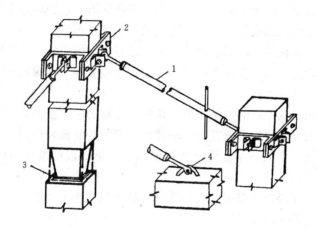

图 6-46　用预埋钢板点焊及管式支撑临时固定柱简图

1—管式支撑；2—夹箍；3—预埋钢板；及点焊；4—预埋件

跨全部构件后退场。［2］号起重机则在 AB 跨开行，负责吊装 AB 跨的柱、梁和楼板，再加 BC 跨的梁和楼板，吊装方法与［1］号起重机相同。

采用综合吊装法，工人在操作过程中，上下频繁，劳动强度大；杯基与柱子连接和接头混凝土尚未达设计强度的 70%，如随即吊装梁等构件，结构的稳定性难以得到保证；现场构件的供应与布置复杂要求高，对提高吊装效率与施工管理均有影响。为此，综合吊装法，在工程吊装施工中很少应用。

四、构件吊装工艺

多层装配式梁板式框架结构由柱、主梁、次梁、楼板组成。结构柱截面一般为方形或矩形。为便于预制和吊装，上下各层柱的截面应尽量保持不变。而采取改变柱内配筋或混凝土强度等级的方法来适应上下层柱承载能力的变化。柱子长度在 12m 以内时，通常采用单点直吊绑扎。柱子较长时，应用两点绑扎，并应对吊点位置进行吊装应力和抗裂度验算。尽量避免用三点或多点绑扎。因其在吊装过程中容易产生裂缝，甚至会吊断。

框架底层柱与基础杯口的连结方法与单层工业厂房柱相同。柱的长度有一层一节或2～3层一节，甚至做成梁柱整体式结构（H形或T形构件）。这主要取决于现场的起重设备条件。现今已能采用起重量 50t 的 KH180 型履带式起重机以两点绑扎吊装长达 35m 的柱子，并采用无缆风绳校正。当下节柱永久固定后，上节柱吊装在下节柱顶上时，上下柱间的连接是框架结构吊装的关键。柱子的校正和临时固定，可用管式支撑（图 6－46）。管式支撑是两端装有螺杆的铁管，上端与套在柱上的夹箍相连，下端与楼板上的预埋件相连，用以撑住并校正柱的竖直度。为了提高效率，可在上柱底部及下柱顶部各增设一块 6mm 钢板，当上柱吊装并校正好水平位置后，在两块钢板间四面点焊作为临时固定，然后用管式支撑作垂直度校正。

柱子的校正须分 2～3 次进行。对于焊接的柱子，第一次校正在脱吊钩之后、电焊之前进行；第二次是在柱子接头电焊后进行，以校正因电焊钢筋收缩不均所产生的偏差；在柱子与梁连接和吊装楼板后，为消除电焊产生的偏差还要再校正一次。多层框架细而长的柱子在强烈日光照射下，由于温差会使柱子产生弯曲变形。这种温差变形有时会影响校正精度和结构质量，必须引起重视。为此，建议采取下列措施：

①对受温差影响大和垂直度要求高的柱子，最好在无阳光影响的情况下进行校正。

②同一轴线上的柱子，可选择第一根柱子在无温差影响下精确校正作为标准柱，其余的柱子校正时以这一柱子为准。

③柱子校正时预留偏差。对数层一节的长柱，在每层梁、板吊装前均须校正，方法同单层工业厂房柱。当下层柱出现偏差时，一般在上节柱的底部就位时，可对准下柱中心线和标准中心线的中点，各借一半，而上节柱的顶部，仍应以标准中心线为准，并以此类推。

对于将整根柱分成两节或多节，分节进行吊装，其柱接头型式常用的有榫接头、浆锚接头等。使用较多的为榫接头。

（1）榫接头

如图 6－47 所示。这种接头是预制柱子时上下柱各向外伸出一定长度（下柱伸出长为 $h/3$）的柱主筋，吊装时对齐并用剖口焊把它们连接起来。为了承受施工荷重，上柱底部突出一个混凝土榫头，接着安装模板，用比设计强度等级高 25％的细石混凝土进行接头灌浆，把上下柱联成整体。

施工注意事项：

① 柱子预制时伸出钢筋的位置必须准确，为此最好是采用连续统长预制的方法。在柱子运输和吊装过程中，最好用专门的套管保护伸出的钢筋。

② 钢筋电焊对柱子垂直度影响较大，因此对施焊工艺、施焊顺序要事先周密考虑。上下钢筋之间的距离在切割时要精确，偏差过大会导致无法焊接或耗费焊条过多，并由此引起很大的收缩变形，影响质量。

③ 灌筑混凝土前应将构件接头处的混凝土凿毛，用水洗净并润湿，以提高新老混凝土的粘结强度。混凝土宜分层捣实，使前一层混凝土稍沉实后再行灌筑，以减少混凝土的收缩量。柱接头支模如图 6－48 所示，上部模板应支成倾斜，有利于震捣密实，待混凝土

浇灌终凝后,再凿去多余部分混凝土,表面抹面后养护不少于 7d。冬季灌浆还需采取特殊措施,以防混凝土受冻。

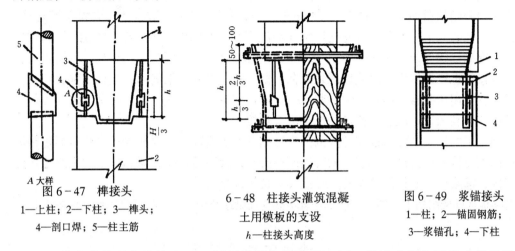

图 6-47　榫接头

1—上柱;2—下柱;3—榫头;
4—剖口焊;5—柱主筋

6-48　柱接头灌筑混凝
土用模板的支设

h—柱接头高度

图 6-49　浆锚接头

1—柱;2—锚固钢筋;
3—浆锚孔;4—下柱

④ 接头灌浆强度最好达 75% 后再吊装上层构件。剖口焊接头的主要优点是吊装和校正方便,连接质量能够保证。缺点是:焊接工作量大、焊接引起的变形使柱子垂直度较难控制,二次灌浆混凝土量大、接头易形成裂纹等。

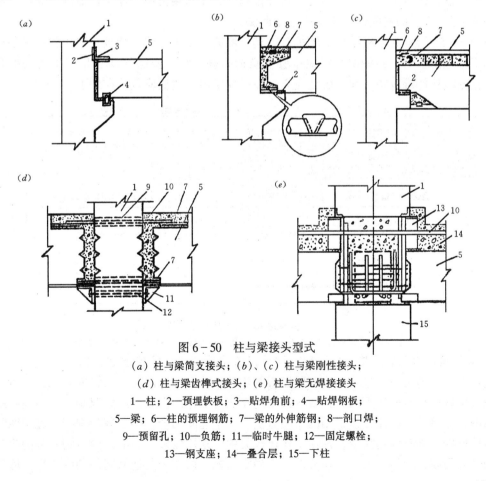

图 6-50　柱与梁接头型式

(a) 柱与梁简支接头;(b)、(c) 柱与梁刚性接头;
(d) 柱与梁齿榫式接头;(e) 柱与梁无焊接头

1—柱;2—预埋铁板;3—贴焊角前;4—贴焊钢板;
5—梁;6—柱的预埋钢筋;7—梁的外伸筋;8—剖口焊;
9—预留孔;10—负筋;11—临时牛腿;12—固定螺栓;
13—钢支座;14—叠合层;15—下柱

187

（2）浆锚接头

这种接头如图 6-49 所示。其做法是在上柱底部伸出四根长约 300~700mm 的锚固钢筋；下柱顶部则预留四个深约 350~750mm、孔径约为 2.5d~4d（d-锚固钢筋直径）的浆锚孔。在插入上柱之前，应先把浆锚孔清洗干净，并灌入高于 C40 的快速凝结砂浆；下柱顶面亦满铺约厚 10mm 的砂浆，然后把上柱锚固钢筋插入孔内，使上、下柱联成整体。浆锚接头也可采用后灌浆或后压浆工艺，即：把上柱锚固钢筋插入下柱浆锚孔后，再进行灌浆，或用压浆器将高强水泥砂浆压入。浆锚接头不需焊接，从而避免了焊接工作所带来的许多不利因素，但连接质量稍低于剖口焊接头。

梁和柱子的接头是关系框架结构的强度和刚度的重要环节。梁和柱子接头有通过预埋件焊接的简支接头；由剖口焊连接的普通刚性接头以及不需焊接，梁和柱子的钢筋全部伸入节点内，灌浆后形成整体接头的无焊接梁柱接头（见图 6-50）。

在梁板或框架结构中，楼板一般都是直接搁置在梁或叠合梁上，接缝浇以细石混凝土。

第四节　大型墙板结构房屋结构安装

装配式大型墙板的吊装方法主要有储存吊装法和直接吊装法（即随运随吊法）两种。储存吊装法，即将构件从生产场地或构件预制厂运往吊装机械工作半径范围内储存，储存量一般为 1~2 层的构配件。施工中常用此法。

图 6-51 所示为墙板结构房屋吊装时构件堆放平面布置图。墙板一般布置在吊装机械工作半径范围以内，避免吊装机械空驶和负荷行驶。每一楼层的墙板是按吊装段配套堆放，且同类构件堆放在一起。墙板应立放在插放架内，楼板应叠放在地上。

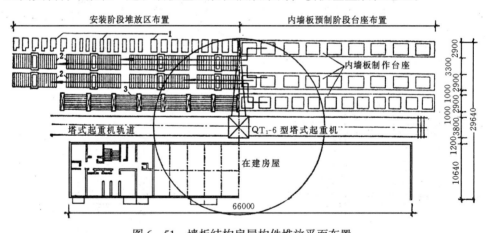

图 6-51　墙板结构房屋构件堆放平面布置
1—墙板及异形构件堆放区；2—内墙板堆放区域；3—外墙板插放区域

墙板结构房屋的吊装，是采用分层分段流水吊装法。按楼层划分施工层，每一施工层又可分两个施工段，当第一施工段墙板等构件吊装完毕，吊装机械转入第二施工段，第一施工段就进行接缝的灌浆、弹线、抄平与座灰等工作。图 6-52 为双间封闭吊装顺序的示意图，是单元式居住建筑采用的吊装方法。由于逐间闭合，随吊装随焊接，施工期间结构整体性好，临时固定简便，焊接工作比较集中，采用较多。一般由建筑物一端的第二个开间开始吊装，封闭的第二开间形成一个稳定结构，可作为其他开间吊装的依靠。墙板的

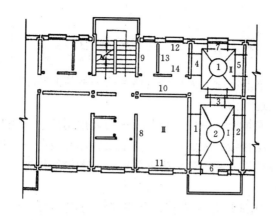

图 6-52 双间封闭式吊装顺序示意图

①，②…操作平台；1，2，3…为墙板吊装顺序

Ⅰ，Ⅱ，Ⅲ—为逐间封闭顺序

绑扎采用万能扁担（横吊梁带有八根吊索），既能吊墙板又能吊楼板。吊装时，标准房间用墙板吊装操作平台来固定墙板和调整墙的垂直度；对于楼梯间及不宜用操作平台的房间，则用水平拉杆和转角固定器进行临时固定（图 6-53）。墙板的垂直度检查用靠尺（托线板），校正后进行墙板的最后固定。墙板之间安设工具式模板进行灌浆。

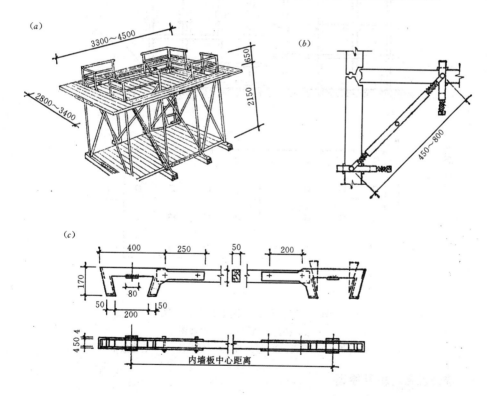

图 6-53 操作台、转角固定器、水平拉杆图

（a）墙板操作平台；（b）转角固定器；（c）水平拉杆

第五节 升板法施工

升板法施工是建造多层钢筋混凝土无梁楼盖体系的一种新的施工方法。

升板法的一般施工工艺过程为：

挖土——基础施工——回填土——柱子预制——吊装预制柱——浇筑混凝土地坪——以地坪为底模，重叠浇筑各层楼板和屋面板——柱上安装提升设备——提升屋面板及楼板——节点的最后固定及后浇柱帽——后浇板带混凝土——围护结构施工——装修工程。图6-54是升板法施工示意图。

升板法施工的特点是利用地坪作底模板，叠浇楼板与屋面板，可节省木模达90%，减少高空作业，减轻劳动强度，施工安全、文明，节约施工场地，楼板安装由提升设备进行，不需大型起重设备。但存在着升板工程结构用钢量较高的问题，需要从设计与施工两方面加以研究解决。

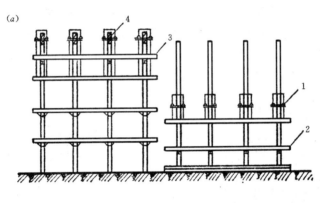

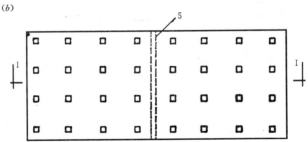

图6-54 升板法施工原理示意图

(a) 提升示意图；(b) 平面图

1—提升机；2—楼板；3—屋面板；4—短钢柱；5—后浇板带

一、提升设备与提升原理

（一）提升设备

升板法施工的关键设备是提升机。提升机分为电动提升机和液压提升机两大类。电动提升机用异步电机驱动，通过链条和蜗轮蜗杆旋转螺帽使螺杆升降，从而带动提升杆升降。液压提升机有液压千斤顶提升机、穿心式液压提升机等，都是通过液压千斤顶进油、回油的往复动作带动提升杆或沿提升杆爬升。目前在我国使用最广的是自升式电动螺旋千斤顶提升机，简称电动提升机或升板机。

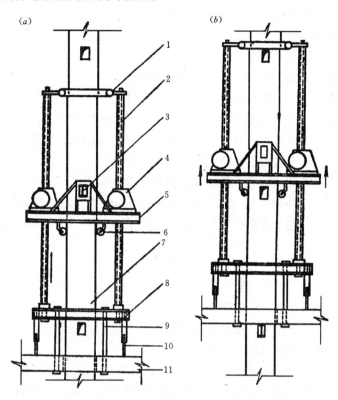

图6-55　电动螺旋千斤顶沿柱自升简图

(a) 屋面板提升；(b) 提升机自升

1—螺杆固定架；2—螺杆；3—承重销；4—电动螺旋千斤顶；5—提升机底盘；

6—导向轮；7—柱；8—提升架；9—吊杆；10—提升架支腿；11—屋面板

图6-55为电动螺旋千斤顶沿柱自升装置的简图，该装置主要包括：电动螺旋千斤顶、螺杆固定架及提升架等。

①电动螺旋千斤顶是由电动机、齿轮减速箱、蜗轮与蜗杆、螺母与螺杆等组成。其传动原理如图6-56所示。

由电动机7通过链轮6、链条带动轴Ⅰ，由轴Ⅰ通过齿轮连动轴Ⅱ，再转到轴Ⅲ。轴Ⅲ上的蜗杆1转动，就推动蜗轮3在水平面上转动，所以蜗轮中间与之固定的螺母2也作水平转动，由此推动穿在螺母上的螺杆上升或下降；反之，将螺杆限止不动，螺母就顺着螺杆上升或下降。另外，从图6-56上可知，控制直流电，通到电磁铁5带动离合器4的开合，从而使电动机7传到蜗杆Ⅲ轴的转动能够进行两种变速。在使用时，螺杆负荷上升时用速比 $i_1 = 1:380.722$，螺杆回降时用速比

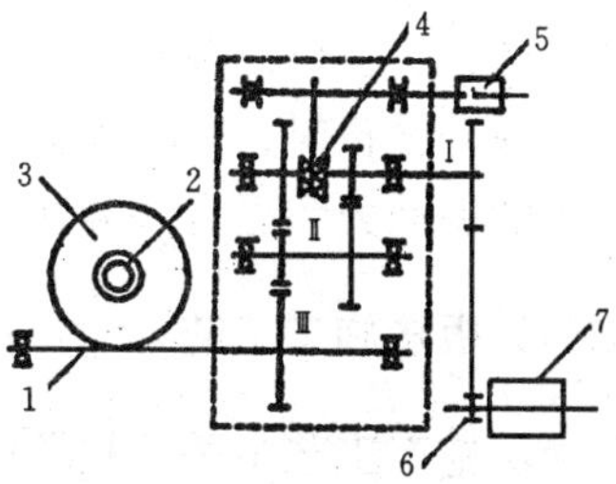

图6-56　电动螺旋千斤顶传动示意图

1—蜗杆；2—螺母；3—蜗轮；

4—离合器；5—电磁铁；6—链轮；

7—电动机；Ⅰ、Ⅱ、Ⅲ—轴号

$i_1 = 1:153.188$。

电动螺旋千斤顶的螺杆上升速度为 1.89m/h（即升板时的提升速度），下降速度为 4.69m/h，每个千斤顶的安全负荷为 15t。一台提升机（有两个千斤顶）的安全负荷为 30t。提升中一次提升行程约 1.8m，其提升差异≤10mm。

②螺杆固定架由钢管和槽钢组成。其作用是使螺杆只能上下移动而不能转动，并使螺杆上升时防止抖动，以提高其刚度。

③提升架是用槽钢焊成的框子，两边有连接螺杆、吊杆的孔眼，四角有活络钢管支腿。提升架有两个作用：一是因为自升式提升机的蜗轮箱放在柱的两边，螺杆中心至柱边的距离为 300mm，而提升孔至柱边的距离为 150mm，螺杆与吊杆不在一直线上，因此利用提升架承受这一力偶，使不在一直线上的螺杆与吊杆连接起来；二是设备自升时，螺杆通过提升架四根管子支承在楼板上，使机组平台能顺着螺杆上升。

这种电动提升机在提升过程中千斤顶能自行爬升，这就消除了其他提升设备需要设置在柱顶上而影响柱子稳定性的弊病以及升差不易控制等缺点。它的传动可靠，提升差异小，加工方便，其不足之处是传动效率低，螺杆螺帽磨损较大，需经常更换。

（二）提升原理

自升式电动提升机的自升过程是：

① 屋面板（或楼板）提升：提升屋面板时，将提升机悬挂在屋面板以上的第二个承重销上，螺杆下端与提升架连接，提升架用吊杆与屋面板相连。开动提升机，屋面板上升，升完一个螺杆的有效高度后，被提升的屋面板（或楼板）正好升过下面一个预留停歇孔，就用承重销加以临时固定（图 6-55a）。

② 提升机自升：将提升架下端四个支腿放下支在屋面板上，并将悬挂提升机的承重销取下；开动提升机使螺母反转，此时螺杆被楼板顶住不能下降，只能迫使提升机沿螺杆上升，待提升机升到螺杆顶端时，停止开动，把提升机悬挂在上面一个承重销上（图 6-55b）。

如此反复进行，屋面板与提升机即不断交替上升，当屋面板升到一定高度后，即可提升楼板。各层楼板升到不能再向上升时，则提升机与屋面板交替上升，一直使提升机升到柱顶。最后在柱顶上安装一个短钢柱，将提升机悬挂在短钢柱上，这样即可使屋面板提升到设计标高。

自升式电动提升机是由一个操纵台集中用电气控制。它可以使全部电动提升机同时起步、同时停止，也可以单只千斤顶升降，用以控制升差。基本上能做到同步提升。

选择提升设备时，需考虑板的自重、施工荷载、板与板之间开始提升时的粘结力、提升过程中的振动力和提升差异所引起的附加力等。

二、升板法施工工艺

升板法施工工艺中关于柱子的施工、板的制作、板的提升和板的固定等技术要求分述如下：

（1）柱子预制和吊装

升板结构的柱子不仅是结构的承重构件，而且在提升阶段除作为承重支架外，还起着提升机的导杆作用。所以对柱的截面尺寸和柱上的就位孔位置要求严格，它的偏差不仅影响工程质量，而且会导致提升过程中产生事故。故而规定柱的截面尺寸偏差不应超过±5mm，侧向弯曲不应超过10mm。柱顶和柱底表面要平整，并垂直于柱的轴线。

柱上的预留就位孔位置是保证楼板标高的关键，孔底应平整，位置要准确，标高偏差不应超过±5mm。如果孔底不平整，会使插入的承重销偏斜，提升机难以调平，从而使提升困难，楼板支承标高不一，产生搁置差异，甚至会扭坏起重螺杆，损坏设备。柱上还应有根据提升程序的需要而预留停歇孔。停歇孔的间距，常按提升机的起重螺杆一次提升高度确定，一般为1.8m左右。停歇孔尽量与就位孔合一，如无可能，则两者的净距不宜小于300mm，停歇孔的尺寸和质量要求与就位孔相同。柱上预留齿槽的尺寸，拆模时不得损坏齿角，以保存足够的抗剪能力。

柱吊装用一般方法进行。但吊装前，应对柱身表面局部凸出处凿平，以免板提升时，卡住提升环而产生难以提升的事故。必须使吊装后的柱高度一致，相应的就位孔、停歇孔处于同一标高；规定柱底部中线与轴线偏移不应超过5mm；标高偏差不超过±5mm；柱顶竖向偏差不超过柱长的1/1000，同时不大于20mm。

柱较长可分段制作，接柱应使接头的质量、位置与构造均满足设计要求。

（2）板的浇制

以混凝土地坪作为胎模就地依次重叠浇制各层楼板与屋面板。为此，地基必须坚实，胎模表面必须平整，尤其是柱孔四周胎模的标高偏差不应超过2mm，以减少搁置差异。

为防止上下两层混凝土板面粘结，板与板以及板和胎模之间必须铺刷隔离剂。目前，采用较广的涂料隔离剂有：

①皂脚滑石粉（1:2的皂脚和水混合加热到100℃，使用时稍加热并掺入适量滑石粉）要求涂刷均匀，为防止雨水冲刷，宜在隔离层表面再涂刷一层厚为2mm的纯水泥浆或石灰水作为保护层。

②纸筋石灰膏 采用粉刷用的纸筋石灰调稀后，薄薄地刷在板面上，可以避免被雨水冲刷。缺点是事后清除较困难，比用皂脚滑石粉贵，用工量也较多，但适于在多雨地区使用。

此外，还有乳化机油、柴油、石蜡、树脂涂料等。

板孔侧模与预制柱之间的空隙可用砂填满，起隔离作用，以免混凝土流入堵塞。

升板结构用的板除了平板结构外，还有密肋式平板结构和格梁式结构。平板结构又分预应力平板与非预应力平板。密肋式平板凹口朝上的可填充煤渣砖、空心砖等；凹口朝下的可用预制混凝土盒子或塑料盒子做内模芯子。

（3）板的提升

板提升前，应做好必要的准备工作：对安装好的提升设备检查提升机底座是否水平，并使提升螺杆保持正直及松紧一致，机架中线和柱轴线应对准；检查各个提升机的正反运行情况，设置好提升过程中观测提升差异用的标记；在板的四角准备好大线锤，并对柱进行竖向偏差复查；检查板的混凝土是否达到设计强度。

在提升过程中，要特别重视板的提升和保证柱子在提升阶段的稳定性。

在提升过程中，板的提升差异不应超过10mm；板的就位差异不应超过5mm。平板在提升过程中按等代连续梁计算的，各吊杆吊点即为连续梁的支点，如果各台提升机不同步提升，则相当于各吊点位置出现不均匀支座沉陷，梁内就相应产生附加弯矩。差异越大附加弯矩也越大，至一定限度楼板就会在提升过程中开裂。尤其是单点升差过大，会使该点四周的裂缝显著增大。同时，升差对提升机吊杆内力的影响也很大，升差大不仅使吊杆的内力大，还会造成提升机超负荷以至出现故障停机，还会增加螺杆的磨损。

提升过程中造成升差的原因主要有三个：①调紧提升螺杆产生的初始差异。目前是凭感觉来判断调节的松紧程度，因此误差较大。②由于群机同时工作，提升速度不均匀，不能达到完全同步而产生的提升差异。③板临时搁置或就位时由承重销支承，由于提升积累误差和孔洞不平等原因导致承重销不在同一基准线上而产生的搁置差异和就位差异。

目前控制升差的方法多采用标尺法（图 6-57），虽简而易行，但精确度较低，不能集中控制。有的采用机械式同步控制，主要是控制起重螺帽的旋转数或控制起重螺杆上升的螺距数。有的利用连通管原理采用液位控制同步。还有正在试用光电管、激光、数控等现代技术控制同步。

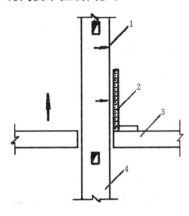

图 6-57　标尺控制提升差异
1—箭头标志；2—标尺；3—板；4—柱

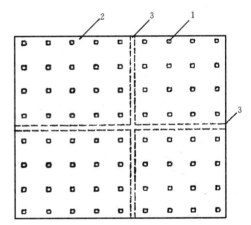

图 6-58　板的分块示意图
1—柱；2—板；3—后浇板带

为便于控制同步和提升差异，根据建筑结构的平面布置和提升设备的数量来划分板的提升单元，提升单元的范围以不超过 24 根柱子为宜，且不宜划成狭长的形状（图6-58）。后浇板带的位置必须留在跨中，其宽度取决于钢筋搭接长度，一般为 1.0~1.5m，后浇板带的底模可悬挂在两边楼板上。

板的提升程序是各层楼板依次交替提升的，是通过对施工与使用两个阶段进行柱的验算确定提升顺序，在提升阶段，柱子是按一群悬臂细长柱来验算其强度和稳定性的。因此提升机位置越低对稳定越有利。

确定板的提升顺序应考虑下列两点：

① 提升时如有中间停歇，应尽可能缩小各层板的间距，有条件时可用重叠提升，重叠停歇，使上层板在较低标高处就能使下层板在设计位置上就位固定，以减少柱子的自由长度（采用剪力块或承重销时应焊接牢固；采用后浇柱帽时，混凝土强度达到 C10）。

②要方便操作，螺杆和吊杆的拆卸次数要少，并便于安装承重销（或剪力块）的操作。

提升程序须由设计、施工单位共同讨论确定。提升过程中程序如有改变，必须对群柱在提升过程中的稳定性重新验算。

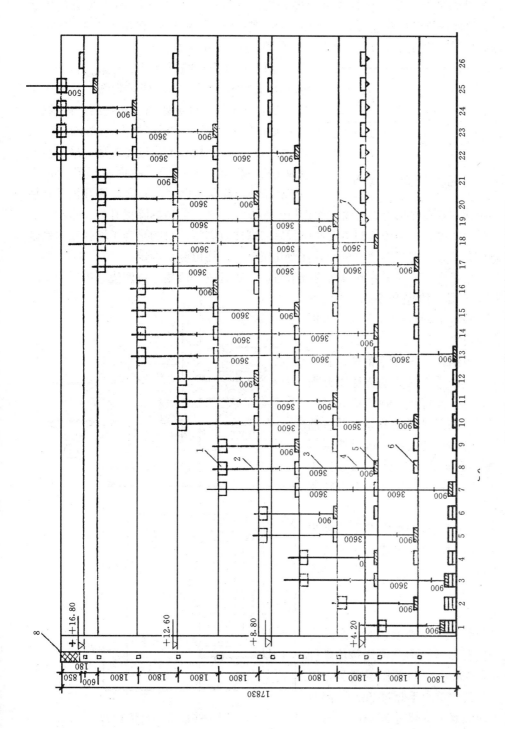

图 6-59 四层升板工程提升顺序与吊杆排列图

1—提升机；2—起重螺杆；3—吊杆；4—套筒接头；5—正在提升的板；6—已搁置的板；
7—已刚接固定的板；8—工具式短钢柱；图中 1、2、3…25 为提升次数由于起重螺杆长度有限，必须用套筒把吊杆与螺杆、吊杆与吊杆联接起来，为此要作出吊杆排列图。排列吊杆时，其总长度应根据提升机所在的标高、螺杆长度、所提升板的标高与一次提升高度等确定。自升式电动提升机的螺杆长度为2.8m，有效提升高度为1.8～2.0m。除螺杆与提升架连接处及板面上第一节吊杆采用0.3、0.6及0.9m小吊杆外，穿过楼板的吊杆以3.6m为主，个别也有采用4.2、3.0和1.8m的。

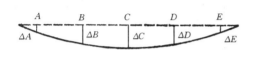

图6-60　盆式变形曲线示意图

图6-59为某四层升板工程采用自升式电动提升机的提升顺序与吊杆排列图。从图中可以看出：板与板之间的距离不超过两个停歇孔，插承重销较为方便，吊杆规格少，除小吊杆外，均为3.6m，吊杆接头不通过提升孔（吊杆接头无法通过钥匙形提升孔）。屋面板提升到标高+12.60处，底层板已就位固定。提升机升到柱顶后，加吊短钢柱套在柱顶上，再将屋面板提升到设计标高，然后拆除提升机及短钢柱。

在提升顺序图中，规定楼板到达设计位置后立即加以固定，目的是为了增强柱的稳定性。但这样作会给施工带来不便，至于需要做几层节点，均由验算确定。

每块板开始提升时，为了克服板间的吸附力，一般宜按先四角、再四边、最后中间的顺序逐步开动机器（约提升5mm），反复逐步进行，使板缝的四周进入空气，以抵消吸附力，使板循序脱开。

为节约升板结构的平板用钢量，有了盆式提升工艺，即采用人为的方法将升板结构的中柱各提升点降低，使板成为四个角、边销高而中部区稍低的盆子形状（图6-60），在提升和搁置过程中板始终保持盆形的曲线，此即盆式提升（搁置）工艺。但仍然要求严格保持同步上升并控制相邻升差。

盆式变形曲线是根据设计要求提出的，是设计在内力计算上考虑由于盆式变形在各支承点上的内力调整，从而达到降低用钢量的目的。

（4）板的固定

当板提升到设计标高就位时，必须尽可能地减少搁置差异，为此可用每块厚度不超过5mm的垫铁来调整搁置差异，以达到板的最后就位差异不超过5mm。同时注意板的平面位移不应超过30mm。

板的固定方法，取决于板柱节点的构造。

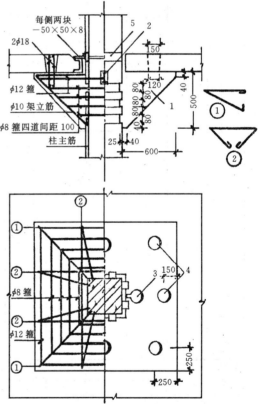

图6-61　后浇柱帽节点
1—后浇柱帽；2—承重销；3—提升孔；
4—灌浆孔；5—柱上埋设件

196

图 6-61 所示为后浇柱帽节点,是目前升板结构中常用的一种。板搁置在承重销上就位,通过板面灌浆孔灌混凝土,构成后浇柱帽。施工时,应先将柱帽部位的板底隔离层清除干净,再采取分层灌筑,用插入式振捣密实,以达到板帽良好结合,之后对混凝土加强养护。

对于采用剪力块或承重销承重的升板结构,支承面要紧密吻合,焊缝要饱满,铁件应无变形,并做好防腐处理。

第七章 防 水 工 程

防水技术是保证工程结构不受水侵蚀的一门综合性很强的应用科学，其技术质量问题涉及到建筑和结构设计、工程材料、施工操作方法及使用保管等诸方面的因素，其中建筑施工是保证工程质量的重要环节。防水工程质量的好坏，直接影响到建筑物和构筑物的使用寿命，影响到生产活动和人民生活能否正常进行。因此，防水工程要有合理的构造、认真选择合理的防水材料、精心组织施工、严格把好质量关，以保证防水工程质量。

防水工程按其部位和用途不同，可分为屋面防水工程和地下防水工程。屋面防水主要防止雨雪对屋面的间歇性浸透作用；地下防水主要防止地下水对建筑物或构筑物的经常性浸蚀作用。

防水工程按其构造做法分为结构自防水和防水层自防水。结构自防水主要是依靠建筑物或构筑物构件材料自身的密实性及某些构造措施（坡度、埋设止水带等），使结构构件起到防水作用；防水层自防水是在建筑物或构筑物构件的迎水面或背水面以及接缝处附加防水材料做成的防水层，以起到防水作用。

防水工程按其材料分为柔性防水和刚性防水。柔性防水采用的是柔性材料，主要包括各种卷材和沥青胶结材料；刚性防水采用的主要是砂浆和混凝土类的刚性材料。

本章主要介绍屋面防水工程和地下防水工程常用的防水施工方法。

第一节 屋 面 防 水 工 程

屋面防水工程根据建筑物类别、使用功能、防水重要程度及防水耐久年限不同，分为四个等级设防，见表7-1。

屋面防水等级和设防要求　　　　　　　　　　　　　　表7-1

防水等级 项目	一 级	二 级	三 级	四 级
建筑物类别	特别重要的民用建筑和对水有特殊要求的工程	重要的工业与民用建筑、高层建筑	一般的工业与民用建筑	非永久性建筑
防水耐久年限	25年以上	15年以上	10年以上	5年以上
设防要求	三道或三道以上防水设防，其中必有一道合成高分子防水卷材，且只能有一道2mm厚以上的合成高分子涂膜	二道防水设防，其中必有一道合成高分子防水卷材，也可用压型钢板进行一道设防	一道防水设防或两种防水材料复合使用	一道防水设防
选用材料	①②③④	①②③④⑤	①②③④⑤⑥	⑦⑧⑨⑩

注：①合成高分子防水卷材；②聚合物改性沥青防水卷材；③合成高分子防水涂料；④细石防水混凝土；
　　⑤高聚物改性沥青防水涂料；⑥三毡四油沥青防水卷材；⑦刚性防水层；⑧二毡三油沥青防水卷材；
　　⑨沥青基防水涂料；⑩波形瓦。

屋面防水工程按所用材料不同，常用的有卷材防水屋面、油膏嵌缝涂膜防水屋面、细石防水混凝土防水屋面、金属材料防水屋面和瓦材防水屋面等。本章主要介绍卷材防水屋面。

一、沥青油毡卷材防水屋面施工

沥青油毡卷材防水屋面由粘结剂（沥青玛瑞脂）将几层石油沥青纸胎油毡、玻璃布胎油毡、玻纤维油毡或优质氧化沥青防水卷材逐层粘结铺贴而成一整片屋面防水层。其构造层次如图 7-1。

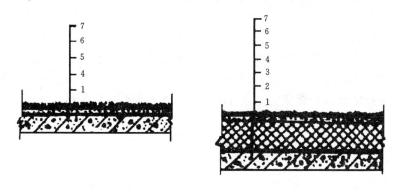

图 7-1　石油沥青油毡防水屋面构造

（a）不保温卷材屋面；（b）保温卷材屋面

1—钢筋混凝土板；2—隔气层；3—保温层；4—找平层；5—冷底子油结合层；

6—油毡防水层；7—绿豆砂保护层

（一）沥青油毡防水屋面对结构层、找平层的施工要求

用防水卷材作屋面防水层时，屋面板、找平层应符合以下要求：

（1）装配式预制钢筋混凝土板基层处理方法

屋面板坐浆安装平稳；灌缝前必须用水将缝壁冲洗干净，并充分湿润；当板缝上宽下窄时（$b > 20$mm），用强度等级不低于 C20 的细石混凝土（内掺微量膨胀剂）进行灌缝；当板宽度大于 40mm 或上窄下宽时，板缝内必须设置构造钢筋，然后用细石混凝土进行灌缝；板端缝宜做成台阶形，也可做成梯形，但必须设置构造筋。

（2）屋面找平层的做法

屋面结构层（或保温层）与防水层之间设找平层，其目的使卷材铺设平整、粘结牢固。屋面结构层如采用整体现浇混凝土时，防水层受屋面结构变形的影响很小，可直接铺抹水泥砂浆找平层；如采用预制钢筋混凝土板时，防水层受屋面结构局部变形的影响较大，故必须先对板缝和端缝按要求进行灌缝处理后，再铺抹水泥砂浆找平层（二次压光）。找平层亦可用细石混凝土或沥青砂浆进行找平，用水泥砂浆掺微量膨胀剂，沥青砂浆宜采用 60 甲、60 乙的道路石油沥青或 75 号普通石油沥青，找平层应压实平整，排水坡度应符合设计要求。水泥砂浆、细石砂浆找平层终凝前要采用洒水等措施进行充分养护，使砂浆中水泥充分水化。

找平层的厚度和技术要求应遵守表 7-2 的规定。

找平层的厚度和技术要求 表 7 - 2

类 别	基 层 的 种 类	厚度（mm）	技 术 要 求
水泥砂浆找平层	整体混凝土 整体或板状材料保温层 装配式混凝土板、松散材料保温层	15～20 20～25 20～30	水泥：砂 = 1:2.5～1:3（体积比）， 水泥强度等级不低于 22.5
细石混凝土找平层	松散材料保温层	30～35	强度等级不低于 C15
沥青砂浆找平层	整体混凝土 装配式混凝土板、整体或板状材料保温层	15～20 20～25	沥青：砂 = 1:8（重量比）

铺抹找平层时在基层转角处、突出处应抹成圆角或45°角，以便卷材铺贴。为了防止温差及基层干缩而使防水层开裂，找平层宜设置分格缝。如设在屋架或承重墙上，纵横最大间距，水泥类找平层不大于6m、沥青砂浆找平层不大于4m，其位置一般在板缝接缝等容易产生结构变形的地方，缝宽宜为20mm，当分格缝兼作排气道时，缝可适当加宽，一般宜为40mm，并与保温层连通。

（二）防水层使用的材料及其质量要求

（1）沥青粘结剂

卷材防水工程常用10号和30号建筑石油沥青以及60号道路石油沥青或其熔合物配制的沥青粘结剂，一般不使用普通石油沥青。普通石油沥青含蜡量较大，因而降低了石油沥青的粘结力和耐热度。

沥青粘结剂用于各种油毡、绿豆砂保护层的粘结，其标号是由耐热度来表示。其标号选用时，应视屋面的使用条件、坡度和当地历年极端最高气温，按表7-3的规定选用。

沥青粘结剂标号选用 表 7 - 3

材 料 名 称	屋面坡度（%）	历年室外极端最高气温（℃）	标 号
石 油 沥 青 粘 结 剂	1～3	<38	S－60
		38～41	S－65
		41～45	S－70
	3～15	<38	S－65
		38～41	S－70
		41～45	S－75
	15～25	<38	S－75
		38～41	S－80
		41～45	S－85

当用两种品牌或两种标号的沥青配制时，应优先选配具有所需软化点的一种沥青或两种沥青的熔合物作为粘结剂配合成分，其配合比应由试验室确定。

沥青贮存时应按不同品种牌号分别存放，避免阳光直晒并应远离火源。

为增强石油沥青的抗老化性能和改善其耐热度、柔韧性和粘结力，常加入粉状或纤维状填充料。粉状填充料其掺量为沥青重量的10%～25%，如滑石粉、板岩粉、云母粉、石棉粉等；纤维状填充料其掺量为沥青重量的5%～10%，如石棉绒（六级石棉、七级石棉和混合石棉等）。选择填充料时，其含水率不宜大于5%，粉状的细度应全部通过0.21mm（900孔/cm²）孔径的筛子；其中大于0.085mm（4900孔/cm²）的颗粒重量不应超过15%。也可掺入上述复合填料来改善沥青粘结剂的物理性能。

石油沥青粘结剂采用两种沥青熬制时，应按实验确定的配合比严格配料，其投料时，应先熔化软化点低的石油沥青，待其不冒气泡（脱水后），再放入高软化点的沥青，熬制时，切忌急升温，气泡来不及跑出，使沥青长时间在高温下趋于老化；加温过程中要不断地搅拌，以免温度不匀而使锅底沥青熬焦，搅拌后将沉淀杂质捞出，直至不再冒泡，熔液表面呈清亮为止。沥青完全脱水后，缓慢加入填充料、并不断搅拌至均匀即可。熬制好的沥青粘结剂宜在当日用完，否则应与新熬的材料分批混合后使用，必要时还应做性能试验。

（2）沥青冷底子油

沥青冷底子油是基层处理剂，渗透性强，喷涂在基层表面上，可使基层表面具有憎水性并增强沥青胶结材料与基层表面的粘结力。其利用30%～40%的石油沥青（10号或50号）加入70%的汽油或者加入60%的煤油溶融而成。前者称为快挥发性冷底子油，喷涂后5～10h干燥，后者称为慢挥发性冷底子油，喷涂后12～48h内干燥。

沥青冷底子油的配制有冷配法和热配法两种。冷配法是将沥青碎块（粒径为5～10mm）放入溶剂中不停地搅拌至全部溶化后为止。此种冷底子油质量较差，只适用于小面积的喷涂；热配法是将热熔化充分脱水（沥青溶体不再冒气泡，表面呈黑亮色）的沥青及时舀入沥青壶中，放置背离火源25m以外的安全处，将其自然冷却，冷却的温度视溶剂而异。如加入挥发性溶剂（汽油）中，沥青温度应冷却至110℃以下；如加入慢挥发性溶剂（煤油、软柴油）中，应冷却至140℃以下。待冷却至所需温度时，从鸭嘴壶慢慢注入桶中，同时边加入溶剂，不停搅拌至均匀即可，盖严桶盖备用。此种冷底子油质量较好，适用于防水要求较高的大面积喷涂。

（3）油毡

石油沥青纸胎油毡是采用低软化点的石油沥青浸渍原纸，然后用高软化点的石油沥青涂盖油纸两面，再涂或撒隔离材料（石粉或云母片）所制成的一种纸胎防水卷材。表面撒石粉作隔离材料的称为粉毡，撒云母片作隔离材料的称为片毡，其规格见表7－4。

石油沥青防水卷材规格　　　　　　　　　　表7－4

标　号	宽度（mm）	面积（m²）	卷重（kg）	
200	915	20±0.3	粉毡≥17.5	
	1000		片毡≥20.5	
350	915	20±0.3	粉毡≥28.5	
	1000		片毡≥31.5	
500	915	20±0.3	粉毡≥39.5	
	1000		片毡≥42.5	

200号油毡用于简易防水、临时性建筑防水、建筑防潮和包装等；片毡用于单层防水，粉毡用于多层防水。此外，还有玻璃布胎石油油毡，其拉伸强度高于500号纸胎石油沥青油毡，柔韧性较好，耐腐蚀性较强，耐久性比纸胎石油沥青油毡提高一倍以上，适用于地下工程防水、防腐层、层面防水层及金属管道防腐保护层等工程。

在贮存时，不同品种、标号、规格、等级的产品不应混杂堆放，并应直立存放在远离火源、通风、干燥的室内，避免露天存放，防止日晒雨淋和受潮。运输时，卷材必须立放，其高度不得超过两层，允许在两层上再平放一层。短途运输平放不宜超过四层，并均不得倾斜或横压，必要时需加盖苫布。

（三）石油沥青卷材屋面层施工

屋面卷材防水层施工必须待屋面其他工程及找平层干燥后进行，防水层施工包括清理找平层、细部构造、防水节点增强处理、弹基准线、铺贴卷材和保护层等施工过程。

（1）防水层施工的一般要求

①当屋面保护层干燥有困难时，宜采用排气屋面。排气道应纵横连通，排气口可设在女儿墙相应位置处或屋面排气道交叉处，使排气道与大气连通。

②找平层设置的分格缝上应附加 200～300mm 宽的卷材条，并用粘结剂单边点粘覆盖。

③卷材铺贴方向应根据屋面坡度或屋面是否受振动而确定。当屋面坡度小于 3% 时，宜平行屋脊铺贴；屋面坡度大于 15% 或屋面受振动时，应垂直屋脊铺贴；屋面坡度在 3%～15% 之间时，平行或垂直屋脊均可。

④卷材垂直屋脊铺贴时，一幅卷材不得从檐口的一边直接铺到另一边，而应从屋脊向檐口进行铺贴，每幅卷材都应铺过屋脊不小于 200mm。相邻两幅卷材的长边搭接缝应顺主导风向搭接。

⑤卷材的铺贴应采用搭接方法。上下两层卷材应错开 1/3 或 1/2 幅卷材宽，相邻两幅卷材短边搭接缝应错开不小于 500 mm，各层卷材的搭接宽度应符合 7-5 的要求。

⑥卷材铺贴时，应按先高跨后低跨，先远后近，先做好节点、附加层和屋面排水比较集中的部位，然后由屋面最低标高处向上施工。

卷 材 搭 接 宽 度 表 7-5

搭 接 方 向		短边搭接宽度（mm）		长边搭接宽度（mm）	
铺贴方法 卷材种类		满贴法	半铺法、花铺法 条铺法、空铺法	满贴法	半铺法、花铺法 条铺法、空铺法
沥青防水卷材		100	150	70	100
高聚物改性沥青防水卷材		80	100	80	100
合成高分子防水卷材	粘贴法	80	100	80	100
	焊接法	80			

（2）石油沥青油毡施工操作步骤

1）沥青锅的搭设

常用的沥青锅有两种，一种是定型产品，另一种是现场砌筑沥青锅。沥青锅应设在施工现场下风口，并远离建筑物、易燃易爆物品、电缆、电线等防火设施。

2）配制冷底子油

同前面沥青冷底子油。

3）清理找平层

施工前应将找平层表面的凸起物、砂浆疙瘩等杂物用小手铲铲除，并将找平层清理干净。

4）检查找平层含水率

检验找平层干燥程度的简易方法是：将 $1m^2$ 大小的卷材平坦无折皱地平放（干铺）在找平层上，静置 3~4h 后掀起观察，在找平层的覆盖部位及卷材底面未见水纹或水珠，即可设隔气层或防水层。

5）涂刷冷底子油

视找平层面积的大小，冷底子油既可用长把滚刷手工涂刷，又可用机械喷涂。用滚刷涂布时，应沿前后方向涂刷，前后两刷之间应进行搭接；用机械喷涂时，应沿前后左右方向成"+"字交叉状喷涂。涂布应均匀有序，不得随意乱涂。应注意细部构造复杂部位的涂布，不能出现漏"白"和漏涂现象。涂布时间一般在铺贴前的 0.5~2d 进行，使其表面干燥并不沾灰尘。

6）熬制沥青粘结剂（玛琋脂）并运送

熬制沥青粘结剂同前。将熬制好沥青粘结剂的用油勺及时舀入运送沥青粘结剂小车顶部的进料口，车身四周可用棉被保温，装满后将小车平稳地推上升降机，升至屋面，小车推上屋面，将装沥青粘结剂的鸭嘴壶口对准小车下部的出料口，打开出料口阀门，沥青粘结剂流入壶内，就可进行施工。

7）细部构造、防水节点增强处理

在铺设屋面卷材防水层前，应对干燥、平整、干净并已涂刷基层处理剂（冷底子油）的找平层各细部构造、节点防水部位（檐沟、檐口、天沟、变形缝、水落口、管道根部、天窗根部、女儿墙根部、烟囱根部等屋面阴阳角转角部位）用附加卷材或防水涂料、密封材料作附加增强处理。由于石油沥青油毡的柔软性很差，而细部构造、节点部位的结构形状较复杂，石油沥青油毡不能在这些部位铺贴得很服贴，处理不好会发生渗漏。解决这一问题的方法是：在这些部位用柔性较好的玻璃布或麻袋布作附加防水层的肢体，沥青粘结剂作涂盖层。

在无保温层的装配式屋面上，为避免结构变形将石油沥青油毡拉断，应沿屋面板端缝，用玻璃布胎油毡或玻纤毡油毡先单边点粘一层，每边不小于 100mm 宽附加增强条；或用双层麻袋布在板端缝处作附加增强条，用沥青粘结剂涂盖防水层。

8）弹基准线

在铺贴坡面防水层前，应按照铺贴方法、铺贴方向和确定搭接方法、铺贴顺序的规定铺贴。所以，弹第一块油毡的铺贴基准线，是在屋面标高的最低处，屋面标高的最低处的油毡铺贴完后，就可按照卷材的搭接、搭接宽度和搭接缝嵌缝处理所规定的搭接宽度，在已铺油毡的搭接边弹出基准线，然后按照这一方法，逐步从屋面标高最低处向最高处屋脊边铺边弹基准线。

9）铺贴油毡

①准备工作：油毡防水层施工前应准备好熬制、拌合、运输沥青的工具和刷油、浇油、清扫的工具，并应作好安全防火工作。油毡在铺设前应保持干燥，表面的散布物先清除干净并避免损伤油毡。为使油毡铺贴后长度准确无误，应先将油毡沿铺贴方向从始端到末端丈量距离，用剪刀裁下该段油毡的实际铺贴长度后再卷回到始端。

②卷材铺贴方法：卷材铺贴方法常用的有浇油粘贴法和刷油粘贴法。浇油粘贴法是用带嘴油壶将沥青胶浇在基层上，然后用力将卷材往前推滚。刷油粘贴法是用长柄粗帆布刷

或毛刷将沥青胶均匀涂刷在基层上，然后迅速铺贴卷材。

铺贴卷材时，沥青胶结剂的厚度应严格控制，底层和里层宜为1～1.5mm，面层宜为2～3mm，以保证卷材推铺平直、粘结牢固。

③排气屋面的卷材铺贴方法：排气屋面是利用底层卷材和基层之间的空隙作为排气道。卷材和基层之间的空隙应与找平层和保温层的排气道一起与大气相通。排气屋面底层卷材可采用条铺法、花铺法、半铺法、空铺法（见图7-2）。见采用这些铺法时，底层卷材在檐口、屋脊和屋面的转角处及突出屋面的连接处，至少有800mm宽的油毡同以上各层油毡及卷材的搭接处均应满涂沥青胶粘贴牢固。在立面或大坡面铺贴油毡亦应满涂沥青粘结剂，并尽量减少油毡短边搭接。

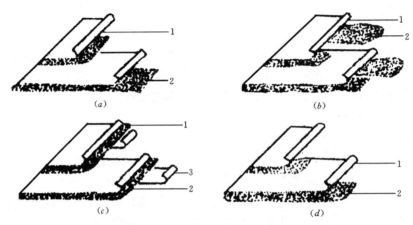

图7-2 排气屋面卷材铺贴法
（a）半铺法；（b）花铺法；（c）条铺法；（d）空铺法
1—卷材；2—沥青胶结材料；2—增加卷材条（宽度不小于150mm）

沥青防水卷材不管是采用实铺法还是排气屋面的几种铺法，应尽可能使第一层卷材铺贴后，紧接着铺贴上面几层卷材和保护层施工。

10）撒绿豆砂保护层施工

在石油沥青油毡防水层上可用绿豆砂作保护层。

作保护层用的绿豆砂必须清洁、干燥，粒径宜为3～5mm，色浅、耐风化、颗粒均匀。撒砂前，应将绿豆砂预热至100℃左右，在油毡面层刮抹2～3mm厚的沥青粘结剂，趁热用平铁锹将预热的绿豆砂均匀地铺撒在沥青粘结剂涂层上，并用铁压辊滚压，使其与粘结剂粘结牢固，铺撒应均匀无漏黑现象，未粘结的绿豆砂应扫除干净。

（3）石油沥青玻璃布胎、玻纤毡油毡冷沥青粘结剂施工操作步骤

施工操作步骤基本同石油沥青纸胎油毡，不同点有两点：一是采用冷沥青粘结剂（玛琋脂）进行冷粘结施工，可以消除用沥青锅熬制热沥青粘结剂（玛琋脂）进行热粘结施工对环境产生的严重影响；二是纸胎油毡一般由三毡四油构成防水层，而玻璃布胎油毡、玻纤毡油毡一般由三毡四油或二毡三油构成防水层。

二、高分子卷材防水屋面施工

合成高分子防水卷材是用氯丁橡胶和丁基酚醛树脂制成的基层胶粘剂，用丁基橡胶、

204

氯化丁基橡胶、氯化乙丙橡胶或氯化橡胶与硫化剂、促进剂等制成的接缝胶粘剂,用单组分氧磺化聚乙烯或双组分聚氨脂封膏等接缝密封剂,将高分子防水卷材单层粘结,以达到建筑物的防水目的。

（一）合成高分子卷材防水屋面对结构层、找平层的要求

适宜于合成高分子防水卷材铺贴的屋面板、找平层,应符合本节一、（一）卷材防水屋面对屋面板、找平层的要求。

（二）合成高分子卷材防水层厚度的规定

为确保卷材防水层在屋面防水等级所要求的耐久年限内不渗漏,除要求防水卷材具有可靠的防水性能外,还要求卷材防水层具有一定的厚度。合成高分子防水卷材按防水设防等级所规定的防水层厚度见表7－6。

合成高分子卷材防水层厚度的规定　　　　　　　　　　　表7－6

防 水 等 级	耐水耐久年限	设 防 要 求	卷 材 厚 度
Ⅰ	25年以上	三道以上设防	≥1.5mm
Ⅱ	15年以上	两道以上设防	≥1.2mm
Ⅲ	10年以上	单道设防	≥1.2mm
		复合设防	≥1.0mm

合成高分子防水卷材属中、高档防水卷材,主要用于防水等级为Ⅰ、Ⅱ、Ⅲ级的屋面防水层,而不用于防水等级为Ⅳ级的屋面防水层。

（三）防水层使用的材料及质量要求

（1）合成高分子防水卷材

合成高分子防水卷材是以合成橡胶或合成树脂为主要原料,再加入一定量的填料、增塑剂、防老剂、润滑剂、软化剂、补强剂等辅助材料而制成的新型防水材料。

合成高分子卷材根据主体材料不同,一般可分为橡胶型（包括橡塑共混型）防水卷材和塑料型防水卷材两大类。其品种较多,常用合成高分子防水卷材主要有三元乙丙橡胶防水卷材、PVC（聚氯乙烯）防水卷材、氯化聚乙烯防水卷材、氯磺化氯乙烯防水卷材、氯化聚乙烯－橡胶共混防水卷材。其规格见表7－7。

合成高分子卷材规格　　　　　　　　　　　表7－7

厚度（mm）	宽度（mm）	长度（m）	厚度（mm	宽度（mm）	长度（m）
1.0	≥1000	20	1.5	≥1000	20
1.2	≥1000	20	2.0	≥1000	10

合成高分子卷材的抗拉强度高、延伸率大、弹性强、高低温特性好、防水性能优异。目前多用于高级宾馆、饭店、大厦、游泳池、厂房等要求有良好防水性能的屋面、地下等防水工程。

合成高分子材料在使用前,应检查外观质量、规格和物理性能是否符合要求,否则不得流入建筑市场,更不得使用。

合成高分子卷材在贮运和保管时,注意以下几点要求:

①不同品种、标号、规格、等级的产品应有明显的包装标记,不得混放,应分类明码

堆放。

②卷材应贮存在阴凉通风的室内，避免雨淋、日晒、受潮，严禁接近火源。

③卷材应直立堆放，其高度不超过2层，并不得倾斜或横压，短途运输平放不宜超过4层。

④应避免与化学介质及有机溶剂等有害物质接触。

（2）合成高分子胶结剂

沥青胶粘剂只适用于作油毡防水卷材的粘接材料，不适用于冷粘法施工时作橡胶、塑料或橡塑共混型新型合成高分子防水卷材的粘结剂。新型防水卷材的胶粘剂必须具有与卷材相同的材质性能，才能达到规定的粘结强度，否则将严重影响粘结防水质量，造成渗漏现象。所以，合成高分子防水卷材的粘结剂应与卷材相配套。橡胶型或橡塑共混型合成高分子防水卷材应选用橡胶型胶粘剂，塑料型合成高分子防水卷材应选用塑料型胶粘剂。胶粘剂根据所用部位不同，一般可分为基层胶粘剂、卷材搭接胶粘剂和卷材接缝密封剂等。

1）基层胶粘剂

主要用于基层与卷材之间的粘结，橡胶型或橡塑共混型合成高分子防水卷材一般可选用以氯丁橡胶和丁基酚醛树脂为主要成分制成的胶粘剂（如 CX－404 胶）；亦可选用以氯丁橡胶乳液制成的胶粘剂。基层胶粘剂的用量为 $0.4kg/m^2$ 左右。

2）卷材搭接胶粘剂

专门用于卷材与卷材搭接部分的胶粘剂，橡胶型或橡塑共混型合成高分子防水卷材一般是以丁基橡胶、氯化丁基橡胶、氯化乙丙橡胶或氯化橡胶与硫化剂、促进剂、填充剂、溶剂等配制成双组分或单组分高温硫化型胶粘剂，其用量为 $0.1kg/m^2$ 左右。

3）卷材接缝密封剂

专门用于卷材搭接缝、卷材末端收头、细部构造处的密封剂。一般可选用双组分聚氨脂封膏，聚硫密封膏或单组分氯磺化聚乙烯密封膏或自粘性密封胶带等。其用量为 $0.05kg/m^2$ 左右。

合成高分子卷材胶粘剂的粘结剥离强度不应小于 $15N/cm$，浸水 168h 后粘结剥离强度保持率不应低于 70%。

合成高分子卷材胶粘剂在贮运和保管时应注意以下几点：

①不同品种、规格的胶粘剂应分别用密封桶包装，并标有明显标记。

②胶粘剂应贮存在阴凉通风室内，严禁接近火源、电源。

③胶粘剂为易燃材料，在运输时应有良好的接地措施。

（3）辅助材料

1）表面着色剂

用银色或浅色表面着色剂涂刷在油毡防水层表面，可以达到反射阳光、降低防水层表面温度和美化屋面的作用。采用三元乙丙橡胶溶液或聚丙烯酸脂乳液与银粉或铝粉等混合，研磨加工制成的银色或浅色的涂料，其用量为 $0.2kg/m^2$ 左右。

2）稀释剂

采用二甲苯作为基层处理的稀释剂，其用量为 $0.25\sim0.3kg/m^2$。

3）清洗剂

采用二甲苯清洗施工机具，用量为 $0.25kg/m^2$ 左右；采用乙酸乙脂清洗手及被胶粘剂污染的部位，用量为 0.5kg/m² 左右。

（四）合成高分子卷材屋面防水层施工

（1）施工前的准备工作

施工所需的材料：如卷材、胶粘剂、辅助材料、金属压条、水泥、钢筋等；施工所需的工具：如小平铲、扫帚、卷尺、刷子、剪刀等。

（2）防水层施工步骤

施工一般有两种：单层冷粘法施工和单层热风焊接法施工。

1）单层冷粘法防水施工

合成高分子防水卷材单层冷粘法防水施工程序基本同油毡防水层施工，其具体做法：

①涂布基层处理剂

在清理干净、干燥的基层（找平层）上涂刷一层基层处理剂，一般采用双组分聚氨脂防水涂料按甲料:乙料:二甲苯＝1:1.5:3 的比例配合搅拌，均匀地涂布在基层的表面上，一般应干燥在 4h 以上，才能涂布基层粘结剂。也可采用喷浆机喷涂含固量为 40%、pH 值为 4、粘度为 0.01Pa·S 的阳离子氯丁胶乳，干燥 12h 以上，才能涂布基层粘结剂。

② 细部构造、防水节点复杂部位增强处理

在开始铺贴大面卷材前，应对阴阳角、水落口、天沟、檐沟、伸出屋面的管道等容易发生渗漏的薄弱部位进行增强处理。可用聚氨脂涂膜防水材料按甲料:乙料＝1:1.5 的比例配合搅拌，均匀涂刷在薄弱部位的周围，一般涂刷 2～3 遍，总厚度在 2mm 以上。也可采用硅橡胶涂膜防水材料作附加增强，底层和面层用 1 号胶液，2 号胶液用于中间层，并应涂刷 3～4 遍，必要时还应用胎体增强材料增加附加层的强度和厚度，待其固化后方可铺贴防水卷材。

③铺设防水卷材

防水卷材的铺贴一般常采用平行屋脊方向铺贴，铺贴顺序按弹出的基准线从流水下坡开始铺展开卷材。铺展卷材的方法需分三步进行：卷材铺贴粘结、临时固定粘结和卷材搭接粘结。

卷材铺贴粘结：卷材铺贴时，首先在卷材表面涂布基层胶粘剂，厚薄均匀，除铺贴女儿墙、阴角部位的第一张起始卷材应满涂基层胶粘剂外，其余卷材的搭接长边和短边应留出 100mm 的宽度不涂布粘结剂，供长短边搭接时涂布卷材粘结剂。同时，应在基层表面涂基层粘结剂，应静置 20～40min，待胶粘剂干燥不粘手时，将卷材用纸筒芯卷好或沿长边方向对折成 1/2 幅宽（无胶面相对），铺展时，不要将卷材拉得过紧而使其伸长，也不能出现皱折现象，而应呈自由状态沿基准线滚铺，并且将搭接线对准，边铺贴边用滚刷从中心线位置分别向两侧用力滚压一遍，彻底驱除空气并压实卷材。对于立面铺贴，用手持压辊滚压。

卷材临时固定粘结：由于卷材粘结剂不能及时粘结，所以在卷材搭接粘结前，应先将搭接卷材覆盖边作临时固定，具体方法是：在的一侧，每隔 900～1000mm 处，点涂少许氯丁系橡胶粘结剂（基层粘结剂），待其基本干燥后，翻开搭接卷材覆盖边，将其点粘在一侧，作临时固定。

卷材搭接粘结：将丁基橡胶胶粘剂的 A、B 两个组分按 1:1 的比例配合搅拌，均匀涂在搭接接缝的两个粘贴面，涂胶量 0.15～0.2kg/m²，需静置 20～40min，待基本干燥即可进行粘合。接缝处不允许有气泡或皱折、翘边现象。三层重叠接缝处，必须填充密封膏进行封闭。

2）单层热风焊接法防水施工

热风焊接法是利用自动行进式电热风焊机或手持式电热风焊枪产生的高温热风将热塑性防水卷材的搭接粘合面的面层熔融，紧接着加以重压，将两片卷材熔合为一体。

具体施工方法：在干净、平整、干燥的找平层上，一般用空铺法铺贴卷材，只是在细部构造、防水节点部位涂基层胶结剂（聚氯乙烯粘结剂）。然后按照所弹的基准线用基层胶结剂在屋面标高最低处铺贴女儿墙阴角部位的第一块卷材，使卷材牢固地粘贴在阴角部位的平面和立面基层上，卷材的幅宽可达2050mm，所以有时可以进行女儿墙压顶部位的全包防水处理。第一块卷材粘贴牢固后，可用自动行进式电热风焊机对平面部位的长边搭接缝进行焊接处理。卷材的搭接粘合面经焊枪高温热风烘烤后，在焊机行走过程中，卷材搭接缝被压辊轮挤压出一道熔体，冷却凝固后，就自然形成了一道嵌缝线，省去了用密封材料进行嵌缝手续。焊机的正常行走速度为 4～6m/min，由于受焊枪端部的限位挡板限制，卷材长、短边搭接宽度均为50mm。

平面卷材长边搭接缝焊接结束后，就可以用手持式电热风焊枪焊接短边搭接缝和立面部位的搭接缝，待粘合面出现熔体时，用手持压辊用力滚压，不得出现翘角现象。

为了进一步保护卷材防水层的防水性能，在接缝缝口挤出的熔体凝固后兼作嵌缝线的基础上，可用卷材封口条对搭接缝进行封口处理，封口条宽度为50mm，使其中心线对准接缝线，以达到良好的密封防水效果。然后在防水层面层上做保护层。

屋面卷材防水层在阳光、空气、雨雪、灰尘等长期作用下，会胀缩或侵蚀，卷材易老化，为提高卷材使用寿命，油毡防水层铺设完毕，经检查合格后，应立即进行保护层的施工。

保护层根据做法和用材不同，有涂刷浅色涂料保护层、粘帖块粒状保护层、现浇保护层和板块保护层等。

涂刷浅色和粘帖粒块状保护层所用的浅色涂料及粘结剂应与卷材料相容、粘结力强、抗风化性良好；所用的粘撒料应筛去粉尘、干燥干净、颗粒均匀、色浅、耐风化；撒铺均匀，粘结牢固。

现浇保护层可采用不小于20mm厚水泥砂浆或不小于30mm厚细石混凝土（宜掺入适量微膨胀剂）。水泥砂浆表面应抹光，每1m²设表面分格缝；细石混凝土应振捣密实，表面抹平压光，并留设分格缝，分格缝面积不宜大于36m²。现浇保护层的表面不得撒干水泥粉收光。

块料保护层可采用水泥砂浆铺贴水泥面块、细石混凝土板块、瓷砖或马赛克等。铺砌应平整、砂浆饱满，拼接缝横竖应顺直，缝隙宜用砂浆填实，并用稠水泥浆勾缝严密。宜留分格缝，分格面积不宜大于100m²，分格缝宽度不小于20mm，但应与找平层的分隔缝尽量错开。

刚性保护层施工前，应在卷材上涂刷2～3mm厚的粘结剂，待溶剂挥发凝固后进行施工。施工时应在女儿墙或突出屋面结构的连接处预留20～30mm的空隙，保护层施工完毕后，缝内填密缝材料。

第二节　地　下　防　水　工　程

随着我国经济建设的日益发展，地下结构防水工程越来越多，尤其是高层建筑的迅速发展，深基础、地下室相继出现，地下工程防水技术被人们更为关注。由于地下工程常年受潮湿和地下水及水中有害物质的影响，对地下工程防水施工比屋面工程防水施工要求的技术高、难度大，所以必须认真对待工程防水效果和施工条件，满足使用上的要求。

地下工程的防水等级，根据防水工程的主要程度、使用功能和建筑物类别的不同，按围护结构允许渗漏水量的程度亦将其分为四级，见表7-8。

地下工程防水等级和设防标准　　　　　　　　　　　　　　　表7-8

| 项目 | 地　下　工　程　防　水　等　级 | | | |
	I	II	III	IV
建筑物类别	医院、餐厅、旅馆、影剧院、商场、冷库、粮库、金库、档案库、通信工程、计算机房、电站控制室、配电间、防水要求较高的生产车间 指挥工程、武器弹药库，防水要求较高的人员掩蔽部 铁路旅客站台、行李房、地下铁道车站、城市人行地道	一般生产车间、空调机房、发电机房、燃料库 一般人员掩蔽工程电气化铁路隧道、寒冷地区铁路隧道、地铁运行区间隧道、城市公路隧道、水泵房	电缆隧道 水下隧道、非电气化铁路隧道、一般公路隧道	取水隧道、污水排放隧道 人防疏散干道涵洞
设防标准	不允许渗漏水，围护结构无湿渍	不允许漏水，围护结构有少量、偶见的湿渍	有少量漏水点，不得有线流和漏泥沙，每昼夜漏水量<0.5L/m²	有漏水点，不得有线流和漏泥沙，每昼夜漏水量<2L/m²

地下工程防水根据其性质和部位不同，一般可分为防水混凝土防水、表面防水层防水和止水带防水。

一、防水混凝土防水

防水混凝土结构是以调整混凝土配合比或在混凝土中掺入外加剂或使用新品种水泥等方法来提高混凝土本身的憎水性、密实性和抗渗性，使其具有一定防水能力的整体现浇混凝土和钢筋混凝土结构。

（一）防水混凝土的种类

目前，常用的防水混凝土主要有：普通防水混凝土、外加剂防水混凝土和补偿收缩防水混凝土三类。

（1）普通防水混凝土

普通防水混凝土是按要求进行骨料级配、调整配合比，提高混凝土中水泥砂浆的含量，从而堵塞骨料间因直接接触而出现的渗水通路，提高混凝土的密实性和抗渗性，达到防水的目的。

普通防水混凝土是在普通混凝土的基础上发展起来的。两者的区别在于：普通混凝土是根据所需强度配制的，而普通防水混凝土是根据所需的抗渗等级配制的，同时也要求满足设计强度等级及耐侵蚀的要求。

（2）外加剂防水混凝土

外加剂防水混凝土是在混凝土中加入一定量的加气剂或密实剂，以改善混凝土的性能和结构组成，从而提高混凝土的密实性和抗渗性，达到防水要求。常用的外加剂混凝土有以下几种：

1）加（引）气剂防水混凝土

加气剂防水混凝土是在混凝土中掺入微量的加气剂配制而成的。在混凝土中加入加气剂后，通过搅拌产生大量微小的均匀气泡，使其粘滞性增大，不易松散离析，从而显著地改善了混凝土的流动性和和易性，抑制了沉降离析和泌水作用，易于振捣密实，减少了混凝土结构的缺陷；又由于大量微小气泡以密闭状态均匀分布在水泥浆中，硬化后堵塞混凝土中的渗水通路，从而提高了混凝土的抗渗性能。加气剂防水混凝土还具有抗冻的性能。由于混凝土体内存在大量微小气泡，使混凝土强度有所降低，故适用于抗冻及低水化热要求的地下防水工程。当混凝土强度要求不小于 25MPa 时则不宜采用。

常用的加气剂有松香酸钠和松香热聚物，松香酸钠掺量为水泥重量的 0.03%～0.05%，松香热聚物掺量为水泥重量的 0.005%～0.015%。使用时应严格控制加气剂的含量，否则含气量增多，混凝土强度相应降低。

2）减水剂防水混凝土

减水剂防水混凝土是在混凝土中加入一定量的减水剂配制而成。在混凝土中掺入减水剂，使水泥具有强烈的分散作用，大大降低了水泥颗粒间的吸引力，有效地阻碍和破坏了颗粒间的凝絮作用，并释放出凝絮体中的水，从而提高混凝土的和易性；在保持混凝土和易性的条件下，明显减少混凝土中的用水量，从而提高混凝土的强度和抗渗能力。常用的减水剂有木质素磺酸钙、糖蜜，掺量为水泥重量的 0.2%～0.3%，还有多环芳香族磺酸钠（如 NNO、MF），掺量为水泥重量的 0.5%～1.0%。减水剂防水混凝土的最大施工坍落度可不受 50mm 的限制，以 50～100mm 为宜。

3）三乙醇胺防水混凝土

三乙醇胺防水混凝土是在混凝土中加入水泥重量的 0.05% 的三乙醇胺防水剂配制而成。混凝土中加入三乙醇胺，可以加速混凝土中的水化作用，从而提高了混凝土的密实性和抗渗性，达到防水目的。在冬期施工时，加入水泥重量的 0.5%～1.0% 的氯化钠和 0.5%～1.0% 的亚硝酸钠复合使用，效果更好。

三乙醇胺外加剂具有早强和增强作用，配制的混凝土质量稳定、抗渗性能好、施工简单，更适用于工期紧、抗渗性能要求较高的地下防水工程。

4）氯化铁防水混凝土

氯化铁防水混凝土是在混凝土中加入水泥重量的 3% 氯化铁防水剂配制而成。在混凝土中加入氯化铁生成大量氢氧化铁胶体和氯化钙，使混凝土的密实性提高；同时使易溶性物转化为难溶性物以及降低析水性作用等，从而使氯化铁防水混凝土具有高抗水性。由于氯离子的存在，考虑腐蚀的影响，氯化铁防水混凝土禁止使用在接触直流电流的工程和预应力混凝土工程中。

此外，还有氯化钙、氯化铝防水混凝土，以及采用特种水泥（加气水泥、塑化水泥、膨胀水泥、无收缩水泥等）配制的防水混凝土，都具有良好的抗渗效果。

（二）材料要求

防水混凝土使用的水泥，应具有抗水性好、抗侵蚀性强、泌水性小、水化热低的性能，水泥标号不低于425号。水泥品种的选择，应根据环境条件而定。防水混凝土在不受侵蚀性介质和冻融作用时，宜采用普通硅酸盐水泥、火山灰质硅酸盐水泥和粉煤灰硅酸盐水泥。掺入外加剂可采用矿渣硅酸盐水泥，可以降低泌水率；在受侵蚀性介质作用时，可采用火山灰质硅酸盐水泥；在受冻融作用下时，宜优先选用普通硅酸盐水泥，不宜采用火山灰质硅酸盐水泥和粉煤灰硅酸盐水泥。

配制防水混凝土所用的骨料：石子级配良好，片状含量不大于15%，最大粒径不得大于40mm，含泥量不大于1%；砂宜用含泥量不大于3%的中粗砂；水应用不含有有害物质的洁净水。

防水混凝土的配合比必须由试验室根据实际使用的材料及选用的外加剂（或外掺料）通过实验确定，且抗渗等级应比设计要求提高0.1～0.2MPa，且不低于0.6 MPa。每立方米防水混凝土中水泥用量不少于320kg；含砂率控制在35%～40%；吸水率不大于1.5%；灰砂比应为1.2～2.5；水灰比不大于0.6。

（三）防水混凝土工程施工

防水混凝土工程施工过程中，必须做好排降水工作，保持良好的施工条件，严禁带水操作，以防止泥水杂物浸入混凝土内造成渗漏水。

防水混凝土结构的钢筋和绑扎铁丝均不得接触模板，钢筋保护层厚度在迎水面不应小于35mm，当直接处于水侵蚀性介质时，保护层厚度不应小于50mm。防水混凝土工程的模板应拼缝严密，支撑牢固，不宜采用铁丝或螺栓穿过防水混凝土墙固定模板，否则应采取止水措施（在螺栓或套管中部加焊直径为100mm的圆形止水钢板）。

防水混凝土配料必须按重量配合比准确称量，为了增强混凝土的均匀性，应采用机械搅拌，搅拌时间不应少于2min，掺外加剂的防水混凝土，应根据外加剂的技术要求确定搅拌时间。

防水混凝土施工时，底板混凝土应连续浇筑，不得留施工缝，墙体一般只允许留水平施工缝，其位置应留在高出底板上表面不小于200mm的墙身上。其形式见图7-3；高低缝和凸缝抗渗效果较好，但施工麻烦；而凹缝虽然施工较简单，但在凹槽内容易积水，杂物清理困难，故抗渗效果较差；钢板止水片缝仅在防水要求高或墙体薄、钢筋密的结构中

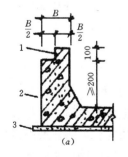 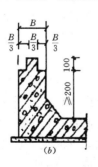 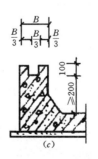 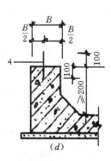

图7-3 施工缝形式
（a）高低缝；（b）凸缝；（c）凹缝；（d）钢板止水缝
1—施工缝；2—构筑物；3—垫层；4—钢板止水条

采用。防水混凝土必须分层连续浇筑，采用机械振捣，严格控制振捣时间，不得欠振漏振，一般为 10～20s，以保证防水混凝土的整体性和密实性。

对施工缝要求：墙体上设有孔洞时，施工缝距孔洞边缘不宜小于 300mm；不应留在剪力与弯矩最大处或底板与侧壁的交接处；必须留垂直施工缝时，应留在结构的变形缝处。

在施工缝上连续浇筑混凝土时，应将施工缝处的混凝土表面凿毛，浮粒和杂物清除，用水冲洗干净，保持湿润，再铺上一层 20～25mm 厚的水泥砂浆。水泥砂浆所用的材料和灰砂比应与混凝土的材料和灰砂比相同。混凝土浇筑完后，应及时加以养护，养护时间不少于 14d，不宜采用汽蒸养护，更不得采用电热法养护。

防水混凝土养护达到设计强度等级 70% 以上，且混凝土表面温度与环境温度之差不大于 15℃ 时，方可拆模，拆模后应及时回填土，以免温差产生裂缝。

混凝土防水结构既可承重，又是围护结构，并具有可靠的防水性能，因而简化施工，加快了工程进度，改善了劳动条件。

二、表面防水层防水

表面防水层是在整体钢筋混凝土结构以及整体的水泥砂浆、沥青砂浆等为找平层的基层上铺贴附加卷材或抹防水水泥砂浆，从而与结构能共同工作，以达到防水效果。

（一）表面防水层的种类

目前，常用的表面防水层主要有附加卷材防水层和附加水泥砂浆防水层。

（1）附加卷材防水层

地下工程外侧附加卷材防水层，能抵抗酸、碱、盐溶液的侵蚀，韧性好，对结构的微小振动和变形不至于开裂渗漏，防水效果好。为使卷材防水层与结构能共同工作，基层表面必须坚实牢固、平整、清洁干燥。但其耐久性差，机械强度低，出现渗漏现象修补困难。

（2）附加水泥砂浆防水层

水泥砂浆防水层分为多层刚性抹面的防水层和掺外加剂的水泥砂浆防水层。前者是利用不同配合比的水泥砂浆和素水泥浆分层分次施工，相互交替抹压密实，形成一多层防渗的整体防水层；后者又称防水砂浆防水层，是在水泥砂浆中掺入一定量外加剂，经过反复多次抹压密实，构成的一种整体防水层。表面防水层适用于地基条件良好、结构刚度大的一般地上地下工程，不适用于受振、沉陷或温湿度变化易产生裂缝的结构上。

（二）材料的选材及要求

地下防水工程附加卷材防水层施工时选用的沥青，其软化点应较基层及防水层周围介质可能达到的最高温度高 20℃～25℃，且不得低于 40℃。其所用卷材应选用强度较高、延伸率大、耐久性好、耐腐蚀性强的卷材，如焦油沥青卷材、沥青玻璃布卷材、再生胶卷材等高聚物及合成高分子卷材。所用胶粘剂和基层处理剂应与卷材相容，为防止酸碱的侵蚀，常采用耐酸沥青胶结材料，其填充料为角闪石棉、石英粉、辉绿岩粉等；耐碱沥青胶结材料，其填充料为滑石粉、温石棉、石灰石粉、白云石粉及其他耐碱矿物粉等。

地下防水工程附加水泥砂浆防水层施工时，所用的材料宜采用强度等级不低于 22.5 的普通硅酸盐水泥或矿渣硅酸盐水泥；砂采用粒径为 1～3mm、坚硬、洁净的中粗砂；水采用不含有害物质的洁净水。

（三）表面防水层施工

（1）附加卷材防水层施工

地下工程卷材防水层宜选用合成高分子防水卷材和高聚物改性沥青防水卷材，且宜采用刚柔结合设防措施。

地下工程附加卷材防水层通称外防水，其铺贴方法一般采用整体全外包防水做法。全外包防水做法又可分为"外防外贴法"和"外防内贴法"。前者防水效果优于后者，所以在施工场地和条件不受限制时，一般均应采用"外防外贴法"。其构造做法见图7-4。

1）外防外贴法

外防外贴法是将底部卷材铺贴在地下结构底板下的垫层找平层上，再将底部卷材延伸

铺贴在地下结构的围护墙内表面上，待结构墙体浇筑后，再将卷材直接铺贴在结构墙体的外表面上。这种施工方案的特点是：防水层能随着结构的变形而同步变形，受保护层和基层沉降变形影响小，施工时便于目测结构和防水层的施工质量，如发现问题，便于及时修补；但施工工序较多，铺贴卷材需有足够的工作面；底部卷材与墙身接头卷材容易受损，接槎处质量难于保证。

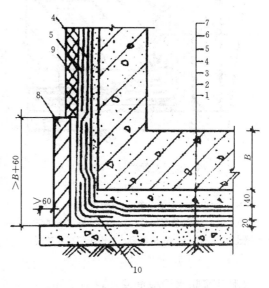

图7-4　地下工程卷材外防外贴法防水构造
1—素土夯实；2—混凝土垫层；3—找平层；4—保护层；
5—油毡附加层；6—细石混凝土保护层；7—钢筋混凝土底板；8—永久性保护墙；9—外墙防水层保护层；
10—附加防水层；B—底板厚度

外贴法施工程序：

混凝土垫层施工、养护→地下围护结构外侧砌永久性保护墙→水泥砂浆找平、阴阳角抹圆角→涂刷基层处理剂或冷底子油→铺贴卷材、复杂部位增加处理→防水层上铺设油毡附加层→砌筑4皮单砖临时性保护墙压住油毡及卷材→平面部位用细石混凝土做保护层→地下结构施工→养护与模板拆除→拆除临时性保护墙→地下结构外墙面清理找平与养护→涂刷基层处理剂→铺贴卷材防水层→涂布胶粘剂、附加油毡保护层→砌永久性保护墙→回填土分层压实

施工要求：

砌筑4皮单砖临时性保护墙，第一皮、第四皮用石灰砂浆砌筑，中间二皮用水泥砂浆砌筑，以增强墙体的稳定性。垫层上、永久性保护墙体表面用1:3水泥砂浆找平；平、立面交接处应交叉留接头，每层卷材应错开不小于150mm。外砌永久性保护墙时，用M5砂浆砌筑，应沿保护墙长度方向在转角处和每隔5～6m地方设一道垂直通缝，在缝中用卷材条或沥青板、沥青麻丝填塞；在保护墙与防水层之间用水泥砂浆填实。在永久性保护墙的外侧或不设永久性保护墙时，应采用二八灰土或粘土分层夯实，其宽度不小于1m。

2）外防内贴法

外防内贴法是在垫层的四周按设计要求的高度完成永久性保护墙的砌筑，墙面用水泥

砂浆找平，然后将防水卷材一次性铺贴在垫层和保护墙上，最后完成钢筋混凝土底板和围护墙体的施工，其做法如图（7-5）。这种施工方案的特点是：附加防水层一次做完，无需留槎搭接；施工占地工作面小，工序简单；但墙体防水层难以和混凝土结构同步变形，发生相对位移时，对防水层影响较大；竣工后如发现渗漏水时，难以修补。故此方案适用于当维护结构墙体的防水施工受现场条件限制，外防外贴法难以实施时才采用。

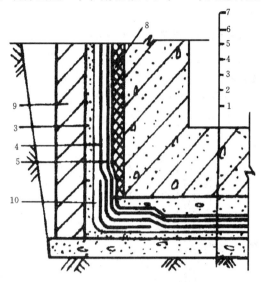

图 7-5　地下工程卷材外防内贴法
防水施工构造

1—素土夯实；2—混凝土垫板；3—找平层；4—卷材防水层；5—油毡附加层；6—保护层；7—钢筋混凝土底板；8—5～6mm厚聚乙烯泡沫塑料保护层；9—永久性保护墙体；10—附加防水层

内贴法施工程序：

垫层施工、养护→砌永久性保护墙→水泥砂浆找平、抹圆角→养护→涂布基层处理剂或冷底子油→铺贴卷材防水层、复杂部位增加处理→涂布胶粘剂、附加油毡保护层→保护层施工→地下结构施工→回填土

地下工程附加卷材防水层施工时，铺贴卷材的胶粘剂厚度一般为 1.5～2.5mm；卷材长边的搭接长度不应小于 100mm，短边的搭接长度不应小于 150mm；在平面与立面的转角处，接缝应留在平面距立面不小于 600mm 处。在所有转角处均应增加 1～2 层卷材。

（2）附加水泥沙浆防水层施工

水泥砂浆防水层根据使用材料不同，分为普通水泥砂浆防水层和掺外加剂的水泥砂浆防水层。

1）普通水泥砂浆防水层施工

防水层做在背水面时，宜采用四层交叉抹面做法。防水层做在迎水面时宜采用五层交叉抹面做法。以五层交叉抹面为例（图7-6a）：第一、三层为2mm厚的素灰层，水灰比

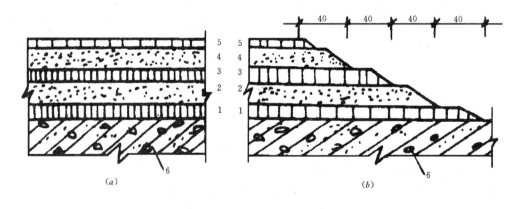

图 7-6　五层交叉抹面做法
（a）构造做法；（b）阶梯坡形槎
1、3—素灰层；2、4—水泥砂浆层；5—水泥浆层；6—结构层或垫层

为 0.37～0.4，分两次抹压密实，主要起防水作用；第二、四层为 4～5 mm 厚的水泥砂浆层，水灰比为 0.45～0.55，配合比水泥比砂为 1∶2.5，在初凝的素灰层上轻轻抹压密实，对素灰层起保护作用，另外还起骨架和防水作用；第五层为素水泥浆层，厚 1mm，在水泥砂浆抹压两遍后，用毛刷均匀涂刷一道，随第四层一并压光。四层做法与五层做法的区别就在于四层做法少一道素水泥浆。

防水层每层应连续施工，素灰层与砂浆层应在同一天内完成，不得留施工缝，如必须留施工缝时，应留成阶梯形槎（图 7－6b），结构阴阳角处的防水层，抹成圆弧。为保证防水层抹压密实，防水层各层间及防水层与基层间粘结牢固，必须做好素灰抹面，水泥砂浆揉浆和收压等施工关键工序。素灰层要求薄而均匀，抹面后不宜撒干水泥粉。揉浆是使水泥砂浆与素灰层相互渗透结合牢固，既保护素灰层又起防水作用。揉浆时严禁加水，以免引起防水层开裂、起粉、起砂。收压是在水泥砂浆收水 70% 左右进行，用铁抹子压实平光，第一遍收压表面要粗毛，第二遍收压表面要细毛，使砂浆密实。

2）掺外加剂的水泥砂浆防水层施工

防水层施工时的环境温度为 5～35℃，必须在结构变形或沉降趋于稳定后进行。为抵抗裂缝，可在防水层内增设金属网片。

以常用的掺氯化铁防水剂的防水砂浆防水层施工方法为例，其施工时，先在基层涂刷一层防水素浆，然后涂抹垫层的防水砂浆，其配合比为：水泥∶砂∶防水剂＝1∶2.5∶0.02，其厚度为 12mm，分两次进行抹压。垫层防水砂浆抹完 12h 后，便可抹面层防水砂浆，其配合比为：水泥∶砂∶防水剂＝1∶3∶0.03，其厚度为 13mm，同样分两次进行。面层防水砂浆抹完后，在其初凝后还需做水泥砂浆保护层。

防水层以采用干湿交替的养护方法为宜，早期（施工后 7d 内）保持湿养护，后期则在自然条件下养护。氯化铁防水砂浆不应在 35℃ 以上或烈日照射下施工。氯化铁防水砂浆防水层一般用于潮湿环境下加强防水。

三、止水带防水

止水带防水是对地下工程部分节点（如墙体施工缝、变形缝、底板变形缝等）进行防水密封处理，以达到防渗目的。

（一）止水带种类

止水带按遇水性质可分为遇水非膨胀型定型密封材料和遇水膨胀型定型密封材料两大类。

（1）遇水非膨胀型定型密封材料

1）聚氯乙烯胶泥防水带

聚氯乙烯胶泥防水带以聚氯乙烯防水接缝材料为原料，经混合后加热至 130～140℃ 塑化、浇注、冷却定型而成，简称胶泥条。其弹性好、耐高低温、防水性和耐久性好。适用于墙板、屋面板、厕浴间等建筑节点的垂直与水平接缝的防水工程。

2）SBS 沥青弹性密封膏

SBS 沥青弹性密封膏以热塑弹性体 SBS 对沥青进行改性，并加入适量的软化剂、防老剂、稀释剂、填料等配剂均匀混合而成的热塑弹性体嵌缝密封材料。

SBS 沥青弹性密封膏具有良好的高低温性能、弹性性能和耐老化性能，施工简便、无毒、无味。适用于工业与民用建筑屋面、墙板接缝、地下和建筑结构节点接缝的密封防水处理；也适用于防水层开裂的修补。

3）塑料止水带

塑料止水带是由聚氯乙烯树脂、增塑剂、稳定剂、防老剂等原料，经塑炼、造粒、挤出、加工成型等工艺加工而成的带状防水隔离材料。

塑料止水带耐久性好、强度高、原料充足、成本低廉。适用于工业与民用建筑地下防水工程、隧道、涵洞、坝体、沟渠等水工构筑物的变形缝隔离防水。

4）止水橡皮及橡胶止水带

止水橡皮及橡胶止水带是以天然橡胶与各种合成橡胶为主要原料，掺入各种助剂及填料，经塑炼、混炼、模压成型而成。

止水橡皮及橡胶止水带具有良好的弹性，耐磨、耐老化和抗撕裂性能好，适应结构变形能力强，防水性能好。其一般适用于地下工程、小型水坝、贮水池、地下通道、河底隧道、游泳池等工程的变形缝部位的隔离防水；用于水库及输水洞等处闸门密封止水。

5）自粘性防水密封条

自粘性防水密封条是以特种合成橡胶为基料，再掺加各种助剂加工而成的弹性腻子状聚合物。

自粘性防水密封条具有良好的柔韧性、耐化学性和极优良的耐老化性；具有良好的粘结性和延伸性，起到密封止水作用。适用于地下建筑工程中的结构接缝、工农业给排水工程接缝的密封防水。

（2）遇水膨胀型定型密封材料

1）SPJ 型遇水膨胀橡胶

SPJ 型遇水膨胀橡胶采用亲水性聚氨脂和橡胶为原料，用特殊方法制得的结构型遇水膨胀橡胶。

SPJ 型遇水膨胀橡胶具有可塑性和弹性，有很高的抗老化性和良好的耐腐蚀性；材料结构简单、安装方便，不污染环境，适用温度范围宽。适用于地下室钢筋混凝土工程、地下铁道、水渠、拦河坝等施工缝建筑接缝的密封防水。

2）BW 遇水膨胀止水条

BW 遇水膨胀止水条是由橡胶、膨润土等无机及有机吸水材料、高粘性树脂等十余种材料经密炼、混炼、挤制而成的自粘性膨胀型条状密封材料。

BW 止水条具有耐老化、抗腐蚀、抗渗能力，自身粘结性好，施工方便、快速简捷，其价格便宜，止水效果优于橡胶止水条和钢板止水条，适用于地下建筑外墙、底板、地脚或地台、游泳池、厕浴间等混凝土施工缝中进行密封防水。

（二）对密封材料要求

根据密封材料的适用范围，对于不同的部位选择合适的密封材料，保管时应避开火源、热源，避免日晒、雨淋；应分类贮放在通风、阴凉的室内，环境温度不应超过 50℃，注意产品的生产日期及有效期。

（三）止水带施工

为防止地下工程渗漏，其施工处理方法是将混凝土缝隙处做成凹凸型接缝或增设止水带。凹凸型接缝施工麻烦，防水效果差，故常用止水带防水。止水带的选用与变形缝的变形量、对水压力的大小有关。变形量小于10mm、对水压力小于0.03MPa的变形缝，宜采用弹性密封防水材料嵌填密实或粘贴橡胶片；变形量为20～30mm、对水压力小于0.03MPa的变形缝，宜采用附贴式止水带或预埋螺栓用压铁和螺母紧固止水带；变形量为20～30mm、对水压力大于0.03MPa的变形缝，宜采用埋入式橡胶或塑料止水带；当变形量较大时，可采用1～2mm厚中间呈圆弧形的金属止水带。止水带在地下工程中常用的部位有混凝土结构墙体施工缝、变形缝，底板变形缝等部位。

（1）混凝土结构墙体施工缝防水施工

在墙体施工缝中，目前常用的止水措施采用SPJ型遇水膨胀橡胶或BW遇水膨胀橡胶止水条对施工缝进行防水处理。

1）SPJ型遇水膨胀橡胶止水带施工，其防水构造见图7-7。

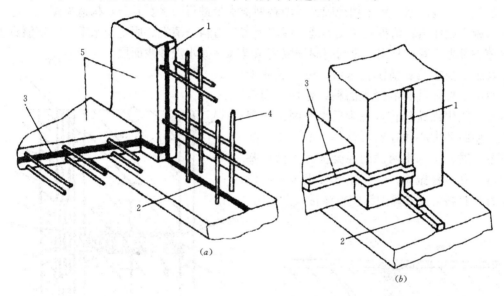

图7-7 SPJ型遇水膨胀橡胶安装在施工缝中的示意图
（a）不同部位安装示意图；（b）搭接方法示意图
1—垂直施工缝胶条；2—水平施工缝胶条；3—侧立面施工缝胶条；4—钢筋；5—混凝土

其施工程序为：清理施工缝基层→涂刷粘结剂→在遇水膨胀橡胶止水条表面涂刷缓膨剂→固定遇水膨胀橡胶止水条→搭接连接遇水膨胀橡胶条。

其施工要求为：对于基层用凿子将不平整的部分凿平，扫去浮灰，清理干净；粘结剂涂刷均匀；固定遇水膨胀橡胶条时用水泥钢钉将其钉压固定，水泥钢钉的间距宜为1m左右；其连接应重叠搭接连接，沿施工缝形成闭合环路，不得留断点。

2）BW遇水膨胀橡胶止水条施工，其防水构造见图7-8。

其施工程序为：清理基层→粘贴止水条→止水条搭接连接→浇筑混凝土

其施工要求为：基层处理同墙体施工缝；粘结止水条是利用其自身的粘性将其粘贴在干净的基面上，且每隔1m左右附加一个水泥钢钉；止水条搭接连接长度在50mm以上，搭接头应用水泥钢钉钉牢；浇筑混凝土时，止水条四周被混凝土覆盖的宽度应在50mm以上。

（2）底板变形缝防水施工

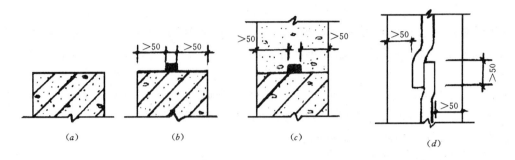

图 7-8　BW 膨胀橡胶止水条安装示意图

(a) 基层；(b) 粘贴止水条；(c) 混凝土覆盖宽度；(d) 拼接方法

底板变形缝防水一般采用橡胶型或塑料型止水带进行防水。其防水构造见图 7-9。

其施工程序为：清理基层变形缝→缝内填密封材料→清洗、固定止水带→浇筑混凝土→缝隙端部埋入背衬材料、密封材料→隔离条隔离→做水泥砂浆面层。

其施工要求为：清洗止水带，使其表面干净，目的是加强其与混凝土的粘结作用；固定止水带一般用细铁丝将其拉紧后水平固定在钢筋上，使圆环中心线在变形缝的中心线上；浇筑混凝土时，止水带两侧的混凝土注入量应基本相等，并对称振捣，防止止水带出现侧向位移，背衬材料为聚乙烯泡沫塑料棒材，直径比

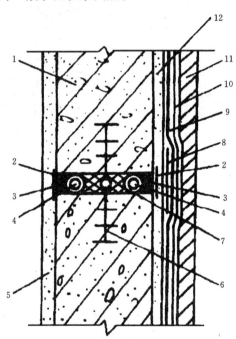

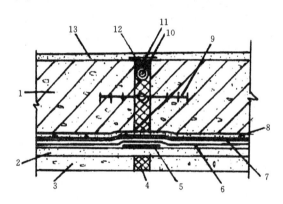

图 7-9　底板变形缝防水构造

1—底板；2—10% UEA 水泥砂浆找平层；3—混凝土垫层；4—填缝材料；5—附加卷材 6—卷材防水层；7—纸胎油毡保护层；8—细石混凝土保护层；9—橡胶或塑料止水带；10—背衬材料；11—密封材料；12—隔离条；13—水泥砂浆面层

图 7-10　墙体变形缝防水构造

1—结构墙体；2—隔离条；3—密封材料；4—背衬材料；5—水泥砂浆面层；6—橡胶型或塑料型止水带；7—填缝材料；8—附加卷材；9—卷材防水层；10—石油沥青纸胎油毡；11—保护墙体；12—水泥砂浆找平层

缝宽小 3~5mm，埋入深度为缝宽的 0.5~0.7 倍。

(3) 墙体变形缝防水施工

当墙体变形缝的宽度不小于 30mm 时，其防水构造见图 7-10，其施工方法与底板变形缝密封做法相同。

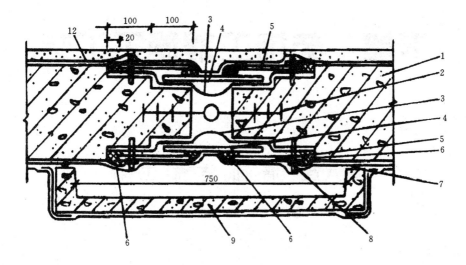

图 7-11　墙体较宽变形缝的防水构造

1—结构墙体；2—氯丁橡胶止水带；3—伸缩层防水卷材；4—活动板；5—固定板；
6—密封材料；7—膨胀止水条；8—膨胀螺栓；9—外墙挡土槽板

当墙体变形缝的宽度达 50～80mm 时，应采用图 7-11 进行防水处理。

其施工程序为：预埋止水带→浇筑混凝土→铺设伸缩层卷材→摆放活动板→安装固定板→涂刷防水材料→安装外墙挡土槽板→铺设挡土槽板表面的卷材防水层。

其施工要求为：前两步要求同底板变形缝防水；铺设伸缩缝卷材用满粘法，但在变形缝内应留足够结构变形的伸缩量；摆放活动板可采用 10mm 厚的酚醛树脂或环氧树脂板，活动边采用对接方式连接，端部削成 45°倒角，用密封材料嵌密实后再用不锈钢薄板固定；固定板选用的材料同活动板，其不同点是在板的一端用冲击钻钻孔后，板端用膨胀螺栓将其固定在墙上，板体侧面与墙体侧面之间留约 20mm 的缝隙，用密封材料嵌实，连接方式也采用对接；安装外墙挡土槽板，在槽板两肋与墙体、槽板与槽板端部的接触面之间均应设 SPJ 型或 BW 型橡胶膨胀止水条，槽板用不锈钢压板（或镀锌钢压板）、膨胀螺栓和不锈钢箍板条将其固定在结构墙体上，挡土槽板表面的卷材防水层应与外墙卷材防水层连成一体。

下篇　装饰工程施工工艺

第八章　墙面装饰工程

第一节　石碴类墙面施工工艺

一、石碴类墙面工程的主要材料

（1）石粒

石粒是由天然大理石、白云石、方解石、花岗岩以及其他天然石料破碎筛分而成。在抹灰工程中用来制作水磨石、水刷石、干粘石、斩假石等。较为常用的是大理石石粒。

①大理石石粒具有多种色泽，多用来作水磨石、水刷石、斩假石的骨料，其品种及规格见表8－1。

常用大理石的规格、品种及质量要求　　　　　　　　　　　　　　　表8－1

规格与粒径对照		常 用 品 种	质 量 要 求
俗称规格	粒径（mm）		
大二分	约20	汉白玉、奶油白、黄花玉、桂林白、松香黄、晚霞、蟹青、银河、雪云、齐灰、东北红、桃红、南京红、铁岭红、东北绿、丹东绿、莱阳绿、潼关绿、东北黑、竹根霞、苏州黑、大连黑、湖北黑、芝麻黑、墨玉	颗粒坚韧，有棱角、洁净，不得含有风化石粒及碱质或其他有机物质。使用时应冲洗过筛
一分半	约15		
大八厘	约8		
中八厘	约6		
小八厘	约4		
米粒石	约2		

②彩色瓷粒以石英、长石和瓷土为主要原料经锻烧而成。粒径为1.2～3.0mm，颜色多样。彩色瓷粒具有大气稳定性好、颗粒小、表面瓷粒均匀，露出粘结砂浆较少，整个饰面厚度减薄，自重减轻等优点。

抹灰工程中常用的还有绿豆砂、白凡石、瓜米石、石屑等。石粒用于水刷石、干粘石、斩假石及配制外墙喷涂饰面用的聚合物砂浆等。

抹灰用石粒的质量要求：要求其颗粒坚硬、有棱角、洁净，不含有风化的石粒及其他有害物质。石粒使用前应冲洗过筛，按颜色规格分类堆放。

（2）抹灰颜料

抹灰用颜料，应采用矿物颜料及无机颜料，须具有高度的磨细度和着色力，耐光耐碱，不含有盐、酸等有害物质。抹灰中常用的颜料见表8－2。

色彩	颜色名称	说　　　明
白色	钛白粉 学名：二氧化钛	钛白粉的遮盖力及着色力都很强，折射率很高。化学性质稳定。钛白粉有两种：一种是金红石型二氧化钛，密度为 $4.26g/cm^3$，耐光性非常强，适用于外抹灰。一种是锐钛矿型二氧化钛，密度为 $3.84g/cm^3$；耐光性较差，适用于室内抹灰
	立德粉 学名：锌钡白	立德粉是硫化锌和疏化钡的混合白色颜料。遮盖力比锌氧粉强，但比钛白粉差。耐光性差，不宜用于外抹灰
	锌氧粉 学名：氧化锌 俗名：锌白	锌氧粉是一种白色六角晶体无臭的极细粉末，密度为 $5.61g/cm^3$，是一种两性氧化物。高温下或储存日久时色会变黄，不宜用于外抹灰
	大白粉 又名：白垩	色白或色灰白，由方解石质点为主的沉积岩粉碎过筛而成。遇二氧化硫白色即退。适用于内抹灰
	老　粉 又名：方解石粉	由方解石及方解石含量高的石灰石粉碎加工而成。遇二氧化硫白色逐渐变色。适用于内抹灰
	银粉子	是北京地区土产。呈微云母颗粒闪光，白色，性能同大白粉
黄色	氧化铁黄 学名：含水三氧化二铁 俗称：铁黄	土黄色。遮盖力比任何其他黄色颜料都高。着色力几乎与铬黄相等。耐光、耐大气影响、耐污浊气体及耐碱性都非常强。是抹灰中既好又经济的黄色颜料之一
	铬　黄 学名：铬酸铅 俗名：铅铬黄、柠檬黄	铬黄色颜色鲜艳、颜色从浅到深均有，着色力高，遮盖力强，但不耐碱。可用于内、外抹灰
紫色	氧化铁紫	紫红色。如市场无货，可用氧化铁红与群青配制代替
红色	氧化铁红 学名：三氧化二铁 俗称：红土、铁朱 铁红、西红	有天然和人造两种，遮盖力和着色力强，有优越的耐光、耐高温、耐大气影响、耐污蚀气体及耐碱，是较好较经济的红色颜料之一，可用于内外抹灰
	甲苯胺红	为鲜艳红色粉末，遮盖力、着色力较高，耐光，耐热，耐酸碱，在大气中无敏感性，一般用于高级装饰工程
蓝色	群　青 俗称：云青、洋蓝、 石头青、佛青、优蓝	为半透明鲜艳的蓝色颜料。耐热、耐光、耐碱但不耐酸，是一种既好又经济的蓝色颜料之一。适用于外抹灰
	钴　蓝 学名：铝酸钴	由氧化钴、磷酸钴等与氢氧化铝混合焙烧而成，为一种带绿光的蓝色颜料。耐热，耐光，耐酸碱性能较好。可用于内外抹灰
绿色	铬　绿	是铬黄与普鲁士蓝的混合物。颜色变动较大，决定于两种成分比例的混合。遮盖力强，耐气候，耐光，耐热均好，但不耐酸碱，所以最好不要用于水泥和石灰为胶凝材料的抹灰中
	群青与氧化铁黄配用	由于群青及氧化铁黄都能耐碱，所以在绿色的抹灰中多用此两种颜料配用。其性能分别见群青及氧化铁黄栏
棕色	氧化铁棕 俗称：铁棕	是氧化铁红和氧化铁黑的机械混合物。有的产品还掺有少量氧化铁黄。可用于内外抹灰
黑色	氧化铁黑 学名：四氧化三铁 俗称：铁黑	遮盖力、着色力都很强，（但不及炭黑）对阳光和大气的作用都很稳定，耐一切碱类。是一种既好又经济的黑色颜料之一。适用于内、外抹灰
	炭　黑 俗称：乌烟	根据制造方法不同分为槽黑（俗称硬质炭黑）和炉黑（俗称软质炭黑）两种，抹灰工程中常用为炉黑一类，性能与氧化铁黑基本相同，仅密度稍轻，不好操作
	锰　黑 俗称：二氧化锰	黑色或黑棕色晶体或无定形粉末。遮盖力颇强
	松　烟	松烟系用松材、松根、松枝在窑内进行不完全燃烧而熏得的黑色烟炱，遮盖力及着色力均好
赭色	赭　石	赭色，着色力，耐久性好，颜色明亮，施工性能好，适用于外抹灰

（3）抹灰外掺剂

抹灰外加剂常用有胶粘剂、憎水剂、分散剂等，兹分述如下。

1）胶粘剂

①聚乙烯醇缩甲醛胶（俗称107胶）聚乙烯醇缩甲醛胶系由聚乙烯醇和甲醛为主要材料加少量盐酸、氢氧化钠及大量的水在一定温度条件下，经缩合反应而成的一种可溶于水的无色胶粘剂。固体含量10%～12%，密度1.05g/cm³，pH值为6～7，粘度为3500～4000Pa·S。是抹灰工程中一种经济适用的有机聚合物。在素水泥浆或水泥砂浆中掺入适量的107胶，可将水泥浆或水泥砂浆的粘结性能提高2～4倍，其主要作用有：提高面层的强度，不致粉酥掉面；增加涂层或砂浆层的柔韧性与弹性，减少开裂的倾向；加强涂层或砂浆层与基层之间的粘结力，不易爆皮或起鼓脱落。

107胶的掺量不宜超过水泥质量的40%。

107胶要用耐碱容器贮运，冬季应注意防冻，受冻后质量会受到严重影响。

②聚醋酸乙烯乳液（简称乳液）是一种白色水溶性胶粘剂，是以44%的醋酸乙烯和4%左右的分散剂乙烯醇以及增韧剂、消泡剂、乳化剂、引发剂等聚合而成。比107胶的性能和耐久性都好，但价格较贵。乳液有效期为3～6个月。

2）憎水剂

①甲基硅醇钠建筑憎水剂为无色透明水溶液，呈强碱性，固体含量为30%～33%。密度为1.23，pH值13，喷刷在外墙饰面上有防水、防风化、防污染等效果，提高外饰面的耐久性。

本剂贮存必须密封，防止阳光直射，其温度宜0℃～30℃。使用时要用水稀释；配合比按甲基硅醇钠∶水＝1∶9（质量比）或1∶11（体积比），使其固体含量为3%。在配制和使用过程中，勿触及皮肤衣服。

喷、刷施工时以见湿不流淌为度，水溶液的用量宜以400g/m²为妥，用量过多会有白色粉末，影响饰面效果。雨天不能施工。如喷、刷后24h内遇雨，第二天应做憎水试验，以不挂流，饰面不见湿为合格。否则，再喷刷一遍。稀释后的水溶液应在1～2d内用完，存放过长则效果下降。

②聚甲基乙氧基硅氧烷憎水剂。该剂为黄色透明液体，有特殊香味，易燃，酸性较强时遇水易水解。其稀溶液能渗透到建筑材料内部，干燥后表面不留漆膜痕迹，使建筑材料具有透气、防水、防污染、防风化的效果，但价格稍贵，配制工艺复杂，只宜在特殊高级工程中采用。该憎水剂配制方法如下：

5%盐酸水溶液是将1份（质量、下同）工业盐酸（浓度约35%）加入6份水中，搅拌均匀待用；氢氧化钠溶液是将1份氢氧化钠溶液放入4份水中，溶解后加入12份工业酒精，搅拌均匀待用；取1份聚甲基乙氧基硅氧烷，加入0.5份工业乙醇稀释，在充分搅拌下加入0.1～0.12份5%的盐酸水溶液，此时溶液产生放热反应至全透明，静置0.5h，取一滴溶液滴在干净的玻璃板上，如能在10min内固化、透明、不粘手即表示反应良好，再放置1～2h，然后加入3～4份乙醇和3～4份丁醇稀释（对外观要求不高者可用乙醇取代丁醇），在搅拌时加氢氧化钠溶液到pH值＝7～7.5即可使用。24h内防止雨水冲洗，随配随用，不得过夜。

3）分散剂

①木质素磺酸钙。木质素磺酸钙为棕色粉末。将其掺入抹灰用的聚合物砂浆中，可减少用水量10％左右，并可起到分散剂作用。木质素磺酸钙能使水泥水化时产生的氢氧化钙均匀分散，并有减轻析出于表面的趋势，在常温下施工时能有效地克服面层颜色不均匀现象。

②六偏磷酸钠。是用于室外喷涂、刷涂等调制色浆的分散剂。它对于稳定砂浆稠度，使颜料分散均匀及抑制水泥中游离成分的析出，均有一定效果。一般掺入量为水泥用量的1％。本品为白色结晶颗粒，易潮解结块，需用塑料袋贮存。

二、水磨石墙面施工工艺

（一）材料准备

①水泥：宜采用强度等级不低于32.5的普通水泥或白水泥、彩色水泥等。所用的水泥必须是同一厂家、同一批号、同一标号、同一颜色，并且应一次进足。

②颜料：应选用耐碱、耐光的矿物颜料，并与水泥干拌均匀后过筛装袋备用。

③石子：要求颗粒坚硬，有棱角，洁净。

④镶嵌条：常用嵌条有铜条、铝条及玻璃条等三种。铜嵌条规格为宽×厚＝10mm×1～1.2mm，铝嵌条规格为宽×厚＝10mm×1～2mm，玻璃条的规格为宽×厚＝10mm×3mm。

⑤草酸：用沸水溶解草酸，其浓度为5％～10％。在草酸溶液里加入1％～2％的氧化铝，使水磨石表面呈现一层光泽膜。

⑥上光蜡：上光蜡配比为1∶4∶0.6∶0.1＝川蜡∶煤油∶松香水∶鱼油。配制时先将川蜡与煤油放入器具内加温至130℃（冒白烟），搅拌均匀后冷却备用，使用时加入松香水、鱼油搅拌均匀。

（二）施工操作步骤

中层灰验收——弹线、贴镶嵌条——抹面层石子浆——水磨面层（二浆三磨）——涂草酸磨洗——打上光蜡。

（1）弹线、贴镶嵌条

在中层灰验收合格后即可在其表面按设计要求和施工段弹出分格线。镶条常用玻璃条，除了按已弹好的底线作为找直的标准外，还需要拉一条上口直线，作为找平的标准。铜嵌条与铝嵌条在镶嵌前应调直，并按每m打4个小孔，穿上22号铅丝。镶条时先用靠尺板与分格线对齐，压好靠尺，再将镶嵌条紧贴靠尺板，用素水泥浆在另一侧根部抹成八字形灰埂，然后拿去靠尺，再在未抹灰一侧抹上对称的灰埂固定。灰埂高度应比嵌条顶面低3mm。铝条应涂刷清漆以防水泥腐蚀。

（2）罩面

罩面前应在中层灰面上刷一层水灰比为0.4的素水泥浆，随即抹石子浆，浆面应高出镶嵌条1～2mm。罩面后应用铁抹子再补压一道石子，由镶嵌条边向中间压，着力压实抹平。为了使石子显露均匀，一般还用毛刷蘸水提浆，补上石子，然后再用铁抹子压实、搓平。在同一面层上有几种颜色时，先做深色，后做浅色，待前一种色浆凝固后，再抹后一种色浆。

（3）水磨石开磨时间与温度关系及水磨石墙面一般做法（见表8-3和表8-4）。

平均温度 (℃)	开 磨 时 间 (d)		平均温度 (℃)	开 磨 时 间 (d)	
	机 械 磨	人 工 磨		机 械 磨	人 工 磨
20~30	2~3	1~2	5~10	4~6	2~3
10~20	3~4	1.5~2.5			

现制水磨石墙研磨做法 表 8-4

项次	研磨遍数	总厚度 (mm)	研 磨 方 法	备 注
1	头 遍	20	磨头遍用60~80号金刚石，粗磨至石子外露为准，用水冲洗稍干后，擦同色水泥浆养护约2d	1. 用1:3水泥砂浆打底厚12mm 2. 刮素水泥浆一道 3. 用1:1或1:2.5水泥石渣浆罩面厚8mm 4. 试磨时石子不松动即可开始磨面
2	二 遍		磨二遍用100~150号金刚石，洒水后开磨至表面平滑，用水冲洗后养护2d	
	三 遍		磨三遍用180~240号金刚石或油石，洒水细磨至表面光亮，用水冲洗擦干	
	酸洗及打蜡		涂擦草酸，再用280号油石细磨，出白浆为止，冲洗后晾干，待墙面干燥发白后进行打蜡	

三、水刷石墙面施工工艺

(一) 材料准备

①水泥采用不低于强度等级约为 22.5 的普通水泥、白水泥或彩色水泥。所用水泥应是同一厂家、同一批号、同一标号、同一颜色、一次进足。

②颜料：应选耐碱、耐光的矿物颜料，并与水泥一次干拌均匀，过筛装袋备用。

③骨料：可用中、小八厘石、玻璃、粒砂或蛎壳。骨料颗粒应坚硬均匀，色泽一致、洁净。

(二) 施工操作步骤

水泥砂浆中层验收→弹线、贴分格条→抹面层石子浆→刷洗面层→起分格条及浇水养护。

(1) 弹线分格、粘贴分格条

根据设计要求和施工分段的位置，在抹灰中层表面弹出分格线，然后把浸透水的木分格条用粘稠的素水泥浆（与面层水泥同一品种）依弹出的分格线粘贴，两侧抹成八字形。灰埂斜度为45度或60度，待面层做完后起条。分格条镶嵌应牢固、横平竖直，接缝严密。

(2) 抹面层石子浆

中层砂浆已有 7~8 成干时（终凝之后），酌情将中层面浇水湿润，紧接着用水灰比为 0.4 的素水泥浆满刮一遍，随即抹面层石子浆。（可加入不多于水泥用量 10% 的石灰膏，稠度为 5~7cm）。

抹石子浆时，每个分格应自下而上用铁抹子一次抹完揉平，然后用直尺检查，低洼处及时补抹，然后用刮尺刮平，铁抹子压实。要求做到表面平整，密实。

抹阳角时，先抹的一侧不宜用八字靠尺，而将石子浆稍抹过转角，然后再抹另一侧。

抹另一侧时需用八字靠尺将角靠直找齐。接头处石子要交错，避免出现黑边。阴角可用短靠尺顺阴角轻轻拍打，使阴角顺直。

（3）面层修整

石子浆面层稍收水后，用铁抹子把石子浆满压一遍，把露出的石子尖棱轻轻拍平。在阴阳角和转角处应多压几遍，然后用刷子蘸水刷一遍，用铁抹子压一遍，反复刷与压不少于三遍，最后用铁抹子拍平，达到石子大面朝外，表面排列紧密均匀的效果。

（4）喷刷

①喷刷应在面层刚刚开始初凝时进行，即用手指按上去无指痕，用刷子刷石粒不掉时开始喷刷。

②喷刷分两遍进行，第一遍先用软毛刷子蘸水刷掉面层水泥浆，露出石粒，第二遍紧跟用喷雾器将四周相邻部位喷湿，然后按由上向下顺序喷水。喷水要均匀，喷头离墙10～20cm，要把表面的水泥浆冲掉，使石子外露约为粒径的1/2，然后用小水壶从上往下冲洗，冲水时不宜过快或过慢。过快时混水浆冲不干净，施工完毕后会呈现花斑；过慢则会出现石子浆层坍塌现象。当表面水泥已结硬时，可用5%的稀盐酸溶液洗刷，再用水冲洗。

③喷刷应由上而下分段进行，每段一般按每个分格线为界；喷刷上段时，未喷刷的墙面用水泥纸袋浸湿后贴盖，待上段喷刷好后，再把湿纸往下移。交叉作业时还要安装"接水槽"，使喷刷的水泥浆有组织地流走，不致冲毁下部墙面的石子浆。

（5）起分格条

喷刷后，适时起出分格条。起出分格条后用小线抹抹平，然后根据设计要求用素水泥浆做凹缝及上色。

（6）其他在做高级装饰抹灰中，往往采用白水泥水刷石。其做法与一般水刷石相同，只是质量要求更高，最后喷刷时用稀草酸溶液洗一遍，再用清水冲净。

四、干粘石墙面施工工艺

（一）材料准备
干粘石的材料要求与水刷石相同。

（二）施工操作步骤
中层砂浆质量验收→弹线、粘贴分格条→抹粘结层砂浆→撒石粒压平→起分格条并修整。

（1）弹线、粘贴分格条

经检查验收中层抹灰后，即可在中层抹灰面上弹线、粘贴分格条。做法及要求同本节三、（二）第（1）条所述。

（2）抹粘结层砂浆

根据中层灰的干燥程度洒水湿润中层，用水灰比为0.45的纯水泥浆满刷一道，随刷水泥浆随抹粘结层。粘结层砂浆配比常用1:1:2:0.15＝水泥:石灰膏:砂:107胶，砂浆稠度以6～8cm为宜，厚度取决于石子的大小：当石子为小八厘时，粘结层厚4mm；为中八厘时，厚6mm；为大八厘时，厚8mm。粘结层用刮尺刮平，表面平整。粘结层抹好后应立即开始撒石粒。

（3）撒石粒压平

采用人工撒石粒时，应三个人同时连续操作，一人抹粘结层，一人紧跟后面一手拿木拍，一手抱托盘，用木拍铲起石粒，反手甩向粘结层，一人随即用铁抹子将石子均匀拍入粘结层。

甩石粒时用力要平稳有劲，方向应与墙面大致垂直。墙面石粒过稀处一般不宜补甩、应将石粒用抹子或手直接补上，过密处可适当剔除。拍石粒时，石粒嵌入砂浆的深度不应小于粒径的1/2，用力要适当，用力过大，会把灰浆拍出，造成翻浆糊面，用力过小，石粒粘结不牢，易掉粒。

甩石粒的顺序应先边角，后中间，先上面，后下面。阳角处甩石粒时应两侧同时操作，避免先甩的一侧石粒粘上后，边角口的水泥浆收水，另一侧石粒不易粘上，出现明显的黑边接搓。

采用机喷石粒时是用压缩空气带动喷斗喷射石粒。其做法除了按照手甩做法要求外，还应注意以下几点：

①机喷干粘石粘结层配合比为：水泥：石灰膏：砂：107胶：木质素磺酸钙＝1：0.5：1：0.15：0.3。

②石粒宜选用中八厘，喷石时喷嘴要对准墙面，保持距墙面约30cm，空压机压力根据石粒大小以0.5～0.7MPa为宜。先喷边角，后喷大面，喷大面时应自下而上，以免砂浆流坠。

③待砂浆收水时，用橡胶辊筒从上往下轻轻地滚压一遍。

（4）起分格条并修整

干粘石墙面达到表面平整，石粒均匀饱满时，即可取出分格条，随手用小抹子和素水泥浆将分格缝勾匀一道，以达到顺直清晰，起条时如掉角缺棱时，应及时用1:1水泥细砂砂浆补上，并用手压上石粒。勾缝后24h应用水喷洒养护。养护时间不应少于7d。

第二节　玻璃幕墙施工工艺

幕墙是一种安装在建筑主体结构外侧的围护结构。它就像帷幕一样悬挂在建筑外檐成为一种新型墙体，同时成为建筑外檐的漂亮装饰。幕墙包括玻璃幕墙以及铝合金板幕墙、不锈钢板幕墙、搪瓷钢板幕墙、花岗石板幕墙等许多种类，玻璃幕墙的应用已有几十年历史，但初期使用规模较小，直到近20年来，由于玻璃铝合金型材、硅酮密封胶和结构玻璃安装技术的发展，才推动了玻璃幕墙的使用越来越广泛。

玻璃幕墙工程作为建筑工程中的一个分项工程，包括的主要工序有：结构连接件的预设及安装，纵横框体的安装，窗扇及玻璃的安装和密封清洁等，因此本书中不能仅限于玻璃的安装，而要对玻璃幕墙的主要构造和施工安装过程都有介绍。

一、玻璃幕墙的种类及构造特点

玻璃幕墙一般可分为普通玻璃幕墙、半隐框玻璃幕墙、全隐框玻璃幕墙和全玻璃幕墙，其中普通玻璃幕墙又常称为显框或明框玻璃幕墙。

（1）普通玻璃幕墙

这种玻璃幕墙采用镶嵌槽夹持方式安装玻璃。在幕墙的正面可以看到暴露在外的安装玻璃并支撑传递幕墙所受各种荷载的纵横框体，所以又被称为显框或明框玻璃幕墙。普通玻璃幕墙根据铝合金框体上玻璃镶嵌槽的形成方式不同，又可分为整体镶嵌槽式、组合镶嵌槽式、混合镶嵌槽式等几种。

1）整体镶嵌槽式。整体镶嵌槽式是指安装玻璃的镶嵌槽与铝合金框体是一个整体（其基本断面见图8-1），在铝合金框体材料生产挤压成型时就已成型。安装玻璃时只需将玻璃插入镶嵌槽内，定位后采用密封条或密封胶填入玻璃与槽壁间的空隙，将玻璃固定。采用密封条固定的安装方式常被称为干式装配，而用密封胶固定玻璃的装配方式则被称为湿式

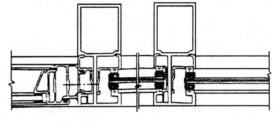

图8-1　整体镶嵌槽式

装配。这两种装配方式有时混合使用又称为混合装配法，也就是在放人玻璃之前，先在安装方向的另一侧固定密封条，然后装入玻璃，安装方向一侧采用密封胶最后固定。三种装配方式的示意如图8-2所示。湿式装配的密封性能优于干式装配，且使用硅酮胶做密封胶时其寿命也长于橡胶密封胶条。

2）组合镶嵌槽式。组合镶嵌槽式是指镶嵌槽与铝合金框体是两部分组成（基本断面见图8-3），有一个后固定的镶嵌槽外侧压板。安装玻璃时在压板一侧将玻璃平推装入，定位后将外侧压板用螺栓固定在杆件上，形成完整的镶嵌槽，然后再采用干式或湿式装配法固定玻璃，最后在外侧压板之外再扣上外扣板作为装饰。

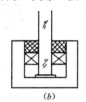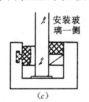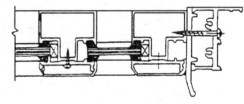

图8-2　三种装配方式
（a）干式装配；（b）湿式装配；（c）混合装配

图8-3　组合镶嵌槽式

3）混合镶嵌式。混合镶嵌式是指框体立挺用整体镶嵌式材料，横梁采用组合镶嵌式材料，安装玻璃可以左右插装，玻璃定位后用螺钉将压板固定到横梁上，扣上扣板形成完整的镶嵌槽，然后采用干式或湿式装配法固定玻璃。

（2）隐框玻璃幕墙

隐框玻璃幕墙分为全隐框玻璃幕墙和半隐框玻璃幕墙。所谓隐框，就是在幕墙正面设有幕墙结构体系的铝合金框料部分明露。玻璃幕墙采用结构玻璃装配方法安装玻璃。玻璃用硅酮密封胶固定在铝合金框体的外部，由于隐框玻璃幕墙都是采用镀膜玻璃，玻璃是单向透视的，从幕墙外侧看不到处于幕墙玻璃内侧的结构体系的框料，所以称为隐框玻璃幕墙。

如果幕墙玻璃安装时两边采用镶嵌槽式装配（或立挺或横梁），而另两边采用结构玻璃装配，此时的幕墙或者横梁，或者立挺是明露的，这就是半隐框玻璃幕墙。

1）整体式隐框玻璃幕墙。这是最早出现的一代隐框玻璃幕墙，这种幕墙的玻璃被硅酮密封胶直接固定粘结在幕墙铝合金结构体的框格上。安装玻璃时，需要采用辅助固定装置将玻璃定位固定在幕墙的框体上，然后打胶粘结。等到密封胶固化并能承受所定荷载

时，才可以将辅助装置拆去。这种幕墙的安全性、可靠性较差，且更换玻璃极其困难，如今已很少在大面积的玻璃幕墙中使用。

2）分离式隐框玻璃幕墙。这种玻璃幕墙是将玻璃用结构装配的方式先固定在一个副框上，使副框和玻璃形成一个结构组件，然后再采用螺栓固定方式将这个结构组件固定在主框体上。这种安装玻璃的方式，又因结构玻璃组件在主框体上固定方法的不同而分为：内嵌式、外扣式、外挂内装固定式、外挂外装固定式等等。具体做法将在施工做法中介绍。

（3）全玻璃慕墙。全玻璃幕墙是指幕墙的支撑框架与幕墙的平面材料均为玻璃的幕墙。由于所有材料均为玻璃，它的特点是视野几乎全无阻挡，完全透明。全玻璃幕墙一般使用于商店的橱窗和大厅的分隔，不宜用于高度过高的场所。当应用的空间宽度、高度都较大时，为了减少大片玻璃的厚度，则利用玻璃作框架体系，将玻璃框架固定在楼层楼板和顶棚上，用作大片玻璃幕墙的支撑点，以减少单片玻璃的厚度，降低造价。

这种玻璃幕墙的玻璃框体上下端用特制的金属件与建筑结构连接，而玻璃框与大块平面玻璃之间用硅酮密封胶连接，其连接方式分为后置式、骑缝式、平齐式等数种（见图8－4）。全玻璃幕墙一般只用于一个楼层内，有时也用于跨层分隔。当应用于较低高度时，幕墙大块玻璃与玻璃翼上下均可用镶嵌槽安装。玻璃被固定安装在下部的镶嵌槽内，而在上部的镶嵌槽顶与玻璃之间需留出一定空间（见图8－5），使玻璃有伸缩变形的余地。

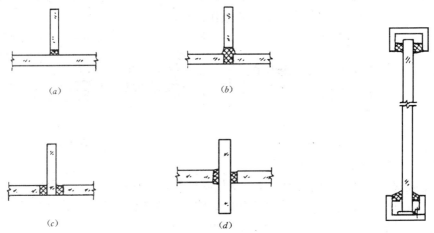

（a）　　　　　　　　　（b）

（c）　　　　　　　　　（d）

图8－4　全玻璃幕墙连接方式
（a）后置式；（b）骑缝式；（c）平齐式；（d）突出式

图8－5　镶嵌槽安装

当应用较高层时，幕墙面的大块玻璃被搁置在下部的镶嵌槽中，直立高度高，细长比较大，平面外侧刚度很差，易于在自重下发生压屈破坏。在这种情况下的幕墙需采用上吊式安装，也就是在幕墙上端设置专用夹具，将玻璃吊挂起来，玻璃与下部镶嵌槽底之间留有伸缩空间。一般在下列情况下需采用上吊式安装：

玻璃厚度10mm，幕墙高度大于4m；
玻璃厚度12mm，幕墙高度大于5m；
玻璃厚度15mm，幕墙高度大于6m；
玻璃厚度19mm，幕墙高度大于7m。

全玻璃幕墙玻璃在镶嵌槽内的固定可采用干式装配、湿式装配或混合装配。

二、玻璃幕墙工程的主要材料

（1）铝合金型材

铝合金型材用作立柱（竖向杆件）和横档（横向杆件）。用于玻璃幕墙的铝型材断面尺寸有多种规格，根据使用部位进行选择。幕墙的立柱与主体结构间，采用连接件进行固定，连接件有两个（角钢或钢板制成角钢形状），一个与结构固定，另一个与立柱固定。

（2）玻璃

玻璃是铝合金玻璃幕墙的主要材料，玻璃的品种、质量直接制约着幕墙的各项性能。幕墙玻璃可使用普通平板玻璃、浮法玻璃、钢化玻璃、夹层玻璃、中空玻璃、吸热平板玻璃、热反射玻璃（又称镀膜玻璃）等。

（3）密封材料

玻璃幕墙工程中使用的密封材料主要有橡胶密封条、建筑密封胶、结构硅酮密封胶。

①橡胶密封条。要求橡胶密封条具有耐紫外线、耐老化、永久变形小、耐污染等特性。

②建筑密封胶。通常说的建筑密封胶多指聚硫密封胶、氯丁密封胶和硅酮密封胶。其中聚硫密封胶与硅酮结构胶相容性能差，不宜配合使用。耐候硅酮密封胶应是中性胶，凡是用在半隐框、隐框玻璃幕墙上与结构胶共同工作时，都要将建筑密封胶与结构胶进行相容性试验，由胶厂出示相容性试验报告，经允许方可使用。

③结构硅酮密封胶。玻璃幕墙中使用的结构硅酮密封胶应采用高模数中性胶，并要求具有牢固可靠的粘结力，为结构安装提供足够的强度，同时又要求不过度限制被粘结的不同材料的相对变位，要具有足够的弹性和变形恢复能力。要有较强的抗反复拉伸、压缩和剥离粘结度，在正负应力很大的情况下仍能正常传递荷载。

三、玻璃幕墙施工安装主要设备工具

（1）垂直起重机械

高层建筑外檐玻璃幕墙安装如果能有塔式起重机配合固然最好，但是一般幕墙安装已近工程施工后期，且玻璃幕墙安装中通常并无大型构件必须吊装，在安装元件式框架时提升钢、铝框架构件和在安装大块玻璃或结构玻璃组件时，可以使用起重量为500kg的小起重机（见图8-6）。在使用通常称为"少先吊"的小起重机时，因起重高度大，应对卷扬系统加以改造，并将常用的手制动改为电磁制动。施工中安装人员在脚手架上或安装位置的楼面上，小吊车安置在屋面上，将构件或玻璃提升至安装部位供施工使用。提升玻璃时，在吊钩上系有电动真空吸盘，用真空吸盘吸住玻璃后吊升。

（2）电动真空吸盘

这是专为起吊玻璃使用的一种专用机具，它由托架、电动机、真空泵、吸盘和操作开关等组成。电动吸盘使用时，附着在玻璃平面上的三个橡胶吸盘用真空泵将其抽成真空，使吸盘中形成负压，将玻璃紧紧吸住，由吊车将玻璃移动起吊，就位后再启动电动机使橡胶吸盘充气，脱离玻璃。

（3）其他需要用到的设备及工具

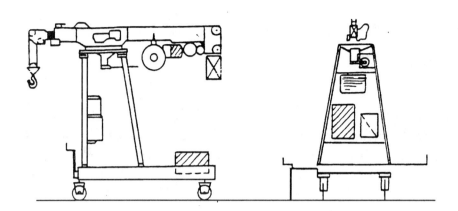

图 8-6 小型吊车

其他在施工及制作中可能用到的工具、设备有：无齿锯、电焊机具、氧气切割设备、安全带、手动吸盘、冲击钻、手电钻、射钉枪。放线测量工具有：经纬仪、水准仪、钢尺、线垂、墨斗等。

四、玻璃幕墙施工工艺

玻璃幕墙通常都是用在高层建筑的外檐，用以装饰建筑物外立面的一部分或全部。

（一）施工前的准备

施工准备阶段的主要工作包括：熟悉图纸，制定施工方案，准备脚手架，对幕墙安装的基体——建筑结构进行验收及测绘，同时要进行材料、工具、组件的预制。

（1）熟悉图纸、制定施工方案

施工前必须充分熟悉与幕墙安装有关的建筑、结构图纸及幕墙设计图纸，熟悉主体结构设计的轴线尺寸、层高关系、维护结构的材质和布置、幕墙设计的结构布局、节点处理、连接方式等，并由此提出：

①预埋铁件的设计及安装方式。

②安装幕墙的脚手架方案。

③安装时幕墙材料的垂直运输方式。

④材料及组件加工方式。

⑤工期进度计划。

⑥为了方便施工和使用需设计配合的有关事项。

⑦质量控制方式。

（2）对主体及埋件位置的测量

这一测量有三方面的内容：

①建筑物主体结构及作为幕墙基体的围护结构的质量应在玻璃幕墙安装之前，按照国家有关的施工验收标准进行检查验收。如果上述结构在垂直度、平整度上偏差过大，以及结构表面或内在存有缺陷，如：孔洞、麻面、强度不足等，均应及时通知发包单位，在研究处理之后再行施工。

②对作为幕墙基体的主体结构各轴线、层高尺寸进行详细的测量。因为主体结构有着允许的施工误差值，而且在土建施工中有时会发生超偏差的情况。对此，应征得监理、设

计人员的同意后，适当调整幕墙的对应尺寸，使其与结构相适应同时又符合幕墙的构造需要。

③检查主体结构上安装玻璃幕墙的预埋件，应达到规定的位置要求，一般预埋件允许误差如下：

标高偏差等于或小于 10mm；

表面深浅偏差等于或小于 20mm；

表面平整偏差等于或小于 5mm。

当发现埋件位置不能满足要求时，需提前进行处理，达到要求后才可进行下道工序。

(二) 施工操作步骤

放线——安装连接件——安装立柱与横梁——玻璃安装——注胶密封——清理——验收

（1）放线

就是把经过调整的玻璃幕墙的分格轴线放在基体建筑上。放线时，首先根据建筑物的轴线，在引测及通视最方便的位置，用经纬仪测定一根竖向基准线，并逐层在建筑上用墨汁弹出通长墨线。然后，根据建筑物的标高，用水准仪在建筑外檐引出水平点，并弹出一根横向水平通线，作为横向基准线。如玻璃幕墙装饰建筑有多个侧面，则水平基准线应围绕建筑交圈闭合。当建筑的高度很高时，可根据实际需要，引测多根水平基准线。

基准线确定后，就可以利用基准线，用钢尺划分出玻璃幕墙的各个分格轴线。在放测各分格轴线时，必须与主体结构实测数据相配合，对主体的误差进行分配、消化。

（2）清理预埋件和安装连接铁件

放线完成后，对各预埋件的准确位置应做逐一的检查，剔除水泥、混凝土灰渣。当个别预埋件位置偏差过大无法利用时，应根据设计要求，重新钻孔，打入膨胀螺栓，再安装连接铁件。

为了保证幕墙安装后处在规定的平面或曲面上，准确的连接铁件安装很重要。连接铁件有时亦称牛腿或角码，一般要求连接铁件位置精确度的标高偏差不大于 3mm，左右位置偏差不大于 3mm，平面外偏差不应大于 2mm。为了保证上述安装准确度，在焊接固定连接铁件之前，需在幕墙的上下两端之间用经纬仪或重型线锤定位，确定出控制用垂直平面的上下两条边线。该控制平面常取与幕墙平面相平行，并与幕墙本身留出一定安装间隙，以便较长时间保存，用以控制、检测安装尺寸。在确定的上下边线位置设置固定悬挑点，拉设铁丝位置线，用以控制一列连接铁件的位置。在连接铁件的安装中应随时依据控制铁丝测量铁件位置，使所有连接件的安装孔或安装平面做到垂直、平整，误差在允许的范围以内。

当幕墙很高或很长时，可以划分若干安装单元，先用经纬仪将统一的控制平面传递到各单元，然后分单元挂通线控制连接件的安装准确度。图8-7为单元挂线示意图。

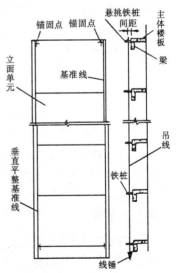

图 8-7 单元找平挂线

连接铁件的焊接时，应先点焊，找正后再焊接固定。

（3）安装立柱与横梁

连接铁件准确安装就位后，可以安装立柱。立柱一般根据施工及运输条件，可以每层楼高为一整根或更长，长度可达7.5m。安装时将已加工、钻孔后的立柱嵌入连接件角钢内，用不锈钢螺栓初步固定，根据控制通线对立柱进行复核，调整立柱的垂直、平整度，达到要求后再将螺栓最终扭紧固定。

立柱每段之间的接头应有一定空隙，不要顶紧，采用套筒连接法，以适应和消除建筑受力变形和温度变形的影响。《玻璃幕墙工程技术规范》JGJ102—96中，对立柱安装的允许偏差规定如下：

相邻两根立柱标高偏差　等于或小于3mm；

相邻两根立柱的间距　等于或小于2mm；

同层立柱最大标高差　等于或小于5mm。

安装横梁时可根据幕墙横梁设计位置，在立柱外面拉横线，控制安装质量。但由于横梁的安装偏差主要取决于立柱的加工精度和安装精度，立柱上固定横梁的定位螺孔位置基本上已决定了横梁的位置。所以必须在立柱制作及安装时严格控制各项偏差，才能保证横梁安装的准确。规范规定玻璃幕墙安装中，相邻两根横梁的水平标高偏差不应大于1mm。同层标高偏差：当一幅幕墙宽度小于或等于35m时，不应大于5mm；当一幅幕墙宽度大于35m时，不应大于7mm。施工中如发现个别横梁位置偏差过大时，应对相应的立柱进行调整或更换。

横梁一般是分段在立柱中嵌入安装，横梁两端与立柱连接处设有弹性橡胶垫，橡胶垫应有20%～35%的压缩性，以适应横向温度变形的需要。安装时应将横梁两端的连接件及橡胶垫安装在立柱预定位置，并保证安装牢固，接缝严密。

同一层横梁的安装应由下向上进行。当安装完一层时，应进行检查、调整、校正后再固定，以保证达到质量标准的要求。

（4）普通玻璃幕墙的玻璃安装

普通铝合金玻璃幕墙在安装组成框格体系时，各框格上就已设置了玻璃镶嵌槽，玻璃将被安装在镶嵌槽里。

玻璃安装前应将表面尘土和污物擦拭干净。热反射玻璃安装应将镀膜面朝向室内，非镀膜面朝向室外。玻璃装入镶嵌槽，要保证玻璃与槽壁有一定的嵌入量，且玻璃与构件不得直接接触。玻璃四周与镶嵌槽底应保持一定空隙，每块玻璃下部应设不少于两块弹性定位垫块；垫块宽度应与槽宽相同，长度不应少于100mm。玻璃安装就位后，在玻璃与槽壁间留有的空腔中嵌入橡胶条或注胶固定玻璃。

使用橡胶条时应按规定型号选用，镶嵌应平整，橡胶条长度宜比边框的内槽口长1.5%～2%，其断口应留在四角；斜面断开后应拼成预定的设计角度，并应用胶粘剂粘结牢固后嵌入槽内。

（5）隐框玻璃幕墙结构玻璃组件的制作

隐框玻璃幕墙的玻璃安装分为两道工序，第一是制做结构玻璃装配组件；第二是将结构玻璃组件安装到幕墙上去。

结构玻璃组件的制做是用结构密封胶把玻璃固定到金属副框上去的生产过程，这个过程分为如下几个步骤：

①检查金属框与玻璃质量：主要检查金属副框尺寸及制做质量，检查玻璃成品及裁割磨边质量。

②净化：这是关键工序。隐框玻璃幕墙的破坏主要是粘结失效问题，所以隐框玻璃幕墙是否安全可靠取决于粘接的牢固可靠。而净化粘结基材是保证粘接质量的关键。

净化材料——对油性污渍用二甲苯、甲乙酮，对非油性污渍用异丙醇、水各50％混合液。

净化方式——用两块抹布进行净化，首先用沾有溶剂的第一块抹布对基材擦拭，在溶解了污渍的溶剂未挥发前，用第二块抹布将基材擦拭干净。

③定位、涂胶：结构玻璃装配组件的玻璃要求固定在铝质副框的规定位置上，这就要求使用特殊的夹具（一般情况下根据实际条件自制），帮助把玻璃放到副框上并使二者的基准线重合。玻璃一旦放到铝框上便被垫条上的不干胶粘住无法调整位置，因此必须一次投放定位成功。所谓定位夹具可以是沿玻璃相邻两边的两块挡板，挡板高约100mm左右，固定在操作台上，组装时使玻璃沿挡板下落，此时铝框已根据挡板被置于台上相应的位置上，从而在玻璃落下时达到二者基准线重合。玻璃定位后，形成了以玻璃与铝框为侧壁、垫条为底的空腔，其间隙尺寸应与胶缝的宽厚尺寸相一致（见图8-8）。涂胶时将规定的密封胶注入由玻璃、铝框和垫条组成的空腔中。涂胶应保持适当的速度，排出空腔内的空气防止形成空穴。同时应将胶中的气泡排出，保持胶缝饱满。一个组件注胶完毕，应立即将胶压实刮平。涂胶工序中有几点需认真注意：在玻璃与副框净化后10～15min内要立即涂胶，以防时间过长后，基材表面又受到周围环境的污染；涂胶前要把涂胶位置周围的玻璃或铝框表面用不沾胶带保护起来，防止不该涂胶的部位受胶的污染；对所使用的密封胶要进行认真核对，对品种，对牌号，对生产日期，防止错用；涂胶过程中要根据检验规则规定的批量和数量，按随机抽样的原则留制试验样品，主要应留制的有：剥离试验样品。切开试验样品、双组份胶还要进行扯断试验和蝴蝶试验。

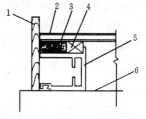

图8-8　结构玻璃组件定位
1—挡板；2—玻璃；3—空腔；
4—垫条；5—副框；6—工作台

④养护：组件完成涂胶后应移至养护室进行养护。采用单组分密封胶的组件要求的养护环境为：

温度：23±5℃；

相对湿度：70％±5％。

要求的养护时间为7d以上。7d后将切开试验样品进行检查。胶体达到完全固化后，可将组件移至存放场所继续养护至14～21d，使之完全粘结，才可用于安装。如果7d后检查发现尚未完全固化，则需在第二天继续检查，直至完全固化。如果涂胶后14d胶体仍未固化时，则本批组件应报废。

21d后需对剥离试样进行剥离试验，检测剥离强度。

⑤清洁与质检：对准备用于安装的组件表面进行清洁，操作时用溶剂清洗应在胶缝5cm以外，防止溶剂渗入胶缝损坏粘结。

装配好的组件需按照设计要求及规定标准进行质量检查，达到标准的组件可用于安

组件尺寸的允许偏差值　　　　　　　　　　　表 8-5

项　　目		允 许 偏 差 值（mm）		
		优等品	一等品	合格品
组件对角线（mm）	≤2000	≤1.5	≤2.0	≤2.5
	>2000	≤2.5	≤3.0	≤3.5
胶缝宽度		+1.0 0	+1.0 0	+1.0 0
胶缝厚度		±0.5	±0.7	±1.0
铝框与玻璃定位基准线错位		≤0.5	≤1.0	≤1.0
铝框与玻璃边的距离尺寸允许偏差		≤1.5	≤2	≤2.5

装。组件尺寸的允许偏差可参考表 8-5。

（6）隐框玻璃幕墙的结构玻璃安装

隐框玻璃幕墙的结构玻璃安装应在幕墙结构框架体系各节点经过隐蔽工程验收之后进行。由于结构玻璃安装有内嵌式、外扣式等多种形式，应根据不同的安装方式选择工艺。

在安装之前，首先应进行定位划线，确定结构玻璃组件在幕墙平面上的水平、垂直位置。并在框格平面外设控制点、控制线控制安装的平面度和各组件的位置。为使结构玻璃组件按规定位置就位安装，对个别偏差较小的孔、样可适当扩孔、改榫，以保证安装的总体质量。但当发现位置偏差过大时，必须对杆件系统进行调整或者重新制做。

①内嵌式装配方式：其主要节点如图 8-9 所示，内嵌式是将结构玻璃装配组件副框的框脚嵌入主框凸脊一定深度，用螺栓将副框框脚与主框固定。这种装配方式由于螺栓的紧固要在幕墙的内侧操作，玻璃的内侧与建筑结构之间必须留有较大的间隙。而且由于全部采用螺栓固定，对预先加工的螺孔位置精确度要求较高，否则难以对孔安装。

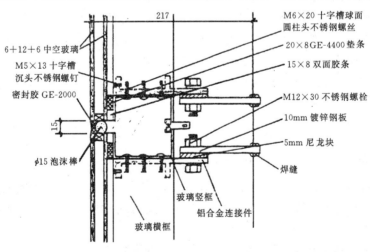

图 8-9　内嵌式装配方式

这种装配方式更换玻璃需在内侧进行，如果内侧有装修则需拆除装修后才可操作。

②外扣式装配方式：外扣式使用的型材与内嵌式相同是在内嵌式的基础上变化而来的

一种装配方式（见图8-10）。这种方式将原来内嵌式用螺栓固定副框框脚，改为外部扣挂。即在主框凸脊上规定的固定位置，用螺栓固定 ϕ8mm 的铝管，在副框框脚对应位置上预制一个长圆形开口槽。安装时将结构玻璃组件框脚开口槽对准圆管上方，推入主凸脊，组件下落扣在圆管上，达到固定。这种安装方式全部操作及将来更换玻璃都在幕墙外侧进行，不会影响内部装修。但是对主框上圆管的位置和副框上开口槽的精度要求很高。很容易因加工误差影响到固定的紧固程度和装配质量。

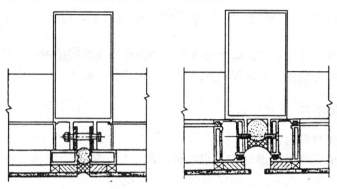

图8-10　外扣式装配方式

③外挂外装式与外挂内装式：这两种方式（见图8-11）都是将结构玻璃装配组件挂在横梁下方的挂钩上，然后再利用固定卡片将组件的另外三面用螺栓固定在主框上。外挂内装式和内嵌式一样，要在幕墙内侧紧固固定片，要求幕墙内侧有操作间隙。这种装配方式比内嵌式优越的是，固定片可在副框上自由移动，去寻找主框上的安装螺孔，不要求安装及加工中的精确对孔。外挂外装式所不同的是安装固定片也全部在幕墙的外侧操作。因此这种装配方式的幕墙可在建筑物的任何部位采用，包括实墙外部。更换玻璃也完全在外面进行，是最灵活好用的一种方式。但是它对固定片件的强度刚度要求很高，必须进行严格的设计计算和试验检测。另外，由于外装式的固定螺栓处于受拉状态，这对螺栓本身受力是好的，但却要求充当螺母的主柱铝型材壁厚不能小于 5mm，螺孔精度要达到 5H 级，现场安装中不允许用手钻打孔和自攻螺丝固定。

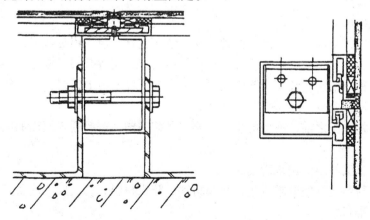

图8-11　外挂外装式与外挂内装式

（7）填缝：结构玻璃装配组件安装固定完成一定的组装单元后，即可进行填缝工序。此时应先将填缝部位用规定的溶剂，按工艺要求进行净化处理，净化后塞入垫杆，在将要填充的胶缝两侧的玻璃上贴5cm左右的保护胶带纸。然后用设计规定牌号的耐候胶注胶填缝，边注胶边将胶缝压紧、抹平。填胶完毕，撕去胶带纸，将玻璃表面的污渍擦干净。要做到胶缝与基材粘结牢固无孔隙，胶缝平整光滑，玻璃表面清洁无污染。

第三节 木护墙板施工工艺

木护墙板一般指接近视线，高于视线或与吊顶棚角线相接的木质墙体护板。木护墙板装饰造型的图案种类繁多，下面仅就其饰面结构工艺作一概述。

一、施工前的准备

（1）检查墙体材料构成情况

墙体的构成情况分为砖混结构、空心砖结构、加气混凝土结构、轻钢龙骨石膏板隔墙、木隔墙，因墙体结构不同，固定墙面板的工艺结构也不同。

①空心砖、加气混凝土砖墙体，需将木砖用糙油浸泡后，按设计要求位置预埋于墙体内，并用水泥砂浆砌实，表面与墙体平整。

②轻钢龙骨石膏板隔墙、木隔墙，需将其主附龙骨位置画出，在与墙面待安装的木龙骨需固定的交点标定后，方可施工。

③砖混结构，固定木龙骨的前期处理方式较多。可预埋木砖。可用 $\phi12\sim16$mm 的冲击钻头，在墙面上按弹线位置钻孔，其钻孔深度不小于40mm。在钻孔位置打入直径大于孔径的木楔，如在潮湿地区或墙面易受潮湿的部位，木楔可用糙油浸泡，待干后再打入墙内，并将木楔表面与墙面削平。还可采用射钉枪，用水泥钢钉把木龙骨直接钉在墙面。

（2）验收主体墙面是否符合设计要求

用线锤法或横杠检查墙的垂直度和平整度。如墙面平整误差在10mm以内，采取垫灰修整的办法，如误差大于10mm，可在墙面与木龙骨之间加垫木块来解决，以保证木龙骨的平整度和垂直度。

（3）防潮处理

在潮湿地区，基层需作防潮层处理。在安装木龙骨之前，用油毡或油纸铺放平整，搭接严密，不得有皱折、裂缝、透孔等弊病；如用沥青，应待基层干燥后，再涂刷沥青，应均匀涂满，不得有漏刷。铺沥青防潮层时，要先在预埋木砖上钉好钉子，作好标志。

（4）安装吊顶龙骨

在墙身结构施工之前，吊顶的木龙骨架应吊装完毕，需要通入墙面的电器布线管路应敷设到位。

（5）墙面施工材料应进入现场

木龙骨的材料按规格要求购进，板面材料、防火材料、钉、胶均应备齐。

（6）工具准备

常用工具有手动电圆锯、手锯、凿、榔头、钳子、射钉枪、大直角尺、线锤、水平仪、透明软体塑料管等。

二、施工操作步骤

弹线——制作木骨架——固定木骨架——安装木饰面板——收口线条的处理。

（1）弹线

弹线是技术性较强的工作，是墙面施工中的要点。弹线的作用有两个：第一，使工作有了基准线，便于下道工序掌握施工位置；第二，检查墙面预埋件是否与设计吻合，电器布线是否影响木龙骨安装位置，空间尺寸与原设计尺寸是否适宜，标高尺寸有否改动。在弹线中如果发现有不能按原标高施工的问题，不能按原设计布局的问题，应及时向设计部门提出，以便修改设计。

①标高线：定出地面的地平基准线。原地平无饰面要求的，基准线为原地平线。如原地平需铺石材、瓷砖等饰面，则需根据饰面层的厚度来定地平基准，即原地面上加上饰面粘贴层。将定出的地平基准线画在墙边上。

从地平基准线为起点，在墙面上量出护墙板的装修标高，在该点画出高度线。用透明软管注水法测出房间水平标高线的方法见吊顶工程。

②墙面造型线：墙面造型线的确定，首先用曲尺测出需作装饰的墙面中心点，并用线垂法确定中心线。然后在中心线上，确定装饰图案的中心点高度。再依据设计图纸要求，分别确定出装饰图案的上线和下线、左边线和右边线。再分别通过线垂法、水平仪或软管注水法，确定边线水平高度的上下线，并连线而成。曲面造型则需在确定的上下、左右边线中间，预作模板，附在上面确定，也可通过逐步找点法，在墙面上确定造型位置。

（2）制作木骨架

木制护墙板的龙骨架，通常在安装前，先在地面进行拼装，其目的是省工省时，计划用料，并且容易保证施工后质量的平整度。

先把墙面上需分片或可以分片的尺寸位置定出，根据分片尺寸进行拼接前安排。然后，先拼接大片的木龙骨架，再拼接小片的木龙骨架，为了便于安装，木龙骨架最大组合片不大于10m。木龙骨制作技术见吊顶工程。

（3）固定木骨架

固定木骨架时，应将骨架立起后靠在建筑墙面上，用垂线法检查木骨架的平整度。然后把校正好的木骨架按墙面弹线位置要求进行固定。固定前，先看木骨架与建筑墙面有否缝隙，如有缝隙，应先用木片或木块将缝隙垫实，再用圆钉将木龙骨与墙面预埋木块或木楔，作几点初步固定（见图8-12）。然后拉线，并用水平仪校正木龙骨在墙面的水平度。经调整符合要求后，再将木龙骨钉实，钉牢固。

①在砖混结构的墙面固定木龙骨，也可用射钉枪射入水泥钉来固定木龙骨。但射入后，钉帽不应高于木龙骨表面，以免影响装饰面板的平整度。

②在轻钢龙骨石膏板墙面固定木龙骨，木龙骨必须与石膏板隔断中的主附龙骨连接，连接时可先用电钻钻孔，再拧入自攻螺钉固定。自攻螺丝帽一定要全部拧入到木龙骨中，不允许突出。

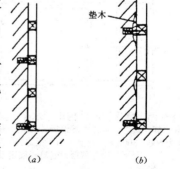

图8-12　木龙骨与墙身的固定
(a)建筑墙身较平整时；(b)墙身不平整时

237

③在隔断墙上固定木龙骨时,木龙骨必须与木隔墙的主附龙骨吻合,再用圆铁钉钉入。两个墙面阴阳角转角处,必须加钉竖向木龙骨。

木骨架是装饰墙板的背面结构,它的安装方式、安装质量直接关系到前面装饰面的效果。对于木骨架来讲,还起到保持墙壁和装饰面板间的空气流通作用。

木骨架的截面尺寸有 24～28mm 或者 30～50mm。墙板厚为 12mm 时,木方间距为 600mm,板厚度为 13mm 时,木方间距为 800mm。因装饰板的种类不同,墙板背面结构也各异。木板式装饰墙的背面结构木方铺设方向应该与墙板铺设方向交叉,根据板厚而确定木方间距为 600～800mm(见图 8-13、图 8-15)。板式装饰墙板背面结构的木方铺设通常平行于板连接缝。墙板宽度为 800mm 时,为了使板间接触面不出空隙,在两个木方中间增设一块木方(见图 8-16)。如果板间采用榫结合,这块附加的木方便可以省略,而且墙板背面的木方铺设方向与板接缝交叉。板式墙板在木方上的固定采用角铁或者开槽木块的悬挂方式(见图 8-14)。对于板式墙板背面结构可以在车间成批加工成型,这种框架施工质量好,悬挂饰面板准确无误(见图 8-17)。

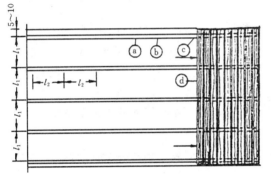

图 8-13 用于木板装饰墙的墙板背面结构
ⓐ木方;ⓑ固定螺丝;ⓒ异型板卡子;ⓓ榫接后的墙板;l_1 = 木方间距 600～800mm;l_2 = 固定螺丝间距 500～600mm;固定方式为暗式,只有最后一块板用螺钉固定或胶接

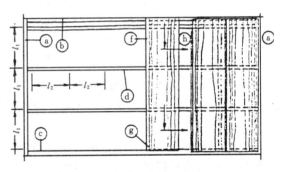

图 8-14 板式装饰墙板背面悬挂结构
ⓐ墙条木方;ⓑ顶棚边木方;ⓒ地板板边木方,这些木方一定要相互联接紧密;ⓓ横木方,这两条木方一定要平直;ⓕ墙板,板边榫与榫槽结合;ⓖ悬挂后推动上一块墙板连接;ⓗ被固定板的板边。l_1 = 木方间距 800mm;l_2 = 固定螺丝间距大约为 600mm。

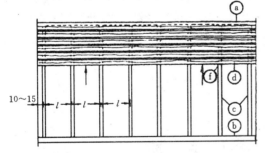

图 8-15 墙板背面结构用于水平安装式实木板墙
ⓐ顶棚、板边、木方;ⓒ地板、板边木方。木方间距为 600～800mm。最上端的上板边为平边。墙板从上至下采用导型板卡的暗式固定方式

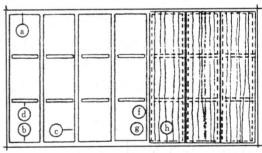

图 8-16 墙板背面结构用于大幅面板式墙板
ⓐ顶棚、板边木方;ⓑ地板、板边木方;ⓒ直立木方;ⓓ横向固定木方,它用于阻止墙板接缝处不平整现象;ⓗ墙板利用开槽木块像滑动门那样悬挂在木方框架上,然后推动墙板使板边的榫与榫槽结构结合,另一侧板边用异型卡;ⓕ固定于立木方上

238

一般墙板木龙骨尺寸较大，是为了纠正墙面不平。木龙骨与墙面固定钉间距不应大于500mm，木方终端距离不应小于120mm，以便于安装并防止开裂。

装饰墙板固定在墙板背面结构上，对木板式墙板，可采用裸露螺丝或者暗钉或者异型卡子固定。对板式墙板，可以在板子背面安装角铁，或者开槽木块，将其悬挂在特殊结构的木方或者框架上。框架结构也可采用床用挂钩式连接件或者家具结构中暗式连接件固定墙板。

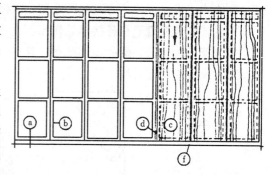

图8-17 墙板背面结构成品框架

ⓐ地板板边木方；ⓑ安装框架；ⓒ墙板，板边带榫与榫槽结构；ⓓ开槽木块；ⓕ将墙板上抬，然后使其下沉悬挂到木框上

（4）安装木饰面板

安装木饰面板的施工要求：

①板面不论是原木板材还是胶合板，均应预先进行挑选，分出不同材质、色泽或按深浅颜色顺序使用，近似颜色用在同一房间内。

②实木拼板应注意拼接时两板间色差要近似。板的背面应作卸力槽，以免板面弯曲变形。卸力槽一般间距为100mm，槽宽10mm，深5mm。

③为防止铁钉帽的黄锈斑破坏装饰面，要提前把钉帽砸扁，备用。铁钉长度为板材厚度的2～2.5倍。一般3层、5层胶合板的固定，常用15mm枪钉钉入。10mm以上木板常用30～35mm铁钉固定。

④在木龙骨面上刷一层乳胶，用砸好钉帽的铁钉，把木板固定在木龙骨上，要求布钉均匀。钉距为100mm，钉头要用较尖的冲子，顺木纹方向打入板内0.5～1mm。

⑤采用板间留缝工艺（见图8-18）。底部木龙骨必须进行刨光处理，也可在木龙骨表面再粘贴微薄木。龙骨与面板作对比色油漆时，可在覆面板前先在龙骨面上刷油漆。刷同色油漆时，龙骨应与面板一同刷油。

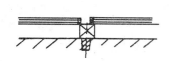

图8-18 板间留缝

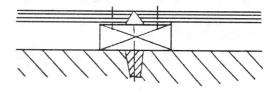

图8-19 胶合板拼花时对缝处理

⑥留缝工艺的面板装饰要求板面尺寸精确，缝间距一致，整齐顺直。板边裁切后，必须用0号砂纸砂磨，无毛刺。板面粘贴必须采用速干胶（大力胶、氯丁强力胶）。板面后背与木龙骨结合处同时涂胶，涂胶要均匀，待施胶表面干（不粘手）时，一次性准确到位贴覆。贴覆后用橡皮锤或用铁锤垫木块逐一排列敲钉，敲力要均匀适度，以增强胶接性能。在湿度较大的地区或环境，还必须同时采用气钉枪射入气钉，或采用砸扁钉头钉入板边内，以防止长期潮湿环境下覆面板开裂，打入钉间距一般以100mm为宜。

⑦采用胶合板拼花、板间无缝工艺装饰的木墙板，对板面花纹要认真挑选，并且花纹组合后，纹理应对应协调。板与板间拼贴时，板边要直，里角要虚，外角要硬(见图8-19)，各

板面作整体试装吻合后，方可施胶贴覆。为防止贴覆与试装时移位而出现露缝或错纹等现象，可在试装时用铅笔在各接缝处作出标记，以便用铅笔标记对位、铺贴。施胶必须采用氯丁强力胶（大力胶）两面涂饰贴覆，作法同留缝工艺。

(5) 收口线条的处理

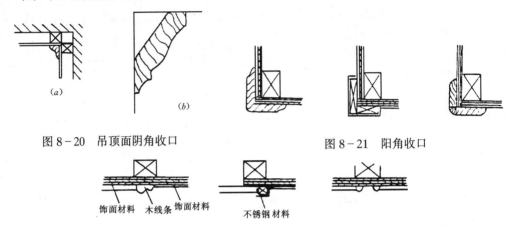

图 8-20　吊顶面阴角收口　　　　　　　图 8-21　阳角收口

饰面材料　木线条　饰面材料　　　不锈钢材料

图 8-22　过渡收口

在两个不同交接面之间存在高差、转折或缝隙，需要遮挡；表面需要用线条造型时，常采用收口线条处理，其方法见图 8-20、图 8-21、图 8-22。

第四节　石材墙面施工工艺

石材墙面铺贴方法有几种，本书介绍湿法工艺。湿法工艺是传统的铺贴方法，即在竖向基体上预挂钢筋网，用镀锌铁丝绑扎板材并灌水泥浆粘牢，适用于内墙面、柱面、水池立面铺贴大理石、花岗岩、人造石等饰面板材；也适用外墙面、勒脚等首层铺贴花岗岩、人造石等。适于在砖砌基体、混凝土基体上施工。

一、施工前的准备

①材料：强度等级约为22.5以上普通硅酸盐水泥或矿渣硅酸盐水泥、粗砂、预制水磨石板、天然大理石板或花岗石板以及人造石板等板材。进场验收后妥善存放。另外还要准备一定量的石膏粉。

②机具：一般应具备砂浆搅拌机、切割机、半截桶、水平尺、靠尺板、靠尺、大杠、中杠、方尺、小线、胡桃钳、橡皮锤、錾子、灰勺、浆壶、镀锌铁丝、膨胀螺栓及扫帚等。

③熟悉加工开料图，编好技术措施，作好班组施工技术交底。

④作好板材进场检验工作，如对石板材进行边角垂直测量、平度检验、角度检验和外观缺陷检验，并组织挑选，试拼后，进行编号，再分型号、规格、技术要求分别堆放在棚内。

⑤确定好阴、阳角处的接拼形式进行磨角加工。一般常用的拼接形式如图 8-23。

⑥对破裂板材可用的应提前处理，对棱角、坑洼、麻点的修补，可用环氧树脂等胶粘

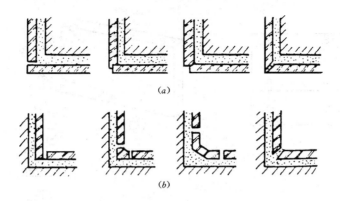

图8-23 饰面板阴阳角处理形式
(a) 阳角处理形式；(b) 阴角处理形式

剂和被补处相同石材的细粉（或白水泥、颜料）调成腻子嵌补。嵌补棱角时可用胶带纸支模，固化后撕去胶带纸，用100～800目砂磨逐次打磨平整，最后打蜡出光。修补过的板材应铺贴到阴角或最上层等不大显眼的部位，或者裁成小料使用。

⑦通常建筑图中仅标明饰面石材的铺贴高度，按此高度划分一定尺寸的格子，每格一块石材，这就是设计的开料图（见图8-24）。作为建筑图的补充和定货的依据。

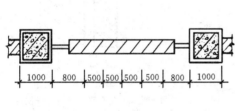

图8-24 开料图示意

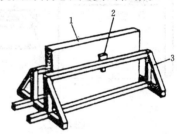

图8-25 板材打孔槽木架
1—饰面板；2—大头木楔；3—木架

二、施工操作步骤

板材钻孔、剔槽——预下镀锌铁丝——基体上钻孔下预埋件或挂钢筋网——板材安装——灌浆——嵌缝清洗——伸缩缝处的处理。

（1）板材钻孔、剔槽、预下镀锌铁丝

按开料图要求进行异形材切割、磨边加工成宜用板材，然后组织板材钻孔、剔槽。

①板材打孔时，可将其固定在木架上（见图8-25）用冲击电钻按图8-26（a）或（b）打孔。孔径宜为5mm，孔深15～20mm，或35～40mm，孔的形式有牛鼻孔、直孔和斜孔。板宽大于600mm时宜增加孔数，但每块板的上、下（或左右）打孔数量不得少于2个。改进后的孔顶可开槽，深5～6mm，将特制连接件或镀锌铁丝预下压入槽中，以便与墙体预埋件连接。

②对于强度很高的花岗石饰面板，钻孔困难时可用切割机在花岗石的上下端面锯槽口，用镀锌（铜）铁丝埋卧在槽口中固定（见图8-27）。槽内预埋一段长200mm16号铁（铜）丝，一端伸入孔底顺孔槽埋卧，并用铅皮或环氧树脂胶塞牢，另一端则伸出板外以

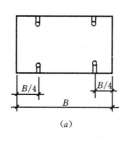

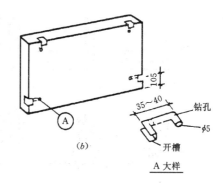

图 8-26
(a) 传统湿铺钻孔；(b) 改进后钻孔开槽

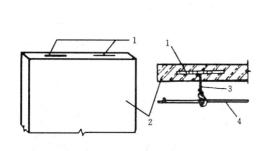

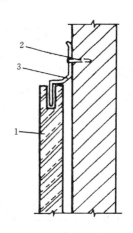

图 8-27
1—槽口；2—花岗石板；3—铜丝；4—钢筋网

图 8-28
1—花岗石板；2—射钉；3—钢皮

便与墙体预埋连接。也可用钢皮连接（见图 8-28）。钢皮的宽度宜为 20mm，厚为 1～1.2mm 左右。

（2）在基体上钻孔下预埋件或挂钢筋网

传统的作法是用冲击电钻在基体上钻 $\phi6.5～8.5$mm、深 60mm 以上的孔，打入 $\phi6～8$mm 钢筋，外露 50mm 以上并弯钩，绑扎或焊接横向钢筋。横向钢筋的间距宜比板的竖向尺寸短 80～100mm。竖向钢筋宜按板宽设置（见图 8-29）。

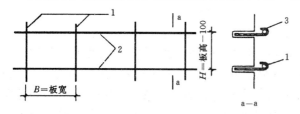

图 8-29 纵横钢筋连接
1—竖向钢筋；2—横向钢筋；3—预埋钢筋

对混凝土基体可采用浇注混凝土过程中下预埋件方法，在加气混凝土基体上可采用在砌体中砌入事先预埋件的混凝土预制块的方法。

改进后的打孔，可按板上端面和两侧面的孔位（见图 8-26b）用冲击钻钻孔，孔径、孔数应在与板材相对应基体上钻孔，孔深 40～50mm，并倾斜 45 度角（见图 8-30）。用 $\phi5$mm 不锈钢丝制作的 L 形连接件与板材上的直孔连接（见图 8-31）。

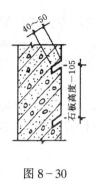

图 8-30

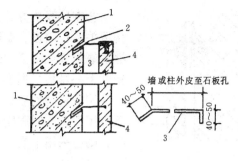

图 8-31

1—基体；2—小木楔；3—不锈钢丝；4—花岗石板

也可在同一位置上对基体钻孔,孔径 $\phi 10mm$,预下端部带孔眼的膨胀螺栓,用镀锌铁丝(铜丝)绑扎在板材直角孔眼及槽中之后,再穿入膨胀螺栓孔眼内绑牢(见图 8-32)。

(3) 板材安装

①安装顺序一般是采取先立面后地面的作法,但也可先作地面后作立面。立面的安装应由下向上一排一排进行。首排开始要按照事先找好的水平线和垂直线进行预排,然后再花排两头,用安好的板材找平找直,拉上通线（横线）；再从中间或一端开始安装。当用托线板、靠尺、靠直靠平后,随即用钢丝或镀锌铁丝把板材与结构表面的钢筋网架绑扎固定（见图 8-33）,保证板与板交接处四角平整。

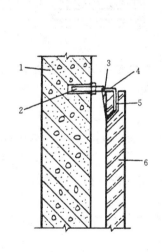

图 8-32

1—基体；2—膨胀螺栓；3—铅丝；
4—槽口；5—孔眼；6—花岗石板

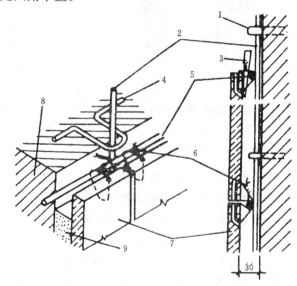

图 8-33 传统的板材安装方法

1—铁环；2—立筋；3—定位木楔；4—铁环卧于墙内；5—横筋；
6—不锈钢丝绑牢；7—大理石板；8—基体；9—垫层

②当采用L形连接件固定或膨胀螺栓连接件固定装饰板时,应先用木楔控制板材与基体的距离,然后将连接件与基体预留件绑牢或加小木楔固定（见图 8-34）。板与基体的距离一般控制为 $20\sim50mm$,每块板内板面应放置在控制线上,先使板材上端外仰,绑扎好板材下部连接部位,用木楔垫稳找正后再绑扎上部连接部位。

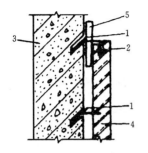

图 8-34 改进后的板
材安装方法

1—小木楔；2—连接件；3—基
体；4—大理石板；5—大木楔

③在拉线找方、挂直找规矩时，要注意处理好与其他部位构造关系；门窗、贴脸、抹灰等厚度都应考虑留出饰面块材的灌浆厚度（见图 8-35、图 8-36）。要保证首排上口平直。为铺贴上一排板材提供水平的基准面。

④板材就位后，可用纸或石膏将板底及两侧缝隙堵严，上下口用石膏临时固定。对大型饰面板材或门窗碰脸等处的饰面板，则应采用卡具、螺栓、支撑等固定。

（4）灌浆

①为防止板侧竖缝漏浆，灌浆前应先在竖缝内填塞麻丝或泡沫塑料条，同时用水润湿板材背面和基体。

②待板固定填好缝隙后，用 1:2 水泥砂浆（稠度一般为 80～120mm）分层灌注。每层灌注高度为 150～200mm 且不得大于板高的 1/3，插捣密实，待其初凝后，检查板面是否移动错位，如移动应及时拆除重新安装；无移动待初凝后再继续灌注上层砂浆，直到距上口 80～120mm 停止，此部分留待上一排板材安装后再灌注，以使灌浆缝与板接缝错开，上下两排板材连成整体。

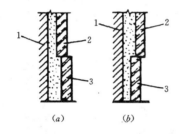

图 8-35 踢脚板作法

（a）踢脚板出 10mm；（b）踢脚板进 5mm

1—基体；2—墙板材；3—踢脚板

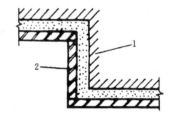

图 8-36 门窗套阴阳角衔接作法

1—基体；2—墙板材

③灌浆过程中应从多处灌注并不得碰撞板材，以免移位；在插捣同时，可用橡皮锤轻击板面，以排除气泡，提高密实度和粘结力。

④安装浅色大理石、汉白玉饰面板材时，灌注砂浆应采用白水泥，白石渣灌注，以免透底浸浆污染板材外表面而降低装饰效果。

⑤首层板灌浆完成后，养护到终凝或 24h 以上，同时将填缝材料清除并清洗板面后，再安装第二排板材，这样依次由下往上一排一排安装固定灌浆。

（5）嵌缝清洗

①饰面板材安装完毕后，应将表面清理干净，以待进行嵌缝。对人造彩色板材、安装于室内的光面、镜面饰面板材的干接缝，应调制与其色彩相同的砂浆嵌缝。粗磨面、麻面、条纹面饰面板材的接缝，应采用 1:1 水泥砂浆接缝。

②安装于室外的光面和镜面的花岗石饰面板材，接缝可干接或在水平缝中垫硬质塑料板条等，垫塑料板条时应将挤出的砂浆保留，待砂浆硬化后，将塑料板条剔出，用细砂水泥砂浆嵌缝，并采用与板面相同颜色调制砂浆。

③安装后的饰面板材，如面层光泽受到影响，可以重新打蜡出光，并采取临时措施保

护棱角不被碰撞。

（6）伸缩缝处的处理

可在伸缩缝处设置一块低于整体表面的未粘结的板材，铺贴时用两侧饰面板材将其压住，在未粘结板材两侧各用50mm的海绵挡住两侧饰面板所灌砂浆不与其粘结，并可留有30mm以上的伸缩余地，以适应伸缩缝变形的需要。

第五节　陶瓷砖墙面施工工艺

一、内墙釉面砖施工

内墙釉面砖用于铺贴室内墙面，是属于精陶质制品，吸水率较大，坯体较为疏松，如果将其用于室外恶劣气候条件下，便易出现釉坯剥落的后果。而其釉面细腻光亮如镜，规格一致，厚度薄等优点，用于内墙十分理想，尤其适合于盥洗室、厨房、卫生间以及卫生条件要求非常严格的室内环境。釉面砖表面光洁，耐酸碱腐蚀，方便擦拭清洗，加上各种配件砖相配套和极为丰富的颜色、图案装饰，镶嵌效果非常好，因此长久不衰。

（一）施工前的准备

（1）陶瓷材料

釉面砖的品种、颜色、图案、产品等级以及是否使用配件等，应符合设计要求；产品质量应符合现行有关标准，必须有产品合格证；对掉角、缺棱、开裂、夹层、翘曲和遭受污染的产品应剔除。对不易观察的细裂纹和夹层缺陷的最有效而简捷方法是用小金属棒轻轻敲击砖背面，当听到沙哑的声音必是夹层砖或裂纹砖。辅助材料有水泥、砂子、水等。

（2）工具

木抹子、铁抹子、小灰铲、大木杠、角尺、托线板、水平尺、八字靠尺、卷尺、克丝钳、墨斗、尼龙线、刮尺、钢扁铲、小铁锤、扫帚、水桶、水盆、洒水壶、切砖机、合金钢钻子及拌灰工具等。

（3）应具备的作业条件

①完成墙顶抹灰、墙面防水层、地面防水层和混凝土垫层；

②立好门窗框，装好窗扇及玻璃，做好内隔墙和水电管线，堵好管洞；

③堵好脚手眼，窗台板也应安装好；

④铝合金门窗框边缝所用嵌塞材料要符合设计要求，且应塞堵密实并事先粘贴好保护膜；

⑤洗面器托架、镜钩等附墙设备应预埋防腐木砖，位置要准确；

⑥弹好墙面 + 500mm 水平线；

⑦如室内层高较高，墙面大，需搭设架子时，要提前选用双排架子，其横竖杆及拉杆等应离开门窗口角和墙面 150~200mm，架子的步高要符合设计要求；

⑧大面积铺贴内墙砖工程应做样板墙或样板间，经质量部门检查合格后，正式施工。

（二）施工操作步骤

选砖──基层处理──规方、贴标块──设标筋──抹底子灰──排砖──弹线、拉线、贴标准砖──垫底尺──铺贴釉面砖──铺贴边角──擦缝。

（1）选砖

内墙砖属于近距离观看的制品，铺贴前应开箱验收，发现破碎产品、表面有缺陷并影响美观的均应剔出。还应自做一个检查砖规格的「形套砖器，将砖从一边插入，然后将砖转90°再插另外两个边，按1mm差距分档将砖分为三种规格，将相同规格的砖镶在同一房间，不可大小规格混合使用，以免影响镶贴效果。

（2）基层处理

①基层为砖墙：将基层表面多余的砂浆、灰尘抠净，脚手架等孔洞堵严，墙面浇水润湿。

②基层为混凝土：剔凿凸出部分，光面凿毛，用铜丝刷子满刷一遍。墙面有隔离剂、油污等，先用10%浓度的火碱水洗刷干净，再用清水冲洗干净，然后浇水润湿。

③基层为加气混凝土板：用钢丝刷将表面的粉末清刷一遍，提前1d浇水润湿板缝，清理干净，并刷25%的107胶水溶液，随后用1:1:6的混合砂浆勾缝、抹平。

在基层表面普遍刷一道25%的107胶水溶液，使底层砂浆与加气混凝土面层粘结牢固。加气板接缝宜钉150～200mm宽的钢丝网，以避免灰层拉裂。

（3）规方、贴标块

贴标块，首先用托线板检查砖墙平整、垂直程度，由此确定抹灰厚度，但最薄不应少于7mm，遇墙面凹度较大处要分层涂抹，严禁一次抹得太厚。一次抹灰超厚，砂浆干缩，易空臌开裂。

图8-37 用托线板根据上部标块贴下部标块

在2m左右高、距两边阴角100～200mm处，分别做一个标块，大小通常为50×50mm（或φ70mm）。厚度以墙面平整和垂直决定，一般为10～15mm。标块所用砂浆与底子灰砂浆相同，常用1:3水泥砂浆（或用水泥：石灰膏：砂=1:0.1:3的混合砂浆）。根据上面两个标块用托线板挂垂直线做下面两个标块（见图8-37），或位于踢脚线上口，在两个标块的两端砖缝分别钉上小钉子，在钉子上拉横线，线距标块表面1mm，根据拉线做中间标块。厚度与两端标块一样。标块间距为1.2～1.5m，在门窗口垛角处均应做标块。

若墙高于3.2m以上，应两人一起挂线贴标块。一人在架子上，吊线垂，另一人站在地面，根据垂直线调整上下标块的厚度。

（4）设标筋

设标筋亦称冲筋。墙面浇水润湿后，在上下两个标块之间先抹一层宽度为100mm左右的水泥砂浆，稍后，再抹第二遍凸起成八字形，应比标块略高，然后用木杠两端紧贴标块左右上下来回搓动，直至把标筋与标块搓到一样平为止（见图8-38）。竖向为竖筋，水平方向为横筋。标筋所用砂浆与底子灰相同。操作时，应先检查木杠有无受潮变形，若变形应及时修理，以防标筋不平。

（5）抹底子灰

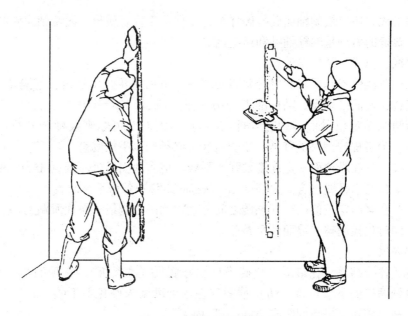

图 8-38　根据标块做标筋

标筋做完后，抹底子灰应注意两点：一是先薄薄抹一层，再用刮杠刮平，木抹子搓平，接着抹第二遍，与标筋找平；二是抹底灰的时间应掌握好，不宜过早，也不应过晚，底子灰抹早了，筋软易将标筋刮坏，产生凹陷现象；底子灰抹晚了标筋干了，抹上底子灰虽然看似与标筋齐平了，可待底灰干了，便会出现标筋高出墙面现象。

①基层为砖墙面：先在墙面上浇水润湿，紧跟着分层分遍抹 1:3 水泥砂浆底子灰，厚度约 12mm，吊直，刮平，底灰要扫毛或划出横向纹道，24h 后浇水养护。

②基层为混凝土墙面：先刷一道掺水重 10%107 胶水泥浆，接着分层分遍抹 1:3 水泥砂浆底子灰，每层厚度以 5～7mm 为宜。底层砂浆与墙面要粘结牢固，打底灰要扫毛或划出纹道。

③基层为加气混凝土板：先刷一道掺水重 20%107 胶水溶液，紧跟着分层分遍抹 1:0.5:4 水泥混合砂浆，厚度约 7mm，吊直、刮平，底子灰要扫毛或划出纹道。待灰层终凝后，浇水养护。

（6）排砖

排砖应按设计要求和选砖结果以及铺贴釉面砖墙面部位实测尺寸，从上至下按皮数排列。如果缝宽无具体要求时，可按 1～1.5mm 计算。排在最下一皮的釉面砖下边沿应比地面标高低 10mm。铺贴釉面砖一般从阳角开始，非整砖应排在阴角或次要部位。顶天棚铺砖，可在下部调整，非整砖留在最下层。遇轻型吊顶铺砖时，可伸入顶棚，一般为 25mm，如竖向排列余数不大于半砖时，可在下边铺贴半砖，多余部分伸入顶棚。竖向排列小余数可用调缝解决。

在卫生间、盥洗室等有洗面器、镜箱的墙面铺贴釉面砖，应将洗面器下水管中心安排在釉面砖中心或缝隙处。

墙裙铺砖，上边收口应将压顶条计算在内。水池、浴池等处铺砖，应将阴阳角条等配件砖尺寸计算其中。如遇墙面有管卡、管根等突出物，釉面砖必须进行套割镶嵌处理。装饰要求高的工程，还应绘制釉面砖排砖详图，以保证工程高质量。内墙釉面砖的组合铺贴形式，较为普遍的做法是顺缝铺贴和错缝铺贴。

（7）弹线、拉线、贴标准砖

弹竖线——经检查基层表面符合贴砖要求后，可用墨斗弹出竖线，每隔 2～3 块弹一竖线，沿竖线在墙面吊垂直，贴标准点（用水泥：石灰膏：砂＝1：0.1：3 的混合砂浆），然后，在墙面两侧贴定位釉面砖两行（标准砖行），大面墙可贴多条标准砖行，厚度 5～7mm。以此作为各皮砖铺贴的基准，定位砖底边必须与水平线吻合。

弹水平线——在距地面一定高度处弹水平线，但离地面最低不要低于 50mm，以便垫底尺，底尺上口与水平线吻合。大墙面 1m 左右间距弹一条水平控制线。

拉线——在竖向定位的两行标准砖之间分别拉水平控制线，保证所贴的每一行砖与水平线平直，同时也控制整个墙面的平整度。

（8）垫底尺

根据排砖弹线结果，在最低一皮砖下口垫好底尺（木尺板），它顶面与水平线相平，作为第一皮釉面砖的下口标准，防止釉面砖在水泥砂浆未硬化前下坠。底尺应垫平、垫稳，可用水平尺核对。垫点间距在 400mm 以内。

（9）铺贴釉面砖

可用 1：1 水泥砂浆或水泥素浆铺贴釉面砖。铺贴前砖浸水 2h，晾干表面浮水后，在釉面砖背面均匀地抹满灰浆，以线为标准，位置准确地贴于润湿的找平层上，用小灰铲木把轻轻敲实，使灰挤满。贴好几块后，要认真检查平整度和调整缝隙，发现不平砖要用小铲把敲平，亏灰的砖，应取出添灰重贴。照此方法一皮一皮自下而上铺贴。从缝隙中挤流出的灰浆要及时用抹布、棉纱擦净。贴墙裙应凸出墙面 5mm，上口线要平直。

（10）铺贴边角

用釉面砖正方形（152mm×152mm）配件砖和异形配件砖镶嵌转角、边角处，可以达到既实用又美观的目的。

釉面砖贴到上口收边或墙裙收口，可贴一面圆砖或用压顶条、压顶阳角、压顶阴角配合使用。贴工作台台面阳转角，可用三块两面圆的配件砖，实现转角圆滑、衔接自然。水池、浴池等阴阳转角较多的环境，常采用异形配件砖镶嵌。

（11）擦缝

对所铺贴的砖面层，应进行自检，如发现空臌、不平、不直的毛病，应立即返工。然后用清水将砖面冲洗干净，用棉纱擦净。用长毛刷蘸粥状素水泥浆（与砖颜色一致）擦缝，应擦均匀、密实，以防渗水。最后清洁砖面。

釉面砖嵌缝，还可以采用丙烯酸乳液：水：水泥＝1：2：适量水泥，拌合均匀成粥状即可使用。之后也必须彻底清洁面层。接缝的水泥浆料采用何种矿物颜料调配，应根据设计决定。国外的作法是，浅色砖用深色料勾缝；深色砖用浅色料勾缝，产生鲜明的对比效果，值得借鉴。

二、外墙砖施工

外墙砖系指能适合外墙装饰使用的陶瓷砖。大体可分为炻器质（半瓷半陶）和瓷质两大类，有有釉和无釉之别。这类产品随着吸水率的降低，其耐候性提高，抗冻性越好。在寒冷地区使用的外墙砖，吸水率以不超过4%为宜，而瓷化程度越好的产品，其造价也越高。

（一）施工前的准备

施工前的准备同内墙釉面砖施工。

（二）施工操作步骤

基层处理——吊垂直、找规矩——抹底层砂浆——弹线分格——排砖——浸砖——铺贴外墙砖——外墙砖勾缝与擦缝。

（1）基层处理

将凸出墙面的混凝土剔平，对大钢模施工的混凝土墙面应凿毛，并用钢丝刷全面刷一遍，再浇水润湿。对很光滑的混凝土墙面，可作"毛化处理"，即清扫表面尘土、污垢，用10%的火碱水洗刷油污，随后用清水冲净、晾干。然后用1:1水泥细砂浆，内掺水重20%的107胶，喷或用扫帚将砂浆甩到墙面上，洒点要均匀，终凝后浇水养护，直至水泥砂浆疙瘩全部牢牢地粘到混凝土光面上为止。

（2）吊垂直、找规矩

对高层建筑物，应在四周大角和门窗口边用经纬仪打垂直线找直；对多层建筑物，可从顶层开始用大线垂，绷 φ0.7mm 铁丝吊垂直，然后设立标点作标块。横线则以楼层为水平基线交圈控制。竖向则以四周大角和通天柱、垛子为基线控制。线与线之间应全部为整砖。每层打底时，以此标块为基准点做标筋，使底子灰做到横平竖直，并要注意找好突出檐口、腰线、窗台、雨篷等饰面的流水坡度。

（3）抹底层砂浆

先刷一道掺水重10%的107胶水泥素浆，随后分层分遍抹底层砂浆（常温时配比为1:0.5:4 水泥石灰膏混合砂浆，也可用1:3 水泥砂浆），第一遍厚度以5mm为宜，抹后用扫帚扫毛；待第一遍六至七成干时，即可抹第二遍，厚度约8~12mm，随即用木杠刮平，木抹子搓毛，终凝后浇水养护。

（4）弹线分格

待基层六至七成干时，即可进行分段分格弹线，同时着手贴面层标准点，以控制面层出墙尺寸及垂直平整度。

（5）排砖

根据大样图及墙面尺寸与砖的规格和缝隙宽度进行横竖排砖，并应达到横缝与门窗脸窗台或腰线一平，竖线与阳角、门窗膀平行，门窗口阳角都是整砖。阳角处砖的压向一般是大面压小面、正面压侧面，在窗台（窗框下口处）应上面压下面。横竖方向，每3~5块距离弹直线，以控制砖的横平竖直。也可以1.5~2m的间距做竖向标志砖行，以保证外墙缝隙均匀。注意大面和通天柱、垛子排整砖，在同一墙面上横竖排列，均不得有一行以上的半砖，非整砖应排在阴角和次要部位，但须注意一致和对称。

外墙砖组合铺贴形式多种多样：砖块竖贴、横贴；顺缝、错缝；宽缝、窄缝；横缝宽、竖缝窄；横竖宽缝。

（6）铺贴外墙砖

在每一分段或分块内铺贴外墙砖，均为自下而上进行（尽管整个工程施工顺序是从上至下）。在最下一层砖下皮的位置垫好靠尺（底尺），并用水平尺校正，以此托住第一皮砖，在砖外皮上口拉水平通线，作为铺贴的标准。

在砖背面宜采用 1:2 水泥砂浆或 1:0.2:2＝水泥:石灰膏:砂的混合砂浆铺贴，砂浆厚度 6～10mm，将砖对准位置贴于墙上，上墙后用小铲木把轻轻敲实、压平，使之附线，再用钢片开刀调整竖缝，并用杠尺通过标准点调整砖面垂直度。

另一种作法是，用 1:1 水泥砂浆加水重 20％的 107 胶，在砖背面抹 3～4mm 厚，粘贴即可。

女儿墙、窗台、腰线等部位需要铺贴外墙砖时，应做成顶面砖压立面砖，正面砖压侧面砖结构，以防渗水，引起空鼓，也可提高美观性。并且流水坡向应正确，如女儿墙压顶的水应流向屋顶。同时，立面砖最低一皮砖应侧压底平面砖，并低出底平面砖砖面 3～5mm，让其起滴水线的作用，防止尿沿，引起空裂。

对于高级建筑或重要公共建筑的阳角处，为了美观起见，往往采取两砖背面一头各磨成 45 度角相拼接的作法。其实如改为小于 45 度角，然后两砖对合形成直角，楞角更清晰，美观，而且更为合理，因为它可使砂浆填充其间，还可以提高粘贴牢固度。

（7）外墙砖勾缝与擦缝

外墙砖的缝隙宽窄以设计为准，一般在 8mm 以上，用 1:1 水泥细砂浆勾缝。先勾水平缝，再勾竖缝，勾好后要求凹进砖表面 2～3mm。若横竖缝为干挤缝（碰缝），或小于 3mm 者，应用白水泥配矿物颜料进行擦缝处理。勾完缝后，砖面用布或棉纱蘸稀盐酸擦洗，最后用清水冲洗干净。

第九章 吊顶装饰工程

第一节 木吊顶施工工艺

一、平面式木吊顶施工工艺

(一) 施工前的准备

(1) 吊顶内设备安装

在木吊顶施工前, 吊顶内的通风、水、电管道及上人吊顶内的人行或安装通道, 应安装完毕。消防管道安装并试压完毕, 从天棚经墙体通下来的各种开关、插座线路亦已安装就绪; 施工材料基本备齐, 必要的脚手架已搭好 (4.5m 高以上需用钢架)。

(2) 结构检验

在吊顶施工前, 应对吊顶固定处的楼面进行结构检查, 施工质量应符合设计要求。

(3) 对吊顶木龙骨进行认真筛选

对有腐蚀、斜口开裂、虫蛀孔等缺陷木龙骨剔除, 并刷防火涂料。

(4) 放线

按设计要求放标高线、天棚造型位置线、吊挂点布局线、大中型灯位线。标高线弹到墙面或柱面上, 其他线弹到楼板底面上。

1) 标高线的做法

①根据室内墙上 50cm 水平线, 用尺量至顶棚的设计标高, 在四周墙上弹线, 作为顶棚四周的标高线。弹线应清楚, 位置准确, 其水平允许偏差 ±5cm。

②水柱法。用一条塑料透明软管灌满水后, 将软管的一端水平面对准墙面上的高度线, 再用软管另一端头内水面, 在同侧墙面找出高度线的另一点。找法: 当软管两端头内水平面静止在同一平面时, 画下该点的水平位置, 再将这两点连一直线, 即得吊顶高度水平线 (见图 9-1)。用同样的方法在其他墙面上同样可以做出高度水平线。

2) 造型位置线的做法

一是规则室内空间造型位置线做法。

先从一个墙面量出天棚吊顶造型位置距离, 并按该距离画出与墙面平行的直线。用相同方法, 再从另外三个墙面画出直线, 则画出吊棚造型外框位置线。再根据此外框线, 逐步画出造型的各个局部。

二是不规则室内空间造型位置线做法。

对不规则的室内来说, 主要是墙面不垂直相交, 或者是有的墙面不垂直相交。画吊顶造型线时, 应从与造型线平行的那个墙面开始测量距离, 并画出造型

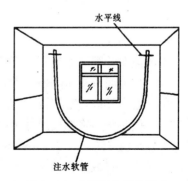

图 9-1 水平标高线的做法

线，再根据此条造型线画出整个造型线位置；或是用找点法先在施工图量出造型外框线距墙面的距离，然后再量出各墙面距造型边线的各点距离，将各点连线则得出吊顶造型线。

3）吊顶位置的确定

①平顶吊顶的吊点，一般间距为1m左右一个均匀布置。

②有迭级造型的天花吊顶（迭级，即天棚两个表面不在同一平面上）应在迭级交界处布置吊点，两点间距为0.8-1.2m。

③吊杆距主龙骨端部距离不得超过300mm，否则应增设吊杆。

④较大的灯具应单独安排吊点来吊挂。

⑤一般木吊顶不上人，木吊顶要上人，应适当加密吊点，吊点要加固。

（二）施工操作步骤

安装吊点紧固件——固定边龙骨——刷防火涂料——拼接木隔栅——分片吊装——与吊点固定——分片间的连接——预留——整体调整——安装胶合板——后期处理。

（1）安装吊点紧固件

①用冲击电钻在建筑结构底面按设计要求打孔，下膨胀螺栓。其孔径和长度见表9-1。

金属膨胀螺栓的使用规定　　　　　　　表9-1

	螺栓规格	M_6	M_8	M_{10}	M_{12}	M_{16}	备　注
使　用 规　定	钻孔直径（mm）	$\phi 8.5$	$\phi 10.5$	$\phi 14.5$	$\phi 16.5$	$\phi 21$	左列数据系膨胀螺栓与不低于C15 混凝土锚固时技术参考数据
	钻孔深度（mm）	40	50	60	75	100	
	允许拉力（N）	2400	4400	7000	10300	19400	
	允许剪力（N）	1800	3300	5200	7400	14400	

②用直径必须大于$\phi 5$mm的射钉，将角铁等固定在建筑底面上。

③利用事先预埋吊筋固定吊点。

（2）沿吊顶标高线固定沿墙边龙骨

①遇水泥混凝土墙面，可用水泥钉将木龙骨固定在墙面上。

②若是砖墙和混凝土墙时，先用冲击钻在墙面标高线以上10mm处打孔（孔的直径应大于12mm，在孔内下木楔，木楔的直径要稍大于孔径），木楔下入孔内要达到牢固配合。木楔下完后，木楔和墙面应保持在同一平面，木楔间距为0.5~0.8m。然后将边龙骨用钉固定墙上。边龙骨断面尺寸应与吊顶木龙骨断面尺寸一样，边龙骨固定后其底边与吊顶标高线应一平。

（3）刷防火涂料

木吊顶龙骨筛选后要刷三遍防火涂料，待晾干后备用。

（4）在地面拼接木隔栅（木龙骨架）

①先把吊顶面上需分片或可以分片的尺寸位置定出，根据分片的尺寸进行拼接前安排。

②拼接接法：将截面尺寸为25×30mm的木龙骨，在长木方向上按中心线距300mm的尺寸开出深15mm、宽25mm的凹槽（见图9-2）。然后按凹槽对凹槽的方法拼接，在拼口处用小圆钉或胶水固定。

通常是先拼接大片木隔栅，再拼接小片木隔栅，但木隔栅最大片不能大于10m²（见图9-3）。

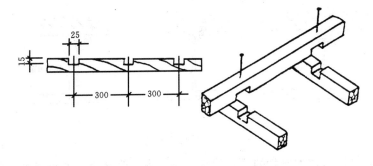

图 9-2　长木方向开槽及固定方法

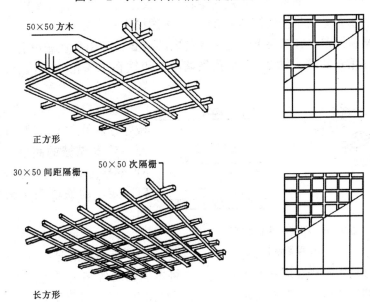

正方形

长方形

图 9-3　木隔栅拼接

（5）分片吊装

①平面吊顶的吊装先从一个墙角位置开始，将拼接好的木隔栅托起至吊顶标高位置。对于高度低于 3.2m 的吊顶木隔栅，可在木隔栅举起后用高度定位杆支撑（见图 9-4），使隔栅的高度略高于吊顶标高线；高度大于 3.2m 时，则用铁丝在吊点上做临时固定。

②用棒线绳或尼龙线沿吊顶标高线拉出平行和十字交叉的几条标高基准线——吊顶的平面基准线。

③然后将托起的木隔栅慢慢往下移动，使隔栅与平面基准线平齐。待整片木隔栅调平后，将木隔栅靠墙部分与沿墙边龙骨钉接，再用吊杆与吊点固定。

（6）与吊点固定

有三种方法（见图 9-5）。

①用木方固定：先用木方按吊点位置固定在楼板或屋面板的下面，然后，再用吊筋木方与固定在建筑顶面的木方钉牢。吊筋长短应大于吊点与木隔栅表面之间的距离 100mm 左右，

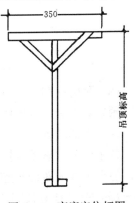

图 9-4　高度定位杆图

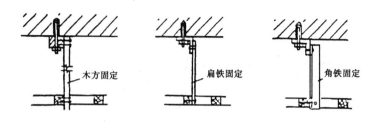

图 9-5 吊杆固定方法

便于调整高度。吊筋应在木龙骨的两侧固定后再截去多余部分。吊筋与木龙骨钉接处每处不许少于两只铁钉。如木龙骨搭接间距较小，或钉接处有劈裂、腐朽、虫眼等缺陷，应换掉或立刻在木龙骨的吊挂处钉挂上 200mm 长的加固短木方。

②用角铁固定：在需要上人和一些重要的位置，常用角铁做吊筋与木隔栅固定连接。其方法是在角铁的端头钻 2-3 个孔做调整。角铁在木隔栅的角位上，用两只木螺钉固定。

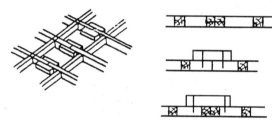

图 9-6 在同一平面的两分
片骨架连接

③用扁铁固定：将扁铁的长短先测量截好，在吊点固定端钻出两个调整孔，以便调整木隔栅的高度。扁铁与吊点件用 M6 螺栓连接，扁铁与木龙骨用 2 只木螺钉固定。扁铁端头不得长出木隔栅下平面。

（7）分片间的连接
有两种情况：

①两分片木隔栅在同一平面对接。先将木隔栅的各端头对正，然后用短木方进行加固。加固的方法可在左右两侧用短木绑接（见图 9-6）。对于重要部位或有上人要求的吊顶，应用铁件进行连接加固。

②对分片木隔栅不在同一平面，平面吊顶处于高低面连接。先用一条木方斜位地将上下两平面木隔栅架定位。再将上下平面的木隔栅用垂直的木方条固定连接（见图 9-7）。

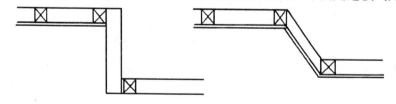

图 9-7 不在同一平面迭级吊顶连接

（8）预留孔洞
预留灯光盘、空调风口、检修孔位置。

（9）整体调整
各个分片木隔栅连接加固完后，在整个吊顶面下用尼龙线或棒线拉出十字交叉标高线，检查吊顶平面的平整度，吊顶应起拱，一般可按 7～10m 跨度为 3/1000 的起拱量，10～15m 跨度为 5/1000 起拱量。木吊顶隔栅的平整度要求见表 9-2。

面积 (m²)	允许误差值 (mm)		面积 (m³)	允许误差值 (mm)	
	上凹 (起拱)	下凸		上凹 (起拱)	下凸
20 内	3	2	100 内	3~6	3~6
50 内	2~5		100 以上	6~8	6~8

（10）安装胶合板

①按设计要求将挑选好的胶合板正面向上，按照木隔栅分格的中心线尺寸，在胶合板正面上画线。

②板面倒角：在胶合板的正面四周按宽度为 2~3mm 刨出 45 度倒角。

③钉胶合板：将胶合板正面朝下，托起到预定位置，使胶合板上的画线与木隔栅中心线对齐，用铁钉固定。钉距为 80~150mm，钉长为 25~35mm，钉帽应砸扁钉入板内，钉帽进入板面 0.5~1mm，钉眼用油性腻子抹平。

④固定纤维板：钉距为 80~120mm，钉长为 20~30mm，钉帽进入板面 0.5mm，钉眼用油性腻子抹平。硬质纤维板用前应先用水浸透，自然阴干后安装。

⑤胶合板、纤维板、木丝板要钉木压条，先按图纸要求的间距尺寸在板面上弹墨线，以墨线为准，将压条用钉子左右交错钉牢，钉距不应大于 200mm，钉帽应砸扁顺着木纹打入木压条表面 0.5~1mm，钉眼用油性腻子抹平。木压条的接头处，用小齿锯割角，使其严密平整。

（11）后期处理

按设计要求进行刷油，裱糊，喷涂。

二、单体和多体构成木吊顶施工工艺

单体构成吊顶是以一种形体的构件组装成吊顶。多体构成吊顶是以两种及其以上形体的木构件组装成吊顶（见图 9-8、图 9-9）。

单体和多体木吊顶一般不需用龙骨。单体构件本身即是装饰构件，同时也能承受本身自重。所以，可直接将单体构件同建筑层底吊接。

单体和多体吊顶又分为开敞式与封闭式两种。所谓开敞式就是吊顶面不封闭，可透过吊顶看到吊顶以上的建筑结构和设备（见图 9-10）。封闭式则相反。

（一）施工前的准备
施工前的准备同平面式木吊顶。

（二）施工操作步骤
施工准备——基层处理——放线

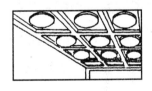

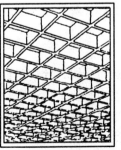
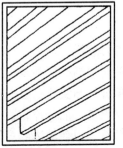

图 9-8 几种木制单体构件吊顶式样

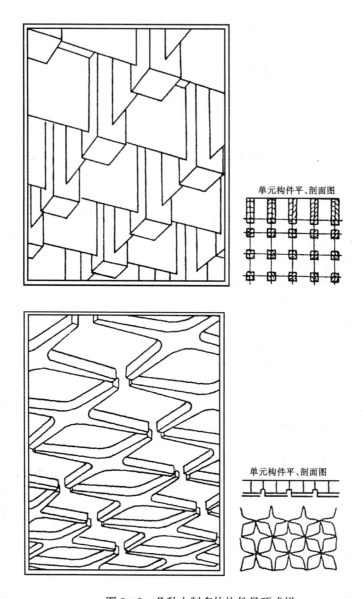

单元构件平、剖面图

单元构件平、剖面图

图 9-9　几种木制多体构件吊顶式样

——地面拼装——构件吊装——整体调整及饰面处理。

（1）基层处理

对开敞式吊顶，吊顶以上部分要进行涂刷黑漆处理或者依设计要求的色彩进行涂刷处理。

（2）放线

放线包括：标高线、吊挂布局线、分片布置线。放线的方法与步骤同前面吊顶放线方法，但分片布置线一般先从室内吊顶直角位置开始逐步展开。吊挂点的布局需根据分片布置线来设定，而分片布置线是根据吊顶的结构形式、材料尺寸和材料刚度，来确定分片大小和位置，以使单体和多体吊顶的分片材料受力均匀。

（3）地面拼装

①根据施工图所设计的单体和多体结构式样，以及材料品种进行拼装。常见的单体结构有单板方框式、骨架单板方框式、单条板式等。常见的多体结构有单条板与方板组合式、六角框与方框组合式、方圆体组合式、多角框与方框组合式等（见图9-11）。

②待单体本身连接牢固后，进行单体组装，组装时应用相同的材料将单体多角相互连接，在连接处用钉和胶粘剂309、408粘接。

③对拼接好的组合体进行检查，并用铁件在各单体的组合部位进行加固（见图9-11）

（4）构件吊装

1）吊杆固定：在混凝土天棚和钢筋混凝土梁底吊杆悬挂点的位置上，采用冲击钻打眼固定膨胀螺栓，然后吊杆焊在螺栓上，也可用18号铁丝系

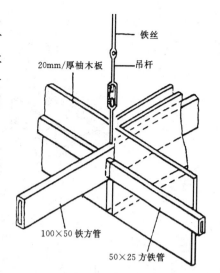

图9-10 开敞式吊顶的方盒子
式单体构件

在螺栓上，作为吊挂件的吊点，也可用尾部带孔的射钉做单体及多体吊顶的吊点紧固件，但单个射钉承重量不应超过每平方米50kg。

2）吊装方法：单体和多体构成吊顶安装方法有两种：一种是将单体或多体的构件固定在可靠的骨架上，然后再将骨架用吊杆与结构相连。该法一般适用于构件本身刚度不够、稳定性较差的情况（见图9-10）。另一种方法，是对于用轻质、高强材料制成的单体及多体构件，不用骨架支持，而直接用吊杆与结构相连，并固定在吊点处。这种吊装方法，一般需要构件自身具有承受本身重量的刚度和强度（见图9-12）。

3）吊装要点：

①从一个墙角开始，将分片吊顶托起，高度略高于标高线，并临时固定该分片吊顶架。

②用棒线或尼龙线沿标高线拉出交叉的吊顶平面基准线。

③根据基准线调平该吊顶分片。如果吊顶面积大于1000m² 时，可以使吊顶面有一定的起拱。对于构成吊顶起拱量一般在2000:1.5左右。

④将调平的吊顶分片进行固定（见图9-13）。

⑤构成吊顶分片间相互连接时，首先将两个分片调平，使拼接处对齐，再用连接铁件进行固定。拼接的方式通常为直角拼接和顶边连接（见图9-14）。

（5）整体调整及饰面

① 沿标高线拉出多条平行或垂直的基准线，根据基准线进行吊顶面的整体调整，并检查吊顶面的起拱量是否符合要求。

② 检查各部位安装情况及布局情况，对单体本身因安装而产生的变形，要进行修正。

③ 检查各连接部位的固定件是否可靠，对一些受力集中的部位，应进行加固。

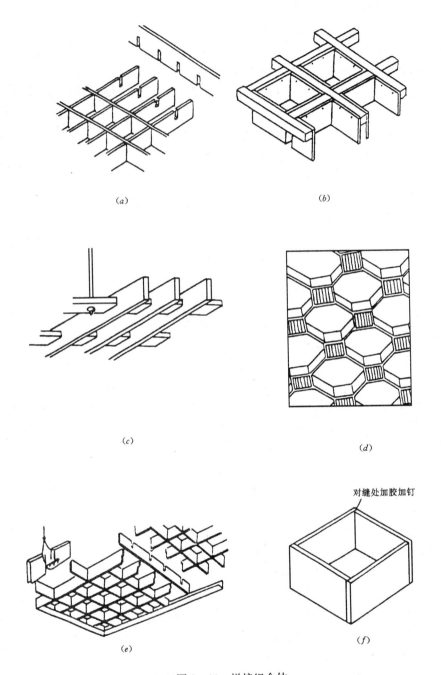

图 9-11　拼接组合体

（a）单板方框单体拼装；（b）骨架单板方框式单体构件拼装

（c）单条板式单体构件拼装；（d）多角框与方框组合式多体结构

（e）隔栅拼接构造；（f）短板对缝固定

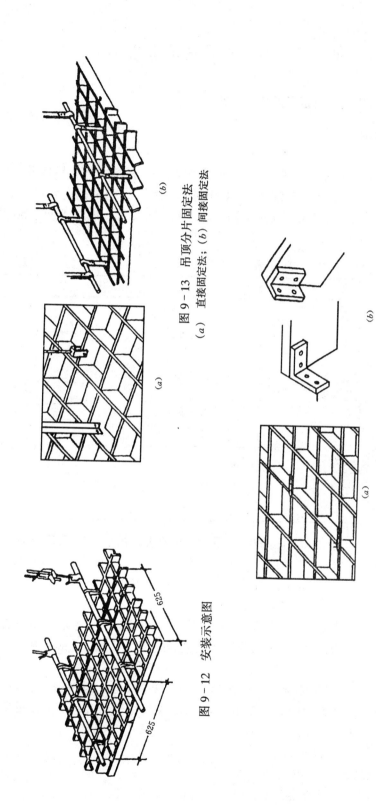

图 9 - 13 吊顶分片固定法
(a) 直接固定法；(b) 间接固定法

图 9 - 12 安装示意图

图 9 - 14 分片连接
(a) 构成吊顶分片间的连接；(b) 端头连接件

第二节 金属吊顶施工工艺

一、U型轻钢龙骨纸面石膏板吊顶施工工艺

（一）常用主要材料

（1）U型轻钢龙骨

U型轻钢龙骨由主龙骨（大龙骨）、副龙骨（中龙骨）、横撑龙骨、吊挂件、接插件和挂插件等配件装配而成。表9-3和表9-4分别为常用的U型轻钢龙骨主件和配件。主龙骨又根据上人或不上人及其吊点间距不同分为三种不同系列，即38系列、50系列和60系列。

U 型 轻 钢 龙 骨 主 件 表9-3

名　称	简　图	名　称	简　图
38系列主龙骨	（截面尺寸：38，12，1.2）	U25中龙骨	（截面尺寸：5，2.5，0.5，25，19）
50系列主龙骨	（截面尺寸：50，15，1.5）	U50中龙骨	（截面尺寸：2.5，0.5，50，19）
60系列主龙骨	（截面尺寸：60，30，1.5）	U60中龙骨	（截面尺寸：1.2，35，15）

38系列轻钢龙骨适用于吊点间距为0.9m至1.2m不上人吊顶；50系列轻钢龙骨适用于吊点间距为0.9m至1.2m上人吊顶，主龙骨可承受80kg检修荷载；60系列轻钢龙骨适用于吊点间距为1.2m至1.5m上人吊顶，主龙骨可承受100kg检修荷载。

（2）纸面石膏板

纸面石膏板是用一二级石膏加入适量纤维、粘结剂、缓凝剂、发泡剂等经加工制成的装饰板材。具有重量轻、强度高、防火、隔热、美观及可锯、可刨、可钻、施工方便等优点。

我国生产的石膏板大致规格为，长度：2400mm、2600mm、2800mm、3000mm；宽度：900mm、1200mm；厚度：9mm、12mm、15mm，主要用于U型轻钢龙骨吊顶。

（二）施工前的准备

施工前的准备同平面式木吊顶。

（三）施工操作步骤

弹线——安装吊杆——安装龙骨及配件——安装纸面石膏板。

（1）弹线

名　称	简　图	备　注	名　称	简　图	备　注
38 系列主龙骨吊件			U25 龙骨挂件		60 系列用
					50 系列用
					38 系列用
50、60 系列主龙骨吊件		50 系列用	U50 龙骨挂插件		通用
		60 系列用			
60 系列主龙骨吊件			U25 龙骨挂插件		通用
U50 龙骨挂件		60 系列用	U50 龙骨接插件		通用
		50 系列用			
		38 系列用	U25 龙骨接插件		通用

名　称		简　图	备　注	
主龙骨连接件	60 系列		$L=100$	$H=60$
	50 系列		$L=100$	$H=50$
	38 系列		$L=82$	$H=30$
主龙骨连接件	60 系列		$L=100$	$H=56$
	50 系列		$L=100$	$H=17$
	38 系列		$L=82$	$H=35.6$

　　主要是弹好吊顶的水平标高线、龙骨布置线和吊杆悬挂点。弹水平线要使用水平管和水平尺找水平，然后根据吊顶的设计标高将水平线弹到墙面上，龙骨和吊杆的位置线弹到楼板上。弹线应清楚、准确，其水平允许误差 ±5mm。龙骨和吊杆的间距是根据龙骨的断面及其使用的荷载综合确定。龙骨断面大，刚度好，那么吊杆的间距可相应大些。如果使用非标准龙骨及配件，那么龙骨的断面及吊杆均应经过受力计算后方能确定。如果选用标准龙骨及配件，按具体设计要求施工即可。线弹好之后，马上固定封口材料。U 型轻钢龙骨的封口材料一般采用宽度不小于 30mm 的松木木方，木材的含水率不能高于 15%。用钢钉或射钉将木方固定到墙体上时，要保证钢钉或射钉进入墙体的深度在 20mm 左右，如果是普通砖墙，要保证钢钉固定在砖体上，钉的间距应保持 300～400mm 之间。如果墙

体采用的是空心砖或加气混凝土等轻体墙，则不应采用射钉或钢钉固定。

（2）固定吊杆

U型轻钢龙骨吊顶饰面板一般都采用纸面石膏板，荷载相对来说较大，同时为了防止吊杆产生晃动，吊杆一般都采用 $\phi6$ 的以上的钢筋。主龙骨吊点间距，应按设计推荐系列选择，一般间距都在 1m 左右，不能超过 1.2m，吊杆距主龙骨端部距离不得超过 300mm，否则应增设吊杆，防止主龙骨下坠。当吊杆与设备相遇时，应调整吊杆构造或增设吊杆。边部主龙骨距墙的距离不宜超过 400mm，相应地吊杆距墙的距离也不宜超过 400mm。当过道与走廊的宽度在 2m 左右时，如果主龙骨是平行于走廊设置，应设置两排主龙骨，相应地就应该设置两排吊杆。这样能避免封边木方受到较大的饰面板重力荷载而松动，导致棚面变形。

当有二级吊顶或顶棚悬挑时，边部主龙骨距棚的边缘距离不宜超过 400mm，相应地吊杆距棚边缘的距离也不宜超过 400mm。

吊杆钢筋的尺寸要根据具体工程的要求通过验算而定。使用钢筋做吊杆时，首先要对钢筋进行调直，使其竖直，弯曲的钢筋吊杆不得使用，以防止吊顶完工后，在饰面板的重力荷载作用下，使其拉直而引起棚面变形，从而导致饰面板接缝处开裂。

吊杆的固定采用膨胀螺栓进行，步骤如下：

①安装膨胀螺栓：膨胀螺栓在顶棚的位置就是前面弹线所确定的吊杆的位置。如吊杆与膨胀螺栓之间采用的是焊接的连接方法，则应采用搭接焊而不应采用对焊。因此要求螺栓的螺杆要有足够的长度，以满足国家施工规范所规定的钢筋焊接的搭接长度。

②吊杆与连接件间连接：这里的连接件是指吊杆与主龙骨间的连接件，连接件的形状见图 9-15。与 U 型轻钢龙骨配套使用的连接件，带有长度为 200mm 左右的吊杆，称为小吊杆。如果钢筋吊杆的直径与连接件的孔径差不多，则可以在吊杆上套丝，然后用螺母将吊杆与连接件连接到一起。如果吊杆的直径大于连接件上的孔径，那么吊杆与连接件间应采用焊接的连接方法，而不宜采用套丝的办法进行连接。

③吊杆与膨胀螺栓连接：吊杆与膨胀螺栓应该采用搭接焊，焊接作业时，应符合国家焊接施工规范，焊缝要均匀、饱满。

④防腐：当吊杆与膨胀螺栓固定以后，要对焊缝及吊杆进行防腐处理。一般都是涂刷防锈漆，要保证两遍以上，尤其是焊缝及钢筋端部要涂刷到位。

在吊杆的安装过程中，通常采用③——②——①——④的顺序进行施工。

（3）安装龙骨

①主龙骨的安装：主龙骨安装时，根据拉好的标高控制线，将主龙骨安装到吊杆的吊挂件上（见图9-15），拧紧吊挂件上的螺丝将主龙骨卡牢。主龙骨连接时，可用配套的插接件进行连接，接缝不应超过 2mm。主龙骨调平时，可按房间的十字或对角拉线，拧动吊挂件上的升降螺栓，升降调平，也可在平直的木方上，按主龙骨的间距钉上圆钉，将主龙骨卡住，临时固定（见图 9-16）。方木两端顶到墙上或柱边，以标高控制为准，拧动升降螺栓，升降调平。大面积吊顶时，为了保证在使用过程中的平整美观，安装吊顶龙骨时，常使其适当起拱。起拱高度应不小于房间短向跨度的 1/200。

②副龙骨的安装（也叫中龙骨或次龙骨）：副龙骨垂直于主龙骨，在交叉点用副龙骨

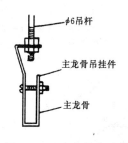

图 9-15　主龙骨在连接
件上安装图

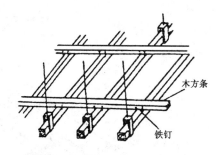

图 9-16　主龙骨定位方法

吊挂件将其固定在主龙骨上，吊挂件的上端搭在主龙骨上，吊挂件的 U 型腿用钳子卧入主龙骨内（见图 9-17）。副龙骨间的连接也是通过插件进行连接，插件与副龙骨间要用自攻螺钉或铆钉进行紧固。副龙骨连接处的对接错位偏差不得超过 2mm。副龙骨与封边材料（木方）的连接方法见图 9-18 所示，其中用于固定副龙骨的自攻螺丝不能少于 4个。

　　副龙骨大多数是构造龙骨，主要功能是与饰面板固定，因此副龙骨的间距一般都是根据板材的尺寸设计。对于单块面积较大的板材，如纸面石膏板，副龙骨的间距应当适当控制。如果间距过大，板材在使用一段时间以后，由于自重的原因，可能会发生挠度。当然过密的布置次龙骨也没有必要。通常情况下副龙骨的间距为 400mm 左右（适用于板面宽度为 1200mm 的纸面石膏板）。副龙骨的最大间距不应超过 600mm。

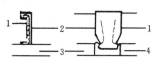

图 9-17　副龙骨（中龙骨）
安装
1—主龙骨；2—吊挂件；
3—中龙骨；4—横撑

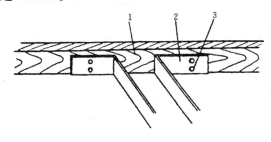

图 9-18　副龙骨与封边材料连接
1—封边材料（木方）；2—副龙骨；3—自攻螺丝

　　③横撑龙骨安装：横撑龙骨的安装间距应根据实际使用的饰面板的规格尺寸而定。横撑龙骨一般用副龙骨截取。安装时将副龙骨的端头插入挂插件，扣在副龙骨上，并用钳子将吊挂弯入副龙骨内。组装完后，横撑龙骨与副龙骨的接缝处间隙不应大于 2mm，底面应一平。

　　U 型轻钢龙骨的示意图见图 9-19。

　　龙骨的安装一般是从房间的一端依次安装到另一端。如有高低跨部分，先安装高跨，然后再安装低跨。对于检修口、通风算子等部位，在安装龙骨的同时，应将尺寸及部位留出，在口的四周加设封边横撑龙骨，而且检修口处的主龙骨应加设吊杆。吊顶中的一般轻型灯具可固定在副龙骨或横撑龙骨上；重型灯具应按设计要求重新加设吊杆，不应固定在龙骨上。有特殊造型的吊顶，如果采用 U 型轻钢龙骨，施工时应根据具体情况而定。图 9-20 是几种特殊造型吊顶的 U 型轻钢龙骨安装节点图。

　　（4）安装纸面石膏板

　　与 U 型轻钢龙骨配套使用的板材主要是纸面石膏板，其安装前的准备工作应符合下

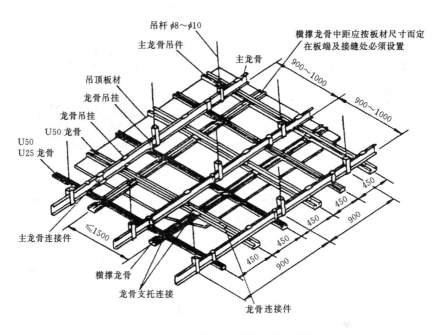

图 9-19 U 型上人龙骨安装示意图

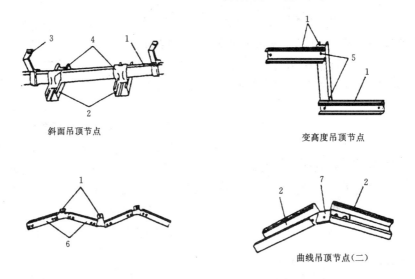

斜面吊顶节点　　　　　　　　变高度吊顶节点

曲线吊顶节点(二)

图 9-20　斜面吊顶、变高吊顶、曲线吊顶节点
1—主龙骨；2—副龙骨；3—主龙骨吊挂件；4—副龙骨吊挂件；
5—螺丝；6—主龙骨插挂件；7—副龙骨插挂件

列规定：第一，所有龙骨已调整完毕；第二，重型灯具、电扇等设备的吊杆布置完毕；第三，吊顶内的通风、水电管道及上人吊顶内的人行或安全通道，应安装完毕，消防管道安装并调试完毕；第四，吊顶内的灯槽、斜撑、剪刀撑等，应根据工程情况适当布置。

纸面石膏板从吊顶的一端开始错缝安装，逐块排列，余量放在最后安装，石膏板与墙体间应留有 3mm 左右间隙。石膏板长边与次龙骨呈十字交叉状态（与主龙骨平行），使板端边准确地落在次龙骨上，相邻两张纸面石膏板在同一副龙骨的搭接宽度应基本相等，板间应预留 3mm 左右的缝隙。板间缝隙应在安装板时预留，而不应该安装完后用刀划口，

264

这样易造成自攻螺钉和石膏板间产生豁口现象。石膏板必须在无应力的状态下固定，否则安装后，在应力作用下，板会凸出鼓起或在板缝处形成"弯棱"。因此石膏板固定时，应从一端向另一端固定，或从中间向四周固定，而不应从两边或四周同时向中心固定。固定纸面石膏板一般应采用平头的自攻螺丝，自攻螺丝距副龙骨边缘不能小于3mm，否则会破坏副龙骨，使其强度降低。自攻螺丝与板边距离：面板包封的板边以10~15mm为宜，切割的板边以15~20mm为宜，再加上板间预留缝、自攻螺丝直径尺寸及施工时的误差，因此固定纸面石膏板的副龙骨宽度要在50mm以上。自攻螺丝安装时，应先用电钻钻眼，然后用螺丝刀来拧紧自攻螺丝。钻眼时，钻头应与板面垂直，而且应采用直径稍小于自攻螺丝直径的钻头，以保证自攻螺丝与龙骨及石膏板间连接牢固。也可直接用电钻来安装自攻螺丝。直接安装时应注意，当螺帽快接近板面时，要改用螺丝刀来拧紧螺丝，以防止因不能准确控制电钻而导致石膏板纸面受到破坏或者钉帽嵌入板面太深。自攻螺丝间距以150~170mm为宜，螺丝应与板面垂直，弯曲、变形的螺钉应剔除，并在相隔50mm的部位另安螺丝。螺帽宜略埋入板面，并不使纸面破损。相邻两张石膏板固定时，螺丝不宜对接，应错开不小于50mm的距离，以防止使用电钻时，引起已固定好了的螺丝产生振动，使其与石膏间松动。

安装双层纸面石膏板时，面层板与基层板的接缝应错开，不得在同一根龙骨上接缝。

纸面石膏板安装完毕后，对预留缝要用嵌缝石膏填平，然后贴一层纸带或布带，以防止工程交付使用后，板间出现裂纹。对于板面的钉帽应做防锈处理，即在钉帽上涂刷一层防锈漆，并用石膏腻子刮平，在刮白（或其他饰面工艺）施工之前，要在板面涂刷一层防潮漆，增加石膏板的抗潮性。

嵌缝施工时，先将板缝清理干净，对接缝处的石膏暴露部分，需要用10%的聚乙烯醇水溶液或用50%的107胶液涂刷1~2遍，待干燥后用小刮刀把腻子嵌入板缝内，填实刮平；第一层腻子初凝后（即凝面不硬时），薄薄地刮上一层稠度较稀的腻子，随即把接缝带贴上（缝带可用穿孔纸带或布纹稍大的布带），用力刮平，压实，赶出腻子与缝带之间的气泡。放置一段时间，待水分蒸发后，再用刮刀在纸带上刮上一层厚约1mm，宽约80~100mm的腻子，使缝带埋入腻子中；最后涂上一层薄薄的稠度较稀的腻子，用大刮刀将板面刮平。

二、LT型金属龙骨非金属饰面板吊顶施工工艺

(一) 常用主要材料

(1) LT型轻钢龙骨

这种龙骨一般分为普通型和加强型两种。每种型号又分为烤漆和非烤漆两种龙骨。烤漆型通常用于明架式吊顶，非烤漆型通常用于暗架式吊顶。LT型轻钢龙骨都是由主龙骨、副龙骨、边龙骨（L型）和插件构成。这种龙骨通常都是以U型轻钢龙骨的主龙骨作为其承载龙骨，以增加吊顶的强度。LT型轻钢龙骨主要用于雕花石膏板、矿棉板等轻体饰面板的吊顶中。

(2) LT型铝合金龙骨

与U型轻钢龙骨相同，LT型铝合金龙骨也是由主龙骨、副龙骨、边龙骨和插件组成。主要用于轻体饰面板吊顶工程中，一般以38、50、60系列U型轻钢龙骨的主龙骨为

承载龙骨，组成上人与不上人龙骨。可用于明架式吊顶，也可用于暗架式吊顶。LT 型铝合金龙骨及其主要配件见表 9-5 和表 9-6。

LT 型铝合金龙骨（单位：mm）　　　　　　　　表 9-5

	主龙骨	主龙骨 吊件	主龙骨 连接件	LT-23 LT 异形 吊件	异形吊钩	三个系列通用件
TC60 系列			$L=100$ $H=60$	$A=31$ $B=70$	$A=31$ $B=75$	LT-23　LT-23 LT-异形连接件
TC50 系列			$L=100$ $H=50$	$A=16$　$B=60$	$A=16$　$B=65$	LT-23 横撑
TC38 系列			$L=82$ $H=39$	$A=13$ $B=48$	$A=13$ $B=55$	LT-异形龙骨 LT-23 横 撑连接钩 LT 边骨

注：主龙骨、吊件、连接件与 U 型三个系列通用。

LT 型铝合金龙骨配件（单位：mm）　　　　　　　　表 9-6

代号名称	简　图	代号名称		简　图
TL-23 龙骨		TC23 吊钩	LT-23 龙骨 LT-异形龙骨吊钩	
TL-23 横撑龙骨		TC50 吊钩	LT-23 龙骨 LT-异形龙骨吊钩	
TL-边龙骨		LT-异形龙骨吊挂钩		
TL-异形龙骨		LT-23 龙骨 LT-异形龙骨连接件		
		LT-23 横撑龙骨连接钩		

（3）矿棉装饰吸声板

矿棉装饰吸声板是以矿碴棉或岩棉为主要原料，加入适量粘结剂，经加压、烘干、饰面等加工而成。具有质轻、吸声、防火、隔热、保温、施工简便、美观大方等特点。用于影剧院、会堂、音乐厅、播音室、录音室等，可以控制和调整室内的混合音响效果，消除回音，改善室内的音质，提高语音清晰度。用于医院、办公室、会议室、商场以及噪声较大的场所如工厂车间、仪表控制间等可以降低室内噪声级别，改善生活环境和劳动条件。主要规格有：596mm×596mm×（12、15、18）mm；496mm×496mm×（12、15）mm；500mm×500mm×（12、15）mm；300mm×600mm×（12、15）mm；600mm×l200mm×（12、15）mm。主要与LT型金属龙骨配套使用。

（二）施工前的准备

施工前的准备同平面式木吊顶。

（三）施工操作步骤

弹线——安装吊杆——安装龙骨——安装饰面板。

（1）弹线

弹线的位置与方法和U型轻钢龙骨施工相同。弹线应根据设计图纸进行。由于LT型龙骨都是与成品装饰板配套使用的，所以在设计时，应先确定龙骨的标准方格尺寸，然后再根据吊顶面积对分格位置进行布置。布置的原则是：尽量保证龙骨分格的均匀性和完整性，以保证吊顶有规整的装饰效果。由于室内的尺寸一般都不可能按龙骨的分格尺寸正好等分，所以吊顶上会出现与标准尺寸不等分的分格，这些分格在装饰工程中称为收边分格。处理收边分格一般有三种方法：第一种方法是把标准分格设置在吊顶中部，而把收边分格设置在吊顶四周；第二种方法是将标准分格置于人流活动量大或较明显部位，而把收边分格置于不被人注意的次要位置；第三种方法是把收边分格平均分成几等分，然后再把这几等分分布到吊顶中，把整个吊顶均匀分成 $n-1$ 等分，以增加顶棚的艺术装饰效果，从而使整个吊顶匀称、美观。弹线完成以后，应立即固定封边材料。

LT型金属龙骨的封边材料都是L型龙骨，L型龙骨在安装时，先在龙骨上用电钻钻孔，然后再用钢钉固定，要把边龙骨固定在坚实的基体上，不得松动，钉间距离要控制在500mm左右。转角处龙骨的接缝要严密，不能有毛齿。

（2）固定吊杆

LT型金属龙骨一般都与轻质饰面板配套使用，吊顶本身材料的重力荷载较小，吊杆布置的要点是考虑吊顶平整度的需要。吊杆的间距不宜过大，应控制在1~1.2m，吊杆在顶棚布置的其他要求与U型轻钢龙骨相同。LT型金属龙骨一般都与U型轻钢龙骨配合使用，以U型轻钢龙骨作为承载龙骨。

LT型金属龙骨吊杆的材质与U型轻钢龙骨吊杆有所不同。在LT型金属龙骨的吊顶上，当吊顶为不上人顶棚时，吊杆可以采用竖直的钢筋（其安装方法见U型轻钢龙骨吊杆安装）；在小面积吊顶时，也可以采用有足够承载力的钢丝或镀锌铁线。当吊顶为上人龙骨时，必须采用 $\phi6$ 以上的钢筋做吊杆。上人吊顶吊杆连接见图9-21。

LT型金属龙骨的主龙骨上都带有挂筋孔，吊筋的一端可以连接在孔上，或通过孔将主龙骨绑扎到承载龙骨上。当吊筋采用钢丝或镀锌铁线时，其上端与顶棚的连接可以绑扎到预埋钢筋或膨胀螺栓上，也可以通过射钉固定到顶棚上。射钉要保证钉到坚实的基体

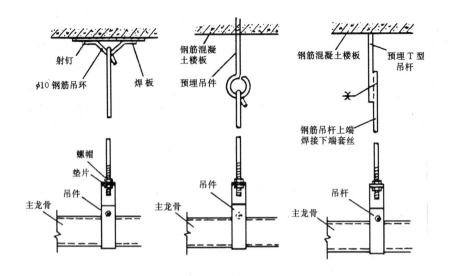

图 9-21　上人员顶吊杆连接

上，并保证进入足够的深度，通常要采用长度为 50mm 以上的射钉（见图 9-22）。不上人吊顶还有一种与龙骨配套使用的伸缩式吊杆，这种吊杆的长度可以自由调节，其结构如图 9-23 所示。它是由两根（或一根）6～10 号钢丝穿入一个弹簧垫片做的一个简易伸缩式吊杆。调节与固定主要取决于弹簧钢片的状态，当压缩弹簧钢片时，钢片两端的孔重合，吊杆可自由伸缩；当钢片处于自由状态时，两端孔位分离，与吊杆卡紧，定位。所以这种吊杆具有结构简单、使用方便等特点。无论采用哪种吊杆，吊杆的上部都不应固定在设备管道上，以免管道变形或棚面变形，影响吊顶的平整美观。

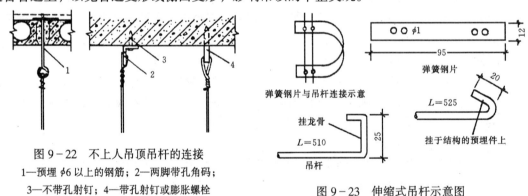

图 9-22　不上人吊顶吊杆的连接

1—预埋 $\phi6$ 以上的钢筋；2—两脚带孔角码；
3—不带孔射钉；4—带孔射钉或膨胀螺栓

图 9-23　伸缩式吊杆示意图

（3）安装龙骨

如果是上人吊顶，先安装承载龙骨（U 型轻钢龙骨的主龙骨），其安装方法见 U 型轻钢龙骨吊顶。

承载龙骨安装完并调平后，开始安装主龙骨，然后安装副龙骨。没有承载龙骨的，直接安装主龙骨。无论哪一种龙骨，每一行龙骨都要拉出水平线，按线的位置进行安装。

LT 型轻钢龙骨的主副龙骨间都带有插孔，主龙骨的接长和主副龙骨间的连接都可进行插接。LT 型铝合金龙骨（通常用于明架式吊顶）一般都不带有插孔，其主龙骨的接长是用两个条形铝片或两个铝角码为连接件。连接件的两端分别固定到两根主龙骨上即可。固定要用铆钉，连接要牢靠，接缝要严密。主副龙骨间的连接主要有以下几种方法：第一种方法是在分段截开的副龙骨上剪出连接角，在连接角与主龙骨上钻孔，然后用自攻螺丝或铝铆钉将副龙骨上的连接角与主龙骨紧固到一起（见图9-24）。第二种方法是在主龙

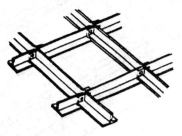

图9-24　主副龙骨连接方法（一）

骨开出半槽，在副龙骨下部开出半槽，并在主龙骨半槽两侧各钻一个直径为3mm的孔（见图9-25）。安装时将主副龙骨的半槽卡接起来，然后用镀锌铁线穿过主龙骨上的小

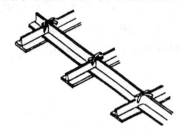

图9-25　主副龙骨连接方法（二）

孔，把副龙骨扎紧在主龙骨上。龙骨上的开槽间隙尺寸必须与骨架分格尺寸一致。第三种方法是在主龙骨上打出长方形孔，两长方形孔的间距为分格尺寸。安装前应将副龙骨剪出连接耳，安装时只要将副龙骨上的连接耳插入主龙骨上长方孔内，再弯成90度直角即可。每个长方孔内可插入两个连接耳。安装形式见图9-26。第四种方法是当吊顶的面积较小时，也可以用稳定的支撑控制主龙骨的间距，将副龙骨两端搁置在主龙骨翼缘上，其搁置的方向必须与主龙骨垂直，并与主龙骨接触紧密。第五种方法是预制铝角码，将角码的两肢用自攻螺丝或铝铆钉分别固定到主副龙骨上即可。

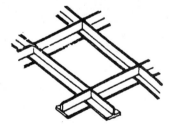

图9-26　主副龙骨连接
方法（三）

LT型铝合金龙骨上人吊顶安装示意图见图9-27。

（4）饰面板安装

与LT型轻钢龙骨配套使用的饰面板主要是吸音矿棉板和雕花石膏板等，安装条件与纸面石膏板相同。

明龙骨吊顶，饰面板直接装入龙骨框内即可，因此施工时板边稍有棱角不齐或少许碰撞，不会影响吊顶的整体美观。由于龙骨的横条外露，板与板间的缝隙被龙骨盖住，避免了产生缝隙参差不齐的质量问题，但对龙骨的安装质量要求更高。有拼图案的饰面板，在安装前应将板选好，按花纹形状拼接。

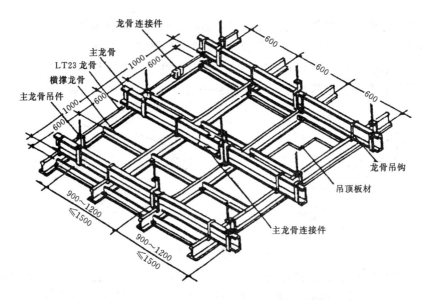

图 9-27　LT 型铝合金龙骨上人吊顶安装

　　暗龙骨吊顶饰面板安装时，饰面板不允许有明显的缺楞掉角和翘曲现象。相邻饰面板如用插片进行连接时，要注意插片深度，板间应连接紧密。

第十章　地面装饰工程

第一节　木地板施工工艺

一、空铺式木地板施工工艺

空铺式木地板铺装主要应用于面层距基底距离较大，需要用砖墙和砖墩支撑，才能达到设计标高的木地面。如首层木地面、计算机房等（见图 10－1）。

（一）施工前的准备

（1）主要材料

木方、木地板、防潮防水剂、沥青油毡、漆等。

（2）常用机具

常用的木工机具有多用木工机床、手提电刨、手提圆锯、手电锯、磨光机、地板钳、手锯、手刨、手锤、单线刨、透明塑料管、墨线斗、手铲等。

（二）施工操作步骤

砌筑地垄墙→设通风孔洞→铺放垫木→安装木隔栅→固定剪刀撑→固定毛地板→面层铺钉→刨光磨光→油漆和上蜡。

（1）木地板基层施工

木地板基层即地板面层以下部分，包括木隔栅（也叫木楞、木梁）、垫木压檐木、剪刀撑（也叫水平撑）、毛地板、地垄墙（或砖礅）等。

①砌筑地垄墙：地垄墙坐落在坚硬的基底上，一般采用 Mu7.5 红砖，强度等级约为 32.5 的水泥配制的 1:3 水泥砂浆或混合砂浆砌筑。

地垄墙的厚度和砌筑高度应符合设计要求；垄墙与垄墙之间距离一般不宜大于 2m。砖礅布置要同木隔栅的布置一致，如木隔栅一般间距 500mm，则砖礅间距也应 500mm。若砖礅尺寸偏大，礅与礅之间距离较小，礅密时可将礅连在一起变成垄墙。

地垄墙标高应符合设计标高，必要时可在其顶面抹水泥砂浆找平。

②空铺式架空层同外部及每道架空层间的隔墙、地垄墙、暖气沟墙，均要设通风孔洞。在砌筑时将通风孔洞留出。尺寸一般 120mm×120mm。外墙每隔 3～5m 预留不小于 180mm×180mm 的通风孔洞，外面安风箅子，下皮标高距室外地面不小于 200mm。

如果空间较大，要在地垄墙内穿插通行，要在地垄墙上设 750mm×750mm 的过人孔道。

③铺放垫木：从安全考虑，在地垄墙与隔栅之间用垫木连接，将隔栅传来的荷载，通过垫木传到垄墙上。垫木使用前应进行防火防腐处理。垫木的厚度一般为 50mm，可锯成一段，直接铺放在隔栅底下，也可沿地垄墙通长布置。若通长布置，绑扎固定的间距应不超过 300mm，接头采用平接。在两根接头处，绑扎的铁丝应分别在接头处的两端 150mm

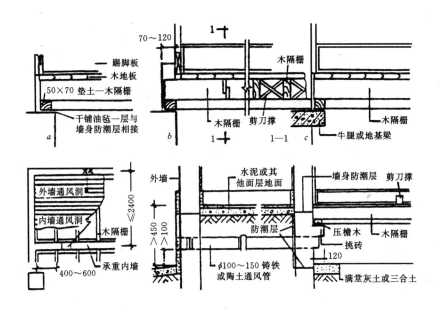

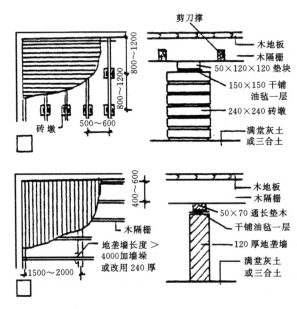

图 10-1 空铺式木地板构造

以内进行绑扎,以防接头处松动。

④安装木隔栅:木隔栅的作用是固定与承托面层,其面积大小依地垅墙的间距大小而定,间距大,木隔栅跨度大,断面尺寸大。

木隔栅一般与地垅墙成垂直,摆放间距一般为 500~600mm,并应根据设计要求,结合房间具体尺寸均匀布置。木隔栅的标高要准确,表面用水平尺抄平,也可以根据房间 500mm 标准线进行检查。特别要注意木隔栅表面标高与门扇下沿及其他地面标高的关系。

木隔栅找平后,用 100mm 的铁钉从隔栅的两侧中部斜向(45 度)与垫木钉牢。隔栅安装要牢固,并保持中直,木隔栅表面要做防火、防腐处理。

⑤固定剪刀撑:剪刀撑的作用是增加木隔栅侧向稳定性,增加整个楼地面的刚度,减

少隔栅本身变形。剪刀撑布置在木隔栅两侧面，用75mm铁钉固定在木隔栅上，其间距应符合设计要求。

⑥固定毛地板：双层木地板的下层称毛地板。毛地板是用松木板、杉木板制做，宽度不大于120mm。铺前必须先把毛地板下空间内的杂物清除。

面层若是铺条形地板，毛地板应与木隔栅成30度或45度斜向铺钉，木板的材心应朝上，边材应朝下铺钉，板面刨平后板缝一般为2～3mm，相邻接缝应错开，毛地板和墙之间应留10～20mm的缝隙。毛地板固定用板厚2.5倍的圆钉，每端钉两个。

（2）面层铺钉

1）铺钉长条地板

①毛地板清扫干净后，弹直条铺钉线。

②为防止在使用中发生音响和潮气侵蚀，铺钉前先铺设一层沥青油毡。

③由中间向边铺钉（小房间可从门口开始）。

④先跟线铺钉一条作标准，检验合格后，顺次向前展开；用50mm的钉子从凹榫边倾斜钉入毛地板上，一般常用45度或60度钉入。钉帽砸扁，冲入板内3～5mm。

⑤采用硬木长条地板时，铺钉前应先钻孔，孔径为圆钉直径的0.7～0.8倍。

⑥为使缝隙严密顺直，在铺钉的板条近处钉铁扒钉（或地板钳），用楔块将板条靠紧，使之顺直（见图10-2），接头间隔断开，靠墙端留10～20mm空隙。

⑦企口板铺完后，清扫干净。先按垂直木纹方向粗刨一遍，再按顺木纹方向细刨一遍，然后磨光，刨磨的总厚度不超过1.5mm，并应无痕迹。

⑧已刨磨的木地板面层在室内喷浆或贴墙纸时应采取防潮、防污染的保护措施，进行覆盖。

⑨油漆和上蜡：应待室内一切施工完毕后进行。

2）铺钉拼花木地板

拼花地板常用方格式、席纹式、人字式和阶梯式等（见图10-3）。

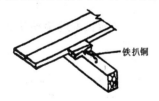

铁扒钉

图10-2 钉扒钉铺长条
地板图

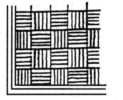

图10-3 拼花木地板样式

①毛地板清扫干净后，根据拼花形式，在地板房间中央弹出90度十字线或45度斜交线，按拼花板大小标出块数进行预排。

②预排合格后确定圈边（或称镶边）宽度（一般300mm左右），然后弹出分档施工控制线和圈边线（见图10-4），并在拼花地板线上沿长向拉通线钉出木标准条。

③为了隔声、防潮，在毛地板上铺一层沥青油毡纸。

④铺钉时硬木拼花板条先钻好斜孔，孔大小为圆钉直径的0.7～0.8倍，然后用60mm钉子两颗穿过预先钻好的斜孔钉入毛地板内，每钉一个方块须规方一次。

⑤标准板铺好并检验合格后，按弹好的档距施工控制线，边铺油毡边顺次向四周铺

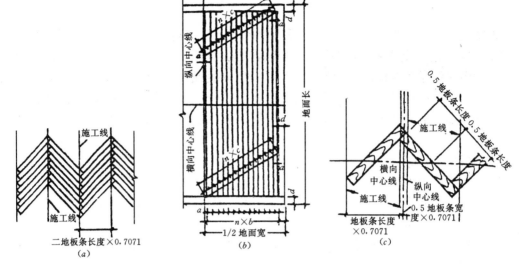

图 10 - 4　施工控制线与铺钉标准块

（*a*）施工线平面图；（*b*）施工线布置图；（*c*）铺第一块地板位置图

钉，最后圈边。

⑥圈边：先用长条地板圈边，再用短条地板横钉。圈边地板仍要做成榫接，末尾不能榫接的地板，用胶粘钉牢。

⑦若对称的两边圈边宽窄不一致时，可将圈边加宽或做横边处理（见图 10 - 5）；纵横方向圈边图宽窄相差小于一块，大于半块时，按图 10 - 5 的方法处理。

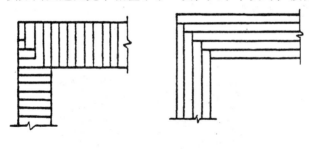

图 10 - 5

（*a*）圈边不一处理法；（*b*）圈边不对称处理法

⑧地板刨光：拼花地板宜采用地板刨光机（或手提电刨），先粗荒然后精光。

二、实铺式木地板施工工艺

实铺有两种情况。一是将木隔栅直接固定在基底上，而不是空铺式（架空式）木基层，用地垅墙架空；二是将拼花地板块直接铺贴在平整光滑的混凝土水泥地面上。施工前的准备同空铺式木地板施工工艺。

（一）实铺式木基层单层条形地板安装

安装木隔栅——长条木地板铺钉——清理磨光。

（1）安装木隔栅

1）按设计要求将基层清扫干净，用水泥砂浆找平。预埋镀锌铁丝或"Ω"型铁件。

2）木隔栅使用前进行防腐、防火处理。

3）采用 30mm×40mm 或 40mm×50mm 梯形截面木龙骨做隔栅。木隔栅的间距一般为 400mm，隔栅之间要加横撑，横撑中距 1200～1500mm，与隔栅垂直相交用铁钉钉固以防松动。

4）木隔栅固定

①用混凝土中预埋的铁丝或"Ω"型铁件固定木隔栅。固定时将木隔栅上皮削成10mm×10mm的凹槽，将铁丝或"Ω"型铁件卧在凹槽中，固定后隔栅表面必须保持平整。

②隔栅在基层上垫平后用射钉固定。

③埋木楔：用 $\phi6$ 的冲击电钻在弹出的十字交叉点的水泥地面或楼板上打孔，孔深40mm 左右，孔距 800mm 左右，然后在孔内下木楔，固定时用长钉将木隔栅固定在木楔上。

5）木隔栅上面每隔 1m，开深不大于 10mm，宽 20mm 的通风小槽。

6）木隔栅之间空腔内应填充干焦碴、蛭石、矿棉毡、石灰炉碴等轻质材料，可保温隔声，填充材料不得高出木隔栅上皮。

（2）长条木地板铺钉

1）长条木地板均用铁钉固定，分明钉和暗钉。明钉，应先将钉帽砸扁，将铁钉斜向钉入板内。同一行的钉帽应在同一条直线上，并将钉帽冲入板内 3～5mm。暗钉，先将钉帽砸扁，从板边的凹角处，斜向钉入。钉的长度一般为面层厚度的 2～2.5 倍。

条形硬木地板要先钻孔，孔径为钉径的 0.7～0.8 倍。

2）铺钉时，地板应与木隔栅垂直铺钉，钉子要与板面呈 45 度或 60 度角倾斜钉入，使板靠紧。接缝应在木隔栅中心部位，间隔应错开。

3）铺钉时木板的心材应朝上铺钉，逐块排紧，松木地板缝隙不大于 1mm，硬木长条地板缝宽不大于 0.5mm，木地板面层与墙之间应留 10～20mm 缝隙。

（3）清理、磨光

地板铺完后清扫干净，然后先按垂直木纹方向粗刨一遍找平，再顺木纹方向精刨一遍，刨削量每次不超过 0.3～0.5mm，刨削总厚度不大于 1mm。最后磨光、油漆、打蜡保护。

（二）实铺式水泥地面拼花木地板粘贴

找平——弹线——试铺——铺贴——撕牛皮纸——刨平——磨光——油漆上蜡。

（1）找平：按设计要求清理基层，用水泥砂浆找平。

（2）弹线：根据设计图案和尺寸进行弹线，其方法与铺钉地板相同（见图 10-4）。

（3）试铺：按所弹施工线试铺，检查其拼缝高低、平整度、对缝，经调整合格后进行编号。施工时按编号从房中间向四周铺贴。

（4）铺贴（见图 10-6）：

①沥青玛琋脂粘贴法：用沥青玛琋脂粘贴拼花木地板块，应先将基层清扫干净，涂刷一层冷底子油。涂刷的要薄、均匀，不得有空白、麻点及气泡，待一昼夜后，再用热沥青玛琋脂随涂随铺。

粘贴时要在木地板和基层上两面，涂刷沥青，基层涂刷沥青厚度为 2mm，木地板呈水平状态就位，同时用顶紧块将木地板排紧。铺贴时溢出表面的热沥青应及时刮去并擦干净。

待四天结合层凝固后，进行刨平磨光，刨削厚度不宜大于 1.5mm，一般每次刨削厚度为 0.3mm。刨平后拆去四边的顶紧块，进行木地板收边。

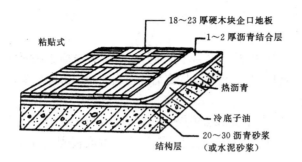

粘贴式

18～23 厚硬木块企口地板
1～2 厚沥青结合层
热沥青
冷底子油
20～30 沥青砂浆
（或水泥砂浆）
结构层

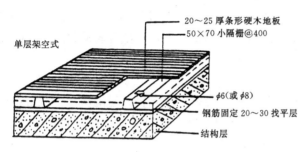

单层架空式

20～25 厚条形硬木地板
50×70 小隔栅@400
φ6（或 φ8）
钢筋固定 20～30 找平层
结构层

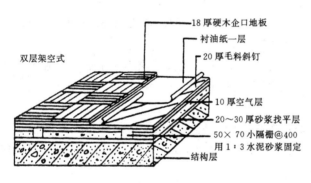

双层架空式

18 厚硬木企口地板
衬油纸一层
20 厚毛料斜钉
10 厚空气层
20～30 厚砂浆找平层
50×70 小隔栅@400
用 1：3 水泥砂浆固定
结构层

图 10－6　硬木拼花地板构造

②胶粘剂铺贴法：用环氧树脂胶、万能胶、木地板胶水铺贴。粘贴前，先将基层表面彻底清擦干净，基层含水率不大于 15%。在基层上涂刷一层薄而匀的底子胶，然后依据图案和尺寸弹施工线。

待底子胶干燥后，按施工线位置，沿轴线由中央向四周铺贴，边涂胶边贴。在基层上涂刷 1mm 左右厚胶液，在木地板背面涂刷 0.5mm 厚胶液，过 5min，待表面不粘手后进行铺贴，贴时木地板块要放平用橡胶锤轻敲排紧。其余施工要求与上述沥青粘贴法相同。

（5）撕牛皮纸：对粘有牛皮纸的薄木地板块，铺贴固定后，用湿拖布在木地板上全面湿拖一次，其湿度以牛皮纸全面润湿，而表面又不积水为原则，浸润约 30～60mim 后，把牛皮纸撕掉。

（6）刨平：铺贴后木地板在常温下保养 5－6d 即可进行刨平。用手提电刨刨削，方向应同板条成 45 度角斜刨，不宜走得太快，吃刀量不宜过大，最大吃刀量厚不宜超过 0.5mm。已加工面无刨痕。

（7）磨光：木地板刨平后，应用电动磨光机磨光，第一遍磨光用 3 号砂纸，第二遍磨光用 0～1 号砂纸。

（8）油漆上蜡：最后打腻子、油漆和上蜡。

第二节　石材地面施工工艺

石材地面铺贴施工艺主要应用于小规格石板材（边长小于 600mm）、薄板（厚 10～15mm）和铺贴高度小于 3m 的墙、柱及平面系统的板材铺贴，主要材料为花岗石、人造石、大理石及预制水磨石板。

一、施工前的准备

①将基层清扫干净，按设计要求应将地面板材表面标高线弹在墙柱脚上，对踢脚和墙裙应将设计高度标高线弹在墙柱立面上。

②作好材料准备。饰面板材的规格、颜色、外观质量、拼合图案及使用数量安排齐备。粘贴、灌缝选用的水泥（强度等级约为 22.5 以上的普通硅酸盐水泥或矿渣硅酸盐水泥）、砂子、界面剂或聚合物（107 胶等）、M128 多力胶、矿物颜料等的数量、配比一一落实、备齐。

③施工工具如粉线包、墨斗线、水平尺、直角尺、木抹子、橡皮锤、尼龙线、切割机、灰勺、靠尺、浆壶、水桶、扫帚等应完好备全。

④基层抹灰应验收合格。即粘结牢固，不空臌，不起砂起皮，无裂纹，表面平整，竖向立面垂直度不超标，基层强度应达 $12N/mm^2$ 以上，其坡度、坡向符合设计要求。对出现较大凸凹不平或较明显不符要求的部位，应提前进行处理。

二、施工操作步骤

弹中心线——试拼试排——刮素水泥浆——铺放标准板块——铺砂浆——铺饰面板材——灌浆擦缝——养生保护打蜡。

（1）弹中心线

在房间四周墙上排尺取中，然后依据中点在地面垫层上弹出十字中心线，用以检查和控制饰面板材的位置，并将底线引至墙面根部（见图 10－7）。

（2）试拼试排

①试拼：按设计要求有彩色图案的地面，铺前应进行试拼，调整颜色、花纹、使之协调美观。试拼后，逐块编号，然后按顺序堆放整齐。

②试排：依设计或现场所定留缝方案，在地面的纵横方向，将饰面板材各铺一条，以便检查板块之间的缝隙，并核定对板块与墙面、柱根、洞口等的相对位置，找出二次加工尺寸和部位，以便画线加工。

图 10－7
中心控制线

（3）刮素水泥浆

地面铺贴构造如图 10－8。镶铺前必须将混凝土垫层清扫干净，再洒水湿润（不留明水），均匀地刮素水泥浆一道。

（4）铺放标准板块

安放标准板块是控制整个房间水平标高的标准和横缝的依据，在十字线交叉点处最中间安放，如十字中心线为中缝，可在十字线交叉点对角线安放 2 块标准块，也有的在房间四角各放一块标准块的做法（见图 10－9），以利拉通线控制地面标高，标准块应用水平尺和角尺校正，并拉通纵横地面标高线铺贴。

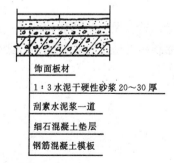

饰面板材
1：3 水泥干硬性砂浆 20～30 厚
刮素水泥浆一道
细石混凝土垫层
钢筋混凝土模板

图 10－8　地面铺贴构造

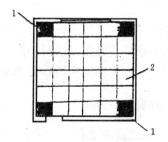

图 10－9　地面四角标准块
1—标准块；2—试拼块

（5）铺砂浆

根据标准块定出的地面结合层厚度，拉通线铺结合层砂浆，每铺一片板材抹一块干硬性水泥砂浆，一般为体积比1:3，稠度以手攥成团不松散为宜。用靠尺以水平线为准刮平后再用木抹子拍实搓平即可铺板材。

（6）铺饰面板材

一般先由房间中部往两侧退步法铺贴。凡有柱子的大厅，宜先铺柱与柱中间部分，然后向两边展开。也可先在沿墙处两侧按弹线和地面标高线先铺一行饰面板材，以此板作为标筋两侧挂线，中间铺设则以此线为准。

安放饰面板材时，应将板的四角同时往下落，用橡皮锤或木锤轻轻敲击（用木锤不得直接敲击大理石板），用水平尺与邻接板找平。如发现空膨现象，应将大理石板用小铁铲撬开掀起，用胶浆补实再行镶铺。

对饰面板有光滑的背面，镶铺前应将板块背面预先湿润，控制无明水，在干硬性水泥砂浆结合层上试铺合适后，再翻开饰面板，均匀抹上一层2~3mm厚加胶水泥浆（加水重10%的107胶），刮平，随后按前述铺法正式镶铺。

当遇有与其他地面材料或有管沟、检查井、洞、变形缝等处相接时，其相接有镶边设置，应按设计要求执行。如设计无要求时，应采用下列方法：

①在有强烈机械作用下的混凝土、水泥砂浆、水磨石、钢屑水泥面层与其他类型的面层相邻处，应设置镶边角钢。

②对有木板、拼花木板、塑料板和硬质纤维板面层，应用同类材料镶边。

③当与管沟、孔洞、检查井、变形缝等邻接处，应设置镶边。镶边的构件，应在铺设面层前装设。

（7）灌浆、擦缝

镶铺后1-2昼夜进行灌浆和擦缝。根据饰面板的不同颜色，将配制好的彩色水泥胶浆，用浆壶徐徐压入缝内（也可先灌板缝高的2/3水泥砂浆再灌表面色浆）。灌浆1~2天后，用破布或纱团蘸厚浆擦缝，使之与地面一平，并将地面上的残留水泥浆擦净，也可用干锯未擦净擦亮。交工前保持板面无污染，当砂浆强度达到70%以上的条件下，再清洗打蜡。

已铺好的地面应用胶合板或塑料薄膜保护，2天内不得上人或堆置物件。

第三节 陶瓷地砖施工工艺

陶瓷地砖包括无釉陶瓷地砖、陶瓷锦砖、彩釉陶瓷地砖以及各种瓷质地砖等。对地砖最基本的要求是耐磨性和防滑功能，因此，一般说无釉制品的适应性比较大。在经常接触水的场所，使用有釉陶瓷地砖要慎重，以防止滑倒摔伤人。

一、陶瓷地砖施工

（一）施工前的准备

（1）材料

陶瓷地砖的品种、规格、花色、图案和产品等级应符合设计要求，产品质量必须符合现行有关标准并有产品合格证；对掉角缺楞、开裂、翘曲和遭受污染的产品应剔除，另行处理。其他辅助材料有水泥、砂、水等。

（2）工具

筛子、木抹子、铁抹子、小平锹、小灰铲、直木杠、水平尺、墨斗、尼龙线、2m靠尺板、橡皮锤、洒水壶、扫帚、硬木拍板、小铁锤、钢凿、切砖机及一般拌灰工具等。

（3）应具备的作业条件

①铺贴陶瓷地砖，应该在顶棚、墙面抹灰、墙裙和踢脚线施工后进行。

②弹好墙身 + 500mm 水平线。

③吸水率较大的陶瓷地砖，应在使用前浸泡在干净水中 2h，捞出擦水晾干备用。吸水率1%以下的瓷质砖可不浸水。

④对复杂的陶瓷地面工程，应绘制施工大样并做出样板间，经设计单位、甲方、施工单位协商同意后，方可正式施工。

（二）施工操作步骤

基层处理——水泥砂浆打底——做冲筋——抹找平层——规方、弹线、拉线——铺贴地砖——拨缝、调整——勾缝——养护。

（1）基层处理

①水泥基层地面已抹光的，需要清理干净后做凿毛处理，或甩水泥素浆（加 107 胶液适量）做均匀牢固的拉毛层。

②原基层有油泥污垢的，需要用 10% 火碱水刷洗干净后，并用清水冲洗扫净，认真将地面凹坑内的污物彻底剔刷干净。

③遇混凝土毛面基层，需用清水冲刷，去除浮土、灰尘。

④基层松散处，剔除干净后应做补强处理。

（2）水泥砂浆打底

刷素水泥浆在清理好的基层上。浇水润透地面后，撒素水泥面，随后用扫帚扫匀，应根据打底、铺灰速度而定。

（3）做冲筋

房间四周从 + 500mm 水平线下返，弹出地面砖上平线和找平层基准上面线，用与找平层相同的水泥砂浆抹标志块（灰饼）与找平层上面线齐平，然后做冲筋。在大房间中每隔 1～1.5m 左右冲筋一道（见图 10-10）。有地漏的房间，应向地漏处做具有 5% 坡度的放射状冲筋，以确保地漏处为房间最低处，便于排水畅通。冲筋使用干硬性砂浆，厚度控制在 20～30mm。

（4）抹找平层

用 1:3 或 1:4 的水泥砂浆，根据冲筋的标高填砂浆至比标筋稍高一些，然后拍实，再用小刮尺刮平，使展平的砂浆与冲筋找齐，用大木杠横竖检查其平整度，并检查标高及泛水是否符合要求，然后用木抹子搓毛，并画出均匀的一道道梳子式痕迹，以便确保与粘结层的牢固结合。24h 后浇水养护找平层。

（5）规方、弹线、拉线

在房间纵横两个方向排好尺寸，将缝宽按设计要求计算在内，如缝宽设计无要求，一般为 2mm，最大不超过 10mm。当尺寸不足整砖的倍数时，可用切砖机切割成半块用于边

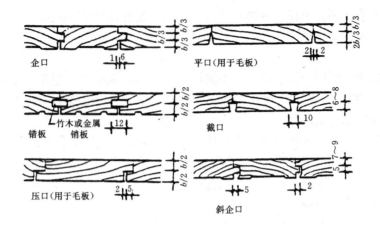

企口 平口 (用于毛板)

竹木或金属
销板

铺板 截口

压口 (用于毛板) 斜企口

图 10-10 铺地砖贴标筋抹找平层

角处；尺寸相差较小时，可用调整砖缝方法来解决。根据确定后的砖数和缝宽，先在房间中部弹十字线，然后弹纵横控制线（见图 10-11），每隔 2～4 块砖弹一根控制线或在房间四周贴标砖，以便拉线控制方正和平整度。

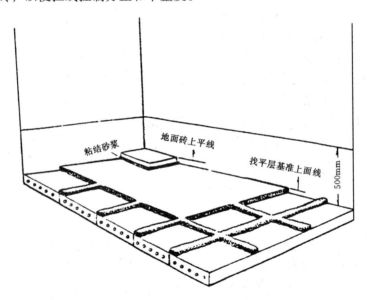

图 10-11 弹中部十字线和纵横控制线

（6）铺贴地砖

铺室内地砖有多种方法，独立小房间可以从里边的一个角开始。相连的两个房间，应从相连的门中间开始。一般来讲是从门口开始，纵向先铺几行砖，找标准，标砖高应与房间四周墙上砖面控制线齐平，从里向外退着铺砖，每块砖必须与线靠平。两间相通的房间，则从两个房间相通的门口划一中心线贯通两间房，再在中心线上先铺一行砖，以此为准，然后向两边方向铺砖（见图 10-12）。具体操作方法是：

①先在找平层浇水泥素浆，并扫平。面积应控制在边铺砖，边浇灰，分块进行。

②砖背面抹满、抹匀 1:2.5 或 1:2 的粘结砂浆，厚度为 10～15mm，砂浆应随拌随用，以防干结，影响粘结效果。

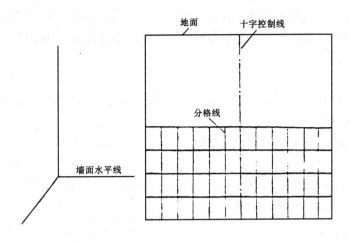

图 10 - 12　双向铺地砖方法

③按照纵横控制线将抹好砂浆的地砖，准确地铺贴在浇好水泥素浆的找平层上，砖的上楞要跟线找平，随时注意横平竖直。

④用木拍板或木锤（橡皮锤）敲实，找平，要经常用八字尺侧口检查砖面平整度，贴得不实或低于水平控制线高度的要抠出，补浆重贴，再压平敲实。

铺砖还有以下三种方法：一是地面若镶边的应先铺贴镶边部分，再铺贴中间图案和其他部分，铺砖要靠拉线比齐。二是在找平层上撒一层干水泥面，浇水后随即铺砖。三是在砖背面刮素水泥浆或满抹 10～15mm 厚的混合砂浆，然后粘贴，用小木锤拍实。如果水泥中加入适量 107 胶（需经试验确定加入量）可以增加粘结强度。若设计是宽缝时，横向借助米厘条（见图 10－13），纵向拉线找齐。铺完一排后在砖边加米厘条，保持一段时间后取出米厘条，并清理缝隙，米厘条清洗干净备用。地砖与踢脚线一般是同颜色，长度也相同，以求协调统一。应先铺踢脚砖后贴地砖。地砖组合铺贴变化较多，有利于提高地砖装饰艺术感。

（7）拨缝、调整

可在已铺完的砖面层上用喷壶洒水、润湿砖面（对红缸砖之类的无釉砖尤其必要），然后垫一块大而平的木板，人站在板上，进行拨缝、拍实的操作。为保证砖缝横平竖直，可拉线比齐拨缝处理。将缝内多余的砂浆剔出干净，将砖面拍实，如有亏浆或坏砖，应及时抠除，添浆重贴或更换砖块。

（8）勾缝

在地砖铺贴 1～2d 后，先清除砖缝灰土，按设计要求配制 1:1 水泥砂浆或纯水泥浆勾缝或擦缝，砂子要过筛。勾缝要密实，缝内要平整光滑。如设计不留缝隙，接缝也要纵横平直，在拍平修理好的砖面上，撒干水泥面，用水壶

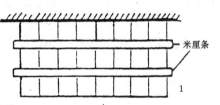

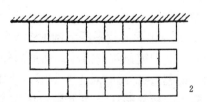

图 10 - 13　宽缝地砖铺贴方法
1—米厘条隔缝铺贴地砖
2—取出米厘条成为宽缝瓷砖地面

281

浇水，用扫帚将水泥扫入缝内灌满，并及时用木拍板拍振，将水泥浆灌实挤平，最后用干锯末扫净，在水泥砂浆凝固后用抹布、棉纱或擦锅球（金属丝绒）彻底擦净水泥痕迹，清洁瓷砖地面。

（9）养护

地砖铺完后，应在常温下48h盖锯末浇水养护3～4d。养护期间不得上人，直至达到强度后，以免影响铺贴质量。

铺地砖的操作全过程应连续完成。最好一次铺贴一间或一个部位。中途停工，接茬比较麻烦。

如冬期施工，室内温度应不低于5℃。砖应在加入2%盐的温水中浸泡2h，擦水晾干后使用。严寒气候不宜铺贴陶瓷地面砖。

二、陶瓷锦砖施工

陶瓷锦砖也称马赛克，是指单块边长不超过40mm的多种小瓷砖组合成单色、斑点、几何图案等形式，由生产厂将其粘贴在牛皮纸或尼龙网格上的一联一联的陶瓷砖。

陶瓷锦砖瓷化好，强度高，耐候性甚佳，富有装饰性。用它铺设地面，防滑耐磨、价廉物美，广泛应用于家庭厕所、卫生间及多水场所地面装饰。以麻面锦砖或初磨锦砖应用较为普遍。

（一）施工前的准备

施工前的准备同陶瓷地砖施工。

（二）施工操作步骤

基层处理——水泥砂浆打底——做冲筋——抹找平层——铺贴陶瓷锦砖——边角接槎——修理——刷水揭纸——拨缝——擦缝灌缝——养护。

基层处理、水泥砂浆打底、做冲筋同陶瓷地砖施工。

（1）抹找平层

冲筋后，用1:3的干硬性水泥砂浆（手捏成团，落地开花的程度）铺平，厚度约20～25mm。砂浆应拍实，用木杠刮平，铺陶瓷锦砖的基层平整度要求较严，因为其粘结层较薄。有泛水的房间要通过标筋做出泛水。水泥砂浆凝固后，浇水养护。

（2）铺贴陶瓷锦砖

对铺设的房间，应找好方正，在找平层上弹出方正的纵横垂直线。按施工大样图计算出所需铺贴的陶瓷锦砖张数，若不足整张的应甩到边角处。可用裁纸刀垫在木板上切成所需大小的半张或小于半张的条条铺贴，以保证边角处与大面积面层质量一致。

在洒水润湿的找平层上，刮一道厚2～3mm的水泥浆（宜掺水泥重的15%～20%的107胶），或在湿润的找平层上刮1:1.5的水泥砂浆（砂应过筛）3～4mm厚，在粘结层尚未初凝时，立即铺贴陶瓷锦砖，从里向外沿控制线进行（也可甩边铺贴，遇两间房相连亦可从门中铺起），铺贴时对正控制线，将纸面朝上的陶瓷锦砖一联一联在准确位置上铺贴，随后用硬木拍板紧贴在纸面上用小锤敲木垫板，一一拍实，使水泥浆进入陶瓷锦砖缝隙内，直至纸面反出砖缝为止。还有一种铺贴法可称为双粘结层法：即在润湿的找平层上刮一层2mm的水泥素浆或胶浆，同时在陶瓷锦砖背面也刮上一层1mm厚的水泥浆，必须将所有砖缝刮满，立即将陶瓷锦砖按规方弹线位置，准确贴上，调整平直后，用木拍板拍平，拍实。并随时检查平整度与横平竖直情况。

（3）边角接槎修理

整个房间铺好后，在锦砖面层上垫上大块平整的木板，以便分散对锦砖的压力，操作人员站在垫板上修理好四周的边角，将锦砖地面与其他地面接槎处修好，确保接缝平直美观。

（4）刷水揭纸

铺贴后30min左右，待水泥初凝，紧接着用长毛棕刷在纸面上均匀地刷水或喷壶喷水润湿，常温下15~30min纸面便可湿透，即可揭纸。揭纸手法应两手执同一边的两角与地面保持平行运动，不可乱扯乱撕，以免带起锦砖或错缝。随后，用刮刀轻轻刮起纸毛。

（5）拨缝

揭纸后，及时检查缝隙是否均匀，对不顺不直的缝隙，用小靠尺比着钢片开刀（见图10-14）轻轻地拨顺、调直，要先拨竖缝后拨横缝，然后用硬拍板拍砖面，要边拨缝，边拍实，边拍平。遇到掉粒现象，立即补齐粘牢。在地漏、管道周围的陶瓷锦砖要预先试铺，用胡桃钳切割成合适形状后铺贴，做到管口衔接处镶嵌吻合、美观，此处衔接缝不得大于5mm。拨缝顺直后，轻轻扫去表面余浆。

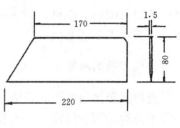

图10-14　钢片开刀

（6）擦缝、灌缝

拨缝后次日或水泥浆粘结层终凝后，用与陶瓷锦砖相同颜色的水泥素浆擦缝，用棉纱蘸素浆从里到外顺缝擦实擦严，或用1:2的细砂水泥浆灌缝，随后，将砖上的余浆擦净，并撒上一遍干灰，将面层彻底洁净。陶瓷锦砖地面，宜整间一次连续铺贴完，并在水泥浆粘结层终凝前完成拨缝、整理。若遇大房间一次铺不完时，须将接槎切齐，余灰清理干净。

冬季施工时，操作环境必须保持＋5℃以上。

（7）养护

陶瓷锦砖地面擦净24h后，应铺锯末进行常温养护4~5d后，达到有一定强度才允许上人。

第十一章 门窗装饰工程

第一节 木门窗施工工艺

装饰工程中，木门窗施工工艺与木家具制作工艺基本相同，均属细木工技术。装饰工程中的木门窗及木家具（指配套用的木质台、柜、架）的制作工艺都基本相同。其主要工序有：选料与配料、刨料、画线、凿眼、开榫、组装、收边和饰面工序。本书不作介绍，可参见有关木工工艺书籍。

一、施工前的准备

①选料要根据门窗图的规格、结构、式样列出所需木方料或胶合板的数量和种类。

②木方料是用于门窗骨架的基本材料，应选择木质较好、无腐朽、不潮湿、无扭曲变形的材料。

③胶合板应该选择不潮湿、无脱胶开裂的板材，饰面胶合板应选择木纹流畅、色调一致、无节疤点、不潮湿、无脱落的板材，并要根据需分别计算出各种胶合板的数量。

④配料应根据门窗的结构与木料的使用方法进行安排。配料分为木方料的选配和胶合板面料两方面。配料时，应先配长料、宽料，后配短料；先配大料后配小料；先配主料后配辅料；先配大块板材，后配小块板材；先配长板材，后配短板材。防止长材短用，好材乱用，长的不足、短的有余等浪费现象。

⑤木方料的配料，应先用尺测量木方料的长度，然后再按门窗横档，竖撑尺寸放长30～50mm 截取，以留有加工余量。木方料的截面尺寸应在开料时按实际尺寸的宽、厚各放大 3～5m，以便刨料加工。

⑥工具准备：手提多用刨、凿、锤子、直角尺、曲尺、铅笔、木工工作台等。

二、施工操作步骤

刨料——画线——制作——组装——安装。

（1）刨料

刨削木方料时，一般均按顺木纹方向进行刨削，既省力又不伤刨刀片，刨出的木料也较光滑，刨削时先刨大面再刨小面，两个相邻的面刨成 90°角。

（2）画线

①首先检查加工件的规格、数量，并根据各工件的颜色、纹理、节疤等因素，确定其内外面，并作好表面记号。

②在需对接的端头留出加工余量，用直角尺及木工铅笔画一条基准线。若端头平直，又是开榫头用，可不画此线。

③根据基准线，用量尺度量画出所需的总长尺寸线或榫肩线。再以总长线或榫肩线为

基准，完成其他所需的榫眼线。

④可把两根或两块相对应位置的木料，拼合在一起进行画线，画好一面后，再用直角尺把线条引向侧面。

⑤画出的线条必须清楚。画完线后，应将空格相等的两木料或两块木板料，颠倒并列进行校对，检查线条和空格是否准确相符，如有差别应立即纠正。

（3）榫结构

构件直连接的方式为：一个构件做成榫头，另一个构件做成榫眼，称为榫结构。榫结构又分为木方榫结构和厚板榫结构两种。

①凿榫眼的要求：选择适合榫眼宽度的凿子，先从工作面开始凿，凿至1/2深度，再从对面凿通，以免歪斜或使榫眼破口。凿榫眼时，应将工作面的榫眼两端处保留画出的线条，在背面可凿去线条，但不可使榫眼口偏离线条。榫眼内部，应力求平整一致。凿榫眼遇到节疤时，应慢慢凿入，防止木料断裂。

②凿榫眼的方法：手工凿通榫眼采取"六凿一冲"凿眼法。凿半榫眼时，在榫眼线内边3～5mm处下凿，凿至所需深度和长度后，再将榫眼侧臂垂直切齐。

③榫眼与榫头的配合要求：榫眼的长度要比榫头短1mm左右，榫头插入榫眼时，木纤维受力压缩后，将榫头挤压紧固。

（4）木门窗的组装方法

①先查看各部件加工是否合格，数量是否准确。

②装配门窗框时，下边木方要垫平，然后将边框平放在木方上，先将中坎安好，再将另一边框对准中坎榫头，轻轻打入，后安大边，最后安上下坎。无下坎的门框，下边应拉一横杆，顶住截口，以免上下宽窄不一致。无下坎的门框地面水平线要用凿子刻上痕迹，以便立框时有明确标志。

③门窗框组装后，要用直角方卡尺找正，找平，然后加楔。加楔时必须由两头往中间加，正直加楔，深度达到榫长的2/3。门窗扇加楔要带胶。

④门窗框加楔找正后，要用八字栏杆拉好。拉杆两端必须截出斜头，每头用2根钉子钉在截口处，以防搬运立框后串角（见图11-1）。

⑤门窗扇组装后表面必须净光倒楞，不得有刨楞和毛刺。

⑥门窗扇料的厚度在50mm以上画双榫；冒头料宽度180mm以上画上下双榫；中冒头大面宽度在100mm以上，榫头必须大进小出。

⑦窗扇镶玻璃要截止口条，门扇装玻璃要裁错口槽，上槽深4mm，下槽深8mm。

⑧门心板槽深12mm。

⑨门心板需用干燥木材，其含水率不大于8%，用胶拼缝时，木纹要顺直对正，不应倒置。门心板的凹槽深度比镶好门心板后要有2～3mm间隙。

⑩凸板应按图制作，做凸线应顺直清楚。

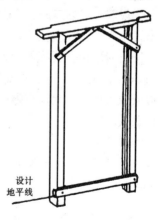

图11-1　门框钉八字栏杆

(5) 木门窗框安装步骤

1) 先立框后砌墙的安装法

①应按设计要求的水平标高、开启方向和划定的位置线及墙宽特点，用拉杆固定牢固，成排门窗框应先立两端，找正后拉通线，控制中间框的水平标高和外缘边线。

②在砖石墙上安装门窗框时，应以100mm钉子固定于砌在墙内的木砖上，每边固定点应不少于2处，其间距应不大于1.2m。如框与结构连结时，可采用扒钉固定。

③在轻钢龙骨石膏板墙上安装门窗框时，应在主、附龙骨固定后，将门窗框固定在主附龙骨上。固定螺丝透过金属龙骨拧入门窗框内，深度不得少于25mm，其螺丝间距不得大于250mm。

2) 先砌墙后安装门窗框

①应按设计要求预留好门窗洞口位置和框与墙的缝隙，并留出门窗框上、下走头的缺口。

②当受条件限制，门窗框不能留走头时，应加密框与墙间连接点，将门窗框固定在墙内木砖上。

③安装时，首先检查预留洞口的尺寸、标高，经修正合格后，找好门窗开启方向，并用铁水平尺和线坠校核框的水平度和垂直度，符合要求后固定于两侧木砖上，再封堵头、缺口。

(6) 木门窗扇安装步骤

①门窗扇安装前，先量好门窗框的高度、宽度尺寸，然后在门窗扇上画线。画线时应对脸画，以防止有错位和安装后发生过紧现象。

②门窗安装时，先将扇侧立在小马凳上，两头木楔卡紧，将门窗扇上的余头锯掉，先用粗刨刮一遍，再用细刨刨光。

③裁双开门窗扇时，先在门窗框上找中心，然后把门窗扇放好，根据找出的中心点再画出线作为裁口深度。

④门窗扇剔合页槽前，先将门窗扇试放在门窗框上，在下冒头打入楔子，使其抬高：门约6mm，窗约3mm；如需在地毯上打开门，门下留空应增加到20mm。此外，顶部与两边应插入楔子，允许空隙：门为3mm，窗为2mm。然后在门、窗框和扇上画统一的合页位置线。

⑤门铰链位置距顶面约150～180mm，距底面为250～280mm，以合页为准用铅笔画出合页轮廓线，合页扣眼要超出门的内表面，用凿子剔出合页槽，合页槽深应比合页厚度大1mm。

第二节　铝合金门窗施工工艺

在现代建筑装饰工程中，铝合金门窗广泛应用于商厦、宾馆、火车站、机场以及民用住宅工程中。同普通木门窗、钢门窗相比，铝合金门窗主要具有轻质高强、耐腐蚀，变形小；加工精度高、装配极其严密，气密性、水密性和隔音性能良好；造型、色彩美观，使用维修方便、便于进行工业化生产等优点，使用价值较高。

一、施工前的准备

①施工队伍进入施工现场后,首先对门窗洞口进行检查,对土建施工中误差较大的洞口应做好记录,并及时进行修整;有预埋件的工程,要对预埋件的数量及质量进行检查,并做好检查记录。

②现场应设置专门库房,存放材料及成品门窗。铝型材及成品门窗不得随意堆放,以免损伤;如果现场加工门窗,应设置专门的操作间和专门的工作台,并在工作台平面上放置不小于3mm厚的胶皮垫,以防拉伤铝合金型材;操作间要配备动力电源和有足够的照明设施。

③根据设计要求,复核铝门窗尺寸与式样,并制定制作方案;复核铝合金型材尺寸。最好购买同一厂家的各种型材和辅料,以避免误差带来的很大麻烦。

④施工机具:主要有型材切割机、手电钻、冲击电钻、拉铆枪、电动螺丝刀、小型钻铣床、组装工作台、注胶枪、水平尺等。

二、施工操作步骤

选料——切割下料——制作——门窗框安装——门窗扇安装。

(1)选料

目前,很多厂家对铝合金型材氧化膜的色彩控制不是很理想,往往生产的同一批铝型材,色彩也有深浅不一的现象。因此,选料时要注意色彩的选择,以保证整个工程铝合金门窗色彩的一致。

同时,有的铝型材由于挤压成型的过程中,工艺不精细,造成厚薄不均的现象。还有的铝型材在运输过程中受到挤压或碰撞,造成型材变形。对于这几种情况的铝型材,要及时挑出来,以免影响门窗质量。

(2)切割下料

1)确定尺寸:切割前首先要确定各部分构件的尺寸,然后画线,最后切割。

①门窗上亮尺寸的确定:门窗的上亮通常由扁方管做成矩形。在推拉门窗中,上下两条扁方管的长度为门窗框外径的宽度,竖向方管的尺寸为上亮高度减去两个扁方管的厚度。在平开门窗中,由于门窗的框料与上亮框料相同,都为方管,所以整个框架是一体的,上亮横向方管的长度等于门窗框的外径尺寸减去两个扁方管的厚度,竖向方管是整个框架的一部分。

②门窗框尺寸的确定:在推拉门窗中,门窗框通常都是直角对接。门窗框是由两条边封铝型材和上、下滑道各一条组成。两条边封的长度等于门窗的高度,带有上亮的,等于全窗的高度减去上亮部分的高度。上、下滑道的尺寸等于窗框宽度减去两个边封铝型材的厚度。在平开门窗中,门窗框都是由扁方管组成,当采用45度角对接时,上下及左右方管的长度就等于窗的宽度和高度。当采用直角对接时,竖向方管的高度等于窗的高度,横向方管的长度等于窗的宽度减去两个竖向方管的厚度。

③门窗扇尺寸的确定:在推拉门窗中,门窗扇装配后,既要在上、下滑道内滑动,又要进入边封槽内,通过挂钩把门窗扇锁住。门窗框锁定时,两门窗扇的带钩边框的钩边刚好相碰,同时还能封口。推拉门窗扇的高度等于门窗框内径的高度。由于推拉门窗扇之间

采用的是错位相接而不是对接，而各种规格铝型材的尺寸又不一样，所以门窗扇的宽度应根据具体铝型材的尺寸而定。

2）画线：尺寸确定好以后，要在型材上按尺寸画线。画线时要画细线，以减小切割后的误差。同时，要用直角尺，不能随意画线。

3）切割：切割所用设备的规格与型号，可根据加工设备情况而定。无论采用何种设备切割，切割的精度都要保证，否则组装的方正会受到影响。特别是切割具有一定角度的斜面时，更应注意切割精度。如在施工现场用小型切割机，宜选用小型台锯。如选用手提式电锯，宜将手提电锯固定，然后配上加工切割的工作台，以便于控制切割尺寸。切割过程中，切割机刀口位置应在画线外缘，同时，要把型材夹紧，并使型材处于水平位置，以保证切割尺寸的精度。

（3）制作

1）门窗上亮制作：上亮部分的扁方管型材经加工后，连接组装成矩形框架。其连接方法通常采用铝角码和自攻螺丝进行连接或用铝角码与抽芯铝合金铆钉铆接。其中铆钉铆接衔接牢固、简单方便。铝角码宜采用厚度大于2mm的直角铝角条，角码的长度应等于扁方管内腔宽，否则对连接质量不利，长时间使用后，易发生接口松动现象。两条扁方管用角码固定连接时，应先用一小段同规格的扁方管做模子，长度宜在10mm左右。先在被连接的方管上要衔接的部位用模子定好位，将角码置入模子内并用手握紧，再用手电钻将两者一同钻眼，最后用自攻螺丝或抽芯铆钉固定。按此方法将四角顺次连接到一起。方管安装前的钻孔方法见图11-2，扁方管的连接见图11-3。

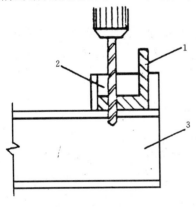

图11-2　钻孔方法
1—铝角码；2—方管模子；3—扁方管

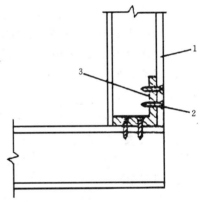

图11-3　上亮方管的连接
1—方管；2—自攻螺丝；3—铝角码

上亮框架组装完后，再用角形铝条作固定玻璃的压条。铝条安装时应先画线，定出一侧铝条的位置。画线的方法是：在方管的一侧向内量出（铝方管的宽度－玻璃宽度）／2的长度，在此位置画线，然后将铝条内侧对准画线的位置，固定到方管上。铝条可用自攻螺丝或铆钉固定，也可用胶粘到方管上。采用胶粘剂粘结时，要用丙酮等有机溶剂对粘结面进行清洁处理。外侧铝条固定后，量出玻璃的厚度，安装内侧铝条。内侧铝条应临时固定到方管上，等装上玻璃后再紧固。

2）门窗框的制作：平开门、窗框的组装方法与上亮框架组装的方法相同，这里不再介绍。推拉门窗框架的组装方法如下：

首先测量出在上滑道上面两条紧固槽孔距侧边的距离和距顶面的高低位置尺寸，然后根据此尺寸在窗框边封上部衔接处画线打孔。钻孔后，用专用的碰口胶垫放在边封的槽口内，再用自攻螺丝，穿过边封上打出的孔和碰口胶垫上的孔，旋进上滑道的固紧槽孔内。在旋紧螺钉的同时，要注意上滑道与边封对齐，各槽对正，最后再上紧螺钉，并在边封内装好密封毛条。按同样方法连接门窗框下滑部分与边封。上滑部分与边封的组装见图11-4，下滑与边封的组装见图11-5。

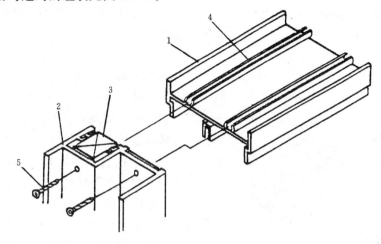

图 11-4　门窗框上滑部分组装
1—上滑道；2—边封；3—碰口胶垫；4—固紧槽；5—自攻螺丝

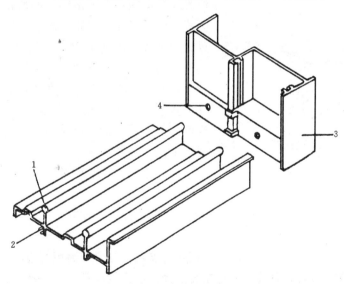

图 11-5　门窗框下滑部分组装
1—下滑道的滑轨；2—固紧槽；3—边封；4—安装孔

门窗框组装时，不要将下滑道的位置装反，下滑道的滑轨面要与上滑道相对应才能使窗扇在滑道内推拉自如。

门窗框组装完后，要在其上设置连件（用于连接门窗框与主体结构）。连接件通常用镀锌或不锈钢板制成。连接件的厚度宜在 1.5mm 以上，长度 150mm 左右，宽度宜在 20mm 以上。连接件通常做成 π 字形，其一端通过抽芯铝铆钉与门窗框连在一起，不宜用自攻螺丝进行连接，防止松动。连接件在框架四周的间距应保持在 500mm 左右，间距不应过大。注意：铝合金门窗框组装完后，不要忘记在封边及轨道的根部钻直径 2mm 的小孔，用以排除门窗框内的积水。

3）门窗扇的制作：以推拉门为例介绍门窗扇的组装方法。

①先在窗扇的边框和带钩的边框上下两端处进行切口处理，一般用小型铣床铣出缺口（见图 11－6），以便将窗扇的上下横梁插入切口处进行固定。切口尺寸视其横梁的尺寸而定。

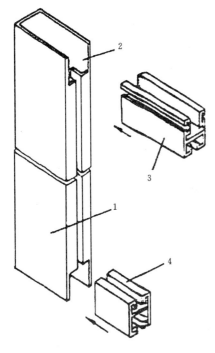

图 11－6　窗扇的连接

1—窗扇边框，2—切口，3—上横梁，4—下横梁

②在每扇下横梁的两端各装一只滑轮，安装时，把滑轮放进下横梁一端的底槽内，使滑轮框上有调节螺钉的一侧向外，该面与下横梁端头平齐，在下横梁底槽板上画线并打出两个孔（孔的直径应根据螺钉的直径而定），然后用滑轮固定螺钉，将滑轮固定在下横梁内（见图 11－7）。

③窗扇边框、带钩边框与下横梁衔接端画线打孔与连接：在边框上钻三个孔，上、下两个孔是连接固定孔，中间一个是留出进行调节滑轮框上调整螺钉的工艺孔（见图11－8）。这三个孔的位置要根据固定在下横梁内的滑轮框上孔位置来画线，然后打孔，并要求固定后边框下端与下横梁底边平齐，边框下端固定孔的直径为 6～8mm 的钻头画窝，以便安装固定螺钉后尽量不露螺钉头。钻孔后，再用圆挫刀在边框和带钩边框固定孔位置下边的中线处，锉出一个直径为 8mm 的半圆凹槽，此半圆凹槽是为了防止边框与窗框下滑道上的滑轨相碰撞。旋动滑轮上的螺钉，能改变滑轮从下横槽中外伸的高低尺寸，而且能改变下横梁内两个滑轮之间的距离。

上横梁与窗扇边框之间的连接与上亮方管间的连接方法相同，也是用铝角码通过铝铆钉进行连接。

④安装窗钩锁与窗扇边框开锁口：安装窗钩锁前，先要在窗扇的边框上开锁口，开口的一面是面向室内的一面。而且窗扇有左右之分，应特别注意，不要开错，否则此窗扇就不能用了。开窗钩锁锁口的尺寸，应根据所用锁的尺寸而定。其做法是先画线，然后用小型铣床铣出开口；也可用电钻打眼，再把多余部分用平锉修平，使用锉刀时，注意不要损伤型材表面。然后在边框侧面再挖一个锁钩插入孔，孔的位置正对锁内钩之处，最后把锁身放入长形孔内。通过侧边的锁钩插入孔，检查锁内钩是否正对圆插入孔的中心线。内钩向上提起后，钩尖是否在圆插入孔的中心位置上。如果完全正对后，用手按紧锁身，再用手电钻，通过钩锁上、下两个固定螺钉孔，在窗扇边框的另一面上打孔，以便用窗锁固定

螺杆贯穿边框厚度来固定窗锁钩。

⑤窗扇组装的最后一道工序是上密封条及安装窗扇玻璃。窗扇上的密封毛条有两种，即长毛条和短毛条。长毛条装在上横梁顶边的槽内，以及下横梁底边的槽边，短毛条装于带钩边框的钩部槽内。另外，窗框边封的凹槽两侧也要装短毛条。两种毛条安装时，可用中性万能胶进行局部粘贴，以防止出现松散脱落现象。粘贴时，要对粘贴面进行清洁处理。

在安装玻璃时，先从窗扇的一侧将玻璃装入窗扇内侧，然后将边框连接并紧固好（见图11-9）。

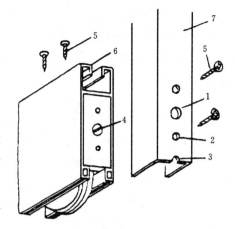

图 11-7　窗扇下横梁
及滑轮安装
1—调节滑轮；2—固定孔；
3—半圆槽；4—调节螺钉；
5—滑轮固定螺钉；6—下横梁；
7—边框

当玻璃单块尺寸较小时，可以用双手夹住就位。如果玻璃尺寸较大，为便于操作，往往用玻璃吸盘。玻璃应该摆在凹槽的中间，内、外两侧的间隙应不少于2mm。玻璃的下部不能直接坐落在铝合金框上，而应用3mm左右厚度的橡胶垫块将玻璃垫起。玻璃就位以后，应及时用胶条固定，型材镶嵌玻璃的凹槽内，通常有三种处理方法：第一种方法是用橡胶条挤紧，然后在胶条上面注入硅酮系列密封胶。第二种方法是用10mm左右长的橡胶块，将玻璃挤住，然后再注入硅酮系列密封胶。注胶使用胶枪，要注得均匀、光滑、饱满，注入深度不易小于5mm。第三种方法是用橡胶压条封密、挤紧，表面不再注胶。压条接头要采用45度角对接，并用中性粘贴剂粘结。

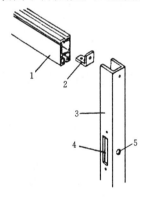

图 11-8　窗框上横梁的安装
1—上横梁；2—角码；3—窗扇边框；
4—窗锁孔；5—锁钩插入孔

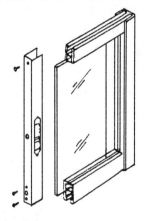

图 11-9　安装窗扇玻璃

玻璃安装好后，推拉窗的组装工作完成。

（4）铝合金门窗的安装

1）弹安装线：根据图纸和土建提供的洞口中心线和水平标高，在窗洞口的墙体上弹出窗框安装的位置线。同一层楼标高误差以不超过正负5mm为宜，各洞口中心线从顶层

291

到底层偏差以不超过 15mm 为宜。每个洞口窗框的竖向位置线应垂直（双扇推拉窗一般只弹出两侧的竖向位置线即可，多扇推拉窗，应将竖向位置线的端部连到一起，即为其横向位置线）。竖向位置线可以弹窗框的内侧线，也可以弹外侧线，窗框在墙体上的具体位置应按设计而定。在弹线时，同一楼层的水平标高线不应撤掉，在安装窗框时要使用。

2）门窗框就位固定：安装门窗框前，要检查其平整度，如有变形，应及时修整。同时利用同一楼层的水平标高线，每隔 500mm 做一块水平垫块，以防止窗框搁置变形。垫块的宽度不应小于 10mm。门窗框的尺寸应比洞口的尺寸小，框与结构间的间隙，应视不同饰面材料而定。如果内外墙均是抹灰，因抹灰层的厚度一般都是 2mm 左右，故而窗框的实际外缘尺寸每一侧便要小于 2mm。如果饰面层是大理石、花岗石一类的板材，其镶贴构造厚度一般是在 5mm 左右，因此门窗框的外缘尺寸比洞口尺寸每侧小 5mm 左右。总之，饰面层在与门窗框垂直相交处，其交接处应该是饰面层与门窗框的边缘正好吻合，而不可让饰面层盖住门窗框。窗框就位时，将其下端放到水平垫片上，按照弹线的位置，先将门窗框临时用木楔固定，木楔应垫在边横框受力部位，以防框子被挤压变形。待检查立面垂直、左右间隙、对角线、上下位置等方面符合要求之后，再将窗框上的连接件固定到主体结构上。

3）连接件固定：连接件在主体结构上的固定通常有几种方法：

①当洞口系预埋铁件，安装框时，可将连接件直接焊牢于埋件上。焊接操作时，严禁在铝框上接地打火，并应用石棉布保护好铝框。同时保证焊接质量。如洞口墙体上预留槽口，可将铝框上的连接件埋入槽口内，用 C25 级细石混凝土或 1：2 水泥砂浆浇填密实。

②当门窗洞口为混凝土墙体但未预埋铁件或预留槽口时，其门窗框上的连接件可用射钉枪射入射钉紧固。

③如门窗洞口为砖砌（实心砖）结构，应用冲击电钻钻入不小于 ϕ10mm 的深孔，用膨胀螺栓紧固连接件，不允许采用射钉连接。

④组合窗框间立柱上、下端应各嵌入框顶和框底的墙体（或梁）内 25mm 以上。转角处的立柱其嵌固长度应在 35mm 以上。

⑤当门窗洞口为空心砖、加气混凝土砖等轻体墙时，不允许采用射钉或膨胀螺栓进行连接，要根据具体情况，采用其他可靠的连接方法。

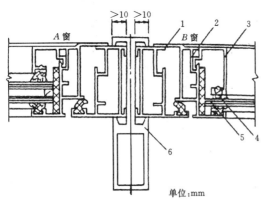

单位：mm

图 11-10　铝合金门窗组合方法示意图

1—外框；2—内扇；3—压条；4—橡胶条；5—玻璃；

6—组合杆件

需要注意的是：门窗框连接件采用射钉、膨胀螺栓等紧固时，其紧固件离墙（梁、柱）边缘不得小于 50mm，且应错开墙体缝隙，以防紧固失效。

4）组合窗框：先按设计要求进行预拼装，然后按先安装通长拼樘料，后安装分段拼樘料，最后安装基本窗框的顺序进行。窗框的横向与竖向组合应采用套插。搭接应形成曲面组合，搭接量一般不少于 10mm，以避免因门窗冷热缩胀和建筑物变形而引起的门窗之间裂缝。缝隙应用密封胶条或密封膏密封，组合方法见图 11-10。组合窗拼樘料如需加强时，其加固型材应经防锈处理。连接部位应采用不锈钢或镀锌螺钉（见图 11-11）。

窗框定位后，不得随意撕掉保护胶带或包扎布，以免进行其他施工时造成铝合金表面损伤。在填嵌缝隙需要撕掉时，切不可用刀等硬物刮撕以免划伤铝合金表面。同时还要防止出现对窗框有划、撞、砸等破坏现象。

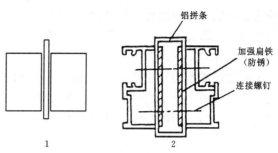

图 11-11　组合铝门窗拼樘料加强示意图
1—组合简图；2—组合门窗樘栓料加强

5）填缝：窗框与墙体间的缝隙，要按设计要求使用软质保温材料进行填嵌，如设计无要求时，则必须选用诸如泡沫型塑料条、泡沫聚氨脂条、矿棉条或玻璃棉毡条等保温材料分层填塞均匀密实，并在外表面留出 5～8mm 深的槽口，再用密封膏填嵌密封，且表面平整。

（5）推拉门窗扇的安装

推拉门窗扇的安装，应在土建施工基本完成的情况下进行。因为施工中多工种作业，为保护型材免受损伤，应合理安排工程进度。窗扇安装前要对窗框的平整度、垂直度进行复查，误差大的应及时进行修整。

窗扇安装时，用螺丝刀拧旋边框侧面的滑轮调节螺钉，使滑轮向下横梁槽内回缩，这样就可托起窗扇，使其顶部插入窗框的上滑槽内，下部滑轮卡在下滑槽的滑轮轨道上，然后再拧旋滑轮调节螺钉，使滑轮从下横梁外伸，其外伸量通常以下横梁内的长毛密封条刚好能与窗框下滑面相接触为准，这样，既能有较好的防尘效果，又能使窗扇在滑轨上移动轻快。

窗钩锁的挂钩安装于窗框的边封凹槽内，挂钩的安装尺寸位置要与窗扇挂钩锁洞的位置相对应，挂钩的钩平面一般可位于锁洞孔中心线处。根据这个对应位置，在窗框边封凹槽内画线打孔即可。铝合金门窗安装节点示意图见图 11-12。

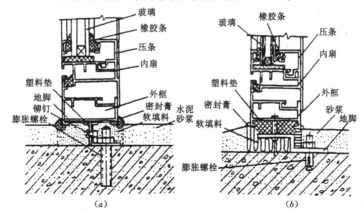

图 11-12　铝合金门窗安装节点示意图
（a）连接件不外突；（b）连接件外突

（6）金属铰链门的安装

金属铰链门的铰链是由弹簧等装配起来的装置，可兼做门下端的转轴和门的调整开关。例如门开到90°时可以停在那里。通常该装置全部装在一个匣子中，多数情况埋入地面使用。一般如用手推动，则可回复到原来位置把门关上；普通风力推不动它，可以通过调整弹簧强度来实现。一般有90°双开和90°单开两种。

地弹簧安装方法：

①根据轻重不同门扇的要求，选择不同的地弹簧。将弹簧顶轴套于门扇顶部，回转轴套装于门扇底部，上下两轴孔的中心线必须在同一轴心线上，并与门扇底面垂直。

②将顶轴装于门框顶部，并适当留出门框与门扇顶部之间的间隙，以保证门扇启闭灵活。

③安装底座时，先从顶轴中心吊一垂线至地面，找出底座上回转轴中心位置，同时保持底座同门扇垂直，然后将底座外壳用混凝土浇固（内壳不能浇固），并须注意使地弹簧面板与地面保持在同一标高上。

④待混凝土具有一定强度后安装门扇。先将门扇底部的回转轴套套在底座的回转轴上，再将门扇顶部的顶轴套的轴孔与门框上的顶轴的轴芯对准，然后拧动顶轴上的调节螺钉，使顶轴的轴芯插入顶轴套的顶孔中，门扇即可启闭使用。

⑤顺时针方向拧油泵调节螺钉（将底座面板上螺钉拧出即可看到），门扇关闭速度可变慢，逆时针方向拧时，门扇关闭速度则变快。

⑥门扇使用一年后，应向底座加注纯洁的润滑油（一般45号机械油，北方宜用冷冻油），并向顶轴加注润滑油脂，以保持各部分机件运转灵活。

⑦底座进行拆修后，必须按原状进行密封，以防脏物、水进入内部，影响机件运转。

第十二章 涂 饰 工 程

涂饰工程是利用不同涂料涂刷于物体或建筑物表面，能最后形成一种固着于物体表面，对物体起着装饰与保护作用的施工过程。涂料分为水溶性与油溶性两种。

水溶性涂料是以水为溶剂调配，涂刷于物体表面，固化后有些涂料品种微溶于水，有些涂料品种不再溶于水或难溶于水。这种涂料大多数施工工艺简单，普遍用于涂饰建筑物的外墙、内墙、天棚等部位。这种涂料由于其柔韧性、硬度、耐磨性、耐老化性都不如油性涂料，所以不能将其用于木器油漆上。

油溶性涂料是涂饰木制品、金属制品等物体的良好材料。油溶性涂料品种繁多，性能差异很大，但其施工工艺却大同小异。油溶性施工工艺复杂，工序较多，并且要求严格。

第一节 油性涂料装饰施工工艺

一、施工前的准备

（1）木器制品涂饰前的处理

要想提高木器制品表面的光泽效果，在涂饰油漆前，一定要对木制品表面进行基层处理。其中包括：清洗、去木毛、打粉子、填补腻子等。

1）去木毛：

①先用湿润的清洁抹布擦拭涂饰表面，使表面的木毛吸收水分而膨胀竖起，等待表面干燥后用砂纸磨光。最好在水中稍加一些骨胶水，这样效果会更好。

②用稀的虫胶清漆涂刷，配比为：虫胶:酒精＝1:7～8，这样木毛既能竖起，又变硬发脆，很容易打磨掉。

2）去掉污迹油脂：基底表面的污渍油脂，会影响涂饰颜色的均匀性及涂料的干燥与漆膜的附着力，所以在涂饰前，要将木材表面的污迹油渍清理干净。用1号的木砂纸或细刨把弄脏的表面磨光刨干净，各处残留的胶液要用玻璃或刮刀刮干净。油迹可先用砂纸磨光，再用汽油或酒精清洗。如果针叶材上局部地方有松脂也应除掉，可用刀、凿挖掉，再补上同种的木材，木材纤维方向要一致。如果不允许挖，可用25%的丙酮水溶液，也可用5%～6%碳酸钠溶液或4%～5%苛性钠水溶液或将80%的碱溶液与20%的丙酮溶液混合起来使用。为了防止木材内部的松脂继续渗出，最好在去脂后涂饰一层虫胶清漆封闭。

3）漂白：在对浅色、本色的中高级透明油漆（清水漆）涂饰前，应对整个被涂饰的木质表面进行漂白，以消除木材的色斑和不均匀的色调，尤其是局部较深的木材表面。

漂白的方法很多，不同的漂白剂漂白的效果也不一样。

①用30%双氧水加上25%氨水（双氧水:水:氨水＝1:1:0.2的混合液）进行漂白。可用这种混合液将整个板面涂刷一遍。如果是局部漂白，可用小团清洁的棉纱团，浸透漂

白液后在要漂白的部位上涂擦，如果一次不行，可进行第二次、第三次。这种漂白方法对柚木、水曲柳的漂白效果较好。

②先将氢氧化钠溶液涂在木材表面经过 0.5h 左右，再涂上双氧水，处理完毕后用弱酸溶液与氢氧化钠中和，再用水擦干净。

③先配制两种溶液：一种为无水碳酸钙 10g 加入 50℃ 温水 60g；另一种为双氧水溶液（35％）80ml，加入 20ml 水。首先在木材表面上均匀涂上第一种溶液，充分浸透约 5min 后，用棉纱头和布蘸除渗剂擦木材表面上的渗出液。然后，直接涂第二种溶液。需进行 3h 以上或更长时间干燥。

4）除去单宁：有些木材，如栗木、麻栎等含有单宁。在用染料着色时，单宁与染料反应，造成木面颜色深浅不一致。因此在着色前，须先除去单宁。常用除去单宁的方法有：

①蒸煮法：将木材放入水中蒸煮，单宁会溶解到水中去。

②隔离法：将木材表面涂刷一层骨胶溶液，待骨胶溶液干燥后，在木面上形成了一层透明胶膜，这样染料就不会与木材中的单宁接触。

（2）金属制品涂饰前的处理

1）除油渍：一般去除金属表面的油渍是用碱水溶液揩抹或用有机溶剂如汽油、甲苯、二甲苯等浸洗。

2）除锈：通常把在金属表面生成的氧化物称为锈。根据锈的颜色、生成状态和程度选择适当的除锈方法。除锈方法大致可分为物理除锈和化学除锈。

①物理除锈：主要用砂布、钢丝刷、锉刀、钢铲、风磨机、电动除锈工具、尖头锤、针来除锈。小面积除锈或工件除锈可用粗细不同型号的砂布仔细打磨。大面积锈蚀可先用砂轮机，风磨机（圆盘打磨机）及其他电动除锈工具除锈，然后配以钢丝刷、锉刀、钢铲及砂布等工具，刷、锉、磨等方法，除去剩余铁锈及杂物。如果除锈的工作量很大，也可以使用喷砂除锈的办法。

②化学除锈：通常指酸洗法，此法不会使金属变形及表面破坏，金属的每个角落都能将锈除去，特别适用于形状复杂的小零件，效率较高。

一般在酸洗后，金属表面由于附着酸液，必须用温水冲洗，把酸完全除去。为了彻底把酸除去，往往采用碱液中和处理，最好立即进行磷化处理后再进行冲洗。

（3）竹材制品涂饰前的表面处理

竹材表面有一层青皮，称为表皮。表皮与基本组织的维管束结合不牢。因此，竹材在涂饰前一定要对表皮进行处理，一般有如下方法：

1）手工刮削法：用利刃将竹材的青皮全部刮削一次。此法费工，且不均匀，在大批量生产中不宜采用。

2）火燎法：将竹材放在明火上滚烫，并且借助温度将小直径的竹材弯成一定的形状。可以在竹材表面涂上桐油或茶油，然后用细腻的泥浆在竹材上打出许多图案，再次放入明火中滚烫，待油烧完后，取出，剥去泥，竹材上就会呈现出美丽的花纹图案。

二、油性涂料施工的基本操作

（1）刷涂施工

刷涂施工就是人工用刷子涂漆的方法，这是既古老而又普遍采用的一种施工方法。几乎每种工艺从开始着色到油漆施工结束都采用刷涂的方法。刷涂法的特点是：节省油漆、工具简单、施工方便、易于掌握、灵活性强，而且对于油漆品种的适应性也强，可用于各种厚漆、调合漆、沥青漆及其他干性慢的油漆施工，极少数流动性较差或干燥太快的涂料不宜采用刷涂。刷涂施工的缺点是：由于手工操作、劳动强度大、效率低，不适用于快干性油漆，如果操作不熟练，漆膜会产生刷痕、流挂和涂刷不匀的现象。

刷漆之前，必须将油漆涂料搅拌均匀，并调到适当的粘度，一般在 40～100s 范围内比较合适。刷漆操作是将毛刷蘸少许油漆，然后自上而下，从左至右，先里后外，先难后易，先斜后直，纵横涂刷，最后用毛刷轻轻修饰边缘棱角，使油漆在物面上形成一层薄而均匀、光亮平滑的漆膜。基本要求应做到：不流、不挂、不皱、不漏，不露刷痕。

刷漆施工一般分为开油、横油、斜油和理油四个步骤（见图 12－1）。

①开油：将漆刷蘸油漆，直接刷到被涂物面上。刷大面积时，每条漆一般可间隔 5mm 左右；

②横油：涂上油漆后，漆刷不再蘸油漆，可将直条的油漆向横和斜的方向用力拉开刷匀；

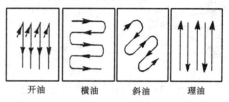

图 12－1 刷漆顺序

③斜油：顺着木纹进行斜刷，以刷除接痕；

④理油：待大面积刷匀刷齐后，将漆刷上的余漆在漆桶边上刮干净，用漆刷的毛尖轻轻地在漆面上顺木纹理顺，并刷除边缘棱角上的流漆。

（2）擦涂施工

擦涂施工就是用纱布包裹脱脂棉球蘸洋干漆和硝基漆擦涂物件。采用这种方法虽然比较费工，但适合一些外形不整齐而又是较小的物件，或者是因为条件限制不能采用其他方法施工的情况下，它能够获得很高的装饰质量漆膜。

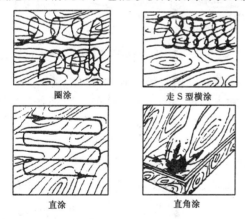

图 12－2 棉花球擦涂轨迹

擦涂方法为：先将硝基漆稀释到适当粘度，在条件许可的情况下，可先用喷涂或刷涂法先涂成一定厚度后，再用纱布棉花球蘸漆在物面上以圈、S 形横涂、直涂和直角涂等 4 种方法擦涂 10～20 遍（见图 12－2）。操作时用力要均匀，动作要敏捷，移动轨迹要连续，中途不能停顿也不能固定在一小块地方来回擦。每次蘸漆时不能太多，不可将漆液滴在被涂物件上。待干后放置一天，由于漆面上仍留有少量灰尘颗粒或者有擦痕，需对漆膜表面进行擦蜡，具体操作方法：先用粗布折叠成手掌大小的一块，取出适量的砂蜡摊匀其上用煤油润湿，用手掌揿在无蜡的一面，用力在漆膜表面作有规则的摩擦，直至漆膜表面平整为止。为使漆膜光亮再用光蜡把物面全部擦到。用干布擦净余蜡，再用软布用力擦拭，可使漆膜表面光亮如镜。若经常给家具擦些光蜡，可以延长它的使用寿命。

（3）喷涂施工

喷涂是一种利用压缩空气将涂料喷涂于物面上的机械化施工方法。其特点为：涂膜外观质量好，工效高。适于大面积施工，并可以通过调整涂料粘度、喷嘴大小及排气量，获得不同质感的装饰效果。其操作过程为：

①将涂料调至施工所需粘度装入贮料罐或压力供料筒中。

②打开空气压缩机，调节使其达到施工的压力，施工喷涂压力一般在 0.4～0.8MPa 范围内。

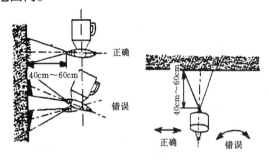

图 12-3　喷枪与被涂面相对位置

③喷涂作业时，手握喷枪要稳，涂料出口应与被涂面保持垂直（见图 12-3）喷枪移动时应与喷涂面保持平行。喷枪运行速度应适宜保持一致，一般 40～60mm/min。喷嘴与被涂面的距离一般应控制在 50cm 左右。

④喷涂行走路线见图 12-4。喷枪移动的范围不能太大，一般直线喷涂 70～80cm 后，拐 180 度弯向后喷涂下一行，也可根据施工条件选择横向式竖向往返喷涂。

⑤喷涂面的搭接宽度，即第一行与第二行喷涂面的重叠宽度，一般应控制在喷涂宽度的 1/2～1/3，以便使涂层厚度比较均匀，色调基本一致。涂层一般要求两遍成活，横向喷涂一遍，竖向再喷涂一遍，两遍喷涂的间隔时间由涂料品种及喷涂厚度而定。

（4）打磨施工

用砂纸或其他砂磨材料对物体表面进行打磨，在油漆施工中是一项重要的工作。打磨的目的主要是去污、找平、补色、磨光。因此，在涂饰物件的整个过程中不但白坯和打底刮腻子阶段需要打磨，

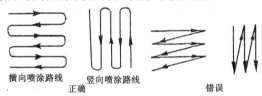

图 12-4　喷涂行走路线

刷底漆和刷面漆后也要打磨，打磨方法有干磨、水磨、油磨、蜡磨和牙膏抛光等。

①干磨分粗磨、平磨和细磨。粗磨一般是去除木器白坯的木毛、伤痕、胶迹等。平磨通常是用砂纸或砂布包裹小木块对大面积进行打磨，这样找平效果较好。细磨一般用于涂粉子、刮腻子、上封闭漆、拼色和补色后的各道中层处理中。砂磨时要求仔细认真。

②水磨是用水磨砂纸蘸水（或肥皂水）打磨。水磨能减少磨痕，提高涂层的平滑度，并且省力、省砂纸。主要用于虫胶漆、硝基漆、聚脂漆和聚氨脂漆等快干高档油漆的磨光。

③油磨是用水砂纸蘸煤油或松节油打磨，一般用于抛光打蜡之前，起到磨平擦亮的作用。有时需要将涂层磨成亚光饰面也经常采用油磨。

④蜡磨是用金相砂纸（一种比水砂纸还细的抛光金属用砂纸）涂上光蜡或白抛光膏轻磨漆面，以除去涂层表面的气泡、刷纹以及小颗粒。砂蜡的用量应随涂层的光洁程度变化而逐渐减少，最好加点煤油增加润滑。

⑤牙膏抛光是在涂层表面涂些牙膏，用新丝棉或软绒布用力擦拭涂层表面。由于牙膏比砂蜡还要细腻，因此经牙膏打磨后的涂层更加光亮平滑。

在施工中常用的砂纸有木砂纸、水砂纸和铁砂皮。一般局部填补的腻子砂磨应用 1 号或 1.5 号的木砂纸；满刮的腻子和底漆层应用 0 号砂纸；中间的几层漆膜用较细的 00 号砂纸就可以了。为了防止摩擦发热会引起漆膜软化而损坏涂膜，一般要采用水砂纸湿磨。湿磨前，先将水砂纸放在水中浸软，然后将它包在折叠整齐的布包外面，再蘸上肥皂水在漆膜上砂磨，这样将水砂纸包在布块外面，可以扩大砂磨的面，也便于用力。

使用电动打磨机一般有圆盘式、振动式、皮带式和滚筒式几种，在大面积打磨时可以提高效率。

第二节　水溶性涂料装饰施工工艺

一、施工前的准备

(1) 建筑物室内外界面的施工前处理

1) 修补涂刷面上的损伤部位：用石膏修补剂填塞所有的孔洞和裂缝，特别是一些水能渗进墙内引起漆膜脱落的部位。墙壁上松动的各种附属物应用钉子钉牢，钉孔要稍微扩充一下，并将钉帽涂上防锈漆。腐朽变坏的木板应换掉，生锈的钉帽应打磨后用防锈漆涂刷，门窗上脱落的油灰应进行镶嵌。窗框、门框与墙壁间的缝隙应进行填补。墙上的窗帘、画框及其他装饰品，钉子都应摘下。

2) 涂刷施工周围的环境要清理干净。

(2) 水泥制品涂饰前的表面处理

水泥制品内部含有碱性物质和水分，会直接影响涂层的附着力，甚至发生变色、起泡、脱皮和碱性物质皂化腐蚀。所以对水泥表面进行必要的处理，是克服上述弊病的重要步骤。

新水泥制品，一般不可马上涂漆，要经过几个月的放置期，以使水分挥发，盐分固化才可进行涂料施工。如工程急需涂漆，可以采用 15% ～ 20% 浓度的硫酸锌或氯化锌溶液，将水泥制品表面涂刷几次，干燥后扫除残留在水泥面上的析出物，即可涂漆。也可以用盐酸或醋酸溶液进行中和处理后再进行涂漆。

水泥或砖砌墙面的起霜或粉化可用清水冲洗，同时用钢丝刷刷干净，待干后即可涂漆。如果混凝土和砂浆基层的质量达不到国家有关质量验收标准，可作如下修补和找平。

1) 水泥砂浆基层分离的修补：水泥砂浆基层分离时，一般情况下应将其分离部分铲除，重新做基层。当其分离部分不能铲除时，可用 $\phi 5 \sim 10\text{mm}$ 钻头的电钻钻孔，采用不能使砂浆分离部分重新扩大的压力将缝隙内注入低粘度的环氧树脂，使其固结。表面裂缝用合成树脂或水泥聚合物腻子嵌平，待固结后打磨平整。

2) 小裂缝修补：用防水腻子嵌平，然后用砂纸将其打磨平整。对于混凝土板出现较深的小裂缝，应用低粘度的环氧树脂或水泥浆进行压力灌浆，使裂缝被浆体充满。

3) 大裂缝处理：先用手持砂轮或錾子将裂缝打磨成或凿成"V'形口子，清洗干净后，沿嵌填密封防水材料的缝隙涂刷一层底层涂料。然后用嵌缝枪将密封防水材料嵌填于缝隙内，将其压平。在密封材料的外表用合成树脂或水泥聚合物腻子抹平，最后打磨平整。

4）孔洞修补：一般情况下，$\phi3mm$ 以下的孔洞可用水泥聚合物腻子填平；$\phi3mm$ 以上的孔洞应用聚合物砂浆填充，待固结硬化后，用砂轮机打磨平整。

5）表面凹凸不平的处理：凸出部分可用凿子打平；凹入部分用聚合物腻子或聚合物砂浆进行修补填平。

6）露筋处理：可将露在外面的钢筋先用角磨机打掉，将其铁锈除清，然后涂刷防锈漆，干后，用聚合物砂浆补抹平整。

二、水溶性涂料施工的基本操作

水溶性涂料施工操作主要有刷涂、喷涂、滚涂、刮涂、弹涂、抹涂等。刷涂、喷涂作法见前节油性涂料施工。

（1）滚涂施工

滚涂是利用涂料辊进行涂饰。这种施工方法具有施工简单、操作方便、工效高、涂饰质量好及对环境无污染的特点。其缺点是不能涂饰比较复杂的装饰图案和高级装饰施工。

首先把涂料搅匀调至施工粘度，每次取出少量倒入平漆盘中摊开，用辊筒较均匀地蘸取涂料，并在底盘或辊网上滚动至均匀后再在墙面或其他被涂物面上滚涂。开始时慢慢滚动，以免一开始速度太快使涂料飞溅。滚动时，将滚筒从下向上，再从上向下成"M"形滚动。滚动几下后，滚筒表面的涂料已经稀少，这时再用滚筒把刚滚涂过的表面轻轻用滚筒理顺一下，然后就可以水平或垂直地接着往下继续滚涂，使涂料均匀展开，最后用辊按一定方向滚动一遍。阴角及上下口一般仍需先用排笔、鬃刷刷涂。

（2）刮涂施工

刮涂就是利用刮板，将涂料厚浆均匀地批刮于饰涂面上，形成厚度为1—2mm的厚涂层。这种施工方法多用于地面等较厚层涂料的饰涂。适用的涂料有聚合物水泥厚质地面涂料及合成树脂厚质地面涂料等。刮涂常用的工具有牛角刀、油灰刀、橡皮刮刀和钢皮刮刀等。

刮涂施工的方法为：

①腻子一次刮涂厚度一般不应超过0.5mm。孔眼较大的物面应将腻子填嵌实，并高出物面，待干透后再进行打磨。待批刮腻子或者厚浆涂料全部干燥后，再涂刷面层涂料。

②刮涂时应用力按刀，使刮刀与饰面倾斜50°~60°角进行刮涂。刮涂时只能来回刮1—2次，不能往返多次刮涂。

③遇有圆、棱形物面可用橡皮刮刀进行刮涂。刮涂地面施工时，为了增加涂料的装饰效果，往往用划刀或记号笔刻有席纹、仿木纹等各种图案。

（3）弹涂施工

弹涂是通过机械的方法将弹涂色浆均匀地溅在墙面上，形成1—3mm左右的圆状色点。由于它的色浆一般由2~3种颜色组成，在墙面上相互交错、间杂分布，装饰效果很好。为了防止饰面褪色，并耐久、耐污染，可采用耐水性、耐候性较好的甲基硅树脂或聚乙烯醇缩丁醛树脂罩面，作其防护层。这种新型的涂饰工艺简单，应用广泛，无复杂的技术操作，只要开动电动弹涂机或摇手柄驱动弹涂机即可操作。这种涂饰适用内外墙装饰、旧墙面翻新、商店门面及顶棚的装饰。

弹涂色浆的配料比例见表12-1。

材料 使用项目	强度等级约为 22.5 以上白水泥（kg）	白色石英粉（kg）	水（kg）	107 胶（kg）	白石胶（kg）	颜料（占水泥用量）
刷底色浆	1		0.8	0.13	0.1	1%～2%
弹点浆（1）	1		0.4	0.1	0.06	3%～5%
弹点浆（2）	0.85	0.15	0.38	0.1	0.06	3%～5%
白色弹点浆（1）	1		0.4	0.1	0.06	
白色弹点浆（2）	0.8	0.2	0.4	0.1	0.06	

（4）抹涂施工

抹涂施工主要是将纤维涂料抹涂成薄层涂料饰面，使之形成硬度很高，类似汉白玉、大理石等天然石料饰面的装饰效果。由于抹涂的涂料厚度薄、工艺要求严格，因此要求操作工人必须具有熟练的抹灰技术基础，并熟悉涂料的性能和工艺要求。

抹涂施工一般包括涂饰底层涂料和抹涂饰面涂料两个工艺过程。

涂饰底层涂料时，使用排笔或毛辊将搅拌好的底层涂料刷涂或滚涂在经过处理的基面上，一般需要涂饰两遍左右，要求涂饰均匀，不得漏涂。

抹涂饰面涂料方法为：

①在底层涂料涂饰完毕后，一般情况下要间隔 2h 左右就可以进行抹涂施工了。使用不锈钢抹灰工具（如抹子、压子、阴阳角抿子等）抹涂饰面涂料，一般情况下只涂抹一遍，涂抹厚度为内墙 1.5～2mm；外墙 2～3mm，要求抹涂平整、无抹痕，颜色均匀一致。

②当基层平整度较差或对装饰涂层的外观质量要求较高时，可增加一遍刮涂涂层，即先在已涂饰底层涂料的面上先刮满一遍涂料，厚度越薄越好，以改善平整度和增加底层涂料与面层涂料的粘结性能。

③抹完后约 1h 左右，用不锈钢抹子拍抹饰面并压光，使涂料中的粘结剂在表面形成一层光亮膜，涂膜应颜色一致，平整光滑。

三、常用几种水溶性涂料的施工方法

（1）聚乙烯醇内墙涂料的施工方法

①刮满腻子：先用聚乙烯醇缩甲醛胶（10%）：水＝1:3 的稀释液满涂一层，然后在上面批刮腻子。

②待腻子实干后，用 0 号或 1 号铁砂纸打磨平整。清除粉尘。

③用羊毛辊或排笔刷内墙涂料，一般墙面涂刷两遍即成。如果是高级墙面，在第一遍涂刷完毕干燥后进行打磨，批第二遍腻子，再打磨，然后涂第二三遍涂料。

（2）乳胶类内外墙涂料的施工方法

①为了增强基层与腻子或涂料的粘结力，可以在批刮腻子或涂刷涂料之前，先刷一遍与涂料体系相同的稀乳液，这样稀乳液可以渗透到基层内部，使基层坚实干净，增强与腻子或涂层的结合力。

②如果是内墙和顶棚，应满刮乳胶涂料腻子 1～2 遍，等腻子干后再用砂纸磨平。

③涂刷涂料。

（3）溶剂型内外墙涂料的施工

主要材料：油性大白腻子，氯化橡胶内外墙涂料、过氯乙烯内外墙涂料、合成丙烯酸酯外墙涂料。

①基层必须充分干燥，含水率应在6%以下，用所使用的溶剂型涂料清漆与大白粉或滑石粉配成的腻子将基面缺陷嵌平，待干燥后打磨。

②先用该涂料清漆的稀释液打底再涂刷涂料。采用羊毛辊或排笔涂刷两遍，其间隔时间一般为2h。

（4）无机硅酸盐内外墙涂料施工

基层平整但不能太光滑，否则会影响涂料的粘结效果。先批刮腻子，再采用刷涂法涂饰，也可结合滚涂方法。由于涂料干燥较快，应勤蘸短刷。新旧接槎最好留在分格缝处。刷完一遍充分干燥后才能刷第二遍。

（5）聚合物水泥砂浆涂料施工

根据聚合物水泥砂浆涂料的特点，涂饰方法一般为滚涂。其步骤为：粘贴分格条——涂抹砂浆涂料——滚涂——修理及揭分格条——罩面层涂料。

一般情况分格条由厚纸条或电工绝缘胶布制成。粘贴方法为：先在分格线处薄薄地抹一层白水泥砂浆，并压实抹光，然后将沾有聚乙烯醇缩甲醛胶的分格条贴上。分格条贴好后就可以滚涂。滚涂时将拌好聚合物水泥砂浆涂料用刮腻子的胶刮板均匀地刮到墙面上，其厚度约2～3mm，一人在前面刮，另外一人用辊子跟在后面滚，间隔时间不能长，以免滚涂困难。如果发现涂料过干，应在料桶内用稀释剂或水按一样的稠度对涂料进行稀释。分格条应在当日揭去。

滚涂的涂料干燥后，可刷涂或喷涂有机硅涂料、溶剂型丙烯酸涂料或外墙乳液涂料，以增强装饰效果。

（6）彩砂涂料的喷涂

主要施工工具：喷枪、空气压缩机、手提式搅拌器及其辅助工具。

主要材料：水泥聚合物腻子，乙——丙彩砂涂料，苯——丙彩砂涂料，砂胶外墙涂料。

首先用聚乙烯醇缩甲醛∶水＝1∶3的稀释液或与涂料相应的乳液涂刷一遍，调配涂料时，应根据实际条件及喷枪的类型合理地确定其稠度，并将其搅拌均匀。启动空气压缩机，调节压力保持在0.6～0.8MPa内。然后装入涂料进喷斗开始喷涂。操作按喷涂施工技术进行。喷枪口径视砂粒大小而定，一般为5～8mm。喷涂厚度以2～3mm为宜。

（7）彩色聚合物水泥涂料弹涂施工

主要施工工具：手动或电动弹力器、涂料喷枪等，以及辅助工具。

主要材料：彩色聚合物水泥涂料以及甲基硅树脂溶液、聚乙烯醇缩丁醛清漆、丙烯酸酯乳液及溶剂型清漆等。

弹涂施工工艺步骤为：刷底浆——弹头遍点——弹两遍点——局部修补——养护——罩面层涂料。

①先刷一遍聚乙烯醇缩甲醛（10%）∶水＝1∶15～25的胶水溶液，然后涂刷聚合物水泥涂料底浆。

②头遍弹点约占整个饰面面积的 70% 左右，要求弹布均匀。一般弹头距墙面 25～30cm。木柄与墙面倾斜 45°、弹头上料不宜过高，约 1/3 左右，上料后应先试弹，调好后再往墙面上弹。随着斗内涂料减少，其弹头距墙面的距离应作适当的调整，以保持弹点大小一致。第一遍弹完后，弹第二遍，方法与第一遍相同。要求色泽均匀一致。

③如发现缺陷应作局部修补。

④在料浆达到初凝后开始喷水养护。

⑤待弹涂干燥后，采用喷涂、滚涂或刷涂工艺刷罩面涂料。

参 考 文 献

1　卢循主编. 建筑施工技术（上册）. 北京：中国建筑工业出版社，1991

2　胡世德主编. 高层建筑结构施工. 上海：上海科学技术出版社，1989

3　金问鲁著. 实用土力学及地基处理实例. 北京：中国铁道出版社，1993

4　余志成，施文华编著. 深基坑支护设计与施工. 北京：中国建筑工业出版社，1997

5　毛鹤琴主编. 建筑施工. 北京：中国建筑工业出版社，1994

6　谢尊渊，方先和主编. 建筑施工（第二版）. 北京：中国建筑工业出版社，1988

7　宁仁岐，杨跃主编. 建筑施工技术与工程质量检验. 哈尔滨：黑龙江科学技术出版社，1997

8　赵志缙，应惠清主编. 建筑施工. 上海：同济大学出版社，1998

9　廖代广主编. 建筑施工技术. 武汉：武汉工业大学出版社，1997

10　方承训，郭立民主编. 建筑施工（第二版）. 北京：中国建筑工业出版社，1997

11　王朝熙主编. 装饰工程手册（第二版）. 北京：中国建筑工业出版社，1994

12　赵子夫，唐利编著. 建筑装饰工程施工工艺. 沈阳：辽宁科学技术出版社，1998

13　江景波，赵志缙编著. 建筑施工（第二版）. 上海：同济大学出版社，1990